AF554108

BIBLIOTHÈQUE COLONIALE INTERNATIONALE
Institut colonial international. — Bruxelles

7me SÉRIE

Les différents systèmes d'Irrigation

Documents officiels précédés de notices historiques

Tome I

INDE SEPTENTRIONALE, PUNJAB, PROVINCES-UNIES, OUDH ET PROVINCES CENTRALES. — LOI SUR LES CANAUX SECONDAIRES DU PUNJAB. — BIRMANIE. — BOMBAY. — MADRAS. — LES IRRIGATIONS EN EXTRÊME-ORIENT.

INSTITUT COLONIAL INTERNATIONAL
36, RUE VEYDT, BRUXELLES

BRUXELLES
Ve Ad. MERTENS et Fils
14, rue d'Or, 14.

PARIS
Augustin CHALLAMEL
rue Jacob, 17.

LONDRES
LUZAC & Co
Great Russel street, 46, W. C.

BERLIN
A. ASHER & Co
13, Unter den Linden, W.

LA HAYE
BELINFANTE (Frères)
Tweede Wagenstraat, 100-102.

1906

PUBLICATIONS

DE

L'INSTITUT COLONIAL INTERNATIONAL

36, rue Veydt, à Bruxelles.

15 fr. le volume.

Compte rendu des séances tenues à Bruxelles les 28 et 29 mai 1881. — Discussion de la question : « **De l'influence du climat sur les progrès de la colonisation.** » — Mémoire de Sir William Moore. — (*Epuisé.*)

Compte rendu de la session tenue à La Haye en septembre 1895. — Suite de la discussion de la question : « **De l'influence du climat sur les progrès de la colonisation.** » — « **La main-d'œuvre, le contrat de travail et le louage d'ouvrage aux Colonies.** » Rapports de S. Ex. M. le Dr Herzog pour les Colonies allemandes, de M. J. Chailley pour les Colonies françaises, de M. van der Lith pour les Indes orientales néerlandaises. Discussion de cette question. — « **Du recrutement des fonctionnaires coloniaux.** » Rapport de M. J. Chailley : France, Grande-Bretagne, Hollande. Discussion de cette question.

Compte rendu de la session tenue à Berlin en septembre 1897. — « **La main-d'œuvre aux colonies** » Discussion de cette question. — « **Le recrutement des fonctionnaires coloniaux.** » Discussion de cette question — **Rapport sur le travail dans les possessions espagnoles d'outre-mer**, par Don Antonio Maria Fabié. — « **Des relations financières entre la Métropole et les Colonies.** » — Rapport sur l'**organisation du Protectorat de la Compagnie de la Nouvelle-Guinée**, par S. Ex. M. le Dr Herzog. — Rapport sur l'**organisation financière des Protectorats allemands du Kamerun, du Togo, de l'Afrique du Sud-Ouest, de l'Afrique orientale et des Iles Marshall**, par S. Ex. M. R. Kraetke. — **Relations financières entre la Belgique et l'État Indépendant du Congo. — Régime foncier : Organisation agraire du Turkestan**, par M. Serge de Proutschenko.

Compte rendu de la session tenue à Bruxelles en mai 1899. — Discussion de la question de « **La main-d'œuvre aux Colonies** ». — « Projet d'un règlement adopté par l'Institut Colonial International en vue de l'utilisation de la main-d'œuvre exotique dans les colonies ». — Discussion de la question « **Les Protectorats** ». Rapport sur **les Protectorats dans l'Inde britannique**, par M. J. Chailley. — Discussion de la question « **Les chemins de fer aux Colonies et dans les pays neufs.** » Rapport de la commission chargée d'étudier cette question. — Rapport sur **le Régime foncier** aux Indes orientales néerlandaises, par M. le Dr G.-K. Anton.

Compte rendu de la session tenue à Paris en août 1900. — Discussion de la question de « l'**Éducation professionnelle des indigènes dans les colonies de fondation récente.** » Rapport de Mgr A. Le Roy sur cette question. — Discussion de la question : « **Les chemins de fer aux Colonies et dans les pays neufs.** » — Discussion de la question : « **Les Sanatoria.** » Rapport de M. le Dr Dryepondt sur cette question. — **Le Régime foncier dans l'État Indépendant du Congo,** par M. le Dr G.-K. Anton. — **Le Régime foncier dans les Colonies françaises**, par M. le Dr G.-K. Anton.

Compte rendu de la session tenue à La Haye en mai 1901. — Discussion de la question du « **Régime foncier aux Colonies** ». — Discussion de la question « **Des Rapports financiers entre la Métropole et les Colonies** ». — Rapport de M. M. Chotard sur cette question. — Discussion de la question « **l'Enseignement Colonial** ». — Rapport de M. J. Chailley sur la « **Meilleure manière de légiférer pour les Colonies** ».

pte rendu de la session tenue à Londres en mai 1903. — Discussion de la question du « Régime foncier aux Colonies ». — Discussion de la question « Des Rapports Politiques entre la Métropole et les Colonies ». — Discussion de la question « De l'Enseignement Colonial ». — Rapport de M. G. K. Anton « **Le régime foncier aux colonies anglaises** ». — Rapport de M. Arthur Girault « **Des rapports politiques entre Métropole et colonies** ». — Rapport de M. J. Chailley « **La législation qui convient aux colonies** ». — Rapport de M. Henri Froidevaux « **L'enseignement colonial général. Constitution, organisation, état actuel** ». — Rapport de Sir Alfred Lyall « **Rapport sur l'irrigation dans l'Inde** ». — Rapport de M. Paul de Valroger « **Régime minier des Guyanes anglaise, française et hollandaise** ».

npte rendu de la session tenue à Wiesbaden en mai 1904. — Discussion de la question : « **La meilleure manière de légiférer pour les colonies** ». — Discussion de la question : « **Le régime minier aux colonies** ». — Discussion de la question : « **Les différents systèmes d'irrigation aux colonies** ». — Discussion de la question : « **De la constitution et de l'organisation du capital aux colonies** ». — Rapport de M. Paul de Valroger : « **Les législations minières des colonies anglaises, françaises et allemandes d'Afrique et de l'Etat Indépendant du Congo** ». — Rapport de M. J. W. Post : « **L'irrigation aux Indes orientales néerlandaises** ». — Rapport de M. le Dr Julius Scharlach : « **La constitution et l'organisation du capital aux colonies** ». — Note sur **l'hydraulique en Algérie et en Tunisie**.

mpte rendu de la session tenue à Rome en avril 1905. — Discussion de la question « **Des Irrigations** ». — Discussion de la question « **Le Régime minier aux Colonies** ». — Discussion de la question « **De l'Enseignement colonial** ». — Discussion de la question « **L'Emigration** ». — Résumé du **Rapport de la Commission Anglo-Indienne sur les irrigations**. — Rapports : 1° **Sur l'utilisation de l'eau dans les pays sous-tropicaux** : 2° **Sur les modes d'irrigation dans les parties arides de l'Afrique du Sud**, par M. Th. Rehbock. — Rapport sur **Les irrigations aux Etats-Unis d'Amérique et aux îles Hawaï**, par M. O. P. Austin. — Rapport sur le **Régime des irrigations en Extrême-Orient** par M. A. de Pouvourville. — Note sommaire sur les **Irrigations en Italie**. préparée par les soins du Ministère de l'Agriculture. — Rapport sur **l'Enseignement colonial italien**, par M. L. Nocentini. — Rapport sur **l'Enseignement colonial en Belgique**, par M. F. Cattier. — Notes sur **la Législation et les statistiques comparées de l'émigration et de l'immigration**, par M. L. Bodio. — Rapport sur les **Lois organiques des Colonies néerlandaises**, par M. le Dr C. Th. van Deventer. — Note sur le **Décret organique du Gouvernement local de l'Etat Indépendant du Congo**, par M. C. Janssen. — Rapport complémentaire sur **la constitution et l'organisation du capital pour les colonies**, par M. le Dr J. Scharlach. — Rapport sur le **Crédit à accorder aux indigènes**, par M. A. Zimmermann. — Note sur la **Formation des fonctionnaires de l'ordre judiciaire dans les Indes Orientales neérlandaises**, par M. le Dr C. Pijnacker-Hordijk.

Publications éditées sous les Auspices de l'Institut Colonial International

1. le professeur Dr **G. K. Anton**. « **LE RÉGIME FONCIER AUX COLONIES**, précédé d'une préface de M. **J. Chailley**. — **Indes Orientales néerlandaises. — Politique domaniale et agraire dans l'Etat Indépendant du Congo. — Colonies françaises. — Colonies anglaises.** . . . . 1 vol., 415 pages, fr. 10.00.

LES
DIFFÉRENTS SYSTEMES D'IRRIGATION

PUBLICATIONS

DE

L'INSTITUT COLONIAL INTERNATIONAL

36, rue Veydt, à Bruxelles.

BIBLIOTHÈQUE COLONIALE INTERNATIONALE

20 fr. le volume.

1re *Série*. — **La Main-d'œuvre aux Colonies.** Documents officiels sur le contrat de travail et le louage d'ouvrage aux Colonies.

Tome I. — Colonies allemandes. — État Indépendant du Congo. — Colonies françaises. — Indes orientales néerlandaises. — 1895.

Tome II. — Inde britannique. — Colonies anglaises. — 1897.

Tome III. — Colonies françaises (*suite*). — Suriname. — 1898.

2e *Série*. — **Les Fonctionnaires coloniaux.**

Tome I. — Espagne. — France. — 1897.

Tome II. — Pays-Bas. — État Indépendant du Congo. — Inde britannique. — 1897.

3e *Série*. — **Le Régime foncier aux Colonies.**

Tome I. — Inde britannique. — Colonies allemandes. — 1898.

Tome II. — État Indépendant du Congo. — Colonies françaises. — 1899.

Tome III. — Tunisie. — Erythrée. — Philippines. — 1899.

Tome IV. — Indes orientales néerlandaises. — 1899.

Tome V. — Lagos. — Sierra Leone. — Gambie. — Natal. — Bornéo septentrional britannique. — Cap de Bonne-Espérance. — Rhodésie. — Basutoland. — Iles Salomon. — Iles Fidji. — Côte d'Or. — 1902.

Tome VI. (Premier supplément). — Colonies françaises. — Indes orientales néerlandaises. — Colonies allemandes. — 1905.

4e *Série*. — **Le Régime des protectorats.**

Tome I. — Indes orientales néerlandaises. — Protectorats français en Asie et en Tunisie. — 1899.

Tome II. — Les protectorats français en Afrique et en Océanie. — 1899.

5e *Série*. — **Les Chemins de fer aux Colonies et dans les pays neufs.**

Tome I. — Rapport de la Commission spéciale nommée à Berlin. Conclusions des rapporteurs. — Questionnaire. — Réponses au questionnaire. — 1900.

Tome II. — Congo. — Indian Midland Railway. — The Southern Mahratta Railway. — Usambara. — Sud-Ouest Brésilien. — Chili. — Transsibérien. — Inde portugaise. — 1900.

Tome III. — Tunisie. — Algérie. — Sénégal. — Soudan. — Indes orientales néerlandaises. — Transvaal. — Angola. — 1900.

6e *Série*. — ***Le Régime minier aux Colonies.***

Tome I. — Indes orientales néerlandaises. — Suriname. — Guyane française. — Guyane britannique.

Tome II. — Madagascar. — Nouvelle-Calédonie. — Annam-Tonkin. — Algérie. — Tunisie. — Afrique Continentale française. — Guyane française. — Côte d'Ivoire. — Côte d'Or. — The British South Africa. — Rhodésie.

Tome III. — Colonies allemandes. — Canada. — Etat Indépendant du Congo. — Cap de Bonne-Espérance. — Natal.

7e *Série*. — ***Les différents systèmes d'Irrigation.***

Tome I. — Inde Septentrionale, Punjab, Provinces-Unies, Oudh et Provinces Centrales. — Loi sur les canaux secondaires du Punjab. — Birmanie. — Bombay. — Madras. — Les Irrigations en Extrême-Orient.

8e *Série*. — ***Les Lois organiques des Colonies*** (sous presse).

PUBLICATIONS

DE

L'INSTITUT COLONIAL INTERNATIONAL

36, rue Veydt, à Bruxelles.

---

15 fr. le volume.

Compte rendu des séances tenues à Bruxelles les 28 et 29 mai 1894. — Discussion de la question : « **De l'influence du climat sur les progrès de la colonisation.** » — Mémoire de Sir William Moore. — (*Épuisé.*)

Compte rendu de la session tenue à La Haye en septembre 1895. — Suite de la discussion de la question : « **De l'influence du climat sur les progrès de la colonisation.** » — « **La main-d'œuvre, le contrat de travail et le louage d'ouvrage aux Colonies.** » Rapports de S. Ex. M. le Dr Herzog pour les Colonies allemandes, de M. J. Chailley pour les Colonies françaises, de M. van der Lith pour les Indes orientales néerlandaises. Discussion de cette question. — « **Du recrutement des fonctionnaires coloniaux.** » Rapport de M. J. Chailley : France, Grande-Bretagne, Hollande. Discussion de cette question.

Compte rendu de la session tenue à Berlin en septembre 1897. — « **La main-d'œuvre aux colonies** » Discussion de cette question. — « **Le recrutement des fonctionnaires coloniaux.** » Discussion de cette question. — **Rapport sur le travail dans les possessions espagnoles d'outre-mer**, par Don Antonio Maria Fabié. — « **Des relations financières entre la Métropole et les Colonies.** » — Rapport sur **l'organisation du Protectorat de la Compagnie de la Nouvelle-Guinée**, par S. Ex. M. le Dr Herzog. — Rapport sur **l'organisation financière des Protectorats allemands du Kamerun, du Togo, de l'Afrique du Sud-Ouest, de l'Afrique orientale et des Iles Marshall**, par S. Ex. M. R. Kraetke. — **Relations financières entre la Belgique et l'État Indépendant du Congo.** — **Régime foncier : Organisation agraire du Turkestan**, par M. Serge de Proutschenko.

Compte rendu de la session tenue à Bruxelles en mai 1899. — Discussion de la question de « **La main-d'œuvre aux Colonies** ». — « Projet d'un règlement adopté par l'Institut Colonial International en vue de l'utilisation de la main-d'œuvre exotique dans les colonies ». — Discussion de la question « **Les Protectorats** ». Rapport sur **les Protectorats dans l'Inde britannique**, par M. J. Chailley. — Discussion de la question « **Les chemins de fer aux Colonies et dans les pays neufs.** » Rapport de la commission chargée d'étudier cette question. — Rapport sur **le Régime foncier** aux Indes orientales néerlandaises, par M. le Dr G.-K. Anton.

Compte rendu de la session tenue à Paris en août 1900. — Discussion de la question de « **l'Éducation professionnelle des indigènes dans les colonies de fondation récente.** » Rapport de Mgr A. Le Roy sur cette question. — Discussion de la question : « **Les chemins de fer aux Colonies et dans les pays neufs.** » — Discussion de la question : « **Les Sanatoria.** » Rapport de M. le Dr Dryepondt sur cette question. — **Le Régime foncier dans l'État Indépendant du Congo**, par M. le Dr G.-K. Anton. — **Le Régime foncier dans les Colonies françaises**, par M. le Dr G.-K. Anton.

Compte rendu de la session tenue à La Haye en mai 1901. — Discussion de la question du « **Régime foncier aux Colonies** ». — Discussion de la question « **Des Rapports financiers entre la Métropole et les Colonies** ». — Rapport de M. M. Chotard sur cette question. — Discussion de la question « **l'Enseignement Colonial** ». — Rapport de M. J. Chailley sur la « **Meilleure manière de légiférer pour les Colonies** ».

ompte rendu de la session tenue à Londres en mai 1903. — Discussion de la question du « Régime foncier aux Colonies ». — Discussion de la question « Des Rapports Politiques entre la Métropole et les Colonies ». — Discussion de la question « De l'Enseignement Colonial ». — Rapport de M. G. K. Anton « **Le régime foncier aux colonies anglaises** ». — Rapport de M. Arthur Girault « **Des rapports politiques entre Métropole et colonies** ». — Rapport de M. J. Chailley « **La législation qui convient aux colonies** ». — Rapport de M. Henri Froidevaux « **L'enseignement colonial général. Constitution, organisation, état actuel** ». — Rapport de Sir Alfred Lyall « **Rapport sur l'irrigation dans l'Inde** ». — Rapport de M. Paul de Valroger « **Régime minier des Guyanes anglaise, française et hollandaise** ».

ompte rendu de la session tenue à Wiesbaden en mai 1904. — Discussion de la question : « **La meilleure manière de légiférer pour les colonies** ». — Discussion de la question : « **Le régime minier aux colonies** ». — Discussion de la question : « **Les différents systèmes d'irrigation aux colonies** ». — Discussion de la question : « **De la constitution et de l'organisation du capital aux colonies** ». — Rapport de M. Paul de Valroger : « **Les législations minières des colonies anglaises, françaises et allemandes d'Afrique et de l'Etat Indépendant du Congo** ». — Rapport de M. J. W. Post : « **L'irrigation aux Indes orientales néerlandaises** ». — Rapport de M. le Dr Julius Scharlach : « **La constitution et l'organisation du capital aux colonies** ». — Note sur **l'hydraulique en Algérie et en Tunisie.**

Compte rendu de la session tenue à Rome en avril 1905. — Discussion de la question « **Des Irrigations** ». — Discussion de la question « **Le Régime minier aux Colonies** ». — Discussion de la question « **De l'Enseignement colonial** ». — Discussion de la question « **L'Emigration** ». — Résumé du **Rapport de la Commission Anglo-Indienne sur les irrigations.** — Rapports : 1o **Sur l'utilisation de l'eau dans les pays sous-tropicaux**; 2o **Sur les modes d'irrigation dans les parties arides de l'Afrique du Sud**, par M. Th. Rehbock. — Rapport sur **Les irrigations aux Etats-Unis d'Amérique et aux îles Hawaï**, par M. O. P. Austin. — Rapport sur le **Régime des irrigations en Extrême-Orient** par M. A. de Pouvourville. — Note sommaire sur les **Irrigations en Italie**, préparée par les soins du Ministère de l'Agriculture. — Rapport sur l'**Enseignement colonial italien**, par M. L. Nocentini. — Rapport sur l'**Enseignement colonial en Belgique**, par M. F. Cattier. — Notes sur la **Législation et les statistiques comparées de l'émigration et de l'immigration**, par M. L. Bodio. — Rapport sur les **Lois organiques des Colonies néerlandaises**, par M. le Dr C. Th. van Deventer. — Note sur le **Décret organique du Gouvernement local de l'Etat Indépendant du Congo**, par M. C. Janssen. — Rapport complémentaire sur la **constitution et l'organisation du capital pour les colonies**, par M. le Dr J. Scharlach. — Rapport sur le **Crédit à accorder aux indigènes**, par M. A. Zimmermann. — Note sur la **Formation des fonctionnaires de l'ordre judiciaire dans les Indes Orientales neérlandaises**, par M. le Dr C. Pijnacker-Hordijk.

Publications éditées sous les Auspices de l'Institut Colonial International

M. le professeur Dr **G. K. Anton**, « **LE RÉGIME FONCIER AUX COLONIES**, précédé d'une préface de **M. J. Chailley**. — **Indes Orientales néerlandaises. — Politique domaniale et agraire dans l'Etat Indépendant du Congo. — Colonies françaises. — Colonies anglaises.** . . . . 1 vol., 415 pages, fr. 10.00.

BIBLIOTHÈQUE COLONIALE INTERNATIONALE
Institut colonial international. — Bruxelles

7me SÉRIE

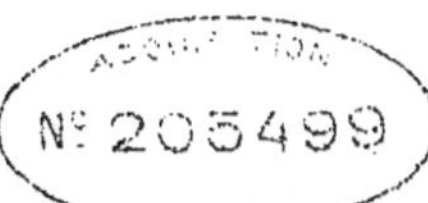

Les différents systèmes d'Irrigation

Documents officiels précédés de notices historiques

Tome I

INDE SEPTENTRIONALE, PUNJAB, PROVINCES-UNIES, OUDH ET PROVINCES CENTRALES. — LOI SUR LES CANAUX SECONDAIRES DU PUNJAB. — BIRMANIE. — BOMBAY. — MADRAS. — LES IRRIGATIONS EN EXTRÊME-ORIENT.

INSTITUT COLONIAL INTERNATIONAL
36, RUE VEYDT, BRUXELLES

BRUXELLES
Ve Ad. MERTENS et Fils
14, rue d'Or, 14.

PARIS
Augustin CHALLAMEL
rue Jacob, 17.

LONDRES
LUZAC & Co
Great Russel street, 46, W. C.

BERLIN
A. ASHER & Co
13, Unter den Linden, W.

LA HAYE
BELINFANTE (Frères)
Tweede Wagenstraat, 100-102.

1906

AVANT-PROPOS

Nous commençons la publication de la 7me série de la Bibliothèque Coloniale Internationale comprenant la législation sur l'importante matière des **Irrigations**, publication décidée par l'Institut, dans sa dernière session tenue à Rome, en avril 1905.

Le tome I renferme, en dehors de rapports spéciaux, la législation en vigueur dans l'Inde Britannique et en Extrême-Orient. Les volumes qui suivront comprendront les lois sur la matière en vigueur aux Indes Orientales Néerlandaises, en Égypte, dans le Nord de l'Afrique, en Espagne, en Italie, aux États-Unis d'Amérique, au Canada, au Chili, au Pérou, etc.....

Nous ne voulons pas tarder à adresser dès à présent nos remerciements aux collègues, aux administrations publiques, aux rapporteurs et à tous ceux qui ont aidé l'Institut à remplir la tâche qu'il s'est assignée en lui fournissant leur collaboration ainsi que les documents qui leur ont été demandés.

Bruxelles, 20 décembre 1905.

Le Secrétaire Général,
CAMILLE JANSSEN.

NOTA. — L'*Institut Colonial International* a déjà publié sur la question des Irrigations les documents suivants :

1. **L'Irrigation aux Indes Orientales Néerlandaises.** — Rapport de M. J. W. Post. (Compte rendu de la session tenue à Wiesbaden en 1904.)
2. **L'Irrigation dans l'Inde.** — Rapport de sir Alfred Lyall. (Compte rendu de la session tenue à Londres en 1903.)

3. **Note sur l'Hydraulique en Algérie et Tunisie.** —(Compte rendu de la session tenue à Wiesbaden en 1904.)
4. **Les Irrigations aux États-Unis d'Amérique.**—Rapport de M. R. A. van Sandick. —(Compte rendu de la session tenue à Rome en 1905.)
5. **Rapport de la Commission Anglo-Indienne sur les Irrigations.** —(Compte rendu de la session tenue à Rome en 1905.)
6. *a*) **De l'utilisation de l'eau dans les pays sous-tropicaux.**

   b) **Des modes d'irrigation dans les parties arides de l'Afrique du Sud.** — Rapports par M. Th. Rehbock. — (Compte rendu de la session tenue à Rome en 1905.)
7. **Les Irrigations aux Etats-Unis d'Amérique et aux Iles Hawaï.** — Rapport par M. O. P. Austin. (Compte rendu de la session tenue à Rome en 1905.)
8. **Les Irrigations en Italie.** —Rapport de M. V. Stringher. (Compte rendu de la session tenue à Rome en 1905.)

RAPPORT SUR L'IRRIGATION DANS L'INDE

PAR

Sir Alfred LYALL, K. C. B., G. C. I. E.

Membre du Conseil des Indes,

MEMBRE EFFECTIF DE L'INSTITUT

L'irrigation dans l'Inde est un sujet que l'Institut Colonial International jugera sans doute digne d'intérêt. En effet, la construction ou le développement des travaux conformes aux principes scientifiques modernes pour la distribution de l'eau aux terres en culture ou à celles susceptibles d'être cultivées constitue, à mon avis, l'un des plus grands bienfaits qu'un gouvernement éclairé puisse conférer aux habitants de certains pays, notamment en Asie. Il y a dans le monde de nombreuses régions où la subsistance du peuple dépend quasi entièrement de l'irrigation parce que la pluie y tombe rarement et, dans certaines années, y fait même complètement défaut. Or, sans eau, la terre est absolument stérile. Le cas se présente, par exemple, dans de nombreuses régions de l'Afghanistan.

L'entretien des travaux d'irrigation sur une échelle importante dépend toutefois d'une administration sérieuse disposant de ressources régulières, car là où existent l'ignorance et la négligence, où la désorganisation politique est à l'état chronique, les travaux sont naturellement exposés à la ruine et le pays réduit à l'état de désert. Les gouvernements indigènes qui ont précédé la domination britannique dans l'Inde n'ont pas négligé

l'irrigation, mais les guerres continuelles et la confusion générale du XVIIIe siècle ont laissé les travaux qu'ils avaient construits dans un état endommagé et de complète désorganisation.

Le gouvernement anglo-indien s'est, il y a quelque soixante ans, sérieusement mis à l'œuvre, et ses travaux ont été couronnés de succès, à tel point qu'il n'existe nulle part dans le monde entier, un pays où l'irrigation ait été pratiquée sur une aussi vaste et fructueuse échelle que dans l'Inde, où l'incertitude des pluies périodiques dans mainte province rend l'arrosage artificiel de la terre de la plus haute importance pour l'agriculture.

Les deux systèmes principaux d'irrigation en usage dans l'Inde sont : 1° la déviation des eaux des grands fleuves dans les canaux ; 2° l'accumulation dans des réservoirs ou citernes des eaux découlant des terres arrosées par la pluie. L'irrigation pratiquée en vertu du premier de ces deux systèmes peut être subdivisée en deux classifications que nous dénommons « continue » et « d'irrigation ».

Dans l'Inde septentrionale, les canaux qui fournissent l'irrigation continue sont capables de fertiliser d'énormes superficies du pays pendant toute l'année ; ils sont remplis par les grands fleuves qui, tous, prennent leur source dans les montagnes de l'Himalaya et sont alimentés par les neiges perpétuelles.

On se rendra compte de l'envergure de quelques-uns de ces travaux en citant comme exemple le canal du Gange supérieur, qui comprend 459 milles d'artère principale et 4,476 milles d'embranchements pour distribuer l'eau. Le canal Sirhind, dans le Punjab, a une artère principale de 319 milles de longueur et 2,725 milles de canaux secondaires distributifs.

Aux points où ces fleuves puissants descendent des montagnes, aux confins des plaines de l'Inde, nous établissons un déversoir ou un barrage en travers de leur lit, nous construisons des ouvrages principaux et déversons les torrents dans les canaux reliés à un réseau de canaux secondaires distribuant l'eau sur de vastes superficies. Un canal principal de cette espèce ressemble donc à un réseau fluvial renversé. L'action d'un long fleuve traversant un pays consiste à recueillir, à emporter et à décharger à la mer toute l'eau qu'il draine dans son lit de ses innombrables affluents ; dans ses sinuosités il cherche et suit les niveaux naturels les plus bas du pays qu'il traverse. Le but d'un canal n'est pas de recueillir, mais de distribuer le long de son cours ; ses ramifications sont combinées de manière que l'eau découle de ses artères principales, au lieu de s'y déverser et par conséquent, au lieu d'emprunter les niveaux les plus bas, le canal traverse les terrains les plus élevés sur lesquels une pente peut être maintenue. Là où le canal rencontre un cours d'eau qui barre son chemin, il doit passer au-dessus ou au-dessous ; ce qui offre le curieux spectacle d'un cours d'eau qui passe apparemment sous un autre.

Six des grands fleuves qui viennent de l'Himalaya et traversent l'Inde septentrionale sont utilisés de cette façon pour l'irrigation continue, mais le plus important de tous, l'Indus, est traité par le système d'inondation. Dans ce système les ouvrages sont beaucoup plus simples et moins dispendieux, parce que l'eau n'est pas prise de celles que reçoivent les travaux de captation et de dérivation du fleuve à sa descente des montagne, mais bien par le moyen de canaux établis plus bas, le long de la rivière, et qui ne sont remplis que par le débordement annuel des torrents pendant les chaleurs de l'été ; mais

si la fonte des neiges de l'Himalaya ne produit pas une crue suffisante, l'irrigation manque. L'Indus arrose les plaines arides qui bornent l'Inde à l'Ouest, et dans son parcours inférieur il traverse la province de Sind, qui est une région où la pluie fait presque entièrement défaut ; pour ses récoltes, elle dépend à peu près exclusivement de la crue du fleuve. Sind est donc fertilisée par l'Indus comme l'Égypte l'est par le Nil.

Dans l'Inde méridionale et occidentale, les fleuves ne sont pas alimentés par les neiges, parce qu'il n'y en a pas sur les montagnes de l'intérieur. Quant aux fleuves qui se jettent à l'Est dans le golfe de Bengale, ils proviennent de sources situées très loin dans les terres. Ils drainent donc une étendue considérable du pays et leurs flots sont abondants pendant toute l'année. Dans l'Inde méridionale, le procédé adopté pour la distribution de l'eau des fleuves se compose d'une digue ou d'un barrage jeté en travers du cours d'eau aux environs des basses terres fertiles près de la côte orientale de l'Inde, où les deltas des fleuves commencent, et l'eau est utilisée dans le voisinage immédiat de la digue, comme c'est le cas pour le Nil en Égypte. La déclivité du sol étant ici extrêment faible, le courant y est comparativement lent, de sorte que la régularisation de la crue y est aisée ; un barrage d'une hauteur très modérée suffit pour élever les eaux à un niveau qui permet de les déverser dans les canaux d'irrigation. Les grands réseaux des deltas du Godaveri, du Kistna (Krishna) et du Cauvery (Kaveri) ont respectivement une longueur de 573, 372 et 844 milles d'artères principales, et rapportent d'énormes ressources au Gouvernement. Si on y comprend tous les canaux secondaires et réservoirs, la superficie totale des terres irriguées dans les districts Sud-Ouest de l'Inde, principalement le

long de la côte de la mer, peut être évaluée à dix millions d'acres.

Le second système, l'accumulation de l'eau de pluie dans les réservoirs, est très ancien dans l'Inde ; il a été beaucoup développé sous le régime anglo-indien. Le réservoir indien ordinaire est formé par l'interception du drainage de la contrée en construisant un barrage en travers d'une vallée ou d'une gorge, entre deux monticules, de façon à arrêter et à emmagasiner les eaux qui sont lâchées par des vannes et conduites aux champs situés au pied du barrage. A l'Est de l'Inde méridionale, le pays est parsemé d'un trés grand nombre de ces citernes ou réservoirs qui ont, pour la plupart, été construits dans les temps anciens par les habitants ou les gouvernants indigènes. Ils sont actuellement restaurés et entretenus par le Gouvernement britannique. La circonférence de certains d'entre eux atteint de nombreux milles. On en rencontre aussi beaucoup dans les collines basses de l'Inde centrale. Le système est très employé dans l'Inde occidentale où les bords des fleuves sont généralement escarpés et peuvent donc rarement être amorcés par des canaux. Toutefois, ce système présente un inconvénient. Une grande quantité de l'eau stagnante de ces réservoirs (ordinairement appelés *tanks* (étangs) dans l'Inde) se perd par l'évaporation pendant la saison chaude. D'autre part, pendant des périodes de longue sécheresse, quand l'irrigation est la plus nécessaire, un réservoir peu profond peut s'assécher complètement. Une autre méthode d'accumulation consiste à détourner, dans un réservoir, les eaux d'un fleuve dont les crues n'atteignent que par intervalles, soudainement et pendant de brèves périodes, le niveau des hautes eaux. L'exemple le plus remarquable de ce genre de travail est le réservoir établi sur le fleuve Peryar. Ce fleuve prend

sa source dans la chaîne de montagnes qui se dirige parallèlement à la côte Sud-Ouest de l'Inde et à peu de distance de la mer où les pluies sont abondantes ; son cours naturel descend vers l'Ouest par les versants des montagnes dans la direction de l'océan Indien, de sorte que la pluie qu'il recueille et emporte est perdue. Les ingénieurs anglais ont dévié les eaux de ce fleuve en les déversant, avant qu'elles ne s'échappent de la côte occidentale, dans un grand réservoir, et par un petit tunnel à travers les monticules environnants, ils déchargent les eaux du réservoir dans le lit d'un autre fleuve du même bassin qui se dirige à l'Est vers les plaines intérieures où l'eau peut être utilisée pour l'irrigation.

Les capitaux affectés par le Gouvernement britannique aux dépenses des travaux d'irrigation s'élèveraient à quarante-deux millions sterling, si la livre anglaise était évaluée, pour les calculs, à dix roupies. Je ne puis entreprendre de chiffrer la somme exacte, parce que le taux du change de la roupie a beaucoup varié pendant les cinquante années sur lesquelles la dépense a été répartie ; il s'ensuit que parfois dix roupies représentaient plus d'une livre et récemment beaucoup moins. Le tantième pour cent du produit net dont bénéficie l'Etat sur sa dépense en capital dépasse 6 p. c. pour l'Inde entière ; le rendement est beaucoup plus élevé dans certaines provinces ; dans d'autres il est beaucoup inférieur à ce résultat financier général. Au point de vue des finances, tous les objets de canaux, les petits travaux exceptés, sont divisés en deux classes : l'une productive, l'autre protectrice.

Les canaux productifs sont ceux dont on espère retirer suffisamment de recettes pour couvrir les frais d'exploitation et rémunérer le capital consacré à leur construction au taux de 4 p. c. à la fin d'une période de dix ans

après leur ouverture; ces canaux sont généralement construits au moyen d'emprunts faits par le Gouvernement pour placer l'argent productivement. Les canaux protecteurs sont ceux dont on n'attend pas de rendement direct du capital de construction ; ils sont créés en vue de protéger contre la sécheresse les districts qu'ils desservent par leur distribution d'eau.

Je signalerai ici que pour l'année financière 1903-04 la dépense en capital que le Gouvernement de l'Inde a appropriée aux chemins de fer et à l'irrigation est estimée dans son budget à huit millions sterling. La plus forte partie de cette somme est probablement destinée aux chemins de fer, mais il convient de ne pas perdre de vue que les chemins de fer et l'irrigation sont intimement liés : là où la terre devient très productive, un embranchement de chemin de fer devient indispensable pour le transport du surplus des récoltes.

D'après les statistiques officielles de l'année 1900-01, la superficie totale irriguée dans l'Inde par les canaux et les réservoirs qui relèvent et dépendent de l'administration de l'Etat représentait, à peu de chose près, vingt millions d'acres et le rendement net, le plus important qui ait jamais été rapporté, s'élevait à trente-cinq millions de roupies. Six millions d'acres environ sont ainsi irrigués par des canaux et des réservoirs n'appartenant pas à l'Etat.

L'aperçu suivant fournit quelques renseignements sur le système de distribution de l'eau d'un des grands canaux à débit continu dans l'Inde septentrionale.

Après avoir parcouru une certaine distance en cours unique, le canal se divise en branches ; à celles-ci sont reliés les canaux secondaires qui se ramifient en tranchées de dimensions plus restreintes et de ces tranchées les

villageois eux-mêmes conduisent l'eau à leurs champs au moyen de petites conduites.

Un canal rémunère le coût de son établissement par la perception de contributions levées sur toutes les récoltes produites par l'utilisation de l'eau du canal ; ces contributions varient d'après les récoltes et sont approximativement proportionnelles à la quantité d'eau généralement requise pour chaque espèce de récolte, car il va sans dire que certaines d'entre elles en exigent plus que d'autres.

Indépendamment des ressources directes provenant des droits prélevés, le canal est crédité, dans le budget général des recettes et des dépenses du gouvernement, de sommes considérables qui représentent la plus-value de l'impôt foncier sur les terres fertilisées par l'irrigation. Il faut tenir compte de ce fait que, presque partout dans l'Inde, l'assiette de l'impôt foncier est établie de temps à autre sur la valeur des propriétés en proportion de leur valeur locative réelle évaluée ou estimée, et cette valeur est très sensiblement augmentée lorsque la propriété est arrosée par un canal.

Rien n'oblige le cultivateur à prendre de l'eau, cela dépend entièrement de sa volonté ; il s'ensuit que, dans de nombreux districts, des pluies abondantes diminuent les bénéfices d'un canal ; à moins qu'il ne prenne de l'eau, le cultivateur ne paie absolument rien, et même s'il en prend et que sa récolte ne réussisse pas, il peut obtenir une exonération partielle ou complète du droit.

A l'origine, les canaux n'étaient pas construits dans le but d'en tirer profit, mais pour protéger l'agriculture pendant les périodes de sécheresse et pour assurer au gouvernement la régularité de l'impôt foncier. Les travaux ont été exécutés par l'Etat, à ses propres rixes et sous sa responsabilité ; il s'en remet entièrement au

propre intérêt du cultivateur pour l'amener à lui acheter l'eau. Le facteur principal, tant pour l'Etat que pour le cultivateur, en ce qui concerne les travaux d'irrigation, c'est que ceux-ci constituent une prime d'assurance contre la famine provoquée par le défaut de pluie. Ils encouragent aussi, à un très haut degré, l'extension de la culture de récoltes précieuses qui ne peuvent être produites que par un arrosage constant et certain ; d'une manière générale, ils contribuent largement à l'augmentation du rendement de la terre et permettent de mettre en culture une superficie beaucoup plus grande. Dans mainte région de l'Inde, la terre n'a aucune valeur sans irrigation.

Dans le Punjab on a eu recours à l'irrigation pour coloniser des terres qui, autrefois, n'étaient pas peuplées ou n'avaient qu'une population très clairsemée de nomades pastoraux. D'immenses terres de cette nature furent choisies et divisées en lots pour être concédées aux cultivateurs qui occupaient la terre à titre de colons. Ils prirent possession de leurs lots au fur et à mesure que l'eau leur fut fournie par le canal créé dans cette région.

C'est par ces procédés que de grandes étendues de terres vacantes ont été peuplées par des tenanciers prospères qui, tous, tiennent leur tenure directement de l'Etat ; ils ont pris la place des tribus nomades qui suscitaient beaucoup d'embarras à la police.

Dans le coin Nord-Ouest de la vallée de Peshawar, sur la frontière de l'Afghanistan, se trouve une plaine habitée par un peuple primitif et turbulent qui se distinguait par ses dispositions belliqueuses et sa conduite déréglée. Dans un rayon qui se chiffre par de nombreux milles, le pays était aride et désolé, une plaine noire au pied des montagnes afghanes toutes dénudées; les quelques petites canalisations qui y avaient été établies par les paysans

provoquèrent des querelles sanglantes et le gaspillage de beaucoup d'eau.

Le gouvernement creusa un canal de la rivière Swat ; il traverse le district et rejoint l'Indus. Quoique pendant la période de construction les ingénieurs aient dû recourir à des tranchées pour se protéger contre les attaques nocturnes et que les escouades de manœuvres fussent protégées par des soldats, le résultat poursuivi a été atteint. Les paysans ont été convertis à des habitudes industrieuses agricoles, au grand avantage de la paix et de la prospérité de ce pays limitrophe, et le Gouvernement lui-même bénéficie de ces travaux, car ils donnent un rendement raisonnable.

La construction d'un grand canal expose toutefois à un danger qu'une longue expérience nous a enfin appris à éviter. Creuser un grand canal à travers un pays, c'est réellement y créer un nouveau fleuve qui vient changer les conditions physiques des plaines situées le long du nouveau cours d'eau et même en affecter le climat. Le sol devient marécageux (il se forme des eaux croupissantes), les puits s'effondrent et un district sain est exposé à la malaria et à l'infection par la fièvre. Là où cet état de choses existait, on y a porté remède par le drainage et en modifiant les canaux et on prend les plus grandes précautions pour éviter à l'avenir de pareils maux.

Quant aux canaux exclusivement construits pour la navigation et le transport des marchandises par bateaux, il n'y en a que trois dans l'Inde, deux dans le Bengal inférieur et un dans la Présidence de Madras.

Quelques-uns des autres grands canaux d'irrigation ont été établis de manière à permettre la navigation, mais en général, la combinaison de la navigation et de l'irrigation n'a guère eu de succès dans l'Inde, parce que les travaux,

la forme des canalisations, le système d'écluses, de ponts et la régularisation du courant nécessitent, sous beaucoup de rapports, un traitement différent pour les exigences des deux services ; les bénéfices produits par la navigation sont aussi de beaucoup inférieurs à ceux rapportés par l'irrigation. Il importe aussi de rappeler que, pendant certaines saisons de l'année, les deux services ne peuvent marcher de pair. Quand une grande quantité d'eau a été dérivée pour l'irrigation, la profondeur des flots du canal n'est pas suffisante pour porter une barque.

Le département de l'irrigation du Gouvernement indien est très complètement organisé et très important. Le service de la surveillance d'un grand canal en exploitation est une attribution qui entraîne de très grandes responsabilités et exige une compétence professionnelle et une expérience hors ligne, ainsi qu'une vigilance incessante de la part de tous les fonctionnaires en cause.

Les plus grands réseaux de canaux sont répartis en divisions; la gérance de chacune d'elles est confiée à un ingénieur qui dispose de deux ou trois adjoints européens et d'un personnel indigène considérable. La plus petite division du canal Sirhind, par exemple, comprend outre les travaux de captation et de direction, 1,000 milles de canaux et 250,000 acres de terres irriguées. Le fleuve qui alimente le canal doit être constamment surveillé, jour et nuit, afin de pouvoir agir promptement en cas de crue soudaine et pour régler l'équilibre entre l'eau qui arrive et le débit nécessaire à l'alimentation des champs. L'ingénieur en chef doit constamment être en communication avec les populations, entendre les plaintes, trancher les différends et travailler de concert avec elles. « Le grand secret dans l'administration d'un canal, dit le *Manuel officiel*, c'est le gouvernement personnel. Si les fonc-

tionnaires du Gouvernement sympathisent et restent en contact avec la population, tout en veillant résolument à ce qu'il soit rendu justice au Gouvernement qui les emploie, tout système, quel qu'il soit, peut, pour ainsi dire, être exploité avec succès. » Aussi la nécessité de s'assurer la cordiale coopération de tous les propriétaires fonciers les plus importants est soigneusement inculquée à tous les fontionnaires des canaux.

Le présent aperçu sur l'irrigation dans l'Inde est très bref et imparfait. Néanmoins l'auteur espère qu'il donne une description compréhensible du système et qu'il servira d'exemple pour propager les bénéfices que retire un gouvernement de la politique qui consiste à placer d'énormes capitaux dans des travaux qui développent le bien-être et la richesse d'un très grand nombre de ses sujets, de manière à établir une communauté d'intérêts en mettant la prospérité de l'agriculture sous la dépendance directe d'une administration scientifique gérée par des fonctionnaires de l'Etat. Dans l'Inde, la terre constitue la base de la société; l'immense majorité de la population en tire sa subsistance et l'impôt foncier constitue l'élément principal des ressources de l'Etat. Il est probable que rien n'a autant contribué au contentement du peuple et à sa soumission paisible à l'autorité britannique que le succès et les bienfaits éclatants de l'irrigation.

Aucune autre œuvre publique n'a aussi manifestement et incontestement contribué à la richesse du pays ou à la prévention de la détresse publique, et la construction des grands canaux a laissé dans le sol de l'Inde un exemple et un monument durables de l'heureuse influence de l'administration britannique.

Note préliminaire à la publication des documents relatifs aux irrigations dans l'Inde Britannique.

Nous croyons pouvoir nous borner à publier sur les irrigations dans l'Inde Britannique les documents suivants :

1. La loi de 1873 sur les canaux et drainages dans l'Inde septentrionale, telle qu'elle est amendée jusqu'à ce jour, constitue toute la législation sur l'irrigation dans trois grandes provinces de l'Inde septentrionale et de l'Inde centrale, à savoir : 1° le Punjab ; 2° les Provinces Unies (appelées antérieurement, comme dans l'article 1 de la loi, les provinces du Nord-Ouest et le Commissariat en chef d'Oudh) ; 3° les Provinces Centrales.

L'historique de cette législation se trouve dans les exposés des motifs et dans la dépêche du 14 mars 1872, annexés à la loi. Le projet de loi fut d'abord introduit par Sir Henry Maine, en 1869, et ne s'appliquait à l'origine qu'au Punjab ; il fut plus tard étendu aux deux autres provinces et devint loi à la suite d'un vote du Conseil législatif du Gouverneur Général. Toutefois, lorsque la loi fut soumise à la sanction du Secrétaire d'État pour l'Inde (ce qui est nécessaire pour toutes les lois importantes votées dans l'Inde), celui-ci présenta des objections à six articles (voir sa dépêche du 14 mars) et tout le projet, à l'exception des articles critiqués, fut représenté au Conseil du Gouverneur Général. La note écrite de la dépêche imprimée explique les motifs de l'opposition faite à ces articles, ainsi que leur omission. Les observations faites

par le Secrétaire d'État dans le § 2 de la dépêche renferment un principe important.

L'exposé des motifs de Sir Henry Maine contient les principes généraux et les méthodes administratives qui règlent tout le système d'irrigation dans l'Inde septentrionale.

2. La loi sur les canaux secondaires du Punjab est supplémentaire. Voir l'exposé des motifs et les développements annexés à la loi.

3. La loi de Birmanie de 1905 règle les conditions spéciales d'une province qui diffère dans beaucoup de circonstances des autres provinces de l'Inde proprement dite. Les développements sont annexés à la loi.

4. La loi de Bombay, telle qu'elle est modifiée jusqu'au mois d'avril 1902, comprend la législation jusqu'à cette date sur la question de l'irrigation dans cette province. Voir aussi le code sur l'impôt foncier du 1er avril 1903 qui renferme un article important (37). Celui-ci renforce toute la loi.

5. La loi VII de 1865 de Madras, telle qu'elle est amendée par la loi V de 1900 (voir les développements y annexés et la dépêche du Secrétaire d'État du 6 décembre 1900). Cette dépêche étant confidentielle, ne peut être publiée bien qu'elle explique le principe en discussion. La loi semble avoir principalement pour objet d'accorder au Gouvernement le pouvoir légal de percevoir des taxes d'eau. Le principe qui y est exposé et qui régit tout système d'irrigation de l'Inde, porte qu'aucun propriétaire foncier ne peut être obligé de prendre de l'eau pour irriguer ses terres.

12 août 1905.

Sir Alfred Lyall.

INDE SEPTENTRIONALE, PUNJAB, PROVINCES-UNIES, OUDH ET PROVINCES CENTRALES.

Inde Septentrionale, Punjab, Provinces Unies, Oudh et Provinces Centrales.

EXPOSÉ DES MOTIFS (1).

Le présent projet de loi a pour objet de renforcer et d'amender la loi relative à l'irrigation et aux travaux d'irrigation dans l'Inde Septentrionale.

Au mois de septembre 1867, le Gouvernement du Punjab soumit à l'examen du Gouvernement de l'Inde un projet de loi sur le « Règlement de la distribution de l'eau naturelle et des travaux hydrauliques » du Punjab, parce que la loi VII de 1845, la seule loi sur la matière, avait été trouvée insuffisante depuis longtemps pour atteindre les buts poursuivis. Ce côté de la question fut appuyé par

(1) Se rapporte à la loi XXX de 1871. — Loi sur les canaux et l'irrigation du Punjab que le secrétaire d'Etat a refusé de sanctionner parce qu'elle décrétait la perception d'une taxe obligatoire.

STATEMENT OF OBJECTS AND REASONS (1).

The object of this Bill is to consolidate and amend the law relating to irrigation and irrigational works in Northern India.

In September 1867, the Punjab Government submitted, for the consideration of the Government of India, a draft Bill for the « Regulation of the natural water-supply and the water-works » of the Punjab, on the ground that Act VII of 1845, the only law on the subject, had long been found insufficient for the purposes in view. This view of the case was supported by

(1) Refers to Act XXX of 1871. Punjab Canal of Drainage Act — Which S. of S. objected to because it provided for the levy of a compulsory rate.

le Gouvernement des provinces du Nord-Ouest, où la loi VII est également en vigueur.

Le projet du Punjab fut soumis au Colonel Strachey, Inspecteur général des travaux d'irrigation près du Gouvernement de l'Inde. Ce fonctionnaire aboutit à la conclusion qu'il ne suffisait pas d'amender simplement la loi VII, et, pour différentes raisons, il jugea nécessaire de préparer un nouveau projet. Celui-ci fut soumis à l'avis de Sir William Muir dont les explications furent en général admises par Lord Lawrence, alors Gouverneur Général. Le projet fut donc transmis aux Gouvernements locaux et aux administrations intéressées pour être soumis à une revision définitive en concordance avec les opinions émises. Les rapports des différents Gouvernements ayant été examinés aujourd'hui au Département des travaux publics, le projet de loi y a été arrêté dans sa forme présente.

Le projet de loi présenté par le colonel Strachey a été

---

the Government of the North-Western Provinces, where Act VII is also in force.

The Punjab draft was referred to Colonel Strachey, the Inspector General of Irrigation Works to the Government of India, who came to the conclusion that no mere amendment of Act VII would suffice, and for various reasons considered it necessary to prepare a fresh draft. This was submitted to Sir William Muir for his opinion, and his comments having been generally assented to by Lord Lawrence, then Governor General, orders were given for the transmission of the draft to the Local Governments and Administrations to whose territories it was intended to be made applicable, and for its ultimate revision in accordance with the opinions expressed by them. The reports of the several Governments have now been received and considered in the Public Works Department, and the Bill has been there thrown into its present form.

The Governments of the North-Western Provinces and the

accepté dans ses grandes lignes comme étant approprié et suffisant par les Gouvernements des provinces du Nord-Ouest et du Punjab, où des canaux d'irrigation ont été longtemps en activité et où, par conséquent, l'expérience pratique des conditions de pareilles entreprises est faite. Les critiques ont généralement porté sur des questions d'importance secondaire et il est permis de croire que le projet de loi, tel qu'il est arrêté maintenant, écartera toutes les objections essentielles faites au projet.

Le projet de loi du Punjab débutait par la définition des droits de l'État et des particuliers sur les eaux naturelles de la contrée. Il déclarait qu'en règle générale la propriété totale de ces eaux appartenait au Gouvernement, sauf dans les cas où un long usage en avait établi la propriété privée. Il affirmait aussi le droit du Gouvernement d'exécuter des travaux pour utiliser toutes les eaux et imposait l'autorisation préalable du Gouverne-

---

Punjab, in which irrigation canals have long been in operation and in which therefore practical experience of the requirements of such undertakings is most mature, have generally accepted the Bill drafted by Colonel Strachey as being suitable and sufficient. The criticisms made have been for the most part on matters of secondary importance, and it is believed that the Bill as now framed will be found to meet all the substantial objections that have been taken to the draft.

The Punjab Bill began by defining the rights of the State and of individuals in the natural waters of the country. It déclared generally that the entire property in these waters was vested in the Government, excepting in cases where long usage had established a private property. It asserted the general right of the Government to carry out works for utilizing all waters, and threw the onus of obtaining the previous sanction of the Government on all private persons who might wisth to carry out such works themselves.

ment à tous les particuliers qui désiraient exécuter ces travaux eux-mêmes.

Le Gouvernement de l'Inde a pensé qu'il était préférable de donner une autre solution à cette question compliquée. Il ne propose pas de définir les droits par la voie législative. Le projet de loi renferme, au contraire, dans son préambule, une proposition qui semble être un exposé exact non seulement de la coutume existant dans l'Inde, mais également d'une règle fondamentale universellement reconnue dans l'Europe occidentale. Cette règle n'est nulle part si bien admise que dans ces pays Européens, comme l'Italie septentrionale, qui ressemblent à l'Inde sous le rapport de leur dépendance de l'irrigation artificielle.

Cette proposition porte que la propriété des lacs, rivières et fleuves de l'Inde britannique appartient à l'État, tout en étant, dans certains cas, soumise aux droits acquis par l'usage ou par une concession.

The Government of India has thought it better to deal differently with this difficult subject. It proposes no legislative definition of any rights. Instead of this, the Bill in the preamble lays down a proposition which is believed to be a correct statement not only of the existing custom of India, but of a fundamental rule universally recognized in Western Europe, and nowhere so distinctly asserted as in those European countries, such as Northern Italy, which resemble India in their dependence on artificial irrigation. This proposition is that the property in the lakes, rivers and streams of British India is vested in the State, subject in certain cases to rights acquired by usage or grant.

Whenever it becomes necessary for the Government on behalf of the public to invade the private rights of which the possible existence is thus admitted, proper provision is made in the exacting clauses of the Bill for compensating the person in whom such rights may be vested.

Toutes les fois que, dans l'intérêt du public, il est nécessaire que le Gouvernement empiète sur des droits privés dont l'existence possible est ainsi admise, des dispositions sont prévues dans le projet de loi pour dédommager la personne qui possède de tels droits.

Si l'on considère la position du Gouvernement et son obligation d'utiliser le plus possible les moyens d'irrigation existants, il est incontestable qu'il a le droit de reprendre toute distribution d'eau en possession d'un particulier, de la même manière qu'il a le droit d'exproprier des terres pour cause d'utilité publique et de répartir l'eau de la façon la plus favorable au bien-être de la communauté en général.

Il arrivera rarement que les actes du Gouvernement empiéteront sur des droits privés de cette espèce, mais l'expérience a démontré récemment que le cas doit être prévu.

L'extension de l'irrigation en Rohilkand est aujourd'hui

Having regard to the position of the Government as thus declared, and to the paramount obligation that rests upon it to utilize to the utmost the existing means of irrigation, it does not appear open to dispute that the Government should have the power to resume any water-supply in the possession of any individual, in the same general manner that it has power to take land for a public purpose, and to redistribute the water in the way most conducive to the good of the community at large.

It will rarely happen that the operations of the Government will interfere with private rights of this sort, but experience has recently shown that the case must be provided for. At the present time the extension of irrigation in Rohilkand is seriously obstructed by the inability of the Government to exercice such powers as those which it is now proposed to confer on it.

The first part of the Bill lays down the procedure under

sérieusement entravée par l'impossibilité dans laquelle se trouve le Gouvernement de faire usage de pouvoirs semblables à ceux qu'on propose de lui conférer actuellement.

La première partie du projet de loi arrête la procédure à suivre par le Gouvernement pour prendre possession d'une distribution d'eau et pour dédommager des pertes subies. Ce dédommagement consistera partiellement en une réduction de l'impôt foncier et partiellement en un payement direct en numéraire, selon les cas.

La décision sur les demandes en dommages-intérêts appartient aux officiers du revenu du district ; les décisions sont susceptibles d'appel auprès du commissaire. En cas de payement en numéraire, le demandeur aura l'option de soumettre le montant du dédommagement à des arbitres, suivant le procédé généralement suivi pour les arbitrages en cas d'expropriation pour cause d'utilité publique.

Le projet de loi prévoit également des conditions pour les cas de privation temporaire d'eau, ainsi que pour les

---

which the Government may thus take possession of a water-supply, and under which compensation for loss is to be given. Such compensation will partly be given as a reduction of the land revenue, and partly as a direct money-payment, as each case may require. The decision on claims for compensation will rest with the district revenue officers, an appeal lying to the Commissioner. Where a money-payment is thought to be necessary, the claimant will be given the option of having the amount of compensation referred to arbitrators on the same general system as is laid down for arbitrations in the case of land being taken for public purposes.

Provision is also made for cases of temporary deprivation of water, and for temporary injuries done to land by accidents to irrigation works.

dommages temporaires causés à des terres par des accidents survenus aux travaux d'irrigation.

Le reste du projet de loi concerne exclusivement la partie administrative ; il fixe et définit les pouvoirs que le Gouvernement et ses fonctionnaires peuvent exercer en exécutant et en dirigeant des travaux d'irrigation, de navigation et de drainage.

Il importe d'expliquer ici que les pouvoirs donnés par le projet de loi sont de deux espèces : les premiers se rapportent à la gestion des travaux, les seconds sont relatifs à la répression des délits pouvant causer des dommages aux travaux et par conséquent à l'État et à la communauté.

La première catégorie de pouvoirs sera exercée par les fonctionnaires spéciaux chargés de la gestion des canaux soumis à leur contrôle départemental ; dans certains cas, il y a appel auprès des officiers du revenu local.

La seconde catégorie de pouvoirs sera exercée en vertu de la loi criminelle générale par les fonctionnaires désignés à cette fin par le Gouvernement local.

The remainder of the Bill is mainly administrative, and declares and defines the powers which the Government and its officers may exercise in carrying out and managing works of irrigation, navigation and drainage.

It will here be convenient to explain that the powers given under the Bill are of two sorts, — the first have relation to the management of the works, the second are for the punishment of offences by which injury may be done to the works, and so to the State and the community.

The first class of duties will be exercised by the special officers charged with the management of the canals subject to their own departmental control, and in some cases to an appeal or reference to the local revenue officers.

The second class will be exercised under the general criminal law, by such officers as the Local Government shall appoint for

La même latitude est nécessairement accordée au Gouvernement local dans ce cas, comme dans celui de la désignation de tous les autres magistrats. Il est à remarquer que le pouvoir dont sont investis actuellement ces fonctionnaires est très peu étendu et il n'a pas été proposé de l'étendre.

Ce qui manque sous ce rapport est précisément la somme de pouvoirs nécessaire pour faire observer les règles légales, et tous ceux qui ont quelque expérience pratique sont d'accord pour dire que ces pouvoirs ne peuvent être effectivement exercés que par une autorité établie sur les lieux et prête à agir immédiatement. Une telle autorité, dit-on, ne peut être trouvée que chez l'officier de canal. Sous la législation actuelle, ces fonctionnaires ne peuvent, dans aucun cas, exercer des pouvoirs criminels, à moins d'en être spécialement chargés par les Gouvernements locaux comme tous les autres magistrats, et il est à supposer que toutes les précautions nécessaires seront prises en leur donnant ces pouvoirs.

---

the purpose. The same discretion is necessarily left to the Local Government in this case as in that of the appointment of all other Magistrates. As a matter of fact, the power now given to these officers is extremely small, and it has not been proposed to increase it. What is wanted is just so much power as will enforce attention to the lawful rules, and there is a great concurrence of opinion among those who speak from practical experience, that this power can only be effectually exercised by an authority on the spot ready to act instantly. Such an authority, it is alleged, can only be found in the Canal officer. Under the present measure, these officers can in no case exercise any criminal powers unless they are specially invested with them by the Local Governments, like all other Magistrates, and it may be presumed that all suitable precautions will be taken in giving them such powers.

Le chapitre du projet de loi qui traite des pouvoirs des officiers de canal est basé sur les coutumes existantes ; il ne demande que peu d'explications. Les pouvoirs se rapportent principalement à l'établissement et à l'administration de canaux ou d'ouvrages subsidiaires, nécessaires pour l'extension ou le règlement convenable de l'irrigation.

Les articles 32 à 42 indiquent la procédure à suivre pour obtenir des terres nécessaires pour l'établissement de conduites d'eau privées. Elles sont conçues dans le même esprit général que la loi XII de 1866 qu'elles tendent à remettre en vigueur en simplifiant la procédure ; d'autre part, ces articles n'accordent qu'un droit d'*occupation* de la terre moyennant payement d'une rente et moyennant certaines conditions. Ce système semble être suffisant et il importe de rendre la loi réellement applicable aux cas en question.

L'article 43 traite de la fermeture d'office d'un aqueduc. Cette fermeture a été limitée aux cas où l'aqueduc

---

The chapter of the Bill that treats of the powers of Canal officers is based on existing custom, and calls for little special remark. The powers chiefly refer to the execution and management of water-courses or subsidiary works which are required for the extension or proper regulation of irrigation.

Sections 32 to 42 refer to the procedure for obtaining land for private water-courses. They are framed in the same general spirit as Act XII of 1866, which they are intended to replace, but simplify the procedure, and only give a right of *occupation* of the land on payment of rent, and on certain conditions. This seems to be quite sufficient, and it is important to make the law really applicable to the cases in question.

Section 43 declares when a water-course may be closed penally. This has been limited to cases in which the water-course is not kept in proper order, or in which orders relating to it are

n'est pas entretenu en bon état et où il n'est pas donné suite à des ordres y relatifs. Il n'existe aujourd'hui aucune loi pour limiter ce pouvoir, et il est possible qu'il en ait été abusé quelquefois, précisément parce que l'officier de canal ne dispose pas, sous la loi en vigueur, d'autres moyens pour faire exécuter un ordre légal. En lui donnant une autorité strictement limitée, telle qu'elle est proposée, il ne sera plus nécessaire de recourir à des actes irréguliers.

Les cas auxquels est aujourd'hui limité l'exercice du pouvoir sont ceux dans lesquels celui-ci est réellement nécessaire pour la protection de la communauté d'irrigation contre le gaspillage de l'eau ou le mauvais usage de conduites d'eau par des particuliers ; il est impossible de prendre d'autres mesures efficaces à l'égard d'abus semblables.

Le chapitre sur l'usage d'eau de canal et sur les charges à imposer de ce chef est très important ; il propose plusieurs modifications à la pratique existante qui demandent quelques explications.

---

not obeyed. There is at present no law to limit this power, and it is possible that it may have been abused in some instances, more particularly as the Canal officer has, as the law stands, no other means of enforcing a lawful order. By giving hin properly limited authority, as now proposed, all necessities for irregular action will be removed. The cases to which the exercise of the power is now to be restricted are believed to be these in which it is really required for the protection of the irrigating community against the waste of water or misuse of water-courses by individuals, for which no other efficient remedy could be devised.

The chapter on the use of canal-water and the charges to be made for it is very important, and it proposes several changes of the existing practice which call for special explanation.

Quoique la loi en vigueur donne au Gouvernement le pouvoir d'imposer des droits sur l'usage de l'eau pour l'irrigation suivant des régles à arrêter par le Gouvernement local, sans aucune limitation du système à suivre, ces droits ont en pratique consisté, jusqu'à maintenant, en une taxe variant, suivant la nature de la récolte, prélevée sur le cultivateur ou l'occupant de la terre irriguée. Aucune charge directe n'est imposée aujourd'hui au propriétaire de terres irriguées.

Toutefois, les revenus des terres irriguées au moyen de canaux étant sensiblement supérieurs à ceux des terres non irriguées, le propriétaire de ces dernières peut immédiatement réaliser une augmentation considérable de revenus en recourant à l'irrigation par des canaux, du chef de laquelle il est indemne de toute charge et n'a rien à payer au Gouvernement qui fait exécuter les travaux à ses frais.

Le caractère peu équitable de cette situation n'a pas échappé, et au cours de la récente revision de l'impôt foncier du Punjab, il a été adopté un système qui y

---

Although the existing law gives the Government the power to charge for the use of water for irrigation under rules to be made by the Local Government without any limitation of the system to be followed, in practice the charge has, till now, been always made as a rate varying with the nature of the crop levied from the cultivator or the occupier of the irrigated land. No direct charge is now made on the proprietor of irrigated land.

But as the rents of canal-irrigated lands are sensibly higher than those of the unirrigated lands, the proprietor of such lands can at once realize a considerable increase of income on the introduction of canal irrigation, on account of which he incurs no charge and makes no return to the Government at whose expense the works have been carried out.

remédie. Il est à remarquer cependant que dans les provinces du Nord-Ouest, le Gouvernement ne peut imposer, avant la revision de la loi, aucune taxe aux propriétaires de terres irriguées au moyen de canaux du chef des avantages directs qu'ils retirent de l'accroissement des revenus. Or, cette revision pourrait se faire plusieurs années seulement après le moment où la réalisation des bénéfices dus au canal a commencé.

De plus, rien n'a été prévu dans aucune province pour ce qui concerne le cas de terres irrigables, classées d'une façon permanente ou ne payant pas de rentes au Gouvernement. Sous la loi en vigueur, le Gouvernement ne dispose pas, dans ce cas, des moyens efficaces pour faire intervenir le propriétaire dans le coût des travaux, quoique les revenus de celui-ci puissent être largement accrus par l'exécution de ces travaux.

La première modification dont il y a lieu de tenir

The inequitable nature of this arrangement has already attracted attention, and, in the recent revision of the land revenue in the Punjab, a system has been decised under which the most objectionable features of the present condition of things is obviated. But in the North-Western Provinces, the Government cannot realize any contribution from the proprietors of canal-irrigated lands on account of the direct advantages they obtain by the rise of rents until a revision of the settlement is made, which may be very many years after the profits due to the canal have begun to be realized.

Moreover, in neither Province has any provision been made to meet the case of lands permanently settled, or not paying revenue to Government, for which canal irrigation may be provided. In these cases, under the existing law, the Government has no effectual means of making the proprietor contribute to meet the cost of the works, though his income may be very largely increased by reason of their construction.

compte est celle qui concerne ces cas. Elle dispose qu'une taxe peut être imposée au propriétaire de la terre irriguée ainsi qu'à l'occupant. Il est à remarquer cependant que lorsqu'une taxe de cette nature est imposée, le propriétaire peut faire valoir toute somme payée par lui indirectement du chef de l'accroissement de l'impôt foncier dû à la plus-value de la terre provenant de l'irrigation.

Le pouvoir d'imposer une taxe d'eau au propriétaire de terres irriguées n'est naturellement justifié que par cette considération que l'accroissement des rentes du propriétaire est dû à l'irrigation ; par conséquent, si la taxe est ainsi établie, le droit du propriétaire d'augmenter ses revenus dans une proportion correspondante doit être reconnu.

C'est ce que le Gouvernement fait, et il reconnaît ainsi virtuellement le droit du propriétaire à une large part dans les bénéfices accrus, dus à l'introduction de l'irriga-

---

The first change that is contemplated is to meet these cases, and it provides that a rate may be charged on the proprietor of the land irrigated, as well as on the occupier. It is, however, declared that whenever such a rate is charged, the proprietor may set off against it any sum paid by him indirectly as increased land revenue due to the increased value of the land arising from the irrigation.

The power thus taken to levy a water-rate on the proprietor of irrigated land is of course only justified by the fact that, in consequence of the irrigation, the rents of the proprietor are increased, and, as a necessary consequence, if the rate be so charged, the right of the proprietor to raise his rents in a corresponding proportion must be recognized. This is accordingly done, and in so doing the Government virtually acknowledges the right of the proprietor to a large share of the increased profits due to the introduction of irrigation by the expenditure of public money. This concession to the proprietor is of no small

tion aux frais du Trésor public. Cette concession au propriétaire a une grande importance ; elle écarte toute contestation ultérieure en traçant une limite pratique au pouvoir du Gouvernement de s'attribuer les bénéfices provenant de l'extension de l'irrigation, pouvoir qui, jusqu'à présent, n'a pas été soumis à pareille limitation.

Une proposition qui, en fait, ne différait pas des dispositions du projet de loi fut faite, il y a quelques années, par Sir William Muir, mais elle ne fut pas approuvée par le Gouvernement des provinces du Nord-Ouest, ni par le Gouvernement de l'Inde. Mais la véritable position du Gouvernement relativement aux travaux d'irrigation a été récemment discutée plus complètement et mieux comprise ; ce n'est qu'aujourd'hui que la grande importance financière de toute la question est appréciée comme elle doit l'être. La haute autorité de Sir Donald Macleod au Punjab et de Sir William Muir dans les provinces du Nord-Ouest étant complètement favorable à l'adoption de tout système d'imposition d'une taxe d'eau aux propriétaires

---

value, and places, beyond future dispute, a practical limit on the power of the Government to appropriate to itself the profits arising from the extension of irrigation, which, till now, has been subject to no such limitation.

A proposal, which in effect did not differ from what is contained in the Bill, was made some years ago by Sir William Muir, but did not receive the approval of the Government of the North-Western Provinces, nor of the Government of India. But the true position of the Government in relation to irrigation works has recently been more fully discussed, and has become better understood, and the great financial importance of the whole question is only now rightly appreciated. The high authority of sir Donald Macleod in the Punjab, and Sir William Muir in the North-Western Provinces, being plainty in favour of the adoption of some system of charging a water-rate on the pro-

de terres irriguées, le Gouvernement de l'Inde n'a pas hésité à admettre le principe, et on suppose que les stipulations du projet de loi pourront être applicables à tous les cas qui se présentent.

L'auteur du projet de loi suppose que l'eau ne sera distribuée qu'aux personnes qui en expriment le désir et que les taxes d'eau ordinaires ne seront imposées qu'à ceux qui profitent directement de l'irrigation. Mais le Gouvernement de l'Inde est arrivé à la conclusion qu'il est nécessaire, pour des motifs d'ordre financier, de s'arroger un pouvoir plus étendu admettant l'imposition d'une taxe sur toute terre irrigable par un canal, que cette terre soit irriguée réellement ou non, dans certaines circonstances. C'est la seconde modification importante.

Si, après l'ouverture d'un canal pendant cinq ans, le revenu net ne s'élève pas à 7 p. c. du capital, le Gouvernement propose d'imposer une taxe générale à toutes les terres irrigables par le canal, qu'elles soient ou non irri-

---

prietors of irrigated land, the Government of India has had no hesitation in adopting the principle, and it is believed that the provisions of the Bill will be found applicable to all cases that arise.

The Bill proceeds upon the supposition that the supply of water will be given only to persons who voluntarily desire to participate in it, and that the ordinary water-rates will only be charged upon persons who directly benefit by the use of the water. But the Government of India has been led to the conclusion that it is necessary on financial grounds to take a power which will extend beyond this, and will admit of a rate being placed on all land that is irrigable from any canal, whether in fact it be irrigated or not, under certain circumstances. This constitutes the second important change.

The Government proposes that, if after a canal has been opened

guées aujourd'hui ; cette taxe sera établie de façon à produire un revenu net de 7 p. c. du capital.

Le Gouvernement établit des travaux d'irrigation au moyen des fonds ou sur le crédit de la communauté payant la taxe générale ; comme garantie de cette communauté, il doit s'entourer de la meilleure sécurité possible pour le payement, par les districts favorisés par un canal, des charges actuelles auxquelles l'Etat doit faire face pour la construction et l'entretien de ce canal. On pourrait soutenir que la solidarité de pareilles charges devrait être étendue à toute la contrée qui bénéficie des travaux d'irrigation. On suppose cependant que sans une administration convenable, les remboursements nécessaires pour couvrir les charges peuvent être obtenus des terres profitant directement de l'irrigation et, dès lors, il semble suffisant de limiter cette responsabilité aux seules terres irrigables.

---

for five years, the average net revenue does not amount to 7 per cent. on the capital, a general rate may be charged on all land that is irrigable from the canal, whether it be actually irrigated or not, of such an amount as will bring up the whole net revenue to 7 per cent. on the capital.

The Government constructs irrigation works out of the funds or on the credit of the general tax-paying community, and, as trustee for that community, it must take the best possible security for the payement by the districts which are benefited by any canal of the actual charges to which the State is put by its construction and maintenance. It might be argued that the liability to meet such charges should be extended to the whole tract of country which receives any benefit from the irrigation works. But it is believed that under a satisfactory system of management, the needful returns to cover the charges may be obtained from the land which will directly benefit, and it is therefore considered sufficient to limit this liability to the irrigable lands only.

Les avantages résultant des travaux d'irrigation, quoiqu'ils se manifestent généralement pour toutes les classes de la société dans les districts où ils existent, sont bien plus considérables pour la communauté agricole que pour toute autre; d'autre part, l'influence indirecte de ces travaux sur la prospérité des districts voisins, même au delà du périmètre de l'irrigation, a été prouvée par l'expérience comme étant très importante. Il semble donc équitable d'asseoir la charge principale là où est obtenu le plus grand avantage et de ne faire intervenir le contribuable en général que lorsque tout effort raisonnable a été fait pour assurer un revenu local suffisant pour couvrir les frais occasionnés par les travaux.

L'expérience de l'Angleterre a prouvé l'excellence du principe d'imposer localement les charges nécessaires pour faire face à des améliorations locales ou pour provoquer des bénéfices en certains endroits.

The benefits of irrigation works, though no doubt generally felt by all classes of society in the districts in which they exist, are vastly greater to the agricultural community than to any other; and their indirect influence on the prosperity of the districts in their vicinity even beyond the actual reach of irrigation have been proved by experience to be most important. It therefore appears to be but right that where the principal advantage is obtained, there should the principal burden be placed; and that until every reasonable effort has been made to secure locally a sufficient revenue to cover the charge caused by these works, the general tax-payer should not be called upon to contribute.

The principle of distributing locally the charges necessary to provide for local improvements or benefits, is one which the experience of England has clearly shown to be thoroughly sound, and the Government of India believes that it is only by abiding by this principle, and extending its operation as far as is practicable, that

Le Gouvernement de l'Inde croit que ce n'est qu'en adoptant ce principe et qu'en étendant son action pratique aussi loin que possible, qu'il est possible de faire face aux exigences considérables de l'Inde pour ces travaux d'amélioration.

Le pouvoir du Gouvernement d'étendre les travaux d'irrigation, actuellement en vue, aussi complètement et aussi rapidement que les besoins de la contrée l'exigent certainement, doit nécessairement dépendre du remboursement raisonnable et en temps utile des sommes déboursées; désormais, il est de la plus urgente nécessité d'arrêter tous les moyens appropriés et légitimes pour développer, aussi rapidement que la pratique le permet, le revenu des travaux d'irrigation.

Il convient de remarquer aussi que le Gouvernement de l'Inde a introduit cette disposition dans le projet de loi depuis le moment où il fut soumis aux Gouvernements locaux; ceux-ci n'ont donc pas eu l'occasion d'exprimer leur opinion sur cette question primordiale.

---

the vast requirements of India for such works of improvement can be met.

The power of the Government to extend the irrigation works which are now contemplated, as fully and as rapidly as the wants of the country certainly require, must essentially depend on the early realization of reasonable returns on the outlay now being undertaken, and it is hence a matter of the most urgent necessity to secure all proper and legitimate means of developing the revenue of irrigation works as speedily as practicable.

At the same time it should be noticed that this proposal has been introduced into the Bill by the Government of India since it was submitted to the Local Governments, and that they have therefore had no opportunity for expressing their opinions on the very important questions it raises.

The only other parts of this chapter which require special notice

Les seuls autres articles de ce chapitre qúi méritent une mentions péciale sont ceux relatifs à la naissance de droits privés sur les eaux des canaux gouvernementaux. Il est nécessaire de prendre des mesures en vue de toutes les complications futures possibles provenant de la reconnaissance de droits privés, contraires à ceux de l'Etat agissant dans l'intérêt de toute la communauté d'irrigation.

Jusqu'à ce jour, on ne peut dire que l'usage de l'eau des canaux gouvernementaux n'a pas été toléré de manière à constituer des droits privés de nature permanente. Le contrat est passé virtuellement pour les récoltes soumises à l'irrigation ou pour un terme d'années fixé. Les arrangements sont faits avec l'occupant et non avec le propriétaire de la terre. Aucune obligation de prendre de l'eau ou de payer pour elle n'est imposée au cultivateur, à moins qu'il n'en use, et le Gouvernement distribue au mieux toute l'eau disponible. Le Gouvernement n'est pas obligé de maintenir les canaux ou une par-

---

are the sections referring to the growth of private rights in the water of Government canals. It is most necessary to guard against any possible future complications arising from the recognition of private rights, adverse to those of the State acting in behalf of the whole irrigating community.

There can be no question that, till now, the use of the water of Government canals has not been permitted in a manner to constitute private rights of a permanent nature. The contract is virtually for the crop under irrigation, or for a fixed term of years. The arrangements are made with the occupier, and not with the proprietor of the land. No obligation is placed on the cultivator to take water or to pay for it unless he uses it, and the Government distributes all available water as seems to it best. There is no obligation on the Government to maintain the canals or any particular portion of them. Arrangements

4

tie déterminée de ceux-ci. Dans certains cas, des arrangements ont été faits pour certains aqueducs ; ces arrangements reconnaissaient en apparence un droit plus ou moins permanent de recevoir de l'eau, mais il est suffisamment clair que ce droit est très limité, et qu'il ne doit pas, en fait, dépasser le pouvoir de réclamer la distribution qui est considérée comme convenable par l'administration du canal, dans un endroit déterminé ou par une ouverture spéciale.

Le chapitre sur la navigation n'a pas besoin d'explication. La partie du projet de loi relative aux travaux de drainage est nouvelle.

Par travaux de drainage on entend tous les travaux pour le drainage ou pour la protection des terres contre les inondations ou contre l'érosion par les rivières.

Les pouvoirs proposés ont été considérés comme très essentiels, parce que, par suite de l'extension de l'irrigation, il est nécessaire de surveiller constamment le drainage. Dans quelques parties de la contrée, le régle-

---

have in some cases been made in respect to water-courses which have had an appearance of recognizing a more or less permanent right to receive water, but it is sufficiently clear that the right is of a very limited description, and does not in fact extend beyond a power to claim such supply as is held to be available by the canal administration, at a particular place, or through a particular orifice.

The chapter on navigation calls for no special notice.

The part of the Bill which deals with drainage works is new.

By the definition of drainage-works, they are made to include all works for drainage, or for the protection of land from inundation, or from erosion by rivers.

The powers proposed to be given have been found to be most essential, because with the extension of irrigation, it is found that constantly increasing attention to drainage is very necessary.

ment de l'irrigation n'est possible qu'en combinant celle-ci avec l'enlèvement des obstacles des rigoles de drainage, et partout la santé de la population dépend beaucoup du bon écoulement des eaux pluviales par les voies naturelles de la contrée. Lorsque des obstacles sont enlevés d'un canal naturel de drainage, diminuant ainsi les facilités de l'irrigation ou occasionnant d'autres dommages, une compensation sera accordée en cas de long usage prouvé. Là où des travaux sont nécessaires pour l'amélioration d'un drainage local au point de vue de la santé publique ou de la commodité, ils peuvent être exécutés par le Gouvernement moyennant l'imposition d'une taxe suffisante sur la terre, etc., pour couvrir les premiers frais et les charges d'entretien. D'autres pouvoirs nécessaires sont accordés pour soumettre ces travaux au contrôle après leur achèvement.

La partie suivante du projet de loi est relative à l'obligation des propriétaires fonciers de coopérer aux travaux urgents ou nécessaires pour éviter des accidents.

In some parts of the country, the proper regulation of irrigation is only possible in combination with the removal of obstructions from drainage channels and everywhere the health of the population is greatly dependent on the free discharge of the rain-fall by the natural outfalls of the country.

When obstructions are removed from a natural drainage channel by which facilities for irrigation are abridged or other loss occasioned, compensation will be given if long use is proved. Where works to improve local drainage are deemed essential for the public health or convenience, they may be carried out by the Government, a sufficient rate being charged on the land, etc., benefited to cover the first cost and the charges for maintenance. Other suitable powers are given to admit of the complete control of such works when constructed.

The next part of the Bill deals with the obligation placed on

Le Gouvernement s'est opposé à toute mesure ayant pour effet d'imposer, par voie législative, la main-d'œuvre obligatoire. Les objections à cette mesure sont manifestes. Si cependant il se présente un cas urgent auquel il doit être paré sous peine d'exposer un grand nombre d'hommes à une calamité irréparable, les devoirs primordiaux d'aviser aux moyens de la prévenir semblent reposer sur les propriétaires fonciers sur les propriétés desquels des travaux d'irrigation sont entretenus par le Gouvernement.

Tout ce qui est nécessaire peut être obtenu, semble-t-il, en obligeant légalement et pénalement les propriétaires de terres irriguées ou protégées par des digues, etc., de fournir un certain nombre d'ouvriers en cas d'urgence ; il est entendu cependant que le travail exigé dans ce cas sera convenablement rémunéré. Un système semblable est aujourd'hui en usage au Punjab, et il est considéré par les autorités locales comme capable d'assurer l'aide du nombre d'ouvriers nécessaires,dans une con-

---

landholders to assist in the supply of labour to carry out emergent works or to prevent accidents.

The Government has been averse to adopt any measure for legalizing compulsory labour, the objections to which are manifest. If however an emergency arises, which must be met under penalty of exposing vast numbers of men to irreparable calamity, the primary duties of supplying the means of meeting it would seem to rest on the landholders for whose estates irrigation works are maintained by the Government. All that is necessary, may, it is believed, be completely secured by placing a legal obligation on all proprietors of lands irrigated or protected by embankments, etc., to supply a certain fixed proportion of labourers on occasions of emergency under suitable penalties, provision being however made that the labour then called in shall be adequately paid for. Such a system is now in existence in parts of the

trée où la population est faible, pour le temps endéans lequel le travail doit être fait, temps qui est nécessairement limité. Même dans les districts mieux peuplés, la pratique continue de l'irrigation et son extension rendent de plus en plus difficile la fermeture de canaux pour toutes autres périodes que des périodes très courtes. Les cas dans lesquels le projet de loi permet une réquisition de la main-d'œuvre à charge des propriétaires fonciers sont au nombre de deux : la détérioration soudaine et sérieuse du canal et la nécessité d'exécuter des travaux dans le lit pour maintenir son efficacité ; ces travaux ne peuvent être prévus et doivent être achevés dans un espace de temps très limité. Au point de vue du dernier cas, toutes les autorités admettent que très souvent il sera difficile de faire des préparatifs en vue de certains travaux de la plus haute importance, et qu'on doit s'efforcer de les exécuter rapidement, sinon ils deviennent impossibles. En cas d'accidents sérieux, l'urgence se fait naturellement le plus vivement sentir.

Punjab, and is regarded by the local authorities as quite essential to secure the attendance of the needful supply of labourers in a country where the population is scanty, and the time during which the work must be done, is necessarily limited. Even in better-peopled districts the continued practice and extension of irrigation makes it more and more difficult to close the canals for any but the shortest periods. The cases in which the Bill proposes to permit a call for labour to be made on landholders are two, — sudden and serious injury to the canal, and the necessity for carrying out operations in the bed to maintain its efficiency, which cannot be foreseen, and which must be completed in a very brief space of time. With regard to the last case, all authorities agree that it frequently may occur that hardly any previous preparation can be made for certain operations of the utmost importance, and that a great effort must be made to carry them out, or

Un pouvoir analogue à celui-ci existe déjà dans la Présidence de Madras en vertu de la loi I de 1858 ; la loi va même plus loin et permet la saisie sommaire d'arbres et d'autres matériaux appropriés pour effectuer des réparations en cas de ruptures de canaux.

L'objet suivant concerne la limitation des pouvoirs des tribunaux ordinaires relativement à certaines matières qui sont directement du ressort de l'administration des canaux. Ces réserves sont faites principalement pour sauvegarder le droit du Gouvernement de régler à sa discrétion la distribution d'eau dans ses canaux et la répartition des charges pour l'usage de l'eau. Elles sont analogues aux réserves de la même espèce faites à l'assiette de l'impôt foncier ; leur application est placée sous un contrôle convenable et des conditions d'appel sont prévues, en cas de contestation, auprès d'autorités qualifiées à cette fin.

---

they become impossible. In the case of serious accidents of course the urgency is felt in its most extreme form.

A power such as this already exists in the Madras Presidency under Act 1 of 1858, and the law extends even further, and permits of the summary taking of trees and other materials suitable for effecting repairs in canal breaches.

The next subject to which special reference may be made is the limitation of the power of the ordinary courts to deal with certain matters immediately affecting the administration of canals. These reservations are mainly made to protect the right of the Government to regulate at its discretion the distribution of the water in its canals and the assessment of the charges for the use of the water. They are analogous to the reservations of a similar sort which are made as to the settlement of the land revenue; their application is placed under suitable control, and due provision is made for appeals to properly qualified authorities in all disputed questions.

Le chapitre relatif aux contraventions est entièrement basé sur la pratique existante et n'étend pas les pouvoirs qui ont été exercés longtemps en vertu de la loi VII de 1845. La seule condition à considérer est celle qui se rapporte à une police de canal. En fait, le système existe sous un nom différent et ce qui est proposé a pour but de faire reconnaître son existence et d'établir des devoirs qui sont strictement limités à la connaissance de matières relatives aux canaux.

Un tel système est analogue à la police des chemins de fer, mais ses pouvoirs sont plus limités et ne s'étendent, dans aucun cas, à la connaissance d'infractions à une autre loi que celle concernant les canaux.

Les conditions générales du projet de loi sont complétées par un pouvoir donné au Gouvernement local de faire, moyennant la sanction du Gouverneur Général en Conseil, des règlements détaillés à l'usage des officiers de canal et

---

The chapter relating to offences is mainly based on existing practice, and does not extend the powers which have been long exercised under Act VII of 1845. The only provision calling for notice is that which refers to a Canal Police. This body in fact exists under a different name, and what is proposed is to recognize its existence, and state its duties, which are strictly confined to the cognizance of matters relating to the canals. Such a body is analogous to the Railway Police, but its powers will be more limited, and will not extend in any way to the cognizance of offences against any other law than that relating to the canals.

The general provisions of the Bill are supplemented by a power given to the Local Government to make rules in detail for the guidance of the Canal officers, and the exercise of all special powers given under the law, subject to the sanction of the Governor General in Council. It is certain that some latitude must still be allowed to the Executive Government in regulating the details of administrative practice, though it may fairly be

pour l'exercice de tous les pouvoirs spéciaux accordés en vertu de la loi. Une certaine latitude doit toujours être laissée au Gouvernement exécutif pour régler les détails de la pratique administrative, mais il est à espérer que la procédure relative à l'irrigation sera éventuellement fixée d'une façon stable et incorporée dans une loi à appliquer par les tribunaux ordinaires du pays.

Simla, 21 septembre 1869.

H. S. Maine.

---

hoped that eventually the whole of the procedure relating to irrigation may be permanently fixed and embodied in a law to be administered by the ordinary tribunals of the country.

Simla, September 21st 1869.

H. S. Maine.

Copie de la dépêche au Gouvernement de l'Inde, Législation, n° 9 du 14 mars 1872.

Londres, le 14 mars 1872.

A Son Excellence le Très Honoré Gouverneur Général de l'Inde en Conseil.

MYLORD,

1. J'ai l'avantage d'accuser la réception de la dépêche du prédécesseur de Votre Excellence, en date du 13 décembre 1871, n° 52, transmettant une copie authentique de la loi indiquée en note, qui a été décrétée par le Conseil du Gouverneur Général de l'Inde et à laquelle le défunt Vice-Roi a donné sa sanction.

2. Je regrette de ne pas pouvoir partager l'opinion de la majorité du Conseil du Gouverneur Général assemblé pour arrêter des Lois et des Règlements, quant à l'oppor-

---

Copy Despatch to Government of India, legislative, N° 9 dated 14th March 1872.

London, 14 March 1872.

To His Excellency The Right Honourable The Governor General of India in Council.

MYLORD,

1. I have to acknowledge the receipt of the Despatch of your Excellency's predecessor, dated 13th December, N°. 52 of 1871, transmitting an authentic copy of the law noted in the margin, which has been passed by the Council of the Governor General of India, and to which the late Viceroy signified his assent.

2. I regret that I cannot concur with the majority of the Council of the Governor General assembled to make Laws and Regulations, as to the propriety of Section 44 and following

tunité de l'article 44 (1) et des articles suivants. Après avoir attentivement examiné la question, je dois considérer les dispositions de cet article comme un empiètement sur des droits privés, et, en règle générale, je partage les idées émises dans la minute de Lord Napier de Magdala.

3. Toutefois, il ne serait pas convenable d'improuver *stande pede* une loi qui a été en vigueur pendant quel-

(1) Lois XXX de 1871. Loi sur les canaux et sur le drainage au Punjab article 44.

En tout temps, endéans les cinq années après le commencement de l'irrigation par un canal, le Gouvernement local peut ordonner une enquête à faire par un fonctionnaire désigné à cette fin sur les conditions de ce canal et de l'irrigation faite par celui-ci. Si à la suite du rapport de ce fonctionnaire, le Gouvernement local trouve que les propriétaires ou occupants de terrains irrigables par ce canal n'ont pas fait un usage convenable de celui-ci aux fins d'irrigation, ce Gouvernement peut, avec la sanction préalable du Gouverneur Général en Conseil, notifier dans la *Gazette Officielle* que les propriétaires de ces terrains, dans un rayon à indiquer dans la notification, seront imposés d'une taxe spéciale conformément aux prescriptions ci-après.

L'article 46 limite la taxe à une roupie par acre pour six mois. L'article 48 définit « les terres irrigables. »

---

sections. (1) I cannot, after giving my best consederation to the subject, regard the provisions of that section in any other light than an encroachment on private rights, an I concur generally in the views set forth in the Minute of Lord Napier of Magdala.

3. But as it might be inconvenient to disallow suddenly an Act which has been some months in operation, I desire that

(1) XXX Act. of 1871, Punjab Canal and drainage Act, Sect. 44 :

« At any time notless than five years after the commencement of irrigation from any canal, the Local Government may order an inquiry to be made by an officer appointed for that purpose into the condition of such canal and the irrigation therefrom. If, upon the report of such officer, the Local Government is satisfied that the owners or occupiers of lands irrigable by such canal have not made reasonable use of the canal for purposes of irrigation, the Local Government may, with the previous sanction of Governor General in Council, issue a notification in the *Official Gazette* declaring that the owners of such lands, within local limits to be specified in the notification, shall be charged with a special rate according to the provisions hereinafter contained ».

Sec. 46 limits the rate to rupee 1 per acre per half-year. Sec. 48 defines « irrigable lands ».

ques mois. Je désire donc que vous soumettiez un nouveau projet de loi au Conseil, en omettant les dispositions qui ont donné lieu à des critiques et en décrétant de nouveau les conditions générales.

4. Vous jugerez probablement utile de comprendre les Provinces du Nord-Ouest dans les dispositions du nouveau projet.

J'ai l'honneur d'être, MYLORD, de Votre Seigneurie, le très humble et très obéissant serviteur.

(Signé) ARGYLL.

---

you will introduce a new Bill into Council, omitting the clauses which have challenged objection, and re-enacting the general provisions.

4. You will probably find it expedient to include the North-West Provinces within the provisions of the new measure.

I have the honour to be, MYLORD, your Lordship's most obedient servant.

(Signed) ARGYLL.

EXPOSÉ DES MOTIFS [1].

Le Secrétaire d'Etat ayant refusé sa sanction aux articles 44 à 49 de la loi sur les canaux et le drainage du Pendjab (n° XXX de 1871) qui décrètent l'imposition d'une taxe d'eau sur des terres irrigables mais non irriguées, on propose d'abroger ces articles et de décréter à nouveau tout le projet en le rendant applicable non seulement au Punjab, mais aussi aux Provinces du Nord-Ouest, d'Oudh et aux Provinces Centrales; à part ces exceptions, les clauses du présent Bill sont pour la plupart exactement semblables à celle de la loi sur les canaux et le drainage du Punjab. Quelques modifications de peu d'importance ont été apportées.

Le « Commissaire Député » de la loi XXX de 1871 est

(1) Se rapporte à la loi actuelle de 1873 sur les canaux de l'Inde septentrionale.

STATEMENT OF OBJETS AND REASONS [1].

The Secretary of State having disapproved the sections (forty-four to forty-nine) of the Punjab Canal and Drainage Act (N° XXX of 1871) which provide for the imposition of a water-rate upon lands irrigable, but not irrigated, it is proposed not only to repeal those sections, but to re-enact the whole measure, making it applicable not merely to the Punjab, but also to the North-Western Provinces, Oudh, and the Central Provinces. With these exceptions, the provisions of this Bill are almost exactly similar to those of the Punjab Canal and Drainage Act. A few changes of no great importance have been made.

The « Deputy Commissioner » of Act XXX of 1871 is replaced

(1) Refers to the present Northern India Canal Act of 1873.

remplacé par le « Percepteur ». Cette expression est censée comprendre le Commissaire Député.

A l'article 12, prévoyant l'augmentation de la rente du chef du rétablissement d'une distribution d'eau, a été ajoutée une disposition portant qne cette augmentation n'affectera pas la responsabilité de l'occupant à une majoration du chef d'un autre motif.

L'article 16 concerne les demandes motivées pour la construction ou l'amélioration de conduites d'eau.

L'article 32 reconnaît à l'officier de canal divisionnaire le pouvoir d'arrêter la distribution d'eau pendant des périodes à fixer de temps en temps. Cette mesure est conforme à une pratique universelle depuis longtemps suivie.

Le cas d'un cultivateur faisant usage de l'eau fournie par le propriétaire d'une conduite pour irriguer sa terre n'est pas compris dans l'interdiction (article 32, clause *e*) de vente ou de sous-location d'eau du canal.

---

by « Collector », which word is defined to include a Deputy Commissioner.

To the section (twelve) providing for the enhancement of rent on restoration of a water-supply has been added a declaration that such enhancement shall not affect the tenant's liability to enhancement on any other ground.

In section sixteen provision is made for attesting applications for the construction or improvement of water-courses.

In section thirty-two the power of the Divisional Canal officer is recognized to stop the water-supply within periods which may be fixed from time to time. This is in accordance with universal and long established practice.

The case of a ryot using water supplied by the owner of a water-course for irrigating the ryot's land is excepted from the prohibition (section thirty-two, clause *e*) of the sale or sub-letting of canal-water.

L'article 47 renferme une clause pour le recouvrement des taxes de canal par les « *lambardars* » ou personnes qui se sont engagées.

Lorsqu'il s'agit de terres arables bénéficiant de travaux de drainage, la taxe n'excèdera pas, en vertu de l'article 58, le montant ordinairement imposable sur ces terres comme impôt foncier. Cette limitation semble plus simple que celle contenue dans la clause 2 de l'art. 64 de la loi.

Simla, le 20 août 1872.

J. STRACHEY.

Provision is made in section forty-seven for the recovery by the lambardars of Canal dues.

In the case of Agricultural land benefitted by drainage works, the rate will not, under section fifty-eight, exceed the amount ordinarily assessable on such land as land-revenue. This limitation appears simpler than that contained in clause two, section sixty-four of the Act.

Simla, the 20th August 1872.

J. STRACHEY.

Loi de 1873 sur les canaux et drainages de l'Inde septentrionale.

TABLE DES MATIÈRES.

The Northern India Canal and Drainage Act, 1873.

CONTENTS.

Articles.

32. Conditions relatives aux :

Pouvoir d'arrêter la fourniture d'eau ;

Demandes de dédommagements en cas de défaut ou d'interruption de la fourniture ;

Plaintes au sujet d'interruption pour d'autres causes.

Durée de la fourniture ;

Vente ou sous-location du droit d'employer de l'eau de canal ;

Transfert, avec le terrain, de contrats concernant l'eau.

Aucun droit n'est acquis par celui qui emploie l'eau.

CHAPITRE V.

Des taxes d'eau.

33. Responsabilité quand une personne employant de l'eau d'une manière non autorisée ne peut être identifiée.

34. Responsabilité quand l'eau s'écoule en pure perte.

35. Contributions recouvrables outre les pénalités.

Solution de questions en vertu des articles 33 et 34.

36. Mode de détermination des charges de l'occupant pour l'emploi de l'eau.

Taxe d'occupant.

Sections.

32. Conditions as to—

power to stop water-supply ;

claims to compensation in case of failure or stoppage of supply ;

claims on account of interruption from other causes ;

duration of supply ;

sale or sub-letting of right to use canal-water ;

transfer, with land of contracts for water ;

No right aquired by user.

PART V.

Of Water-rates.

33. Liability when persons using unauthorizedly cannot be identified.

34. Liability when water runs to waste.

35. Charges recoverable in addition to penalties.

Decision of questions under sections 33 and 34.

36. Charge on occupier for water how determined.

Occupier's rate.

CHAPITRE VI.

De la navigation sur les canaux.

CHAPITRE VII.

Du drainage.

PART VI.

Of Canal-navigation.

PART VII.

Of Drainage.

Loi nº VIII de 1873

décrétée par le Gouverneur Général de l'Inde, en conseil.

(A reçu l'approbation du Gouverneur Général, le 11 février 1873.)

Loi pour régler l'irrigation, la navigation et le drainage dans l'Inde Septentrionale.

Attendu que, sur toute l'étendue des territoires auxquels cette loi étend son action, le Gouvernement a le droit d'employer et de contrôler, dans un même but d'utilité publique, l'eau de tous les fleuves et rivières coulant dans les chenaux naturels, et de tous les lacs ou réservoirs d'eau dormante naturels ; et vu qu'il convient d'amender la loi relative à l'irrigation, la navigation et le drainage dans les dits territoires.

Act Nº VIII of 1873

Passed by the Governor General of India in Council.

(Received the assent of the Governor General on the 11th February 1873.

An Act to regulate Irrigation, Navigation and drainage in Northern India.

Whereas, throughout the territories to which this Act extends, the Government is entitled to use and control for public purposes the water of all rivers and streams flowing in natural channels, and of all lakes and other natural collections of still water; and whereas it is expedient to amend the law relating to Irrigation,

Il est arrêté par la présente loi ce qui suit :

CHAPITRE I.

Préliminaire.

1. La présente loi peut être appelée « Loi de 1873 sur les canaux et drainages de l'Inde Septentrionale ».

Elle étend son action aux territoires qui, actuellement, sont placés respectivement sous le gouvernement des Lieutenants-Gouverneurs des provinces du Nord-Ouest (1) et du Punjab, et sous l'administration des Hauts-Commissaires d'Oudh et des Provinces Centrales ; elle est applicable à tous les terrains, qu'ils soient imposés définitivement ou temporairement ou francs d'impôt, et elle entrera en vigueur à la date à laquelle elle sera décrétée.

2. Les lois mentionnées dans l'annexe ci-jointe sont

(1) Appelées depuis Provinces Unies.

Navigation and Drainage in the said territories ; It is hereby enacted as follows :

PART I.

Preliminary.

1. This Act may be called « The Northern India Canal and Drainage Act, 1873 » :

It extends to the territories for the time being respectively under the government of the Lieutenant Governors of the North-Western (1) Provinces and the Punjab, and under the administration of the Chief Commissioners of Oudh and the Central Provinces; and applies to all lands whether permanently settled temporarily settled, or free from revenue ;

And it shall come into force on the passing thereof.

2. The Acts mentioned in the schedule hereto annexed ar

Since named United Provinces.

abrogées dans la mesure spécifiée dans la troisième colonne de la dite annexe.

3. Dans la présente loi, à moins qu'il ne se présente quelque chose de contradictoire dans le sujet ou le contexte:

(1) « Canal » comprend :

a) tous canaux, chenaux ou réservoirs construits, entretenus ou contrôlés par le Gouvernement, pour la fourniture ou l'emmagasinage d'eau ;

b) tous travaux, terrassements, constructions, canaux d'alimentation ou de décharge, appartenant à ces canaux, chenaux, ou réservoirs ;

c) toutes les conduites d'eau telles qu'elles sont définies dans la seconde clause de cet article;

d) toute partie d'une rivière, d'un fleuve, lac ou bassin d'eau naturel, ou d'un canal de drainage naturel, à laquelle le Gouvernement a appliqué les dispositions de la partie II de la présente loi ;

---

repealed to the extent specified in the third column of the said schedule.

3. In this Act—unless there be something repugnant in the subject or context—

(1) « Canal » includes—

a) all canals, channels and reservoirs constructed, maintained or controlled by Government for the supply or storage of water ;

b) all works, embankments, structures, supply and escape-channels connected with such canals, channels or reservoirs :

c) all water-courses as defined in the second clause of this section ;

d) any part of a river, stream, lake or natural collection of water, or natural drainage-channel, to which te Local Government has applied the provisions of Part II of this Act ;

(2) « Water-course » means any channel which is supplied with water from a canal, but which is not maintained at the cost of

(2) « Aqueduc » signifie : tout chenal alimenté par l'eau d'un canal, mais qui n'est pas entretenu aux frais du Gouvernement, et tous les travaux subsidiaires relevant d'un tel chenal.

(3) L'expression « travail de drainage » comprend les canaux de décharge d'un canal quelconque, les digues, barrages, terrassements, écluses, épis et autres travaux pour la protection des terres contre le courant ou l'érosion, construits ou entretenus par le Gouvernement conformément aux dispositions du chapitre VII de la présente loi, mais ne comprend pas les travaux pour l'écoulement des eaux d'égout des villes ;

(4) « Navire » signifie bateaux, radeaux, coques en bois et autres corps flottants ;

(5) « Commissaire » signifie commissaire d'une division et indique un fonctionnaire désigné en vertu de la présente loi pour exercer tous ou quelques-uns des pouvoirs d'un Commissaire.

(6) « Percepteur » signifie le fonctionnaire en chef du Trésor d'un district, et vise un commissaire député ou

---

Government, and all subsidiary works belonging to any such channel ;

(3) « Drainage-work » includes escape-channels from a canal, dams, weirs, embankments, sluices, groins and other works for the protection of lands from flood or from erosion, formed or maintained by the Government under the provisions of Part VII of this Act, but does not include works for the removal of sewage from towns ;

(4) « Vessel » includes boats, rafts, timber and other floating bodies ;

(5) « Commissioner » means a Commissioner of a Division, and includes any officer appointed under this Act to exercice all or any of the powers of a Commissioner ;

(6) « Collector » means the head Revenue Officer of a district,

un autre fonctionnaire désigné en vertu de la présente loi pour exercer tous ou quelques-uns des pouvoirs d'un percepteur.

(7) « Officier de canal » désigne un fonctionnaire nommé en vertu de la présente loi pour exercer un contrôle ou juridiction sur un canal ou une partie quelconque de celui-ci ;

« Officier de canal intendant en chef » désigne un fonctionnaire exerçant le contrôle général sur un canal ou une partie de canal ;

« Officier de canal divisionnaire » désigne un fonctionnaire exerçant un contrôle sur une division d'un canal ;

« Officier de canal subdivisionnaire » signifie un fonctionnaire exerçant un contrôle sur une subdivisîon d'un canal.

(8) « District » signifie un district comme il est fixé pour la perception des impôts.

4. Le Gouvernement local peut de temps en temps faire connaître, par un avis dans la *Gazette officielle*, les fonc-

---

and includes a Deputy Commissioner or other officer appointed under this Act to exercise all or any of the powers of a Collector ;

(7) « Canal Officer » means an officer appointed under this Act to exercise control or jurisdiction over a canal or any part thereof ;

« Superintending Canal Officer » means an officer exercising general control over a canal or portion of a canal ;

« Divisional Canal Officer » means an officier exercising control over a division of a canal ;

« Sub-Divisional Canal Officer » means an officer exercising control over a sub-division of a canal.

(8) « District » means a district as fixed for revenue purposes.

4. The Local Government may from time to time declare, by notification in the official Gazette, the officers by whom, and the local limits within which, all or any of the powers or duties

tionnaires par lesquels, et les limites locales dans lesquelles tous ou quelques-uns des pouvoirs ou charges conférés ou imposés ci-après seront exercés ou exécutés.

Tous les fonctionnaires mentionnés dans l'article trois, clause (7) seront respectivement soumis aux ordres de tels fonctionnaires que le Gouvernement local désignera de temps en temps.

Chapitre II.

De l'affectation de l'eau à des usages publics.

5. Toutes les fois qu'il paraît opportun au Gouvernement local que l'eau d'une rivière ou d'un fleuve coulant dans un chenal naturel, ou d'un lac ou autre bassin d'eau dormante, soit affectée par le Gouvernement à l'usage de quelque canal ou travail de drainage existant ou projeté, ou utilisé pour cette entreprise, le Gouvernement local peut, par un avis inséré dans la *Gazette officielle*, déclarer que la dite eau sera ainsi affectée ou utilisée à partir d'un jour à fixer dans le dit avis ; ce jour ne peut

---

hereinafter conferred or imposed shall be exercised or performed.

All officers mentioned in section three, clause (7), shall be respectively subject to the orders of such officers as the Local Government from time to time directs.

Part II.

Of the Application of Water for public Purposes.

5. Whenever it appears expedient to the Local Government that the water of any river or stream flowing in a natural channel, or of any lake or other natural collection of still water, should be applied or used by the Government for the purpose of any existing or projected canal or drainage-work,

the Local Government may, by notification in the official Gazette, declare that the said water will be so applied or used after a day to be named in the said notification, not being earlier than three months from the date thereof.

être antérieur à trois mois à partir de cette date.

6. A n'importe quel moment, après le jour ainsi désigné, tout officier de canal agissant en cette qualité sous les ordres du Gouvernement local, doit avoir accès à tout terrain et peut enlever tous les obstacles quelconques ; il peut fermer n'importe quels chenaux, et faire tout ce qui est nécessaire en vue de cette affectation ou de cette utilisation de ladite eau.

7. Aussitôt qu'il est pratiquement possible, après la publication de cet avis, le percepteur fera connaître publiquement, aux endroits opportuns, que le Gouvernement a l'intention d'affecter ou d'utiliser ladite eau comme il est dit ci-dessus, et que les demandes de compensation pour les motifs mentionnés à l'article 8 peuvent lui être adressées.

8. Aucune compensation ne sera allouée pour les dommages causés par :

a) l'arrêt ou la diminution de la filtration ou des courants ;

---

6. At any time after the day so named, any Canal Officer, acting under the orders of the Local Government in this behalf, may enter on any land and remove any obstructions, and may close any channels, and do any other thing necessary for such application or use of the said water.

7. As soon as is practicable after the issue of such notification, the Collector shall cause public notice to be given at convenient places, stating that the Government intends to apply or use the said water as aforesaid, and that claims for compensation in respect of the matters mentioned in section eight may be made before him.

8. No compensation shall be awarded for any damage caused by

a) stoppage or diminution of percolation or floods ;

b) la perturbation climatérique ou la détérioration du sol ;

c) l'arrêt de la navigation, ou du transport par eau de bois flottant, ou de l'abreuvage des bestiaux ;

d) le déplacement du travail.

Mais il peut être alloué des compensations pour les motifs suivants :

e) arrêt ou diminution de l'alimentation d'eau par un chenal naturel à un chenal artificiel défini, soit au-dessus, soit en-dessous du sol, et en usage à la date de ladite notification ;

f) arrêt ou diminution de l'alimentation d'eau à une entreprise établie dans un but de gain sur un chenal, soit naturel, soit artificiel, en usage à la date de ladite notification ;

g) arrêt ou diminution de l'alimentation d'eau par un chenal naturel qui a été employé aux fins d'irrigation endéans les cinq dernières années précédant la date de ladite notification ;

---

b) deterioration of climate or soil ;

c) stoppage of navigation, or of the means of drifting timber or watering cattle ;

d) displacement of labour.

But compensation may be awarded in respect of any of the following matters :

e) stoppage or diminution of supply of water through any natural channel to any defined artificial channel, whether above or under ground, in use at the date of the said notification :

f) stoppage or diminution of supply of water to any work erected for purposes of profit on any channel, whether natural or artificial, in use at the date of the said notification :

g) stoppage or diminution of supply of water through any natural channel which has been used for purposes of irrigation within the five years next before the date of the said notification

h) dommage causé au point de vue d'un droit quelconque à un aqueduc ou à l'usage d'une eau quelconque, droit acquis par une personne en vertu de la loi de l'Inde de 1877 (1) sur la Prescription, chapitre IV.

i) tout dommage notable, ne tombant pas sous l'application des clauses précédentes *a*), *b*), *c*) ou *d*) et causé par l'exercice des pouvoirs conférés par la présente loi, lorsque ce dommage peut être certifié et estimé au moment de l'allocation de la compensation.

En déterminant le montant de la compensation, il sera tenu compte de la diminution de la valeur commerciale de la propriété pour laquelle la compensation est demandée, au moment d'allouer celle-ci ; et là où cette valeur ne peut être évaluée avec certitude, le montant sera calculé à raison de douze fois le montant de la diminution des bénéfices nets annuels de cette propriété, causée par l'exercice des pouvoirs conférés par la présente loi.

(1) Modification faite pour les provinces du Nord-Ouest par la loi XV de 1877.

---

h) Damage done in respect of any right to a water-course or the use of any water to which any person is entitled under the Indian Limitation Act, 1877 (1), Part IV.

i) Any other substantial damage, not falling under any of the above clauses *a*), *b*), *c*) or *d*), and caused by the exercise of the powers conferred by this Act, which is capable of being ascertained and estimated at the time of awarding such compensation.

In determining the amount of such compensation, regard shall be had to the diminution in the market-value, at the time of awarding compensation, of the property in respect of which compensation is claimed; and where such market-value is not ascertainable, the amount shall be reckoned at twelve times the amount of the diminution of the annual nett profits of such property, caused by the exercise of the powers conferred by this Act.

(1) Alteration made for N. W. P. by Act XV of 1877.

Aucun droit à une des distributions d'eau auxquelles il est fait allusion dans la clause *e*), *f*) ou *g*) de cet article, relativement à une industrie ou à un chenal non en usage à la date de la notification, ne pourra être acquis vis-à-vis du Gouvernement, si ce n'est par concession ou en vertu de la loi de l'Inde sur la Prescription de 1871, chapitre IV.

Et aucun droit à l'un des avantages auxquels il est fait allusion dans les clauses *a*), *b*) et *c*) de cet article, ne pourra être acquis vis-à-vis du Gouvernement en vertu de la même partie.

9. Aucune demande de compensation pour ces arrêts, diminutions ou dommages, ne pourra être introduite après l'expiration d'une année à dater de ces arrêts, diminutions ou dommages, à moins que le percepteur n'admette que le réclamant avait des raisons suffisantes pour ne pas introduire sa demande endéans cette période.

10. Le percepteur procédera à une enquête sur chacune des demandes, et déterminera le montant de la

---

No right to any such supply of water as is referred to in clause *e*), *f*) or *g*) of this section, in respect of a work or channel not in use at the date of the notification, shall be acquired as against the Government, except by grant or under the Indian Limitation Act, 1871, Part IV.

And no right to any of the advantages referred to in clauses *a*), *b*) and *c*) of this section shall be acquired, as against the Government, under the same Part.

9. No claim for compensation for any such stoppage, diminution or damage shall be made after the expiration of one year from such stoppage, diminution or damage, unless the Collector is satisfied that the claimant had sufficient cause for not making the claim within such period.

10. The Collector shall proceed to enquire into any such claim, and to determine the amount of compensation, if any, which

compensation à allouer, s'il y a lieu, au réclamant ; et les articles neuf à douze (inclusivement), quatorze et quinze, dix-huit à vingt-trois (inclusivement), vingt-six à quarante (inclusivement), cinquante et un, cinquante-sept, cinquante-huit et cinquante-neuf de la Loi de 1870 sur les expropriations immobilières, seront applicables à ces enquêtes, sous réserve que, au lieu de la dernière clause du dit article vingt-six, il faut lire la suivante :

« Les dispositions de cet article et de l'article huit de la loi de 1873 sur les canaux et drainages de l'Inde Septentrionale devront être lues à chaque assesseur dans une langue qu'il comprend, avant qu'il ne donne son opinion en ce qui concerne le montant de la compensation à allouer. »

11. Tout locataire lié par un bail non expiré, ou ayant un droit d'occupation, qui exploite un terrain au moment où se produit une interruption ou une diminution de l'alimentation d'eau, pour laquelle une compensation d'eau est accordée en vertu de l'article huit, peut réclamer

---

should be given to the claimant ; and sections nine to twelve (inclusive), fourteen and fifteen, eighteen to twenty-three (inclusive), twenty-six to forty (inclusive), fifty-one, fifty-seven, fifty-eight and fifty-nine of the Land Acquisition Act, 1870, shall apply to such enquiries :

Provided that, instead of the last clause of the said section twenty-six, the following shall be read : « The provisions of this section and of section eight of the Northern India Canal and Drainage Act, 1873, shall be read to every assessor in a language which he understands, before he gives his opinion as to the amount of compensation to be awarded. »

11. Every tenant holding under an unexpired lease, or having a right of occupancy, who is in occupation of any land at the time when any stoppage or diminution of water-supply, in respect of which compensation is allowed under section eight, takes

une diminution du fermage payé par lui précédemment pour le dit terrain, ce pour le motif que l'interruption réduit la valeur de la propriété.

12. Si une alimentation d'eau, faisant hausser la valeur de cette propriété, est rétablie plus tard sur ce terrain, le fermage du locataire peut être augmenté, du chef de la plus-value du terrain attribuable au rétablissement de l'alimentation d'eau, jusqu'à un taux n'excédant pas celui du fermage existant au moment de sa diminution.

Cette augmentation se rapportera uniquement à l'alimentation d'eau rétablie et n'affectera pas l'engagement du locataire relativement à l'augmentation du fermage pour d'autres raisons.

13. Toutes les sommes payables pour compensation, en vertu de ce chapitre, devront être liquidées trois mois après que la demande de compensation a été faite, en ce qui concerne l'arrêt, la diminution ou le dommage visé par la demande, et il sera accordé des intérêts simples au taux de six pour cent par an sur toute somme restant

---

place, may claim an abatement of the rent previously payable by him for the said land, on the ground that the interruption reduces the value of the holding.

12. If a water-supply increasing the value of such holding is afterwards restored to the said land, the rent of the tenant may be enhanced, in respect of the increased value of such land due to the restored water-supply, to an amount no exceeding that at which it stood immediately before the abatement.

Such enhancement shall be on account only of the restored water-supply, and shall not affect the liability of the tenant to enhancement of rent on any other grounds.

13. Alls sums of money payable for compensation under this Part shall become due three months after the claim for such compensation is made in respect of the stoppage, diminution or damage complained of,

due après les dits trois mois, excepté lorsque le non paiement de cette somme est dû à la négligence volontaire ou au refus de toucher du plaignant.

Chapitre III.

De la construction et de l'entretien des travaux.

14. Tout officier de canal ou autre personne agissant en vertu de l'ordre général ou spécial d'un officier de canal peut :

se rendre sur tout terrain adjacent à un canal, ou au travers duquel on se propose de creuser un canal, et y procéder à des levés de plans ou des nivellements ;

creuser et forer dans le sous-sol ;

faire et installer les bornes, les repères, les tubes pour mesurer le niveau de l'eau et toutes autres choses nécessaires ;

accomplir toutes les autres opérations nécessaires à

---

and simple interest at the rate of six per cent., per annum shall be allowed on any such sum remaining un paidafter the said three months, except where the non-payment of such sum is caused by the wilful neglect or refusal of the claimant to receive the same.

Part III.

Of the Construction and Maintenance of Works.

14. Any Canal Officer or other person acting under the general or special order of a Canal Officer,

may enter upon any lands adjacent to any canal, or through which any canal is proposed to be made, and undertake surveys or levels thereon ;

and dig and bore into the sub-soil ;

la bonne réussite des investigations relatives à un canal existant ou projeté, dont ledit officier de canal a la direction.

Là où ces recherches ne peuvent être menées à bonne fin autrement, ce fonctionnaire ou cette autre personne peut couper ou abattre et enlever n'importe quelle partie d'une récolte sur pied, clôture ou jungle.

Il peut aussi se rendre dans n'importe quel terrain, bâtiment ou conduite d'eau sur lesquels une taxe d'eau est imposable, afin d'inspecter ou de régler l'emploi de l'eau, ou de mesurer les terrains irrigués par cette conduite ou imposables d'une taxe d'eau, et enfin faire tout ce qui est nécessaire pour la réglementation et la bonne administration de ce canal.

Le tout sous réserve que, si cet officier de canal ou cette personne se propose d'entrer dans un bâtiment, une cour ou un jardin clôturés, reliés à une habitation non alimentée par l'eau provenant d'un canal, il devra préalablement

---

and make and set up suitable land-marks, level-marks, and water-gauges ;

and do all other acts necessary for the proper prosecution of any enquiry relating to any existing or projected canal under the charge of the said Canal Officer :

and, where otherwise such enquiry cannot be completed, such officer or other person may cut down and clear away any part of any standing crop, fence or jungle ;

and may also enter upon any land, building or water-course on account of which any water-rate is chargeable, for the purpose of inspecting or regulating the use of the water supplied, or of measuring the lands irrigated threreby or chargeable with a water-rate, und of doing all things necessary for the proper regulation and management of such canal :

Provided that, if such Canal Officer or person proposes to enter into any building or enclosed court or garden attached to a

donner par écrit avis à l'occupant de ces bâtiments, cour ou jardin, au moins sept jours à l'avance, de son intention d'agir ainsi ;

Chaque fois que l'un de ces fonctionnaires sera entré quelque part en vertu du présent article, l'officier de canal devra, au moment de cette entrée, offrir une compensation pour tout dommage qui pourrait être causé par des travaux exécutés en vertu du présent article ; en cas de désaccord quant à la suffisance du montant ainsi présenté, il en référera sur-le-champ au Percepteur ; la décision de celui-ci sera définitive.

15. Si un accident arrive ou est redouté à un canal, tout officier de canal divisionnaire, ou toute personne agissant sous ses ordres généraux ou spéciaux dans cette circonstance, peut avoir accès sur tous les terrains y adjacents et exécuter tous les travaux qui seraient nécessaires dans le but de réparer ou de prévenir cet accident.

Dans tous les cas, cet officier de canal ou cette personne

---

dwelling-house not supplied with water flowing from any canal, he shall previously give the occupier of such building, court or garden at least seven days' notice in writing of his intention to do so.

In every case of entry under this section, the Canal Officer shall, at the time of such entry, tender compensation for any damage which may be occasioned by any proceeding under this section ; and in case of dispute as to the sufficiency of the amount so tendered, he shall forthwith refer the same for decision by the Collector, and such decision shall be final.

15. In case of any accident happening or being apprehended to a canal, any Divisional Canal Officer or any person acting under his general or special orders in this behalf may enter upon any lands adjacent to such canal, and may execute all works which may be necessary for the purpose of repairing or preventing such accident.

devra offrir une compensation aux propriétaires ou occupants desdits terrains pour tout dommage y causé. Si cette offre n'est pas acceptée, l'officier de canal en référera au Percepteur, qui fixera à l'allocation d'une compensation pour le dommage causé, comme si le Gouvernement local avait ordonné l'occupation des terrains en vertu de l'article quarante-trois de la loi de 1870 sur les expropriations d'immeubles.

16. Toutes les personnes désireuses d'employer l'eau de quelque canal peuvent s'adresser par écrit à l'officier de canal divisionnaire ou subdivisionnaire de la division ou subdivision du canal qui devra fournir l'eau, afin de demander à cet officier de construire ou d'améliorer une conduite d'eau aux frais du postulant.

La requête stipulera les travaux à exécuter, l'estimation approximative des frais ou le montant que les postulants sont disposés à payer pour ces travaux, ou s'ils s'engagent à payer le coût effectif comme il sera déterminé

In every such case, such Canal Officer or person shall tender compensation to the proprietors or occupiers of the said lands for all damage done to the same. If such tender is not accepted, the Canal Officer shall refer the matter to the Collector, who shall proceed to award compensation for the damage as though the Local Government had directed the occupation of the lands under section forty-three of the Land Acquisition Act, 1870.

16. Any persons desiring to use the water of any canal, may apply in writing to the Divisional or sub-Divisional Canal Officer of the Division or Sub-Division of the canal from which the water-course is to be supplied, requesting such officer to construct or improve a water-course at the cost of the applicants.

The application shall state the works to be undertaken, their approximate estimated cost, or the amount which the applicants are willing to pay for the same, or whether they engage to pay

par l'officier de canal divisionnaire, et de quelle façon le payement sera effectué.

Si l'officier de canal intendant en chef donne son approbation à cette requête, tous les postulants seront, après que la requête aura été dûment attestée devant le percepteur, rendus solidairement responsables pour le paiement des frais de ces travaux, dans les limites mentionnées par la requête.

Tout montant dû aux termes de cette requête qui n'est pas payé à l'officier de canal divisionnaire ou à la personne autorisée par lui à le recevoir, à la date ou avant la date à laquelle il doit être acquitté, sera recouvrable, à la demande de ce fonctionnaire, par les soins du Percepteur, comme si c'était un arriéré d'impôt foncier.

17. Les mesures nécessaires seront prises, aux frais du Gouvernement, pour traverser des canaux construits ou entretenus aux frais de celui-ci, aux endroits où il l'estimera utile pour les convenances raisonnables des habitants des terrains adjacents.

---

the actual cost as settled by the Divisional Canal Officer, and how the payment is to be made.

When the assent of the Superintending Canal Officer is given to such application, all the applicants shall, after the application has been duly attested before the Collector, be jointly and severally liable for the cost of such works to the extent mentioned therein.

Any amount becoming due under the terms of such application, and not paid to the Divisional Canal Officer, or the person authorized by him to receive the same, on or before the date on which it becomes due, shall, on the demand of such officer, be recoverable by the Collector as if it were an arrear of land-revenue.

17. There shall be provided, at the cost of Government, suitable means of crossing canals constructed or maintained at the

A la réception d'une déclaration écrite, signée par cinq propriétaires au moins de ces terrains, signalant qu'il n'a pas été soigné pour des croisements convenables, le Percepteur ordonnera de faire une enquête sur les circonstances du cas, et s'il estime que la plainte est fondée, il soumettra son avis à l'examen du Gouvernement local ; celui-ci fera prendre à ce sujet telles mesures qu'il jugera opportunes.

18. L'officier de canal divisionnaire peut donner aux personnes qui se servent d'une conduite d'eau l'ordre de construire des ponts, des aqueducs convenables ou d'autres travaux en vue du passage de l'eau de cette conduite à travers une route publique, un canal ou un chenal de drainage, en usage avant que la dite conduite n'y soit établie, ou de réparer n'importe lesquels de ces travaux.

Un tel ordre devra spécifier un laps de temps raisonnable pour l'achèvement de ces constructions ou réparations.

---

cost of Government, at such places as the Local Government thinks necessary for the reasonable convenience of the inhabitants of the adjacent lands.

On receiving a statement in writing, signed by not less than five of the owners of such land, to the effect that suitable crossings have not been provided on any canal, the Collector shall cause enquiry to be made into the circumstances of the case, and if he thinks that the statement is established, he shall report his opinion thereon for the consideration of the Local Government, and the Local Government shall cause such measures in reference thereto to be taken as it thinks proper.

18. The Divisional Canal Officer may issue an order to the persons using any water-course to construct suitable bridges, culverts or other works for the passage of the water of such water-course across any public road, canal or drainage-channel in use before the said water-course was made, or to repair any such works.

Si, après la réception de cet ordre, les personnes auxquelles il est adressé ne construisent ou ne réparent pas ces travaux, endéans ladite période, à la satisfaction dudit officier de canal, celui-ci peut, avec l'autorisation préalable de l'officier de canal intendant en chef, faire ces constructions ou réparations lui-même.

Si lesdites personnes ne paient pas, lorsqu'elles en sont requises, le coût de ces constructions ou réparations comme il est déclaré par l'officier de canal divisionnaire, le montant sera, à la demande de ce fonctionnaire, recouvrable à leurs dépens par le Percepteur, comme s'il s'agissait d'un arriéré d'impôt foncier.

19. Si une personne, solidairement responsable avec d'autres de la construction ou de l'entretien d'un aqueduc, ou faisant collectivement usage avec d'autres personnes d'un aqueduc, néglige ou refuse de payer sa part dans le coût de cette construction ou de cet entretien, ou d'exé-

---

Such order shall specify a reasonable period within which such construction or repairs shall be completed ;

and if, after the receipt of such order, the persons to whom it is addressed do not, within the said period, construct or repair such works to the satisfaction of the said Canal Officer, he may, with the previous approval of the Superintending Canal Officer himself construct or repair the same ;

and if the said persons do not, when so required, pay the cost of such construction or repairs as declared by the Divisional Canal Officer, the amount shall, on the demand of the Divisional Canal Officer, be recoverable from them by the Collector as if it were an arrear of land-revenue.

19. If any person, jointly responsible with others for the construction or maintenance of a water-course, or jointly making use of a water-course with others, neglects or refuses to pay his share of the cost of such construction or maintenance, or to execute his share of any work necessary for such construction or mainte-

cuter sa part de n'importe quel travail nécessaire à cette construction ou à cet entretien, l'officier de canal divisionnaire ou subdivisionnaire, à la réception d'un exposé écrit d'une personne lésée par cette négligence ou ce refus, informera toutes les parties intéressées que, à l'expiration de la quinzaine suivant la signification, il fera des investigations sur le cas ; à l'expiration de la quinzaine, il fera une enquête en conséquence et prendra à ce propos telle décision qui lui semblera opportune.

Pareille décision sera susceptible d'appel auprès du Commissaire, dont l'ordonnance au sujet du cas sera définitive.

Si la somme qui doit être payée en vertu de cette décision, endéans une période déterminée, n'est pas payée en temps opportun et si la décision reste en vigueur, elle pourra être recouvrée par le Percepteur à charge de la personne qui a reçu l'ordre de la payer, comme s'il s'agissait d'un arriéré d'impôt foncier.

20. Toutes les fois qu'une demande est faite à un officier

---

nance, the Divisional or Sub-Divisional Canal Officer, on receiving an application in writing from any person injured by such neglect or refusal, shall serve notice on all the parties concerned that on the expiration of a fortnight from the service, he will investigate the case ; and shall, on the expiration of that period, investigate the case accordingly, and make such order thereon as to him seems fit.

Such order shall be appealable to the Commissioner, whose order thereon shall be final.

Any sum directed by such order to be paid within a specified period, may, if not paid within such period, and if the order remains in force, be recovered by the Collector, from the person directed to pay the same, as if it were an arrear of land-revenue.

20. Whenever application is made to a Divisional Canal Officer for a supply of water from a canal, and it appears to him expe-

de canal divisionnaire pour la fourniture de l'eau d'un canal, et que de l'avis de celui-ci il convient d'accorder cette fourniture et d'amener l'eau par une conduite déjà existante, il invitera les personnes responsables de l'entretien de cette conduite d'eau à lui exposer, après un délai qui ne sera pas inférieur à quatorze jours à partir de la date de la notification, les raisons pour lesquelles la fourniture ne devrait pas se faire de cette manière ; après avoir fait une enquête au jour fixé, l'officier de canal divisionnaire déterminera si la dite fourniture sera faite par l'intermédiaire de cette conduite d'eau, et à quelles conditions.

Si cet officier détermine qu'une fourniture d'eau de canal peut être faite par l'intermédiaire d'un aqueduc comme il est dit ci-dessus, sa décision, si elle est confirmée ou modifiée par l'officier de canal intendant en chef, liera le postulant ainsi que les autres personnes responsables de l'entretien dudit aqueduc.

Ce postulant n'aura pas le droit de se servir de cette conduite d'eau aussi longtemps qu'il n'aura pas acquitté

---

dient that such supply should be given and that it should be conveyed through some existing water-course, he shall give notice to the persons responsible for the maintenance of such water-course to show cause, on a day not less than fourteen days from the date of such notice, why the said supply should not be so conveyed ; and, after making enquiry on such day, the Divisional Canal Officer shall determine whether and on what conditions the said supply shall be conveyed through such water-course.

When such officer determines that a supply of canal-water may be conveyed through any water-course as aforesaid, his decision shall, when confirmed or modified by the Superintending Canal Officer, be binding on the applicant and also on the persons responsible for the maintenance of the said water-course.

Such applicant shall not be entitled to use such water-course until he has paid the expense of any alteration of such water-

les frais de toute modification y apportée aux fins d'être approvisionné par elle, comme aussi telle part dans le coût initial de cet aqueduc que l'officier de canal divisionnaire ou intendant en chef fixera.

Ce postulant sera également tenu de payer sa part des frais d'entretien de cet aqueduc aussi longtemps qu'il s'en servira.

21. Toute personne désirant la construction d'un nouvel aqueduc peut en faire par écrit la demande à l'officier de canal divisionnaire, en stipulant :

(1) qu'elle a essayé vainement d'obtenir des propriétaires des terrains à travers lesquels elle veut faire passer cet aqueduc, le droit d'occuper autant de terrain que l'établissement de l'ouvrage nécessitera ;

(2) qu'elle désire que ledit officier de canal fasse, en son nom et à ses frais, tout le nécessaire pour obtenir ce droit;

(3) qu'elle est en état de supporter tous les frais qu'entraîneront l'acquisition de ce droit et la construction de l'aqueduc.

---

course necessary in order to his being supplied through it, and also such share of the first cost of such water-course as the Divisional or Superintending Canal Officer may determine.

Such applicant shall also be liable for his share of the cost of maintenance of such water-course so long as he uses it.

21. Any person desiring the construction of a new water-course may apply in writing to the Divisional Canal Officer, stating:

(1) that he has endeavoured unsuccessfully to acquire, from the owners of the land through which he desires such water-course to pass, a right to occupy so much of the land as will be needed for such water-course.

(2) that he desires the said Canal Officer, in his behalf and at his cost, to do all things necessary for acquiring such right ;

(3) that he. his able to defray al costs involved in acquiring such right and constructing such water-course.

22. Si l'officier de canal divisionnaire estime :

(1) que la construction de cet aqueduc est opportune, et

(2) que les stipulations de la requête sont exactes, il convoquera le postulant pour lui faire tel dépôt que l'officier de canal divisionnaire jugera nécessaire pour défrayer le coût des démarches préliminaires, et le montant de toute compensation qui, à son avis, devra probablement être payée en vertu de l'article vingt-huit.

Quand ce dépôt sera fait, il fera déterminer l'alignement le plus favorable pour cet aqueduc et délimitera le terrain qui, d'après lui, sera nécessaire à sa construction ; il publiera aussitôt, dans tous les villages par lesquels il se propose de faire passer l'aqueduc, un avis portant que telle partie de tel terrain, appartenant à un tel village, a été ainsi délimitée ; il enverra ensuite une copie de cet avis au Percepteur de chaque district dans lequel une partie de ces terrains est située.

23. Toute personne désirant le transfert d'un aqueduc existant, du nom de son propriétaire actuel en son nom,

---

22. If the Divisional Canal Officer considers

(1) that the construction of such water-course is expedien, and

(2) that the statements in the application are true,

he shall call upon the applicant to make such deposit as the Divisional Canal Officer considers necessary to defray the cost of the preliminary proceedings, and the amount of any compensation which he considers likely to become due under section twenty-eight ;

and, upon such deposit being made, he shall cause inquiry to be made into the most suitable alignment for the said water-course, and shall mark out the land which, in his opinion, it will be necessary to occupy for the construction thereof, and shall forthwith publish a notice in every village through which the water-course is proposed to be taken, that so much of such land

peut s'adresser par écrit à l'officier de canal divisionnaire, en stipulant :

(1) qu'elle a essayé vainement d'obtenir ce transfert du propriétaire de cet aqueduc ;

(2) qu'elle désire que ledit officier de canal fasse, en son nom et à ses frais, toutes les démarches nécessaires pour obtenir ce transfert ;

(3) qu'elle est en état de supporter les frais occasionnés à cette fin.

Si l'officier de canal divisionnaire estime :

a) que ledit transfert est nécessaire pour une meilleure administration de l'irrigation au moyen de cet aqueduc, et

b) que les stipulations de la requête sont exactes, il convoquera le postulant pour lui faire faire tel dépôt que l'officier de canal divisionnaire jugera nécessaire pour défrayer le coût des démarches préliminaires, et le montant de telle compensation qui, à son avis, pourrait devoir

---

as belongs to such village has been so marked out, and shall send a copy of such notice to the Collector of every district in which any part of such land is situate.

23. Any person desiring that an existing water-course should be transferred from its present owner to himself, may apply in writing to the Divisional Canal Officer, stating

(1) that he has endeavoured unsuccessfully to procure such transfer from the owner of such water-course ;

(2) that he desires the said Canal Officer, in his behalf and at his cost, to do all things necessary for procuring such transfer ;

(3) that he his able to defray the cost of such transfer.

If the Divisional Canal Officer considers

a) that the said transfer is necessary for the better management of the irrigation from such water-course , and

b) that the statements in the application are true,

he shall call upon the applicant to make such deposit as the Divisional Canal Officer considers necessary to defray the cost

être payée d'après les dispositions de l'article vingt-huit, par suite de ce transfert; lorsque ce dépôt sera effectué, il publiera une notification de la requête dans tous les villages et en enverra une copie aux Percepteurs de tous les districts par lesquels passe cet aqueduc.

24. Endéans les trente jours à partir de la publication d'un avis conformément à l'article vingt-deux ou à l'article vingt-trois, suivant le cas, toute personne intéressée dans le terrain ou dans la conduite d'eau à laquelle l'avis se rapporte, peut s'adresser au Percepteur par une pétition justifiant ses objections à la construction ou au transfert sollicités.

Le Percepteur peut, ou rejeter la pétition, ou faire procéder à une enquête au sujet de la validité des objections, en donnant préalablement avis à l'officier de canal divisionnaire du lieu et de la date à laquelle cette enquête aura lieu.

---

of the preliminary proceedings, and the amount of any compensation that may become due under the provisions of section twenty-eight in respect of such transfer ;

and, upon such deposit being made, he shall publish a notice of the application in every village, and shall send a copy of the notice to the Collector of every district, through which such water course passes.

24. Within thirty days from the publication of a notice under section twenty-two or section twenty-three, as the case may be, any person interested in the land or water-course to which the notice refers may apply to the Collector by petition, stating his objection to the construction or transfer for which application has been made.

The Collector may either reject the petition or may proceed to inquire into the validity of the objection, giving previous notice to the Divisional Canal Officer of the place and time at which such inquiry will be held.

Le Percepteur tiendra note par écrit de tous les ordres donnés par lui en vertu du présent article ainsi que de leurs motifs.

25. Si pareille objection n'est pas faite, ou si (là où cette objection est formulée) le Percepteur la rejette, il en informera l'officier de canal divisionnaire et s'occupera sur-le-champ de mettre le postulant en possession du terrain délimité ou de l'aqueduc à transférer, suivant le cas.

26. Si le Percepteur admet la validité d'une objection faite comme il est dit ci-dessus, il donnera à l'officier de canal divisionnaire une information en conséquence, et si cet officier le juge opportun, il peut, dans le cas d'une requête faite conformément à l'article vingt-et-un, modifier les bornes des terrains ainsi délimités et donner un nouvel avis, d'après l'article vingt-deux ; la marche indiquée précédemment dans le même cas sera applicable à la publication de cet avis, et le Percepteur procédera ensuite comme ci-dessus.

The Collector shall record in writing all orders passed by him under this section and the grounds thereof.

25. If no such objection is made, or (where such objection is made) if the Collector over-rules it, he shall give notice to the Divisional Canal Officer to that effect, and shall proceed forthwhith to place the said applicant in occupation of the land marked out or of the water-course to be transferred, as the case may be.

26. It the Collector considers any objection made as aforesaid to be valid, he shall inform the Divisional Canal Officer accordingly ; and, if such officer sees fit, he may, in the case of an application under section twenty-one, after the boundaries of the land so marked out, and may give fresh notice under section twenty-two ; and the procedure hereinbefore provided shall be applicable to such notice, and the Collector shall thereupon proceed as before provided.

27. Si l'officier de canal est en désaccord avec le Percepteur, l'affaire sera soumise pour décision au commissaire.

Cette décision sera définitive, et le Percepteur, s'il en a reçu l'ordre par cette décision, ordonnera sous réserve des dispositions de l'article vingt-huit, que le dit postulant soit mis en possession du terrain ainsi délimité ou de l'aqueduc à transférer, suivant le cas.

28. Aucun de ces postulants ne sera mis en possession de ce terrain ou de cet aqueduc aussi longtemps qu'il n'aura pas payé, à la personne désignée par le Percepteur, le montant que ce dernier fixera comme étant dû à cette personne, à titre de compensation pour cette occupation ou pour le transfert de ce terrain ou aqueduc, ainsi que pour le dommage causé par la délimitation ou l'occupation de ce terrain, y compris toutes les dépenses inhérentes à cette occupation ou à ce transfert.

Dans la détermination de la compensation à payer en

---

27. If the Canal Officer disagrees with the Collector, the matter shall be referred for decision to the Commissioner.

Such decision shall be final, and the Collector, if he is so directed by such decision, shall, subject to the provisions of section twenty-eight, cause the said applicant to be placed in occupation of the land so marked out or of the water-course to be transferred, as the case may be.

28. No such applicant shall be placed in occupation of such land or water-course, until he has paid to the person named by the Collector such amount as the Collector determines to be due as compensation for the land or water-course so occupied or transferred, and for any damage caused by the marking out or occupation of such land, together with all expenses incidental to such occupation or transfer.

In determining the compensation to be made under this section, the Collector shall proceed under the provisions of the Land

vertu du présent article, le Percepteur procédera conformément aux dispositions de la loi de 1870 sur les expropriations immobilières ; mais il peut, si la personne qui doit être dédommagée le désire, allouer cette compensation sous la forme d'une rente, payable à raison du terrain occupé ou de l'aqueduc transféré.

Si cette compensation et ces dépenses ne sont pas payées lorsque la personne qui a titre pour les recevoir en fait la demande, le montant peut être recouvré par le Percepteur comme si c'était un arriéré d'impôt foncier, et lorsqu'il sera recouvré, il sera payé par son intervention à la personne qui a le droit de le toucher.

29. Lorsqu'un tel postulant est mis en possession d'un terrain ou d'un aqueduc comme il est dit ci-dessus, les règles et conditions suivantes lui seront applicables ainsi qu'à celui qui le représente dans la gestion de ses finances :

Primo. — Tous les travaux nécessaires en vue du passage, à travers le dit aqueduc, des conduites établies avant sa construction et des drainages interceptés par lui,

---

Acquisition Act, 1870 ; but he may, if the person to be compensated so desire, award such compensation in the form of a rent-charge payable in respect of the land or water-course occupied or transferred.

If such compensation and expenses are not paid when demanded by the person entitled to receive the same, the amount may be recovered by the Collector as if it were an arrear of land-revenue, and shall, when recovered, be paid by him to the person entitled to receive the same.

29. When any such applicant is placed in occupation of land or of a water-course as aforesaid, the following rules and conditions shall be binding on him and his representative in interest :

First. — All works necessary for the passage across such water-course of water-courses existing previous to its construction and of the drainage intercepted by it, and for affording

ainsi que pour l'aménagement de bonnes communications au-dessus de cet aqueduc et en vue des convenances des terrains avoisinants, seront exécutés par le postulant et entretenus par lui ou par son représentant, à la satisfaction de l'officier de canal divisionnaire.

Secundo. — Le terrain occupé par un aqueduc, aux termes des dispositions de l'article 22, sera utilisé uniquement aux fins de l'établissement de cet aqueduc.

Tertio. — L'aqueduc projeté sera achevé à la satisfaction de l'officier de canal divisionnaire endéans l'espace d'une année, à partir de la date à laquelle le postulant a été mis en possession du terrain.

Quarto. — Si un terrain est occupé ou un aqueduc transféré moyennant une rente, le postulant ou son représentant devra payer, aussi longtemps qu'il exploitera ce terrain ou cet aqueduc, la rente y relative au taux et aux jours fixés par le Percepteur au moment où le postulant a été mis en possession de ce terrain ou de cet aqueduc.

---

proper communications across it for the convenience of the neighbouring lands, shall be constructed by the applicant, and be maintened by him or his representative in interest to the satisfaction of the Divisional Canal Officer.

Second. — Land occupied for a water-course under the provisions of section twenty-two shall be used only for the purpose of such water-course.

Third. — The proposed water-course shall be completed to the satisfaction of the Divisional Canal Officer within one year after the applicant is placed in occupation of the land.

In cases in which land is occupied or a water-course is transferred on the terms of a rent-charge.

Fourth. — The applicant or his representative in interest shall, so long as he occupies such land or water-course, pay rent for

Quinto. — Si le droit d'exploiter le terrain cesse par suite d'une infraction à une de ces règles, l'obligation de payer ladite rente perdure jusqu'à ce que le postulant ou son représentant ait remis le terrain dans son état primitif, ou jusqu'à ce qu'il ait payé, sous forme de compensation pour tout dommage causé audit terrain, tel montant aux personnes que le percepteur désignera.

Sexto. — Le Percepteur peut, à la requête de la personne qui a titre pour recevoir cette rente ou cette compensation, déterminer le montant de la rente due ou fixer le montant de cette compensation ; si une pareille rente ou compensation n'est pas payée par le postulant ou son représentant, le Percepteur peut recouvrer ce montant, majoré d'un intérêt calculé au taux de six pour cent l'an, à partir de la date depuis laquelle il est dû, comme si c'était un arriéré d'impôt foncier, et il payera ce montant, lorsqu'il l'aura recouvré, à la personne à laquelle il est dû.

---

the same at such rate and on such days as are determined by the Collector when the applicant is placed in occupation,

Fifth. — If the right to occupy the land cease owing to a breach of any of these rules, the liability to pay the said rent shall continue until the applicant or his representative in interest has restored the land to its original condition, or until he has paid, by way of compensation for any injury done to the said land, such amount and to such persons as the Collector determines.

Sixth. — The Collector may, on the application of the person entitled to receive such rent or compensation, determine the amount of rent due or assess the amount of such compensation : and if any such rent or compensation be not paid by the applicant or his representative in interest, the Collector may recover the amount, with interest thereon at the rate of six per cent per annum from the date on which it became due, as if it were an

Si quelques-unes des dispositions et conditions prescrites par le présent article ne sont pas observées, ou si un aqueduc construit ou transféré en vertu de la présente loi n'est plus employé pendant trois années consécutives, le droit pour le postulant ou son représentant d'occuper ce terrain ou d'employer cet aqueduc d'eau cessera d'une manière absolue.

30. La manière de procéder prescrite ci-dessus pour l'occupation de terrains en vue de la construction d'un aqueduc sera applicable à l'occupation de terrains pour toute extension ou modification d'un aqueduc et pour le dépôt de terres provenant des curages de ces ouvrages.

Chapitre IV.

De la fourniture de l'eau.

31. En l'absence de contrat écrit ou dans les cas non prévus par un contrat, toute fourniture d'eau de canal

---

arrear of land-revenue, and shall pay the same, when recovered, to the person to whom it is due.

If any of the rules and conditions prescribed by this section are not complied with,

or if any water-course constructed or transferred under this Act is disused for three years continuously,

the right of the applicant, or of his representative in interest, to occupy such land or water-course shall cease absolutely.

30. The procedure hereinbefore provided for the occupation of land for the construction of a water-course shall be applicable to the occupation of land for any extension or alteration of a water-course, and for the deposit of soil from water-course clearances.

Part IV.

Of the Supply of Water.

31. In the absence of a written contract, or so far as any such

sera jugée devoir être donnée au taux et être soumise aux conditions prescrites par les règlements à édicter à cette fin par le Gouvernement local.

32. De pareils contrats et règlements devront être basés sur les conditions suivantes :

a) L'officier de canal divisionnaire ne peut arrêter la fourniture d'eau à un aqueduc ou à une personne quelconque, excepté dans les cas ci-après :

1° Toutes les fois et aussi longtemps qu'il est nécessaire d'arrêter cette fourniture dans le but d'exécuter un travail commandé par l'autorité compétente, et moyennant sanction préalable du Gouvernement local ;

2° Toutes les fois et aussi longtemps qu'un aqueduc n'est pas entretenu convenablement au moyen des réparations habituelles pour prévenir le gaspillage d'eau ;

3° Pendant certaines périodes fixées de temps en temps par l'officier de canal divisionnaïre :

b) Aucune demande de compensation ne pourra être

---

contract does not extend, every supply of canal-water shall be deemed to be given at the rates and subject to the conditions prescribed by the rules to be made by the Local Government in respect thereof.

32. Such contracts and rules must be consistent with the following conditions :

a) The Divisional Canal Officer may not stop the supply of water to any water-course, or to any person, except in the following cases :

(1) whenever and so long as it is necessary to stop such supply for the purpose of executing any work ordered by competent authority, and with the previous sanction of the Local Government ;

(2) whenever and so long as any water-course is not maintained in such proper customary repair as to prevent the wasteful escape of water therefrom ;

adressée au Gouvernement pour motif de dommage causé par le manque d'eau ou l'arrêt de l'eau dans un canal, par suite d'une cause indépendante du contrôle du Gouvernement, ou de toutes réparations, modifications ou ajoutes au canal, ou par suite de mesures prises pour régler le cours convenable de l'eau dans la conduite, ou pour maintenir le fonctionnement existant de l'irrigation que l'officier de canal divisionnaire estime nécessaire; mais la personne qui supporte un tel dommage peut demander autant de diminution des taxes ordinaires payables par l'emploi de l'eau que le Gouvernement local autorise ;

c) Si la fourniture d'eau à un terrain irrigué par un canal est interrompue autrement que de la manière décrite dans la clause précédente, l'occupant ou le propriétaire de ce terrain peut introduire auprès du Percepteur, une demande de compensation pour toute perte causée par cette interruption, celui-ci peut allouer au pétitionnaire une compensation raisonnable pour cette perte :

---

(3) within periods fixed from time to time by the Divisional Canal Officer :

b) No claim shall be made against the Government for compensation in respect of loss caused by the failure or stoppage of the water in a canal, by reason of any cause beyond the control of the Government, or of any repairs, alterations or additions to the canal, or of any measures taken for regulating the proper flow of water therein, or for maintaining the established course of irrigation which the Divisional Canal Officer considers necessary; but the person suffering such loss may claim such remission of the ordinary charges payable for the use of the water as is authorized by the Local Government :

c) If the supply of water to any land irrigated from a canal be interrupted otherwise than in the manner described in the last preceding clause, the occupier or owner of such land may present a petition for compensation to the Collector for any loss arising

d) Si l'eau d'un canal est fournie pour l'irrigation d'une seule récolte, la permission d'employer cette eau devra durer seulement jusqu'à ce que cette récolte soit parvenue uniquement à maturité ; mais si elle est fournie pour l'irrigation de deux ou plusieurs récoltes à produire sur un même terrain endéans une même année, cette permission devra continuer pour une année depuis le commencement de l'irrigation et devra s'appliquer uniquement aux récoltes qui parviendront à maturité endéans cette année :

e) A moins que l'officier de canal, intendant en chef, n'en ait accordé la permission, aucune des personnes qui ont le droit de se servir de l'eau d'un canal ou d'un ouvrage, construction ou terrain appartenant à un canal, ne pourra vendre ou sous-louer, ou transférer d'une autre manière son droit sur cet emploi : sous réserve toutefois que la première partie de cette clause ne s'applique pas à l'emploi par un locataire cultivateur de l'eau fournie par le propriétaire d'un aqueduc, pour l'irrigation du terrain exploité par ce locataire.

---

from such interruption, and the Collector may award to the petitioner reasonable compensation for such loss :

d) When the water of a canal is supplied for the irrigation of a single crop, the permission to use such water shall be held to continue only until that crop comes to maturity, and to apply only to that crop ; but if it be supplied for irrigating two or more crops to be raised on the same land within the year, such permission shall be held to continue for one year from the commencement of the irrigation, and to apply to such crops only as are matured within that year :

e) Unless with the permission of the Superintending Canal Officer, no person entitled to use the water of any canal, or any work, building or land appertaining to any canal, shall sell or sub-let or otherwise transfer his right to such use : Provided that the former part of this clause shall not apply to the use by a

Mais tous les contrats passés entre le Gouvernement et le propriétaire ou le locataire d'un immeuble et relatifs à la fourniture d'eau de canal à cette propriété seront transférables avec celle-ci, et seront supposés avoir été transférés de cette façon chaque fois qu'un transfert de pareille propriété aura lieu :

f) Aucun droit à l'emploi de l'eau d'un canal ne sera acquis, ni ne sera jugé avoir été acquis en vertu de la loi de l'Inde de 1877, sur la prescription, partie IV (1), et le Gouvernement ne sera tenu de fournir de l'eau à personne, si ce n'est en vertu d'un contrat écrit, et aux termes de celui-ci.

Chapitre V.

Des taxes d'eau.

33. Si l'eau fournie par un aqueduc a été utilisée d'une manière non autorisée et si la personne par la faute ou

(1) Modification faite pour les provinces Nord-Ouest par la loi XV de 1877.

---

cultivating tenant of water supplied by the owner of a watercourse for the irrigation of the land held by such tenant :

But all contracts made between Government and the owner or occupier of any immoveable property, as to the supply of canal-water to such property, shall be transferable therewith, and shall be presumed to have been so transferred whenever a transfer of such property takes place :

f) No right to the use of the water of a canal shall be, or be deemed to have been, acquired under the Indian Limitation Act, 1877, Part IV (1), nor shall Government be bound to supply any person with water, except in accordance with the terms of a contract in writing.

(1) Alteration made for N. W. P. by Act XV of 1877.

la négligence de qui cet usage en a été fait ne peut être identifiée, la personne sur le terrain de laquelle cette eau s'est répandue si ce terrain en a profité, ou si cette personne-là ne peut être identifiée, ou si ce terrain n'en a pas bénéficié, toutes les personnes imposables du fait de l'usage de l'eau fournie par cet aqueduc, sera rendue responsable ou seront rendues solidairement responsables, suivant le cas, des charges résultées de cet emploi.

34. Si l'eau fournie par une conduite s'écoule en pure perte et si, ensuite de l'enquête faite par l'officier de canal divisionnaire, la personne par la faute ou la négligence de qui ce gaspillage a pu se produire, ne peut être découverte, toutes les personnes imposables du chef de l'emploi de l'eau fournie seront rendues solidairement responsables des charges résultées de ce gaspillage.

35. Les frais résultant de l'usage non autorisé ou du gaspillage d'eau peuvent être recouvrés en outre des pénalités encourues du chef de cet usage ou de ce gaspillage.

Part V.

Of Water-rates.

33. If water supplied through a water-course be used in an unauthorised manner, and if the person by whose act or neglect such use has occurred cannot be identified,

the person on whose land such water has flowed if such land has derived benefit therefrom,

or if such person cannot be identified, or if such land has not derived benefit therefrom, all the persons chargeable in respect of the water supplied through such water-course,

shall be liable, or jointly liable, as the case may be, to the charges made for such use.

34. If water supplied through a water-course be suffered to run to waste, and if, after enquiry by the Divisional Canal Officer, the person through whose act or neglect such water was

Toutes les questions comprises sous l'article 33 ou l'article 34 seront tranchées par l'officier de canal divisionnaire ; toutefois, elles seront susceptibles d'appel auprès du fonctionnaire du district, ou de tout autre appel prévu à l'article 75.

36. Les taxes à imposer aux occupants de terrains pour l'usage de l'eau d'un canal aux fins d'irrigation seront déterminées par des règlements qu'édictera le Gouvernement local, et les occupants qui acceptent l'eau devront payer pour celle-ci en conséquence.

Une taxe ainsi imposée sera appelée « taxe d'occupant. »

Les règlements auxquels il est fait allusion ci-dessus peuvent prescrire et déterminer quelles sont les personnes ou classes de personnes qui doivent être considérées comme occupants au point de vue du présent article, et peuvent aussi déterminer les différentes responsabilités, pour ce qui concerne le paiement de la taxe d'occupant,

---

suffered to run to waste cannot be discovered, all the persons chargeable in respect of the water supplied through such water-course shall be jointly liable for the charges made in respect of the water so wasted.

35. All charges for the unauthorized use or for waste of water may be recovered in addition to any penalties incurred on account of such use or waste.

All questions under section thirty-three or section thirty-four shall be decided by the Divisional Canal Officer, subject to an appeal to the head revenue officer of the district, or such other appeal as may be provided under section seventy-five.

36. The rates to be charged for canal-water supplied for purposes of irrigation to the occupiers of land shall be determined by the rules to be made by the Local Government, and such occupiers as accept the water shall pay for it accordingly.

A rate so charged shall be called the « occupier's rate ».

des locataires ou des personnes auxquelles les locataires ont sous-loué leurs terrains, ou des propriétaires et des personnes auxquelles les propriétaires ont loué les terrains qu'ils avaient en culture (1).

37. Outre la taxe d'occupant, une taxe appelée « taxe de propriétaire » peut être imposée, d'après des règlements à élaborer par le Gouvernement local, aux propriétaires de terrains irrigués par un canal, à raison des avantages qu'ils retirent de cette irrigation.

38. La taxe de propriétaire ne dépassera pas la somme qui, d'après les règlements en vigueur au moment de l'assiette du revenu foncier, peut être imposée à ce terrain du chef de l'accroissement de sa nature ou de sa production annuelles produit par l'irrigation au moyen d'un canal. Et pour ce qui concerne le présent article seulement, un terrain qui est imposé d'une manière permanente

(1) Paragraphe additionnel ajouté par la loi XVI de 1899.

The rules hereinbefore referred to may prescribe and determine what persons or classes of persons are to be deemed to be occupiers for the purposes of this section, and may also determine the several liabilities, in respect of the payment of the occupier's rate, of tenants and of persons to whom tenants may have sublet their lands, or of proprietors and of persons to whom proprietors may have let the lands held by them in cultivating occupancy (1).

37. In addition to the occupier's rate, a rate to be called the « owner's rate » may be imposed, according to rules to be made by the Local Government, on the owners of canal-irrigated lands, in respect of the benefit which they derive from such irrigation.

38. The owner's rate shall not exceed the sum which, under the rules for the time being in force for the assessment of land-revenue, might be assessed on such land, on account of the increase in the annual value or produce thereof caused by the canal-irri-

(1) Additional paragraph added by Act XVI, of 1899.

ou qui est franç d'impôt sera considéré comme s'il était temporairement imposé et tenu au paiement du revenu.

39. Aucune taxe de propriétaire ne sera imposable au propriétaire ou à l'occupant d'un terrain temporairement soumis au payement de l'impôt foncier du chef d'irrigation, aussi longtemps que durera cette obligation.

40. Si un tel terrain est occupé par le propriétaire ou si étant occupé par un locataire, le fermage n'est pas susceptible d'augmentation pour le motif que la valeur de la production du terrain ou sa puissance productive s'est accrue par suite de l'irrigation, ce propriétaire ou ce locataire paiera la taxe de propriétaire aussi bien que la taxe d'occupant.

41. Dans le cas d'un locataire ayant droit d'occupation, le Gouvernement local aura le pouvoir d'édicter des règlements en vue de répartir la taxe de propriétaire entre ce locataire et son propriétaire, proportionnellement à

---

gation. And for the purpose of this section only, land which is permanently settled or held free of revenue, shall be considered as though it were temporarily settled and liable to payment of revenue.

39. No owner's rate shall be chargeable either on the owner or occupier of land temporarily assessed to pay land revenue at irrigation-rates, during the currency of such assessment.

40. If such land is occupied by the owner,

or if it is occupied by a tenant whose rent is not liable to enhancement on the ground that the value of the produce of the land or the productive powers of the land has or have been increased by irrigation,

such owner or tenant shall pay the owner's rate as well as the occupier's rate.

41. In the case of a tenant with a right of occupancy, the Local Government shall have power to make rules for dividing the

l'importance des bénéfices retirés, par chacun d'eux, du terrain.

42. Si le propriétaire du terrain n'en est pas l'occupant, mais s'il a le pouvoir d'augmenter le fermage de l'occupant pour le motif que la valeur de la production ou de la puissance productive du terrain est ou a été augmentée par suite de l'irrigation, ou si, lorsque le montant du fermage a été fixé, le terrain était irrigué par un canal, le propriétaire paiera la taxe imposée.

43. Si une revision de l'assiette des impôts est un motif pour justifier une augmentation de l'impôt à payer, l'introduction de l'irrigation par canal sur un terrain aura le même effet sur le droit du propriétaire d'augmenter le fermage d'un locataire avec droit d'occupation du terrain irrigué, que si une revision de l'assiette avait eu lieu, ensuite de laquelle l'impôt payable pour ce terrain aurait été augmenté.

44. Là où une taxe d'eau est imposée à un terrain

---

owner's rate between such tenant and his landlord, proportionately to the extent of the beneficial interest of each in the land.

42. If the owner of the land is not the occupier, but has power to enhance the rent of the occupier on the ground that the value of the produce or the productive powers of the land has or have been increased by irrigation ;

or if, when the amount of rent was fixed, the land was irrigated from the canal,

the owner shall pay the owner's rate.

43. If a revision of settlement is a ground for entertaining a suit for the enhancement of rent, the introduction of canal-irrigation into any land shall have the same effect on the landlord's right to re-enhance the rent of a tenant with a right of occupancy of such land, as if a revision of settlement had taken place, under which the revenue payable in respect of such land had been increased.

possédé par une collectivité de propriétaires, elle sera payable par l'Administrateur ou toute autre personne qui perçoit les fermages ou bénéfices de ce terrain, et elle peut être déduite par lui de ces fermages ou bénéfices avant la répartition, ou bien elle peut être recouvrée par lui, à charge des personnes responsables du paiement de cette taxe, de la manière usitée pour le recouvrement des autres charges pesant sur ces fermages ou bénéfices.

Recouvrement d'impôts.

45. Toute somme légalement due en vertu du présent chapitre et certifiée par l'officier de canal divisionnaire comme étant légalement due, qui reste non acquittée après la date à laquelle elle échoit, sera recouvrable par le Percepteur à charge de la personne responsable, comme s'il s'agissait d'un arriéré d'impôt foncier.

46. L'officier de canal divisionnaire ou le Percepteur peuvent conclure un arrangement avec une personne

---

44. Where a water-rate is charged on land held by several joint owners, it shall be payable by the manager or other person who receives the rents or profits of such land, and may be deducted by him from such rents or profits before division, or may be recovered by him from the persons liable to such rate in the manner customary in the recovery of other charges on such rents or profits.

Recovery of Charges.

45. Any sum, lawfully due under this Part, and certified by the Divisional Canal Officer to be so due, which remains unpaid after the day on which it becomes due, shall be recoverable by the Collector from the person liable for the same as if it were an arrear of land-revenue.

46. The Divisional Canal Officer or the Collector may enter into an agreement with any person for the collection and payment

quelconque pour la perception et le paiement au Gouvernement par celle-ci, de toute somme à payer en vertu de la présente loi par une tierce-partie.

Lorsqu'un pareil arrangement est intervenu, cette personne peut recouvrer la dite somme par action, comme s'il s'agissait d'une dette qui lui est due, ou d'un arriéré de rente qui lui est dû pour le terrain, l'entreprise ou le bâtiment pour lesquels cette somme est payable, ou pour lesquels ou dans lesquels l'eau de canal a été fournie ou employée.

Si cette personne ne remplit pas ses engagements relatifs au paiement d'une somme perçue par elle en vertu du présent article, cette somme peut être recouvrée à sa charge par le Percepteur conformément à l'article 45; et si cette somme ou quelque partie de cette somme est encore due par ladite tierce-partie, la somme ou la partie ainsi due peut être recouvrée de la même manière par le Percepteur à charge de cette tierce-partie.

47. Le Percepteur peut requérir le «*lambardar*», ou personne qui s'est engagée à payer l'impôt foncier d'une

---

to the Government by such person of any sum payable under this Act by a third party.

When such agreement has been made, such person may recover such sum by suit as though it were a debt due to him, or an arrear of rent due to him on account of the land, work or building in respect of which sum is payable, or for or in which the canal-water shall have been supplied or used.

If such person makes default in the payment of any sum collected by him under this section, such sum may be recovered from him by the Collector under section forty-five; and if such sum or any part of it be still due by the said third party, the sum or part so due may be recovered in like manner by the Collector from such third party.

47. The Collector may require the lambardár or person under

propriété quelconque, de percevoir et de payer toutes sommes dues, d'après la présente loi, par une tierce-partie, pour des terrains ou de l'eau fournie à cette propriété.

Ces sommes seront recouvrables par le Percepteur comme si c'étaient des arriérés d'impôt-foncier dus en vertu de la quote-part de possession du défaillant dans cette propriété ;

Et pour ce qui regarde la perception de ces sommes à charge des *Zamindars* soumis, fermiers, locataires ou sous-locataires (1), ce *lambardar* ou cette personne pourront exercer les pouvoirs et seront soumis aux règlements fixés dans la loi, en vigueur en ce moment, sur la perception, par eux, des fermages des terrains ou des quote-parts de l'impôt foncier.

Le Gouvernement local prendra des mesures :

a) pour rémunérer les personnes qui perçoivent des sommes en vertu de cet article ; ou

(1) Ajoute faite par la loi XVI de 1899.

---

engagement to pay the land-revenue of any estate, to collect and pay any sums payable under this Act by a third party, in respect of any land or water in such estate.

Such sums shall be recoverable by the Collector as if they were arrears of land-revenue due in respect of the defaulter's share in such estate ;

and for the purpose of collecting such sums from the subordinate zamindars, ryots, tenants or sub-tenants (1), such lambardar or person may exercice the powers, and shall be subject to the rules, laid down in the law for the time being in force in respect to the collection by him of the rents of land or of shares of land-revenue.

(1) Added by Act XVI of 1899.

b) pour les indemniser des dépenses qu'elles ont effectuées effectivement au cours de cette perception ; ou

c) en vue de ces deux objets.

48. Aucune disposition des articles 45, 46 ou 47, ne concerne les amendes.

Chapitre VI.

De la navigation par canal.

49. Tout navire entrant ou navigant dans un canal contrairement aux règlements édictés sur la matière par le Gouvernement local, ou de façon à causer des dangers au canal ou aux autres navires qui s'y trouvent, peut être déplacé ou détenu, ou simultanément déplacé et détenu, par l'officier de canal divisionnaire ou par toute autre personne dûment autorisée à cette fin.

Le propriétaire de tout navire causant des avaries à un canal, ou de tout navire déplacé ou détenu en vertu des

---

The Local Government shall provide

a) for remunerating persons collecting sums under this section ; or

b) for indemnifying them against expenses properly incurred by them in such collection ; or

c) for both such purposes.

48. Nothing in sections forty-five, forty-six or forty-seven applies to fines.

Part VI.

Of Canal-navigation.

49. Any vessel entering or navigating any canal contrary to the rules made in that behalf by the Local Government, or so as to cause danger to the canal or the other vessels therein, may be removed or detained, or both removed and detained, by the Divisional Canal Officer, or by any other person duly authorized in this behalf.

dispositions du présent chapitre, sera tenu de payer au Gouvernement la somme que l'officier de canal divisionnaire, avec l'approbation de l'officier de canal intendant en chef, estimera nécessaire pour couvrir les frais de réparation de cette avarie, ou ceux occasionnés par ce déplacement et cette détention, suivant le cas.

50. Toute amende infligée, en vertu de la présente loi, au propriétaire d'un navire ou à l'employé ou agent de ce propriétaire, ou à une autre personne ayant charge d'un navire, pour une contravention relative à la navigation de ce navire, peut être recouvrée soit de la manière prescrite par le Code de procédure criminelle, soit, si le juge infligeant l'amende l'ordonne ainsi, comme s'il s'agissait d'une taxe due pour ce navire.

51. Si une taxe due pour un navire, en vertu des dispositions de ce chapitre, n'est pas payée à la personne autorisée à la percevoir, lorsque celle-ci en fait la

---

The owner of any vessel causing damage to a canal, or removed or detained under this section, shall be liable to pay to the Government such sum as the Divisional Canal Officer, with the approval of the Superintending Canal Officer, determines to be necessary to defray the expenses of repairing such damage, or of such removal or detention, as the case may be.

50. Any fine imposed under this Act upon the owner of any vessel, or the servant or agent of such owner or other person in charge of any vessel, for any offense in respect of the navigation of such vessel, may be recovered either in the manner prescribed by the Code of Criminal Procedure, or, if the Magistrate imposing the fine so directs, as though it were a charge due in respect of such vessel.

51. If any charge due under the provisions of this Part in respect of any vessel is not paid on demand to the person authorized to collect the same, the Divisional Canal Officer may seize and detain such vessel and the furniture thereof, until the charge

demande, l'officier de canal divisionnaire peut saisir et détenir ce navire et son contenu jusqu'à ce que la taxe due, ainsi que tous les autres frais et taxes additionnelles résultant de cette saisie et détention, soient payés en totalité.

52. Si une taxe due, en vertu des dispositions du présent chapitre, pour une cargaison ou des marchandises chargées dans un navire du Gouvernement sur un canal, ou emmagasinées sur ou dans des terrains ou des entrepôts exploités à l'usage d'un canal, n'est pas payée à la personne autorisée à la percevoir lorsque celle-ci en fait la demande, l'officier de canal divisionnaire peut saisir cette cargaison ou ces marchandises et les détenir jusqu'à ce que la taxe ainsi due, de même que toutes les dépenses et taxes additionnelles résultant de cette saisie et détention, soient totalement payées.

53. Après un laps de temps raisonnable, lorsqu'une saisie a été faite en vertu de l'article 51 ou de l'article 52, ledit officier de canal donnera avis au propriétaire ou à la personne qui a charge de la propriété saisie, que, à

---

so due, together with all expenses and additional charges arising from such seizure and detention, is paid in full.

52. If any charge due under the provisions of this Part in respect of any cargo or goods carried in a Government vessel on a canal, or stored on or in lands or warehouses occupied for the purposes of a canal, is not paid on demand to the person authorized to collect the same, the Divisional Canal Officer may seize such cargo or goods and detain them until the charge so due, together with all expenses and additional charges arising from such seizure and detention, is paid in full.

53. Within a reasonable time after any seizure under section fifty-one or section fifty-two, the said Canal Officer shall give notice to the owner or person in charge of the property

un jour à désigner dans l'avis, mais qui ne peut pas échoir plus tôt que quinze jours à partir de la date de l'avis, cette propriété ou la partie de celle-ci qui sera jugée nécessaire, sera vendue en acquittement du droit pour le paiement duquel cette propriété est saisie, à moins que le droit ne soit acquitté avant le jour fixé.

Et si ce droit n'est pas acquitté avant cette date, ledit officier du canal peut, au jour fixé, vendre la propriété saisie ou la partie de celle-ci qu'il jugera nécessaire au paiement du montant à acquitter, en même temps qu'aux dépenses occasionnées par cette saisie et par la vente, sous cette réserve qu'il ne sera pas vendu une plus grande partie du contenu d'un navire, ou d'une cargaison ou de marchandises que celle qui est suffisante, aussi approximativement que possible, à couvrir le montant dû pour ce navire, cette cargaison ou ces marchandises.

Le reste du contenu de la cargaison ou des marchandises en question, ainsi que l'excédent du produit de la vente, seront remis au propriétaire ou à la personne qui a charge de la propriété saisie.

---

seized that it, or such portion of it as may be necessary, will, on a day to be named in the notice, but not sooner than fifteen days from the date of the notice, be sold in satisfaction of the claim on account of which such property was seized, unless the claim be discharged before the day so named.

And if such claim be not so discharged, the said Canal Officer may, on such day, sell the property seized or such part thereof as may be necessary to yield the amount due, together with the expenses of such seizure and sale :

Provided that no greater part of the furniture of any vessel or of any cargo or goods shall be so sold than shall, as nearly as may be, suffice to cover the amount due in respect of such vessel, cargo or goods.

The residue of such furniture, cargo or goods and of the pro-

54. Si un navire est trouvé abandonné dans un canal, ou si une cargaison ou des marchandises chargées dans un navire du Gouvernement sur le canal, ou emmagasinées sur ou dans un terrain ou un entrepôt exploité à l'usage d'un canal, ne sont pas réclamés après un délai de deux mois, l'officier de canal divisionnaire peut en prendre possession.

Le fonctionnaire prenant ainsi possession de ces objets, peut publier un avis portant que si ce navire et son contenu, ou cette cargaison ou ces marchandises ne sont pas réclamés avant une date à fixer dans l'avis, mais qui ne peut pas échoir avant trente jours à partir de la date de cet avis, il les vendra; et si ces navires, cargaison ou marchandises ne sont pas réclamés endéans ce laps de temps, il peut, à n'importe quelle date après le jour fixé dans l'avis, procéder à leur vente.

Ledit navire avec son contenu, et les dites cargaisons et marchandises, s'ils ne sont pas vendus, ou — si la vente a eu lieu — le produit de celle-ci, après déduction de tous

---

ceeds of the sale, shall be made over to the owner or person in charge of the property seized.

54. If any vessel be found abandoned in a canal, or any cargo or goods carried in a Government vessel on a canal, or stored on or in lands or warehouses occupied for the purposes of a canal, be left unclaimed for a period of two months, the Divisional Canal Officer may take possession of the same.

The officer so taking possession may publish a notice that, if such vessel and its contents, or such cargo or goods, are not claimed previously to a day to be named in the notice, not sooner than thirty days from the date of such notice, he will sell the same; and, if such vessel, contents, cargo or goods be not so claimed, he may, at any time after the day named in the notice, proceed to sell the same.

The said vessel and its contents, and the said cargo or goods, if

droits, taxes et dépenses encourus par l'officier du canal divisionnaire par suite de la prise de possession et de la vente, seront remis au propriétaire si ses droits de propriété sont établis à la satisfaction de l'officier du canal divisionnaire.

Si l'officier du canal divisionnaire a des doutes quant à la personne à laquelle cette propriété ou ce produit devrait être remis, il peut ordonner de vendre la propriété comme il est dit ci-dessus, et de verser le produit de cette vente à la trésorerie du district, afin d'y être conservé jusqu'à ce que les droits sur cette somme soient fixés par une cour de juridiction compétente.

Chapitre VII

Du drainage.

55. Toutes les fois qu'il apparaît au Gouvernement local qu'un préjudice est causé ou peut être causé à un terrain, à la santé publique ou aux convenances publiques par suite de l'obstruction d'une rivière, d'un fleuve ou

---

unsold, or, if a sale has taken place, the proceeds of the sale, after paying all tolls, charges and expenses incurred by the Divisional Canal Officer on account of the taking possession and sale, shall be made over to the owner of the same, when his ownership is established to the satisfaction of the Divisional Canal Officer.

If the Divisional Canal Officer is doubtful to whom such property or proceeds should be made over, he may direct the property to be sold as aforesaid, and the proceeds to be paid into the district treasury, there to be held until the right thereto be decided by a Court of competent jurisdiction.

Part VII.

Of Drainage.

55. Whenever it appears to the Local Government that injury to any land or the public health or public convenience has arisen

d'un canal de drainage, ce Gouvernement peut, par notification publiée dans la *Gazette officielle*, défendre, à l'intérieur de limites à définir dans cette notification, la formation de toute obstruction, ou peut, dans ces limites, ordonner l'enlèvement ou toute autre modification de cet obstacle.

A la suite de cette notification, toute la partie de cette rivière, de ce fleuve ou de ce canal de drainage comprise dans les limites fixées, sera considérée comme étant un travail de drainage tel qu'il est défini dans l'article 3.

56. L'officier de canal divisionnaire, ou toute autre personne autorisée par le Gouvernement local à cette fin, peut, après cette publication, donner l'ordre à la personne qui a établi cette obstruction, ou qui en a eu le contrôle, d'enlever ou de modifier celle-ci endéans une période à fixer dans l'ordre.

Si, endéans l'époque ainsi fixée, cette personne ne se conforme pas à cet ordre, ledit officier de canal peut lui-même enlever ou modifier l'obstacle ; et si la personne

---

or may arise from the obstruction of any river, stream or drainage-channel, such Government may, by notification published in the official Gazette, prohibit, within limits to be defined in such notification, the formation of any obstruction, or may, within such limits, order the removal or other modification of such obstruction.

Thereupon so much of the said river, stream or drainage-channel, as is comprised within such limits, shall be held to be a drainage-work as defined in section three.

56. The Divisional Canal Officer, or other person authorized by the Local Government in that behalf, may, after such publication, issue an order to the person causing or having control over any such obstruction to remove or modify the same within a time to be fixed in the order.

If, within the time so fixed, such person does not comply with

à laquelle l'ordre a été donné ne paie pas, quand elle en est sommée, les dépenses que cet enlèvement ou cette modification a nécessitées, ces frais seront recouvrables par le Percepteur à charge de cette personne ou de son représentant, comme un arriéré de revenu foncier.

57. Toutes les fois qu'il semble au Gouvernement local que des travaux de drainage sont nécessaires pour l'amélioration de certains terrains, ou pour leur bonne culture ou irrigation, ou qu'il est nécessaire de protéger des terrains contre les inondations ou d'autres accumulations d'eau, ou contre l'érosion par une rivière, le Gouvernement local peut faire dresser et publier un plan des travaux de drainage à effectuer, en même temps qu'une estimation des frais et un état déterminant la quote-part dans ces dépenses que le Gouvernement veut supporter; il peut également arrêter une liste des terrains qu'il projette de rendre imposables d'après les indications de ce plan.

58. Les personnes autorisées par le Gouvernement local

---

the order, the said Canal Officer may himself remove or modify the obstruction; and if the person to whom the order was issued does not, when called upon, pay the expenses involved in such removal or modification, such expenses shall be recoverable by the Collector from him or his representative in interest as an arrear of land-revenue.

57. Whenever it appears to the Local Government that any drainage-works are necessary for the improvement of any lands, or for the proper cultivation or irrigation thereof,

or that protection from floods or other accumulations of water, or from erosion by a river, is required for any lands,

the Local Government may cause a scheme for such drainage-works to be drawn up and published, together with an estimate of its cost and a statement of the proportion of such cost which the Government proposes to defray, and a schedule of the lands

à dresser ce plan peuvent exercer tous ou quelques-uns des pouvoirs conférés aux officiers de canal par l'article 14.

59. Une taxe annuelle, en rapport avec le plan, peut être imposée, conformément à un règlement à édicter par le Gouvernement local, aux propriétaires de tous les terrains qui seront, de la manière prescrite par ce règlement, désignés comme étant imposables pour ce motif.

Cette taxe sera fixée aussi approximativement que possible, de façon à ne dépasser aucune des limites suivantes :

1° Six pour cent par an des premiers frais des dits travaux, auquel tantième est à ajouter le coût annuel présumé de leur entretien et de leur surveillance, et dont il faut déduire le revenu présumé, s'il y a lieu, rapporté par ces travaux, à l'exception de ladite taxe.

Lorsqu'il s'agit d'une terre arable, la somme qui, en vertu du règlement en vigueur à cette époque pour l'as-

---

which it is proposed to make chargeable in respect of the scheme.

58. The persons authorized by the Local Government to draw up such scheme may exercise all or any of the powers conferred on Canal Officers by section fourteen.

59. An annual rate, in respect of such scheme, may be charged, according to rules to be made by the Local Government, on the owners of all lands which shall, in the manner prescribed by such rules, be determined to be so chargeable.

Such rate shall be fixed as nearly as possible so as not to exceed either of the following limits :

(1) Six per cent. per annum on the first cost of the said works, adding thereto the estimated yearly cost of the maintenance and supervision of the same, and deducting therefrom the estimated income, if any, derived from the works, excluding the said rate :

siette du revenu foncier, pourrait être imposée à ce terrain du chef de l'augmentation de la valeur ou de la production annuelle produite par les travaux de drainage.

Cette taxe peut être modifiée de temps en temps, dans les limites de ce maximum, par le Gouvernement local.

Pour autant que quelque défaut, auquel il doit être remédié, soit dû à quelque canal, conduite d'eau, route ou autre ouvrage ou obstruction, construits ou ordonnés par le Gouvernement local ou par une personne quelconque, une part proportionnelle du coût des travaux de drainage nécessaires pour remédier audit défaut devra être supportée par ce Gouvernement ou cette personne, suivant le cas.

60. Toutes ces taxes de drainage peuvent être perçues et recouvrées de la manière préconisée dans les articles 45, 46 et 47 au sujet de la perception et le recouvrement des taxes d'eau.

61. Toutes les fois qu'en suite d'une notification faite en vertu de l'article 45, un obstacle est enlevé ou modifié,

---

(2) In the case of agricultural land, the sum which, under the rules then in force for the assessment of land-revenue, might be assessed on such land on account of the increase of the annual value or produce thereof caused by the drainage-work.

Such rate may be varied from time to time, within such maximum, by the Local Government.

So far as any defect to be remedied is due to any canal, water-course, road or other work or obstruction, constructed or caused by the Local Government or by any person, a proportionate share of the cost of the drainage-works required for the remedy of the said defect shall be borne by such Government or such person as the case may be.

60. Any such drainage-rate may be collected and recovered in manner provided by sections forty-five, forty-six and forty-seven, for the collection and recovery of water-rates;

ou toutes les fois qu'un travail de drainage est effectué en vertu de l'article 57, toutes les demandes de compensation pour les pertes causées par l'enlèvement ou la modification de cet obstacle, ou par la construction de cet ouvrage, peuvent être faites au percepteur, et celui-ci en décidera de la manière prescrite dans l'article 10.

62. Aucune de ces plaintes ne sera admise après le délai d'une année à partir de la date à laquelle le dommage visé a été encouru, à moins que le Percepteur ne soit convaincu que le plaignant avait des raisons suffisantes pour ne pas introduire sa plainte endéans cette période.

Chapitre VIII.

De l'obtention de la main-d'œuvre pour les canaux et les travaux de drainage.

63. Pour les cas variés dans ce chapitre, le mot « ou-

---

61. Whenever, in pursuance of a notification made under section fifty-five, any obstruction is removed or modified,

or whenever any drainage-work is carried out under section fifty-seven,

all claims for compensation on account of any loss consequent on the removal or modification of the said obstruction or the construction of such work, may be made before the Collector, and he shall deal with the same in the manner provided in section ten.

62. No such claim shall be entertained after the expiration of one year from the occurence of the loss complained of, unless the Collector is satisfied that the claimant had sufficient cause for not making the claim within such period.

Part VIII.

Of obtaining Labour for Canals and Drainage-works.

63. For the purposes referred to in this Part the word « Labou-

vriers » désigne les personnes qui exercent un métier spécifié dans les règlements à édicter à ce sujet par le Gouvernement local.

64. Dans tout district où un canal ou un travail de drainage est construit, entretenu ou projeté par le Gouvernement, le Gouvernement local peut, s'il le juge opportun, ordonner au Percepteur :

a) de désigner les propriétaires, sous-propriétaires ou fermiers dont les villages ou établissements bénéficient ou bénéficieront, suivant l'avis du Percepteur, de ce canal ou de ce travail de drainage, et

b) de consigner sur une liste, en prenant soigneusement en considération les conditions dans lesquelles se trouvent les districts et les différents propriétaires, sous-propriétaires ou fermiers, le nombre des ouvriers qui doivent être fournis solidairement par les dites personnes, de ces villages ou établissements, pour être employés à

---

rer » includespersons who exercise any handicraft specified in rules to be made in that behalf by the Local Goverment.

64. In any district in which a canal or drainage-work is constructed, maintened or projected by Government, the Local Government may, if it thinks fit, direct the Collector.

a) to ascertain the proprietors, sub-proprietors or farmers, whose villages or estates are or will be, in the judgment of the Collector, benefited by such canal or drain age-work, and

b) to set down in a list, having due regard to the circumstances of the district and of the several proprietors, sub-proprietors or farmers, the number of labourers which shall be furnished by any of the said persons, jointly or severally, from any such village or estate, for employment on any such canal or drainage-work when required as hereinafter provided.

The Collector may, from time to time, to complete or alter such list or any part thereof.

ce canal ou travail de drainage, quand ils en seront requis comme il est prévu ci-après.

Le Percepteur peut, de temps en temps, compléter ou modifier la liste précitée ou une partie de celle-ci.

65. Chaque fois qu'un officier de canal divisionnaire dûment autorisé par le Gouvernement local estime que, sans l'exécution immédiate d'un travail, une avarie grave va survenir à un canal ou à un travail de drainage et qu'elle causera un préjudice soudain et important, et que les ouvriers nécessaires à la bonne exécution de ce travail ne peuvent être trouvés par la voie ordinaire, dans le délai qui peut être accordé pour son achèvement de façon à prévenir ce préjudice, ledit fonctionnaire peut requérir toute personne mentionnée dans la liste en question de fournir autant d'ouvriers (sans dépasser le nombre que, d'après la liste, elle est tenue de mettre à sa disposition) que le dit fonctionnaire estime nécessaires pour l'exécution immédiate de ce travail.

Toute réquisition ainsi faite devra l'être par écrit, et devra stipuler :

---

65. Whenever it appears to a Divisional Canal Officer duly authorized by the Local Government, that, unless some work is immediately executed, such serious damage will happen to any canal or drainage-work as to cause sudden and extensive public injury,

and that the labourers necessary for the proper execution thereof cannot be obtained in the ordinary manner within the time that can be allowed for the execution of such work so as to prevent such injury,

the said officer may require any person named in such list to furnish as many labourers (not exceding the number which, according to the said list, he is liable to supply) as to the said officer seem necessary for the immediate execution of such work.

Every requisition so made shall be in writing, and shall state

a) la nature du travail et l'endroit où il devra être effectué ;

b) le nombre d'ouvriers qui doivent être fournis par la personne à laquelle la réquisition est adressée ; et

c) la durée approximative pour laquelle et le jour auquel les ouvriers seront requis ;

une copie de cet écrit sera immédiatement envoyée à l'officier de canal, Intendant en chef, pour que celui-ci en informe le Gouvernement local.

Le Gouvernement local fixera les salaires à payer à ces ouvriers tout en ayant le pouvoir de les modifier de temps en temps ; il est entendu que ces salaires seront supérieurs aux salaires les plus élevés qui, à cette même époque, sont payés dans les environs pour un travail similaire. Pour ce qui concerne ces ouvriers, le paiement continuera à se faire pour toute la période durant laquelle ils seront, en conséquence des dispositions du présent chapitre, empêchés de vaquer à leurs occupations ordinaires.

Le Gouvernement local peut, moyennant la sanction

---

a) the nature and locality of the work to be done,

b) the number of labourers to be supplied by the person upon whom the requisition is made, and

c) the approximate time for which and the day on which the labourers will be required ;

and a copy thereof shall be immediately sent to the Superintending Canal Officer for the information of the Local Government.

The Local Government shall fix, and may from time to time alter, the rates to be paid to any such labourers : provided that such rates shall exceed the highest rates for the time being paid in the neighbourhood for similar work. In the case of every such labourer, the payment shall continue for the whole period during which he is, in consequence of the provisions of this Part, prevented from following his ordinary occupation.

préalable du Gouverneur Général en conseil, ordonner que les dispositions de ce chapitre seront applicables, soit d'une manière permanente, soit temporaire (suivant le cas), à un district ou à une partie de district aux fins d'effectuer l'enlèvement annuel des vases, ou pour prévenir que le bon fonctionnement d'un canal ou d'un travail de drainage soit arrêté ou entravé au point d'interrompre le cours existant des irrigations ou drainages.

66. Lorsqu'une réquisition a été adressée à une personne mentionnée dans ladite liste, tout ouvrier résidant ordinairement dans le village ou sur le domaine de cette personne sera tenu de fournir et de continuer à fournir son travail aux fins stipulées ci-dessus.

Chapitre IX.

De la juridiction.

67. A l'exception des cas pour lesquels la présente loi prévoit une autre solution, toutes les plaintes à l'adresse

---

The Local Government may with the previous sanction of the Governor General in Council, direct that the provisions of this Part shall apply, either permanently or temporarily (as the case may be), to any district or part of a district for the purpose of effecting necessary annual silt-clearances, or to prevent the proper operation of a canal or drainage-work being stopped or so much interfered with as to stop the established course of irrigation or drainage.

66. When any requisition has been made on any person named in the said list, every labourer ordinarily resident within the village or estate of such person shall be liable to supply, and to continue to supply, his labour, for the purposes aforesaid.

Part IX.

Of Jurisdiction.

67. Except where herein otherwise provided, all claims against

du Gouvernement, relatives à un acte posé en vertu de la présente loi, peuvent être jugées par les tribunaux civils ; mais aucun de ces tribunaux ne donnera en aucun cas un ordre quant à la fourniture d'eau de canal pour une récolte semée ou croissant à l'époque de cet ordre.

68. Toutes les fois qu'un différend s'élève entre deux ou plusieurs personnes au sujet de leurs droits ou devoirs mutuels relatifs à l'emploi, la construction ou l'entretien d'un aqueduc, chacune d'elle peut s'adresser par écrit à l'officier de canal divisionnaire pour lui exposer l'objet du litige. A la réception de cet écrit, ce fonctionnaire donnera avis aux autres intéressés que, à une date qu'il devra désigner dans cet avis, il procédera à une enquête; il prendra une décision en conséquence, à moins qu'il ne transmette (comme il est autorisé par la présente loi à le faire) la question au percepteur, qui à son tour, procèdera à une enquête et fera connaître sa décision à ce sujet.

Government in respect of anything done under this Act may be tried by the Civil Courts; but no such Court shall in any case pass an order as to the supply of canal-water to any crop sown or growing at the time of such order.

68. Whenever a difference arises between two or more persons in regard to their mutual rights or liabilities in respect of the use, construction or maintenance of a water-course, any such person may apply in writing to the Divisional Canal Officer stating the matter in dispute. Such officer shall thereupon give notice to the other persons interested that, on a day to be named in such notice, he will proceed to enquire into the said matter. And, after such enquiry, he shall pass his order thereon, unless he transfers (as he is hereby empowered to do) the matter to the Collector, who shall thereupon enquire into and pass his order on the said matter.

Such order shall be final as to the use or distribution of water

Cette dernière décision réglera d'une manière définitive l'emploi ou la distribution de l'eau pour toute récolte semée à l'époque à laquelle elle est prise, et restera subsidiairement en vigueur jusqu'à ce qu'elle soit infirmée par l'ordonnance d'un tribunal civil.

69. Tout fonctionnaire qui a reçu le pouvoir, en vertu de la présente loi, de procéder à des enquêtes, peut exercer, en ce qui concerne la convocation et l'interrogation de témoins, tous les pouvoirs conférés aux tribunaux civils par le Code de procédure civile ; et chacune de ces enquêtes sera considérée comme une procédure juridique.

Chapitre X.

Des contraventions et des pénalités.

70. Celui qui accomplit, volontairement et sans être dûment investi de l'autorité voulue, un des actes suivants, c'est-à-dire celui qui

1° endommage, modifie, agrandit ou obstrue un canal ou un travail de drainage ;

---

for any crop sown or growing at the time when such order is made, and shall thereafter remain in force until set aside by the decree of a Civil Court.

69. Any officer empowered under this Act to conduct any inquiry may exercise all such powers connected with the summoning and examining of witnesses, as are conferred on Civils Courts by the Code of Civil Procedure ; and every such inquiry shall be deemed a judicial proceeding.

Part X.

Of Offences and Penalties.

70. Whoever, without proper authority and voluntarily, does any of the acts following, that is to say,

(1) damages, alters, enlarges or obstructs any canal or drainage-work ;

2° entrave, augmente ou diminue la fourniture de l'eau dans un canal ou travail de drainage, ou le cours de l'eau d'un canal ou d'un travail de drainage, ou le cours de l'eau au travers, au-dessus ou au-dessous d'un canal ou travail de drainage ;

3° entrave ou modifie le cours de l'eau dans quelque rivière ou fleuve, de façon à mettre en danger, endommager ou rendre moins utile quelque canal ou travail de drainage ;

4° étant responsable de l'entretien d'un aqueduc ou se servant d'un aqueduc, néglige de prendre les précautions voulues pour prévenir la perte de l'eau de cet aqueduc, entrave la distribution autorisée de cette eau, ou emploie l'eau d'une manière non autorisée ;

5° corrompt ou souille l'eau d'un canal de façon à la rendre moins propre aux usages pour lesquels elle est ordinairement employée ;

6° ordonne à un navire d'entrer dans ou de naviguer sur un canal contrairement aux règlements prescrits à ce

---

(2) interferes with, increases or diminishes the supply of water in, or the flow of water from, through, over or under, any canal or drainage-work ;

(3) interferes with or alters the flow of water in any river or stream, so as to endanger, damage or render less useful any canal or drainage-work ;

(4) being responsible for the maintenance of a water-course, or using a water-course, neglects to take proper precautions for the prevention of waste of the water thereof, or interferes with the authorized distribution of the water therefrom, or uses such water in an unauthorized manner ;

(5) corrupts or fouls the water of any canal so as to render it less fit for the purposes for which it is ordinarily used ;

(6) causes any vessel to enter or navigate any canal contrary

moment par le Gouvernement local en vue de l'entrée dans ou de la navigation sur ce canal ;

7° pendant qu'il navigue sur un canal, néglige de prendre les précautions voulues pour la sécurité du canal et des navires qui y séjournent ;

8° étant tenu de fournir des ouvriers en vertu du chapitre VIII de la présente loi, fait défaut, sans motif plausible, au moment de fournir ou d'aider à fournir les ouvriers requis de lui ;

9° étant ouvrier tenu de fournir son travail en vertu du chapitre VIII de la présente loi, néglige sans motif plausible de fournir ou de continuer à fournir son travail ;

10° détruit ou déplace un repère ou un tube de niveau établi par l'autorité ou un agent public ;

11° passe, ou fait passer des animaux ou des véhicules sur ou à travers des ouvrages, terrassements ou chenaux d'un canal ou travail de drainage, contrairement aux règlements édictés en vertu de la présente loi et après qu'il a été invité à ne pas agir ainsi ;

---

to the rules for the time being prescribed by the Local Government for entering or navigating such canal ;

(7) while navigating an any canal neglects to take proper precautions for the safety of the canal and of vessels thereon ;

(8) being liable to furnish labourers under Part VIII of this Act, fails, without reasonable cause, to supply or to assist in supplying the labourers required of him ;

(9) being labourer liable to supply his labour under Part VIII of this act, neglects, without reasonable cause, so to supply, and to continue to supply, his labour ;

(10) destroys or moves any level-mark or water-gauge fixed by the authority of a public servant ;

(11) passes, or causes animals or vehicles to pass, on or accross any of the works, banks or channels of a canal or drainage-work

12° viole quelque règlement édicté en vertu de la présente loi et pour l'infraction duquel une pénalité peut être encourue,

sera passible, en cas de culpabilité reconnue devant un juge de telle classe que le Gouvernement local désignera pour ces questions, d'une amende n'excédant pas cinquante roupies, ou d'un emprisonnement ne dépassant pas un mois, ou de ces deux pénalités.

71. Aucune stipulation contenue dans la présente loi n'empêchera la poursuite de quelqu'un en vertu d'une autre loi, pour quelque contravention punissable en vertu de celle-ci ; il est entendu toutefois que personne ne peut être puni deux fois pour la même contravention.

72. Si une personne est punie d'une amende pour une contravention à la présente loi, le juge peut ordonner que la totalité ou une partie de cette amende soit payée sous forme de compensation à la personne lésée par cette contravention.

73. Toute personne ayant la direction d'un canal ou

---

contrary to rules made under this Act, after he has been desired to desist therefrom ;

(12) violates any rule made under this Act, for breach whereof a penalty may be incurred,

shall be liable, on conviction before a Magistrate of such class as the Local Government directs in this behalf, to a fine not exceeding fifty rupees, or to imprisonment not exceeding one month, or to both.

71. Nothing herein contained shall prevent any person from being prosecuted under any other law for any offence punishable under this Act : Provided that no person shall be punished twice for the same offence.

72. Whenever any person is fined for an offence under this Act, the Magistrate may direct that the whole or any part of such fine

d'un travail de drainage, ou y étant employée, peut dégager les terrains ou bâtiments y appartenant, ou arrêter sans mandat et conduire immédiatement devant un juge ou un bureau de police le plus proche, pour être jugée conformément à la loi, toute personne qui sous les yeux de ce fonctionnaire :

1° endommage ou obstrue volontairement un canal ou un travail de drainage ;

2° entrave, sans être investie de l'autorité voulue, la fourniture ou le cours de l'eau dans ou d'un travail de drainage, de façon à mettre en danger, endommager ou rendre moins utile un canal ou un travail de drainage.

74. Dans le présent chapitre, le mot « Canal » sera censé désigner également (à moins qu'il ne se présente une contradiction dans le sujet ou le contexte) tous les terrains occupés par le Gouvernement à l'usage des canaux, et tous les bâtiments, machineries, clôtures, barrières et autres constructions, arbres, récoltes, plantations ou autres

---

may be paid by way of compensation to the person injured by such offence.

73. Any person in charge of or employed upon any canal or drainage-work, may remove from the lands or buildings belonging thereto, or may take into custody without a warrant and take forthwith before a Magistrate or to the nearest police-station, to be dealt with according to law, any person who, within his view, commits any of the following offences :

(1) wilfully damages or obstructs any canal or drainage-work ;

(2) without proper authority interferes with the supply or flow of water in or from any canal or drainage-work, or in any river or stream, so as to endanger, damage or render less useful any canal or drainage-work.

74. In this Part the word « Canal » shall (unless there be something repugnant in the subject or context) be deemed to include also all lands occupied by Government for the purposes of

produits exploités par ou appartenant au Gouvernement sur ces terrains.

Chapitre XI

Des règlements subsidiaires.

75. Le Gouvernement local peut, de temps en temps, moyennant sanction préalable du Gouverneur Général en Conseil, faire des règlements pour régler les questions suivantes :

1° la marche à suivre par tout fonctionnaire qui, en vertu d'une disposition quelconque de la présente loi, est requis ou a le pouvoir d'intenter une action pour l'un ou l'autre motif ;

2° les cas et les conditions dans lesquels, seront susceptibles d'appel des ordres donnés aux fonctionnaires et des décisions prises en vertu d'une disposition de la présente loi qui ne font pas l'objet de stipulations précises relativement à l'appel ;

---

canals, and all buildings, machinery, fences, gates and other erections, trees, crops, plantations or other produce, occupied by or belonging to Government, upon such lands.

Part XI.

Of Subsidiary Rules.

75. The Local Government may, from time to time, with the previous sanction of the Governor General in Council, make rules to regulate the following matters :

(1) the proceedings of any officer who, under any provision of this Act, is required or empowered to take action in any matter ;

(2) the cases in which, and the officers to whom, and the conditions subject to which, orders and decisions given under any provision of this Act, and not expressly provided for as regards appeal, shall be appealable;

3° les personnes (1) par qui le temps, la place sera faite et ou la manière dont une chose pour l'exécution de laquelle des dispositions ont été prises dans la présente loi ;

4° le montant de toute contribution créée en vertu de la présente loi ;

5° et généralement l'exécution des dispositions de la présente loi.

Le Gouvernement local peut de temps en temps, moyennant la même sanction, modifier ou annuler tout règlement ainsi édicté.

De pareils règlements, modifications ou annulations seront publiés dans la *Gazette Officielle* de l'endroit, et auront dès ce moment force de loi.

(1) Inséré à l'article XII de 1891.

---

(3) the persons by whom, and (1) the time, place or manner at or in which, anything for the doing of which provision is made in this Act, sall be done;

(4) the amount of any charge made unter this Act;

(5) and generally to carry out the provisions of this Act.

The Local Government may frome time to time, with the like sanction, alter or cancel any rules so made.

Such rules, alterations and cancelments shall be published in the local official Gazette, and shall thereupon have the force of law.

(1) Inserted by Act XII of 1891.

ANNEXE.

(*Voir article 2*).

Numéro et année.	TITRE.	Étendue de l'abrogation.
VII de 1845 .	Loi réglant la levée de l'impôt sur l'eau, des péages et droits sur certains canaux pour l'irrigation et la navigation, construits par le Gouvernement dans les provinces du Nord-Ouest et pour la protection des dits canaux contre les préjudices.	Entièrement.
XIV de 1863.	Loi amendant la loi X de 1859 (qui amende la loi relative au recouvrement de l'impôt dans la résidence du fort William, au Bengale.)	Article quinze.
XII de 1866 .	Loi décrétant les dispositions relatives au droit d'établir ou d'entretenir d'office des conduites d'eau privées se rattachant à des travaux publics d'irrigation.	Entièrement.
XXX de 1871	Loi réglant l'irrigation, la navigation et le drainage au Punjab.	Entièrement.

SCHEDULE.

(*See section 2*).

Number and year.	TITLE.	Extent of repeal.
VII of 1845 .	An Act for regulating the Levy of Water-rent, Tolls, and Dues on certain Canals for Irrigation and Navigation, constructed by Government in the North-Western Provinces, and for the Protection of the said Canals from Injury.	The whole.
XIV of 1863.	An Act to amend Act X of 1859 (to amend the law relating to the Recovery of Rent in the Presidency of Fort William in Bengal).	Section fifteen.
XII of 1866 .	An Act to provide for the compulsory taking of rights to form and maintain private water-courses from public works of Irrigation.	The whole.
XXX of 1871.	An Act to regulate Irrigation, Navigation and Drainage in the Punjab.	The whole.

LOI SUR LES CANAUX SECONDAIRES DU PUNJAB DE 1905.

Projet de loi sur les canaux secondaires du Punjab.

EXPOSÉ DES MOTIFS.

Le présent projet de loi a pour objet de légiférer à l'égard des canaux secondaires dans la province, auxquels les dispositions de la loi de 1873, sur les canaux et le drainage dans l'Inde septentrionale ne devaient jamais, dans l'intention du législateur, trouver d'application, ou sont inappropriés dans une large mesure, si elles sont applicables en vertu de la définition du mot « canal », par le sous-article 1° de l'article 3 de la dite loi. Les dispositions élaborées de la loi VIII de 1873 ne peuvent convenir, dans leur ensemble (et là où elles conviennent, elles sont insuffisantes) dans le cas de beaucoup de travaux d'irrigation d'importance secondaires contrôlés et administrés par des fonctionnaires du Gouvernement; d'autre part, ces

---

The Punjab Minor Canals Bill.

STATEMENT OF OBJECTS AND REASONS.

The object of the present Bill is to legislate for those minor canals in the Province to which the provisions of the Northern India Canals and Drainage Act of 1873 either were never intended to have any application or are, if applicable under the definition of « canal » in sub-section (1) of section 3 of that Act to a large extent inappropriate. The elaborate provisions of Act VIII of 1873 are in their entirety not suitable, and when suitable are insufficient, in the case of many minor irrigation works which are controlled by, and under the management of, Government officers, while they were never intended to apply at all to those

dispositions n'ont jamais eu pour but de s'appliquer aux canaux administrés par des particuliers, mais contrôlés par le Gouvernement dans l'intérêt des propriétaires ou des personnes qui en retirent des avantages, et où la dépense de l'Etat se borne à l'entretien d'une certaine surveillance, tandis que les produits, perçus du chef des avantages procurés par l'irrigation, sont affectés au bénéfice des propriétaires du canal et à son entretien, mais ne sont pas versés à l'Etat. Le présent projet, qui forme, par lui-même, un tout complet, et qui, pour ce motif, contient telles dispositions de la loi VIII de 1873, considérées comme nécessaires ou appropriées à certains des canaux qui seront régis par ses dispositions, a pour but d'améliorer les prescriptions relatives à l'exercice du contrôle et au règlement de l'administration de ces deux classes de canaux; le degré de ce contrôle et de cette administration variant suivant que le canal est rangé sous l'annexe I ou sous l'annexe II du projet. Le pouvoir est

---

canals which are under private management, but are controlled by Government in the interests of the owners or persons deriving benefits therefrom, and on which State expenditure is confined to the maintenance of a small supervising establishment and all realizations for water-advantages are appropriated to the benefit of the owners of the canal and to its maintenance and are not credited to the State. The present Bill, which is to be self-contained and therefore embodies such of the provisions of Act VIII of 1873 as are considered necessary or suitable to some of the canals which will be governed by its provisions, is intended to make better provision for the exercise of control over, and for the regulation of the management of, both these classes of canals, the degree of such control and management varying as the canal is one under Schedule I or one under Schedule II of the Bill. Power is given to the Local Government by notification to include any « canal », as defined in clause 3 (*ii*) of the Bill, under either Sche-

donné au Gouvernement local de ranger, par notification, tout « canal » (le mot canal est défini à l'article 3 (*ii*) du projet), soit sous l'annexe I, soit sous l'annexe II ou de transférer un canal d'une annexe à l'autre, en conséquence de quoi les dispositions du projet, applicables aux canaux compris dans cette dernière annexe ou telle de ces dispositions que le Gouvernement ordonnera, deviendront applicables au dit canal.

Ordinairement et en thèse générale un canal, sous le contrôle du Gouvernement et administré par des fonctionnaires du Gouvernement ou par des Conseils de district, sera, dans la pratique, rangé sous la première annexe, et un canal administré par des particuliers, mais soumis au contrôle du Gouvernement, sera rangé sous la seconde; mais il n'en sera pas nécessairement ainsi et la décision est, dans chaque cas, laissée au Gouvernement local, lequel peut également, par notification, exclure de la loi tout canal qui a été rangé soit sous l'annexe I, soit sous l'annexe II, mais aussi longtemps qu'un canal reste compris dans l'une ou l'autre de ces annexes, aucune disposition de

---

dule I or Schedule II or to transfer a canal from one schedule to the other schedule, whereupon the provisions of the Bill applicable to canals included under such Schedule or such of those provisions as the Local Government may direct shall apply to such canal. Ordinarily and as a general rule a canal controlled by Government and managed by Government officers or District Boards will in practice be included under the first, and a canal under private management but subject to Government control will be included under the Second Schedule, but this will not be so necessarily, and the decision in every instance is left to the discretion of the Local Government. The Local Goverment may also, by notification, exclude from the operation of the Bill any canal which has been included under either Schedule I or Schedule II, but so long as a canal is included under one or other of these Sche-

la loi de 1873 sur les canaux et le drainage dans l'Inde septentrionale, ne lui sera applicable.

Parmi les questions qui réclament souvent des mesures, dans le cas de canaux secondaires, mais rarement, sinon jamais, dans le cas d'ouvrages d'irrigation plus importants, administrés par le Département impérial de l'irrigation et auxquels la loi VIII de 1873 a été principalement destinée, nous citerons :

le règlement de la main-d'œuvre appelée *cher*,
les fonds *Zar-i-nagha*,
les registres des droits,
le recouvrement de taxes pour des objets spéciaux,
le règlement des contestations entre ayants-droit.

Jusqu'ici ces questions ont été réglées par des *settlements engagements* (conditions d'établissement) et par des accords entre le Gouvernement et les personnes intéressées au maintien d'arrangements efficaces concernant l'irrigation; et l'on peut dire qu'en général le bon sens et l'esprit de coopération du peuple ont permis aux fonctionnaires du Gouvernement, chargés du contrôle des

---

dules nothing in the Northern India Canals and Drainage Act, of 1873, is to apply thereto.

Among the matters for which provision is often necessary in the case of the minor canals, but rarely, if ever, in the case of the larger irrigation works which are managed by the Imperial Irrigation Department and for which Act VIII of 1873 was mainly designed are :

Cher labour arrangements.
Zar-i-nagha funds.
Records-of-rights.
Recovery of rates for special objects.
Settlement of disputes between right-holders.

Hitherto such matters have been provided for in Settlement engagements, and by agreement between Government and those

ouvrages, de s'acquitter de leur mission avec succès. Mais l'augmentation des fraudes et l'extension de l'empire de la loi écrite ont rendu nécessaire, tant dans l'intérêt du Gouvernement que des ayant-droits et des irrigateurs, d'asseoir sur une base légale ce qui était simplement confié, jusqu'ici, au pouvoir exécutif et ainsi de protéger des systèmes établis et couronnés de succès contre les attaques de minorités ou d'individus récalcitrants.

Le droit du Gouvernement d'exercer un contrôle sur des canaux privés est basé en partie sur les titres du Gouvernement à l'eau des rivières et cours d'eau, lesquels titres sont affirmés dans le préambule de la loi de 1873 sur les canaux, et en partie sur ces mêmes principes fondamentaux qui, dans l'Inde comme dans les autres pays, ont rendu nécessaire une législation établissant un contrôle sur les compagnies de chemin de fer, de navigation, de gaz et d'eau et sur toutes les associations qui se trouvent, vis-à-vis du public ou d'une partie du public, dans la situation de monopoleurs. Le propriétaire d'un

---

interested in the maintenance of efficient irrigation arrangements, and, generally speaking, the good sense and co-operative spirit of the people have enabled the Government officers charged with the control of the works to conduct operations successfuly. But with increased sophistication and the extension of the reign of statutory law it has become necessary in the interest both of Government, of right-holders, and of irrigators to secure a legal basis for what has heretofore rested merely on executive authority, and thus to maintain established and successful systems against invasion by recalcitrant individuals or minorities.

The right of Government to exercise control over private canals is based in part on the fact of the Government title to the water flowing in rivers and streams, which is asserted in the preamble of the Canal Act of 1873, and in part on the same fundamental principles which in India as in other countries have necessitated

canal privé n'est pas, comme le propriétaire d'une source d'irrigation, indépendant de toutes personnes hors des clôtures de sa propriété. Même lorsque le canal est construit uniquement en vue d'irriguer le terrain de ce propriétaire, les intérêts de l'Etat sont en jeu dans la prise de l'eau de la rivière ou du cours d'eau naturel, et le cas est rare où le chenal d'alimentation peut être construit sans que son lit passe par des terrains appartenant à autrui. Lorsque, comme c'est plus souvent le cas, l'irrigation est fournie non seulement aux terrains du propriétaire du canal, mais également à tout le rayon, quels qu'en soient les propriétaires, qui peut être desservi utilement par la distribution, des relations naissent qui, dans l'intérêt des propriétaires des canaux, des irrigateurs, de la paix et d'une bonne administration, en général, demandent à être contrôlées et réglées. Même en dépit des pouvoirs que le projet de loi veut conférer, des cas peuvent surgir — et ils ont déjà surgi dans le passé où la mauvaise administration du propriétaire d'un canal

---

legislation for the control of railway, shipping, gas and water companies, and all corporations which are in the position of monopolists towards the public or a section of the public. The owner of a private canal is not, like the owner of an irrigation well, independent of relations with all persons outside the ring-fence of his own property. Even when the canal is constructed solely to irrigate the owner's land the interests of the State are involved in the detraction of water from the river or natural stream, and it is rarely the case that the supply channel can be constructed without its bed passing through land belonging to other persons. When, as is more commonly the case, irrigation is supplied not only to the canal-owner's lands, but also to whatever area, however owned, may be commanded by the available supply, relations arise which in the interest of canal-owners and irrigators, and of peace and good government generally, require

privé occasionne de tels inconvénients publics qu'elle justifie la confiscation et l'administration temporaire d'un canal par le Gouvernement, quitte à rendre compte des bénéfices ou à le reprendre, à titre définitif en vertu de dispositions analogues à celles de la loi sur l'acquisition des terrains.

Il est également très désirable de prévoir des mesures, dans la présente loi, concernant les canaux, rivières, chenaux accessoires, aqueducs et ouvrages subsidiaires situés partiellement dans notre province et partiellement dans le Sind ou dans un état indigène tel que le Bahawalpour. Afin d'entretenir ces canaux, etc., et leurs ouvrages de protection en état d'efficacité et de leur assurer la fourniture de la quantité d'eau voulue, par les sources situées en territoire britannique, il est souvent nécessaire de prendre les mêmes mesures et d'exercer les mêmes pouvoirs que ceux prévus au présent projet relativement aux canaux et ouvrages subsidiaires situés dans le

---

to be controlled and regulated. Even with such powers as the Bill confers, cases may arise—and they have arisen in the past—in which mismangement on the part of the private canal-owner causes such public inconvenience as to justify Government stepping in and either managing the canal temporarily, accounting for surplus profits or acquiring it permanently under provisions analogous to those of the Land Acquisition Act.

It is also very desirable to make provision in this Bill in respect of canals, rivers, creeks, water-courses and subsidiary works which are situate partly in this Province and partly in Sind or in a Native State such as Bahawalpur. For the proper maintenance of such canals, etc., and their protective works in a state of efficiency and to ensure the due supply of water thereto from the sources in British territory it is often found necessary to do such acts and to exercise such powers as are provided for in this Bill in respect of canals and subsidiary woks situated in the Punjab, and

Punjab ; aussi l'article 63 a-t-il pour but de donner au Gouvernement local le pouvoir de prêter aux autorités intéressées, l'assistance nécessaire à l'entretien de ceux de ces canaux qui sont alimentés d'eau par des canaux situés dans cette province.

Les dispositions du projet seront maintenant brièvement passées en revue.

CHAPITRE I

Préliminaire.

Article premier (1). — Le terme « canaux secondaires » indique, d'une manière commode, que la loi s'applique aux canaux autres que les canaux importants administrés par le département de l'irrigation. Il ne faut voir dans ce terme aucune signification technique.

(1) *Note du traducteur.* — Il est à remarquer que les numéros des articles qui suivent ne correspondent pas aux numéros des articles de la loi adoptée. Le projet de loi ne comprenait que 68 articles, tandis que la loi en compte 74.

---

it is intended by clause 63 to empower the Local Government to give such assistance to the authorities concerned as will suffice for the maintenance of those canals which are supplied with water from canals situated in this Province.

The provisions of the Bill will now be briefly noticed.

Chapter I.

Preliminary.

Clause 1. — The term « Minor Canals » conveniently indicates that the measure relates to canals other than the larger projects managed by the Irrigation Department. The term is not intended to have any technical signification.

Art. 2. — Celui-ci est nouveau et a déjà été commenté plus haut.

Art. 3 (iii). — Cette définition doit être lue en vue des stipulations de l'art. 6 (*i*) et le but en est d'astreindre les propriétaires ou autres personnes à obtenir du Percepteur la permission de donner de l'extension à l'irrigation provenant d'un canal privé. L'expérience pratique du district de Shaphour a démontré la nécessité d'une mesure de l'espèce.

Art. 3 (iv). — Il est désirable de donner le pouvoir de défendre d'obstruer et celui d'ordonner l'enlèvement des obstacles des rivières ou chenaux accessoires, spécialement en présence des plaintes fréquentes du Bahawalpour et du Sind concernant l'obstruction des rivières et des chenaux accessoires du Punjab, alimentant les canaux de ces territoires. Des dispositions ont été introduites, en conséquence, dans ce but, dans les articles 47 et 48 (lesquels sont modelés sur les articles 55 et 56 de la loi VIII de 1873), combinés avec l'article 63. Le terme

---

Clause 2. — This is new and has already been commented on above.

Clause 3 (iii). — This definition is intended to be read with the proviso to clause 6 (*i*) and the object is to require canal-owners or other persons to obtain the permission of the Collector to the extension of irrigation from a private canal. Practical experience in the Shahpur District has demonstrated the necessity of a provision of this kind.

Clause 3 (iv). — It is desirable to have power to prohibit, or order the removal of obstructions in rivers or creeks, more especially in view of the frequent complaints from Bahawalpur and Sind regarding obstructions in rivers and creeks in the Punjab from which canals in those territories are fed. Provision has accordingly been made for this purpose in clauses 47 and 48 (which are modelled upon sections 55 and 56 of Act VIII of 1873) read with

« chenal accessoire » (*creek*, chenal accessoire d'un cours d'eau) tel qu'il est employé dans ces articles est, en conséquence, défini dans ce sous-article.

Art. 3 (ix). — Le propriétaire ou l'irrigateur d'un canal privé n'a pas la propriété de l'eau de la rivière à laquelle son canal s'alimente et le terme « droit d'eau » a pour but de désigner la contribution que le propriétaire ou l'irrigateur doit payer au Gouvernement pour la consommation de l'eau.

CHAPITRE II.

Construction de canaux et droits d'eau.

Articles 4 à 6. — Contiennent défense de construire des canaux nouveaux à alimenter par l'eau d'une rivière ou d'un cours d'eau coulant dans un chenal naturel ou par l'eau d'un lac ou de tout autre bassin d'eau stagnante, notifiée à cet effet par le Gouvernement. Cette mesure n'affecte aucun intérêt existant et l'interdiction est stric-

---

clause 63. The term « creek » as used in these clauses is, therefore, defined in this sub-clause.

Clause 3 (ix). — The owner of a private canal or the irrigator therefrom has no property in the water of the river from which his canal takes off, and the term « waterdue » is intended to designate the payment which the owner or irrigator has to make to Government for the use of such water.

CHAPTER II.

Construction of Canals and Water-dues.

Clauses 4 to 6. — Contain a prohibition against the construction of a new canal which is intended to be fed by the water of any river or stream flowing in a natural channel or of any lake or other collection of still water notified in this behalf by Govern-

tement limitée, car c'est seulement aux rivières déterminées et autres provisions naturelles d'eau, dûment notifiées à cet effet, que la défense de construire un nouveau canal, sans permission, s'applique. Le droit, en vertu duquel le Gouvernement assume les pouvoirs ici stipulés, a déjà été expliqué. La disposition de l'*article 6* (*i*) doit être lue, combinée avec l'article 3 (*iii*).

Article 7 (*i*). — Le Gouvernement recevant le droit de subordonner à une permission, l'autorisation de construire un canal qui doit être alimenté par l'eau d'une rivière ou par une autre provision naturelle d'eau, il est raisonnable de lui donner également la faculté de fixer et de percevoir des droits d'eau à raison de l'eau que ce canal est autorisé à recevoir et à la propriété de laquelle le propriétaire du canal ne peut prétendre. En ce qui concerne les canaux faits avant que le projet ne devienne loi, le droit du Gouvernement de fixer et de percevoir de pareils droits est strictement limité aux trois cas spécifiés.

---

ment. No vested interests are here affected and the prohibition is strictly limited, for it is only in respect of the particular rivers or other natural bodies of water which have been duly notified in this behalf that the prohibition to construct a new canal without permission applies. The right by which Government assumes the powers herein provided has already been explained. The proviso to clause 6 (*i*) must be read in connection with clause 3 (*iii*).

Clause 7 (*i*). — Assuming that permission has been accorded for the construction of a canal which is intended to be fed by the water of a river or other natural body of water, it is reasonable that Government should have the right to assess and levy water-dues in respect of the water by which such canal is allowed to be fed, but in which the canal-owner has no right of property. As regards canals made before the Bill becomes law, the right of Government to assess and levy such dues is strictly limited to the three cases specified. Ordinarily the method of assessing and

Généralement la fixation et la perception de ces droits d'eau auront lieu, lorsque le propriétaire du canal sera en même temps celui des terrains irrigués par le canal, dans la forme prescrite par l'article 7, 2° (*a*), mais si le propriétaire du canal n'est pas celui des dits terrains, elles auront lieu dans la forme prescrite par l'article 7, 2° (*b*); le *sous-article* 4° laisse expressément au Gouvernement le droit de décider quelles sont les personnes avantagées par le canal, tenues de payer les droits.

CHAPITRE III.

Dispositions applicables aux canaux rangés sous l'annexe I.

Article 9. — L'explication suivante de l'article correspondant du Règlement des canaux du Peshawar, peut être rapportée ici :

« Cet article est très important et peut être considéré comme une addition à l'article 32 de la loi de 1873 sur les

---

levying such water-dues will, when the canal-owner happens to be one and the same person as the owner of the lands irrigated by the canal, be in the form specified in clause 7 (2) (*a*), but if the owner of the canal is not the owner of such lands, it will be in the form specified in clause 7 (2) (*b*), but sub-clause (4) expressly leaves it to the Government to decide as to the persons deriving benefit from the canal liable to pay the dues.

CHAPTER III.

Provisions applicable to Canals under Schedule I.

Clause 9. — The following explanation of the corresponding clause of the Peshawar Canals Regulation may be quoted here :

This is an important section and may be regarded as an addendum to section 32 of the Canal Act of 1873. In the working of a complicated irrigation system in a tract in which sudden floods or

canaux. Dans le fonctionnement d'un système compliqué d'irrigation, dans une région où des inondations soudaines ou d'autres éventualités imprévues peuvent nécessiter, dans l'intérêt de l'irrigateur en général, des dérogations temporaires aux instructions en vigueur sur l'irrigation, il est hautement désirable de protéger les autorités des canaux contre l'ingérence de personnes d'humeur litigieuse, se plaignant d'infractions de pur principe aux droits. Toutefois, en donnant à cet effet au Percepteur pleins pouvoirs de déroger aux droits en vigueur dans les cas visés, il est entendu que l'exercice de ces pouvoirs ne diminuera pas *matériellement* les avantages auxquels toute personne peut légalement prétendre. Ceci constitue une sauvegarde contre tout préjudice réel et matériel qu'il faut distinguer naturellement des préjudices fictifs allégués par l'ayant droit dont l'approvisionnement d'eau, dépassant de beaucoup ses besoins, est réduit dans l'intérêt d'un autre ayant droit qui souffre d'un approvisionnement insuffisant.

---

other unforeseen contingencies may necessitate, in the interests of the general body of irrigator, temporary departures from the recorded custom of irrigation, it is most desirable to protect the Canal authorities from interference on the part of litigiously inclined persons complaining of merely technical infringements of rights. While, therefore, giving to the Collector plenary power to override recorded rights in the cases contemplated, it is laid down that the exercise of such power shall not *substantially* diminish the benefits to which any person may be legally entitled. There is thus a safeguard against any real and substantial injury, as distinguished, for instance, from the fancied injury of a right-holder whose supply of water being much beyond his requirement is reduced in the interests of another who is suffering from a short supply.

Article 9. 1° (*b*). — Donne en toute circonstance au Percepteur, le pouvoir de suspendre la fourniture de l'eau chaque fois qu'un aqueduc, écluse ou rigole d'alimentation n'est pas convenablement entretenue ou chaque fois qu'un acqueduc, écluse ou rigole d'alimentation est endommagée volontairement ou élargie, et va plus loin, en cette voie, que l'article du règlement sur les canaux du Peshawar, dont il est question plus haut. Cette disposition est très nécessaire et confine à l'article 32 (*a*) 2° de la loi VIII de 1873.

Article 9, sous-article 2°. — La justification de ce sous-article ne se trouve pas uniquement dans le fait que le pouvoir de modifier la distribution d'eau est déjà exercé en pratique, mais également dans le fait que la réglementation de cette distribution est essentielle en vue d'assurer un approvisionnement *général* efficace et de prévenir l'inconvénient grave du barrage de l'eau. Comme toute mesure qui peut être prise en vertu du présent article, le sera au profit de la communauté, la personne dont l'appro-

---

Clause 9 (1) (*b*). — Does, however, give the Collector power to stop the supply of water whenever a water-course sluice or out let is not properly maintained or whenever a water-course, sluice or outlet is subject to wilful damage or enlargement and to that extent goes further than the clause in the Peshawar Canals Regulation above referred to. This is a very necessary provision and is on the lines of section 32 (*a*) (2) of Act VIII of 1873.

Clause 9, sub-clause (2). — The justification of this sub-clause lies not only in the fact that the power of altering the distribution of the water-supply is one that is already exercised in practice, but also in the fact that the regulation of such distribution is essential for the purpose of securing an efficient *general* supply and of preventing the evil of water-logging. As any action that may be taken under this clause will be for the benefit of the community,

visionnement peut avoir été réduit, dans le but de maintenir une bonne distribution générale, ne peut équitablement réclamer une indemnité au Gouvernement, car, sans compter les autres objections qu'on pourrait faire à pareille faveur, permettre des demandes d'indemnité en de tels cas serait rendre les dispositions de l'article entièment inefficaces ; on ne pourrait guère espérer, en effet, que le Gouvernement applique la mesure si on pouvait l'inonder de pareilles requêtes et probablement lui causer des embarras par les litiges qui s'en suivraient. D'un autre côté, chaque fois qu'une personne, astreinte au paiement des contributions ordinaires pour l'emploi de l'eau, a souffert d'une réduction sensible de sa fourniture, il est évidemment juste de la décharger d'une part proportionnelle de ses obligations.

Article 9, sous-article 3°. — Est emprunté à la loi de 1873 sur les canaux et le drainage dans l'Inde septentrionale et semble très nécessaire.

Articles 10 et 11. — Reproduisent purement et sim-

---

the individual whose supply may have been diminished in order to maintain a proper general distribution, cannot fairly claim to be compensated by Government, and, apart from any other objection, to allow claims for compensation in such cases would be to render the provisions of the clause entirely nugatory, as the Local Government could scarcely be expected to act under those provisions if it were likely to be flooded with such claims and probably embarrassed by consequent litigation. On the other hand, whenever the person liable for the payment of the ordinary charges for the use of water has suffered a sensible diminution of his supply he should obviously be relieved of a proportionate part of his liability.

Clause 9, sub-clause (3). — Is adopted from the Northern India Canals and Drainage Act, 1873, and seems to be very necessary.

plement, avec les modifications nécessaires, les articles 14 et 15 de la loi VIII de 1873.

Article 12. — Cet article règle l'obtention immédiate de la possession de terrains nécessaires sans attendre, dans certains cas, la notification préliminaire, prévue par la loi I de 1894. Les cas où l'acquisition de terrains est très urgente, en vue de procurer de nouvelles sources à des canaux d'inondation ou à d'autres fins, sont très fréquents et justifient une dérogation à la procédure prescrite par la loi sur les expropriations d'immeubles. Un article similaire est rendu applicable, par le règlement de 1898 sur les canaux du Peshawar, à tous les canaux de la division de Peshawar y compris le canal de Swat.

Article 13. — Donne au percepteur et à toute personne agissant sous ses ordres le pouvoir d'occuper un terrain adjacent à un canal: 1° pour y déposer la terre extraite du canal; 2° pour en extraire la terre nécessaire aux réparations à effectuer aux digues, et 3° pour régler le paiement de l'indemnité à accorder en pareil cas

---

Clauses 10 and 11. — Merely reproduce, with necessary modifications, sections 14 and 15 of Act VIII of 1873.

Clause 12. — This clause provides for obtaining immediate possession of land to be acquired without waiting for the preliminary notification under Act I of 1894 in certain cases. The cases in which the acquisition of land for new heads or for other emergent purposes on inundation canals is most urgent, are very frequent and justify a departure from the procedure under the Land Acquisition Act. A similar section is made applicable by the Peshawar Canals Regulation of 1898 to all canals in the Peshawar Division, including the Swat Canal.

Clause 13. — Gives authority to the Collector or any person acting under his orders to occupy land adjacent to a canal (1) for depositing soil excavated from a canal, (2) for excavating earth

suivant les dispositions de l'article 10 du projet et dispose qu'une indemnité sera allouée pour tout dommage qui peut être occasionné. Cet article a été élaboré en vue de rencontrer les difficultés qui surgissent lorsque l'eau est nécessaire d'urgence et que des réparations doivent être faites très vite. Le sous-article 2° donne au propriétaire d'un terrain, qui a été occupé pendant un terme excédant trois années, pour les besoins prévus au sous-article 1°, le droit d'exiger la reprise de ce terrain à titre permanent.

Articles 14, 15, 16 et 17. — Reproduisent purement et simplement, avec les modifications nécessaires, les dispositions des articles 20, 21, 22 et 23 de la loi VIII de 1873.

Article 18. — Prévoit des dispositions en vue de régler les contestations concernant l'emploi de l'eau ou l'usage et l'entretien d'aqueducs ainsi que les oppositions aux requêtes prévues aux articles 15 et 17. Dans tous ces cas, le Percepteur donnera avis de l'audience à toutes les personnes intéressées et, à une date indiquée, prononcera

---

for repairs to the banks of canals, and provides (3) for the payment of compensation in such cases to be rendered as provided by clause 10 of the Bill, and enacts that compensation is to be allowed for any damage that may be occasioned. This clause has been framed to meet difficulties which are experienced when water is urgently required and repairs have to be done quickly. Sub-clause (2) gives the owner of any land that has been occupied for any purpose under sub-clause (1) for a period exceeding three years the right to insist on such land being permanently acquired.

Clauses 14, 15, 16 and 17. — Merely reproduce with necessary modifications, the provisions of sections 20, 21, 22 and 23 of Act VIII of 1873.

Clause 18. — Provides for the settlement of disputes regarding the use of water or the use and maintenance of water-courses and for the determination of objections to applications under clause 15

sur la question en litige, comme une Cour du Trésor, suivant les dispositions de la loi de 1887 sur les locations au Punjab. Les oppositions et contestations, dont il est question dans cet article, peuvent être terminées plus expéditivement et d'une manière plus satisfaisante par le Percepteur que par les Tribunaux civils; mais, afin que les actes du Percepteur ne soient pas indûment sommaires et afin d'éviter la possibilité de rigueurs dans des cas particuliers, il est stipulé qu'en entendant ces contestations et ces oppositions il siégera comme Cour du Trésor et que sa décision sera susceptible d'appel, de revision et de réformation, de la même manière et dans les mêmes limites que les sentences d'une Cour du Trésor le sont ordinairement, conformément aux dispositions de la loi de 1887 sur les locations au Punjab.

Articles 19 et 20. — Reproduisent, avec de légères modifications, les dispositions des articles 28 et 29 de la loi VIII de 1873.

Articles 21. — Est nouveau et donne au Percepteur le

---

or 17. In all such cases the Collector shall give notice of the hearing to all persons interested and on a specified date shall proceed, to adjudicate, as a Revenue Court under the provisions of the Punjab Tenancy Act of 1887, upon the matter in dispute. Objections and disputes of the kind referred to in this clause can be determined more expeditiously and satisfactorily by the Collector than by the Civil Courts, but in order that the proceedings of be Collector shall not be unduly summary and to avoid the possibility of hardship in any particular case, it is provided that he shall sit as a Revenue Court when hearing such disputes or objections and that his decision shall be open to appeals, revisions or reviews in the same manner and to the same extent as the orders of a Revenue Court ordinarily are under the provisions of the Punjab Tenancy Act, 1887.

Clauses 19 and 20. — Reproduce, with slight modifications

droit de construire, de réparer et d'améliorer des écluses et des rigoles d'alimentation et, s'il le juge utile, de construire un nouvel aqueduc soumis aux dispositions stipulées par l'article 41.

Article 22. — Est nouveau, et lorsque plusieurs aqueducs, parallèles sur une longue distance, empêchant ou entravant ainsi l'emploi économique ou la bonne distribution de l'eau, donne le pouvoir à un propriétaire d'exiger, ou à un Percepteur d'exiger, de son propre chef, que toute l'eau soit transportée par un seul aqueduc ou qu'un système approuvé de distribution soit substitué à ces différentes conduites, le Percepteur peut, si c'est nécessaire, exécuter tous les travaux exigés, auquel cas les frais seront recouvrés suivant les stipulations de l'article 24.

La distribution équitable de l'eau, après que la modification de l'alignement a eu lieu, est prévue au sous-article 3°. Cette nouvelle clause a été ajoutée, l'expérience ayant montré que certains aqueducs parallèles ont dû être

---

the provisions of sections 28 and 29 of Act VIII of 1873.

Clause 21. — Is new, and empowers a Collector to construct or repair or improve sluices and outlets and, if he so thinks fit, to construct a new water-course subject to the provisions laid down in clause 41.

Clause 22. — Is new, and gives power to an owner or the Collector on his own motion where several water-courses run for a long distance side by side and the economical use or proper distribution of water is thereby prevented or hampered, to insist that all the water shall be allowed to run through one water-course or that an approved system of distribution shall be substituted. The Collector may if necessary himself execute all necessary works in which case the cost will be recovered as in clause 24 provided. The equitable distribution of water after the realignment has been effected is provided for in sub-clause (3). This new clause has been added as it has been found by experience that some of the

abandonnés parce qu'ils s'envasaient, en raison de ce qu'il n'y avait pas de terrain pour y déposer la vase ou, lorsqu'il y en avait, que la dépense du transport de la vase au-dessus des autres aqueducs étaient hors de proportion avec l'avantage acquis.

Article 23. — Reproduit, sans modification, les dispositions de l'article 30 de la loi VIII de 1873.

Article 24. — Le but de cet article est de donner un effet pratique aux pouvoirs d'administration et de contrôle conférés au Percepteur par le présent projet de loi. Il a souvent été constaté que des améliorations ont été retardées ou empêchées par suite du manque de fonds ; les dispositions de cet article, combinées avec les articles 21 et 22, permettront au Gouvernement local d'effectuer ces améliorations et, s'il le juge utile, de recouvrer les dépenses à charge de telles personnes en retirant avantage, qu'il peut considérer, eu égard à l'historique du canal et à l'incidence des taxes d'eau, comme équitablement tenues de

---

water-courses running so close together have had to be abandoned as they silted up, and there was no ground on which to place the silt, or if there was, the expense was so great of conveying it over the other water-courses that it would not pay the owners to incur it.

Clause 23. — Reproduces without alteration the provisions of section 30 of Act VIII of 1873.

Clause 24. — The object of this clause is to give practical effect to the powers of management and control conferred on the Collector under this Bill. It has often been found that improvements have been retarded or prevented by want of funds, and the provisions of this clause, read with clauses 21 and 22, will enable the Local Government to effect such improvements and, if it thinks fit, to recover the expenses from such persons deriving benefit therefrom as, having regard to the history of the canal and the incidence of the water-rates, it may consider properly liable for the same.

ces frais. Le résultat se traduira probablement par une économie de main-d'œuvre et d'eau et par une extension avantageuse de l'irrigation.

Article 25. — A pour but de prévoir les cas où l'intervention de droits existants peut se traduire par une diminution matérielle de l'avantage auquel une personne peut légalement prétendre et à raison de laquelle diminution une demande d'indemnité pourrait équitablement être introduite. Il peut arriver, à l'occasion, que l'existence des droits privés de certains particuliers devient une menace pour les intérêts des irrigateurs en général; l'extinction de ces droits, sous la procédure ici visée, devient alors nécessaire. Par le sous-article 2° toutefois, il est disposé que, dans chacun de ces cas, une indemnité sera accordée à la personne dont le droit est suspendu ou éteint, et attendu que pour la fixation de cette indemnité, les circonstances particulières aux canaux nécessitent la considération des questions additionnelles à celles spécifiées dans l'article 23 de la loi I de 1894, certaines règles

---

The result is likely to be economy of labour and water-supply, and beneficial extension of irrigation.

Clause 25. — Is intended to provide for cases in which interference with recorded rights may result in substantial diminution of benefit to which a person is legally entitled and in respect of which a claim for compensation would equitably arise. It may occasionally occur that the existence of private rights of particular individuals becomes a menace to the interest of the irrigators in general, and the extinction of such rights under the procedure here contemplated would then be necessary. By sub-clause (2), however, it is provided that in every such case compensation shall be awarded to the person whose right is suspended or extinguished, and, as in assessing such compensation, the peculiar circumstances of canals necessitate the consideration of matters additional to those specified in section 23 of Act I of 1894, certain

ont été prévues qui ont paru avoir une valeur pratique, pour servir de guide lors de la fixation de l'indemnité.

Articles 26 et 27. — Pourvoient au contrôle et à la réglementation du système de nettoyage des canaux par la main-d'œuvre du public. Il a été décidé que des mesures, à cet effet, ne peuvent être prises en vertu de la loi VIII de 1873. La coutume, que l'on cherche à légaliser, prévaut dans plusieurs districts du Punjab. Elle est parfaitement comprise et acceptée par le public en général; on ne propose pas de l'introduire ailleurs que là où elle est conforme aux vœux des intéressées. Le grand principe, sur lequel ce système repose, est qu'il est plus conforme aux intérêts de la grande majorité des irrigateurs et d'une administration économique de voir effectuer les travaux de nettoyage des canaux par la main-d'œuvre des irrigateurs eux-mêmes et de voir ceux-ci échapper ainsi à certaines charges, que de les voir soumis à des impôts, à l'aide du produit desquels on louerait de la main-d'œuvre pour l'exécution du travail de nettoyage. On observera

---

guides to assessment have been provided which are likely to prove of practical value.

Clauses 26 and 27. — Make provision for controlling and regulating the system of clearance of canals by the labour of the people. It has been decided that rules in this behalf cannot be made under Act VIII of 1873. The custom which it is sought to legalize is one which prevails in many districts of the Punjab. It is one which is thoroughly understood and acquiesced in by the people generally, and it is not proposed to introduce it anywhere except where it already exists or in accordance with the wishes of the persons interested. The broad principle underlying this system is that it is more in the interests of the great majority of the irrigators and of economical administration that the canal clearance works should be done by their own labour and that they should escape water-rates than that they should have to pay

que le cas de ceux qui préfèrent commuer en un paiement en espèces leurs obligations de fournir de la main-d'œuvre, a été prévu de sorte que le système ne peut être appelé un régime de travail forcé.

Article 28. — Des registres de l'espèce, visés par cet article, existent déjà pour plusieurs canaux d'une manière complète et très étudiée. On y a recours pour toutes les contestations relatives à l'irrigation et ils sont considérés, là où ils existent, comme des documents ayant force d'autorité. Il est, en tout cas, tenu pour désirable qu'à ces registres soit attachée la même présomption de vérité que celle attachée aux inscriptions du registre des droits prévus par l'article 44 de la loi de 1887 sur l'impôt foncier. La règle 202, faite en exécution de la loi sur l'impôt foncier, range, il est vrai, l'inscription des « coutumes concernant l'irrigation des terrains » et des « coutumes concernant les usines, réservoirs, cours d'eau et drainage naturels » parmi les affaires à consigner dans le *wajib-ul-arz* ou acte d'administration du village, mais ce

---

water-rates, from the proceeds of which the clearance work would be carried out by hired labour. It will be observed that provision is made to meet the case of those who prefer to commute their obligations to furnish labour by a cash payment, so that the system cannot be described as one of forced labour.

Clause 28. — Records of the nature contemplated in this clause already exist for many canals in a very complete and elaborate form. They are appeared to in all irrigation disputes, and are locally regarded as documents carrying the weight of authority. It is on all hands considered desirable that to these records the same presumption of truth should attach as is provided in the case of entries in records-of-rights by section 44 of the Land Revenue Act, 1887. Rule 202, under the Land Revenue Act, it is true, provides for the record of « customs relating to the irrigation of land » and « customs relating to mills, tanks, streams or natura

document et l'énoncé des droits d'irrigation qui forment une partie du registre des droits existants, sont établis pour chaque domaine séparément, tandis que les registres relatifs à l'irrigation, sont généralement établis par canal.

Article 29. 1° et 2°. — Prévoit la levée de taxes d'eau par rapport à tous les terrains irrigués par un canal rangé sous l'annexe I, et donne au Gouvernement le pouvoir de désigner, par mesure générale ou spéciale, les personnes, avantagées par le dit canal, à charge desquelles ces taxes seront perçues. Ces sous-articles correspondent, d'une manière générale, à l'article 31 de la loi VIII de 1873.

Article 29. 3°. — A pour objet de définir certains cas dans lesquels une *abzai* ou taxe d'eau spéciale et pénale, du chef de gaspillage d'eau, peut être levée. Pareille taxe peut actuellement être perçue généralement suivant les règles faites en exécution de la loi VIII de 1873.

---

drainages » among the matters included in the *wajib-ul-arz* or village administration paper, but this document and the statement of rights of irrigation which forms a part of the standing record-of-rights are prepared for each estate separately, whereas irrigation records are generally prepared for each canal.

Clause 29 (1) and (2). — Provide for the levy of water-rates in respect of all lands irrigated from a canal under Schedule 1, and empower Government by general or special rule to direct from what persons, deriving benefit from the said canal, such rate shall be leviable. These sub-clauses correspond generally with section 31 of Act VIII of 1873.

Clause 29 (3). — Is intended to define certain cases in which an *abzai* or waste-of-water special penal rate can be levied. Such rate can at present be levied generally under the rules made under Act VIII of 1873.

Chapitre IV.

Dispositions applicables aux canaux rangés sous l'annexe II.

Article 31. — Dispose que le consentement ou la décision de l'actionnaire ou des actionnaires qui possèdent la part d'intérêt la plus importante dans un canal, engageront tout autre actionnaire dans tous les cas où une question, naissant sous l'empire de la loi ou des règles faites en exécution de la loi, doit être réglée par le consentement ou la décision du propriétaire. Si les intérêts des actionnaires sont égaux, la décision demeurera au Percepteur.

Article 32. — Est similaire, dans sa portée générale, à l'article 18 et prévoit le règlement des contestations par le Percepteur siégeant comme cour du Trésor, suivant les dispositions de la loi de 1887 sur les locations au Punjab.

Article 33. — A pour but d'empêcher que tout le fonctionnement d'un canal ne soit paralysé par des contesta-

---

Chapter IV.

Provisions applicable to Canals included under Schedule II.

Clause 31. — Provides that the consent or decision of the share-holder or share-holders who possess the larger interest in a canal shall be binding upon every other share-holder in all cases in which any question arising under the Bill or rules made thereunder is to be determined by the consent or decision of the owner. If the interests of the share-holders are equally divided, the decision is to rest with the Collector.

Clause 32. — Is similar in its general purport to clause 18 and makes provision for the settlement of disputes by the Collector sitting as a Revenue Court under the provisions of the Punjab Tenancy Act of 1887.

tions ou par des doutes quant à la personne ou aux personnes qui doivent l'administrer et permet au Percepteur de déclarer, dans certains cas, quelle personne doit être chargée de cette administration ou de nommer une personne en qualité d'administrateur du dit canal et de fondé de pouvoirs des actionnaires.

Article 34. — Édicte, pour les canaux rangés sous l'annexe II, une disposition correspondante à l'art. 28 concernant les canaux rangés sous l'annexe I.

Article 35. — Permet au Gouvernement, dans certains cas, d'assumer ou de déléguer à une personne l'administration d'un canal ; toutefois, en l'absence d'un décret ou d'un accord contraire, le Gouvernement sera, en ces cas, tenu de rendre compte au propriétaire des bénéfices nets du canal.

Article 36. — Donne au propriétaire d'un canal, dont l'administration a été assumée par le Gouvernement, conformément à l'article précédent, le droit d'exiger que l'administration du Gouvernement soit convertie en une

---

Clause 33. — Is intended to prevent the whole working of a cana being paralysed by disputes or uncertainty as to the person or persons in whom the management is to vest, and enables the Collector in certain cases to declare what person shall be deemed to be, or to appoint a person to be, the Manager of such canal and the representative of the share-holders.

Clause 34. — Enacts for canals under Schedule II a provision corresponding to clause 28 in the cases of canals under Schedule I.

Clause 35. — Enables the Government to assume or to delegate to a person the management of a canal in certain cases, but in all such cases the Government, in the absence of any decree or agreement to the contrary, will remain liable to account to the owner for the net profits of the canal.

Clause 36. — Gives the owner of a canal, of which the management has been assumed by Government, under the preceding

reprise permanente, moyennant le paiement d'une indemnité, lorsque la durée de cette administration a été supérieure à douze années.

Article 37. — Est basé principalement sur l'article 5 de la loi VIII de 1873 et règle la procédure à suivre lorsqu'un canal doit être repris à la requête du propriétaire.

Article 38. — Est important et permet au Gouvernement de protéger les irrigateurs contre des agissements arbitraires de la part de propriétaires de canaux qui pourraient abuser de leur position de monopoleurs pour retenir la fourniture de l'eau ou pour augmenter les charges de ce chef d'une manière capricieuse et non équitable. On pense qu'il est préférable de stipuler que le Gouvernement local agira sous forme *d'ordres* plutôt que sous forme de *règles*, attendu que les circonstances des cas, qui peuvent se produire, sont trop variées pour admettre un ensemble uniforme d'instruction. L'obligation d'obéir à de tels *ordres* est prévue à l'article 65 et l'article 35, 1° (*c*) prévoit les conséquences d'une violation volontaire et continuelle

---

clause, a right to demand that the Government management shall be converted into permanent acquisition, with payment of compensation, when the period of management has extended beyond 12 years.

Clause 37. — Is largely based on section 5 of Act VIII of 1873, and provides for the procedure to be followed when a canal is to be acquired on the demand of the owner.

Clause 38. — Is important and enables Government to protect irrigators from arbitrary action on the port of canal-owners who might take advantage of their position as monopolists to withold the water-supply or enhance the charges therefor in a capricious and inequitable manner. It is thought preferable to provide that the Local Government shall proceed by *orders* rather than by *rules*, as the circumstances of the cases which would arise are too various to admit of any uniform set of instructions. The enforce-

des dits ordres. A moins que la conduite d'un propriétaire de canal n'ait été telle que, pour lui enlever tout titre àla considération de ses droits, une indemnité lui sera payée chaque fois qu'ensuite d'un ordre, prévu par le présent article, les terrains sont privés d'irrigation ou que le revenu d'un propriétaire de canal est matériellement réduit par rapport au dit canal.

Article 39. — Est fait dans l'intérêt des propriétaires de canaux et leur permet de requérir l'assistance du Percepteur pour le recouvrement de ce qui leur est équitablement dû par les irrigateurs.

CHAPITRE V.

Dispositions applicables à tous les canaux.

Article 41. — Rend la loi de 1894 sur l'expropriation de terrains applicable au cas où un terrain est nécessaire dans l'intérêt d'un canal ou d'un aqueduc rangé soit sous l'annexe I, soit sous l'annexe II.

---

ment of obedience to such *orders* is provided for in clause 65, and clause 35 (*1*) (*c*) makes prevision for the consequences of a wilful and continuous breach of the said orders. Unless the conduct of the canal-owner has been such as to disentitle him to consideration, compensation is to be paid whenever by reason of an order under this clause the land is deprived of irrigation or the income of the canal-owner for such canal is materially reduced.

Clause 39. — Is framed in the interests of canal-owners and enables them to enlist the assistance of the Collector in the recovery of their just dues from the irrigators.

CHAPTER V.

Provisions applicable to all canals.

Clause 41. — Makes the Land Acquisition Act of 1894 appli-

Article 42. — Permet au Gouvernement de reprendre un canal chaque fois qu'il lui semble utile de le faire.

Articles 43 et 44. — Sont basés sur les articles 5, 7, 9 et 10 de la loi VIII de 1873 et règlent la procédure à suivre dans les cas d'acquisition de canaux conformément aux dispositions du présent projet de loi.

Article 45. — Prévoit la dévolution au Gouvernement, à titre permanent, d'un canal repris conformément aux articles 37 et 42.

Article 46. — Si le propriétaire y consent, l'indemnité relative à l'acquisition d'un terrain ou d'un canal conformément aux stipulations du présent projet de loi, peut prendre, en tout ou en partie, la forme d'un droit à une fourniture d'eau.

Art. 47 et 48. — Sont basés sur les articles 55 et 56 de la loi VIII de 1873. La nécessité de ces dispositions a été expliquée à l'article 3, 4° ci-dessus.

---

cable in the case of land required for a canal or water-course under either Schedule I or Schedule II.

Clause 42. — Enables Government to acquire a canal whenever it appears expedient that such canal shall be acquired.

Clauses 43 and 44. — Are based on sections 5, 7, 9 and 10 of Act VIII of 1873 and make provision for the procedure to be followed in cases of acquisition of canals under the provisions of the Bill.

Clause 45.—Provides for the permanent vesting in Government of a canal acquired under clause 37 or clause 42.

Clause 46. — If the owner consents, the form which compensation in respect of the acquisition of land or of a canal under the provisions of the Bill may take may be in whole or in part of a right to a supply of water.

Clauses 47 and 48. — Are based on sections 55 and 56 of Act VIII of 1873. The necessity for these provisions has been explained under clause 3 (*4*) above.

Art. 49 à 52. — Imposent aux propriétaires d'un canal rangé sous l'annexe II et, dans certains cas, aux irrigateurs d'un canal rangé sous l'annexe I, l'obligation d'entretenir les digues du canal en état de réparation, de procurer au public le moyen de traverser les canaux et de faire passer les canaux au-dessus ou en dessous des routes. L'obligation est évidente en matière de canaux privés. En ce qui concerne les « canaux plus importants », qui ne tombent pas sous l'application de la loi proposée, l'obligation est généralement assumée par le Gouvernement ; mais, à l'égard des canaux rangés sous l'annexe I du projet, la taxe d'occupant n'est pas perçue et le Gouvernement ne perçoit aucune contribution à l'aide de laquelle le coût de tels ouvrages pourrait être couvert. De là peut naître la nécessité de convoquer les irrigateurs pour exécuter les travaux nécessaires. Si ces irrigateurs ou, lorsqu'il s'agit de canaux rangés sous l'annexe II, les

---

Clauses 49 to 52. — Impose upon owners of any canal under Schedule II and in certain cases upon irrigators from a canal under Schedule I the duty of keeping the canal banks in repair, of providing the public with the means of crossing the canals, and of passing the canals over or under roads. The obligation is an obvious one in the case of private canals. In the case of the « larger » canals which are not regulated by this Bill the duty is generally assumed by Government, but in the case of canals included under Schedule I of the Bill occupier's rate is not levied and Government levies no fund from which the cost of such works could be defrayed. Hence it may be necessary to call upon irrigators to carry out the necessary works. If they, or in the case of canals under Schedule II the owners, fail to do so, and in any case if the matter is urgent, provision is made for the Collector to do what is needful and to recover the cost from those who are liable. Provision has also been made in *clause* 51 to enable the Collector in cases of emergency to call upon the irrigators to furnish as many,

propriétaires négligent de s'acquitter de cette obligation et chaque fois que l'affaire est urgente, le Percepteur est autorisé à faire le nécessaire et à récupérer les frais à charge de ceux qui en sont tenus. Des dispositions sont également prises aux termes de l'article 51 pour permettre au Percepteur, en cas d'événement soudain, d'inviter les irrigateurs à fournir le nombre d'ouvriers qu'il jugera nécessaire pour l'exécution immédiate des travaux à effectuer. Une disposition quelque peu similaire peut être trouvée dans l'article 65 de la loi VIII de 1873.

Art. 53. — Cet article donne au Gouvernement le pouvoir de réglementer la construction et le fonctionnement des usines. Il a été souvent constaté que la prise et l'emploi abusif de l'eau par des propriétaires d'usines donnait lieu à des contestations et occasionnait des inconvénients ; aussi un pouvoir légal pour réglementer les usines est-il nécessaire. On pourrait croire que le pouvoir d'empêcher l'obstruction, donné par l'article 70 de la loi sur les canaux, suffit, mais ce pouvoir peut être exercé

---

labourers as the Collector may deem necessary for the immediate execution of the work. A somewhat similar provision is to be found in section 65 of Act VIII of 1873,

Clause 53. — This clause empowers Government to regulate the construction and use of mills. The diversion and misappropriation of water by mill-owners has often been found to give rise to disputes and cause inconvenience and a statutory power to regulate mills is necessary. It may be thought that the powers of preventing obstruction given by section 70 of the Canal Act would suffice, but these powers can only be exercised after the obstruction actually takes place. It is in every way preferable that the obstruction caused by a mill should be prevented beforehand rather than that the mill-owner having incurred the expense of erection should be compelled to dem-lish the structure.

seulement au moment où l'obstruction a lieu. Il est en tout état de cause préférable que l'obstruction, occasionnée par une usine, puisse être empêchée au préalable plutôt que de laisser l'industriel faire la dépense de la construction et de l'obliger ensuite à démolir ses bâtiments.

Art. 54. — Rend les articles 13 à 16 de la loi de 1887, sur l'impôt foncier au Punjab, applicables, à moins de stipulations contraires expresses, à toutes les mesures prises en exécution de la présente loi et édicte ainsi une forme de procédure bien connue que les personnes, visées par le présent projet, peuvent adopter.

Art. 55. — Exclut la compétence des cours civiles en matière de décisions prises et d'ordres donnés sous l'empire de la présente loi, excepté lorsque ces ordres sont touchés par quelque procédure, en vertu de la loi sur l'expropriation de terrains, laquelle a été rendue applicable au présent projet de loi.

Art. 56. — Donne au Gouvernement local le pouvoir de nommer des fonctionnaires des canaux et d'autres per-

---

Clause 54. — Makes sections 13 to 16 of the Punjab Land Revenue Act, 1887, applicable (unless a contrary intention is expressed) to all proceedings under this Bill, and thereby enacts a well-known form of procedure which persons affected by this Bill can adopt.

Clause 55. — Excludes the jurisdiction of the Civil Courts in reference to decisions and orders passed under the authority of this Bill, except so for as such orders may be affected by any procedure under the Land Acquisition Act which has been made applicable to this Bill.

Clause 56. — Gives power to the Local Government to appoint Canal Officers and other persons to perform the functions and exercise the powers conferred on or vested in the Collector, Commissioner, Financial Commissioner or the Local Government.

sonnes pour exercer les fonctions et les pouvoirs conférés ou dévolus au Percepteur, au Commissaire, au Commissaire des finances ou au Gouvernement local. Combiné avec l'article 54, cet article aura pour effet de rendre les dispositions des articles 13 à 16 de la loi de 1887, sur l'impôt foncier au Punjab, applicables aux actes des personnes nommées aux termes du dit article, et permettra au Gouvernement local de nommer les personnes qu'il jugera à même d'exercer la juridiction d'appel et de revision en matière d'actes de personnes nommées pour exercer les fonctions de Percepteur, aux termes du présent projet de loi.

Art. 57. — Définit les pouvoirs des Percepteurs en certains cas particuliers.

Art. 58. — Donne aux propriétaires et à certains autres intéressés dans le canal l'autorisation de faire des oppositions et de se présenter devant le Percepteur pour y faire valoir leurs objections à certains ordres déterminés.

Art. 59. — Règle la manière de signifier des avertissements, etc.

Read with clause 54, this clause will have the effect of making the provisions of sections 13 to 16 of the Punjab Land Revenue Act, 1887, applicable to the proceedings of all persons appointed under it and will enable the Local Government to appoint such persons as it may think fit to exercise appellate or revisional jurisdiction in respect of the proceedings of persons appointed to perform the functions of Collectors under the Bill.

Clause 57. — Defines the powers of Collectors in certain cases.

Clause 58. — Gives permission to owners and other parties interested in the canal to object and appear before the Collector to show cause against certain specified orders.

Clause 59. — Prescribes the mode of serving notices, &c.

Clause 60. — Bars compensation where not expressly allowed under the Bill.

Art. 60. — Prohibe l'octroi de toute indemnité non expressément prévue au projet de loi.

Art. 61. — Stipule que le Gouvernement sera mis en cause dans toute poursuite ou action, intentée en vertu des pouvoirs donnés par les articles 27, 28 et 34 du projet.

Art. 62. — A pour objet le recouvrement, par voie de « procès d'impôt » des taxes d'eau et autres charges exigibles en vertu des dispositions du projet de loi ou aux termes d'un accord accepté par les propriétaires ou les irrigateurs d'un canal.

Art. 63. — A été expliqué déjà dans les remarques préliminaires et à l'article 34, 4°.

Art. 64. — Protège les personnes agissant de bonne foi conformément à la présente loi ou aux règles faites en exécution de cette loi.

Art. 65, 66 et 67. — Sont empruntés, avec de légères modifications, aux articles 70, 73 et 74 de la loi VIII de 1873. Elles déterminent les délits punissables aux termes du projet de loi, donnent le pouvoir à certaines personnes et dans des circonstances spécifiées, d'arrêter

---

Clause 61. — Directs that Government shall be made a party to any suit or proceeding which may be instituted under the powers of clauses 27, 28 and 34 of the Bill.

Clause 62. — Provides for the recovery by revenue process of water-rates and other charges leviable under any provision of the Bill or under an agreement entered into by the owners of, or irrigators from, a canal.

Clause 63. — Has been already explained in the preliminary remarks and under clause 3 (*4*).

Clause 64. — Protects persons acting in good faith under the authority of this Bill or rules made thereunder.

Clauses 65, 66 and 67. — Are taken with slight modifications from sections 70, 73 and 74 of Act VIII of 1873. They particularise the offences made punishable under the provisions of the

sans mandat et définissent le terme *canaux* pour les besoins des articles 65 et 66.

Art. 68. — Donne au Gouvernement local le pouvoir très nécessaire d'édicter des règles conséquentes aux dispositions de la loi.

H.-A.-B. RATTIGAN, Secrétaire du Conseil législatif.

C.-L. TUPPER, Membre.

Bill, give power to certain persons and in specified circumstances to arrest without a warrant, and define the term canals for the purposes of clauses 65 and 66.

Clause 68. — Gives the Local Government the very necessary power to make rules consistent with the provisions of the Bill.

H. A. B. RATTIGAN, Secretary, Legislative Council.

C. L. TUPPER, Member.

Extrait d'un résumé du procès-verbal d'une séance du Conseil Législatif tenue à Lahore, le 23 décembre 1903.

. . . .

PROJET DE LOI RELATIF AUX CANAUX SECONDAIRES DU PUNJAB.

L'Honorable Sir Lewis Tupper demanda, par motion, la permission de déposer un projet de loi ayant pour objet l'amélioration du contrôle et de l'administration des canaux secondaires du Punjab. Il dit :

« Depuis que ce Conseil fut constitué, il a été assez heureux pour déblayer, si je puis m'exprimer ainsi, une grande partie de nos arriérés législatifs, en faisant aboutir des mesures qui étaient restées en discussion pendant des

---

Extract from an Abstract of Proceedings of a meeting of the Legislative Council of the Punjab held at Lahore on the 23rd *of December* 1903.

PUNJAB MINOR CANALS BILL.

The Hon'ble SIR LEWIS TUPPER moved for leave to introduce a Bill to make better provision for the control and management of minor canals in the Punjab. He said : — « Since this Council was constituted it has been so fortunate as to clear off, if I may so express the matter, a great deal of our legislative arrears by passing measures which had remained under discussion for years merely as projects of law. That was the case, for instance, with the Punjab Riverain Boundaries Act and with the more recent

années simplement à l'état de projets de loi. Ce fut le cas notamment de la loi sur les limites fluviales du Punjab et de la loi plus récente sur la Cour de tutelle. Le projet de loi dont je vais vous entretenir est un pas de plus dans la même voie. La nécessité d'une législation relative à nos canaux secondaires fut signalée par le Gouvernement de l'Inde en 1881 ; et le premier projet de la mesure que je vous propose de me permettre de présenter, fut élaboré par feu le Colonel Wace et par feu le Colonel Robert Home, en 1886. Plusieurs projets ont vu le jour ensuite, mais je n'ai pas besoin de suivre l'historique du projet de loi dans tous ses détails. Le principe que la loi de 1873 sur les canaux et le drainage dans l'Inde septentrionale ne convient pas en entier à nos canaux secondaires, a été accepté à priori et quelques dispositions, dont le besoin était le plus urgent, ont été incorporées dans le Règlement de 1898 sur les canaux du Peshawar, qui peut être rendu applicable, par le Haut Commissaire, à d'autres districts de la province-frontière du Nord-Ouest. De cette manière, le Gouvernement a rencontré les besoins d'un

---

Court of Wards Act. The Bill to which I am now about to refer is another instance of the same process. The necessity for legislation in connection with our minor canals was suggested by the Government of India in 1881 ; and the first draft of the measure, which I propose to ask leave to introduce, was framed by the late Colonel Wace and the late Colonel Robert Home in 1886. There have been many subsequent drafts, but I need not follow the history of the Bill in any detail. The principle that the Northern India Canal and Drainage Act of 1873 is not entirely suitable to our minor canals has been accepted from the first ; and some of the most urgently needed provisions were embodied in the Peshawar Canals Regulation, 1898, which can be extended by the Chief Commissioner to other districts in the North-West Frontier Province. In this way Government has met the needs arising out of

des grands groupes de canaux secondaires — les canaux secondaires de la frontière — dont nous ne nous occupons pas en ce moment, quoique, à propos de l'examen de notre projet, nous nous en soyons évidemment occupés jusqu'à une époque toute récente.

« Les autres grands groupes de canaux auxquels je ferai allusion, sont : 1° les canaux du Sud du Punjab, 2° les canaux du Shahpour et 3° les canaux actuellement connus sous le nom de canaux Grey — du nom de leur grand promoteur le colonel Grey — dans le district de Ferozepore. Chacun de ces groupes a une histoire différente et une des raisons pour lesquelles je mentionne tous ces canaux, c'est que leur histoire éclaire ce qui est arrivé ailleurs au Punjab, quoique sur une petite échelle. A certains égards, ces trois groupes se ressemblent. Les canaux sont des canaux d'inondation, dépendant des caprices des rivières et exigeant, par conséquent, une administration prompte et énergique, vu que tantôt les rivières retiennent leur cours et tantôt menacent les digues de destruction parce qu'elles sont débordées. Les paysans et les

---

one of the great groups of minor canals — the Frontier minor canals — with which we are not now concerned, although of course we were concerned with them till quite a late stage in the consideration of our measure.

« The other great groups of canals to which I may allude are *first*, the canals of the Southern Punjab, *secondly*, the Shahpur canals, and, *thirdly*, the canals now known as the Grey Canals — from the name of their great promoter Colonel Grey — in the Ferozepore District. Each of these groups has a different history, and one reason why I mention all these canals is that their history illustrates what has happened elsewhere in the Punjab, although on a smaller scale. In certain points all three groups are alike. The canals are inundation canals depending upon the vagaries of the rivers and thus requiring prompt and energetic management,

propriétaires fonciers aisés ont toujours eu une part différente dans la construction primitive de tous ces canaux. Partout on éprouve le besoin de quelque autorité locale vigoureuse, mais sympathique, pour renforcer les systèmes d'administration qui se sont développés, pour régler les contestations entre les irrigateurs et les autres intéressés, et pour prévenir, à l'aide d'un contrôle adéquat de l'irrigation, les inconvénients graves du gaspillage et du barrage de l'eau. Dans le Dera Ghazi Khan, le Mouzaffargarh et le Moulton, le système des canaux date d'avant notre époque. Les canaux furent, pour la plupart, construits par la main-d'œuvre non payée des zamindars et de leurs surbordonnés, les gouvernants fournissant la direction et la force motrice et parfois quelque main-d'œuvre payée, quelquefois aussi peut-être la nourriture à des troupes d'ouvriers non payés. Dans tous ces districts, l'entretien fut d'abord assuré par la main-d'œuvre appelée *chher*, c'est-à-dire (pour employer les termes de la description de ce travail par Sir James Lyall) le sys-

---

as rivers after their course or threaten embankments with destruction by floods. In all these canals either the peasantry or well-to-do private land-holders have had a varying share in original construction. Everywhere there is need of some vigorous but sympathetic local authority to enforce the systems of management which have grown up, to settle disputes between irrigators and others interested, and to prevent the evils of waste of water and water-logging by an adequate control of the irrigation. In Dera Ghazi Khan, Muzaffargarh and Mooltan the canal system dates from before our day. The canals were for the most part constructed by the unpaid labour of the zamindars and their dependants, the rulers supplying direction and driving power and some times some paid labour and perhaps also sometimes feeding gangs of unpaid labourers. In all these districts maintenance was originally secured by *chher* labour; that is (to quote Sir

tème dans lequel les irrigateurs fournissent une part, proportionnée à leur irrigation, de la main-d'œuvre nécessaire pour les réparations et les nettoyages annuels ou payent un équivalent en espèces, en cas de défaut. Dans le district de Dera Ghazi Khan, Diwan Sawan Mal abolit le *chher* et le remplaça par une taxe ; nous avons suivi son exemple dans les règlements récents du Moultan et du Mouzaffargarh. Dans le district de Shahpour, les canaux actuels ont été construits entre 1860 et 1870, principalement par des particuliers, encouragés par des officiers britanniques, à l'aide de capitaux privés ; en ce qui concerne ceux d'entre eux qui constituent des propriétés privées, il n'existe pas actuellement de dispositions légales adéquates pour régler leur contrôle. Les canaux du Ferozepore furent faits lorsque le colonel Grey était député-commissaire, grâce à son initiative et à son talent bien connu de déterminer les gens à s'associer dans leur propre intérêt ; les frais furent couverts par les irrigateurs ou, en certains cas, par le Domaine du Mamdot.

James Lyall's description of it), the system by which the irrigators supply in proportion to their irrigation the labour required for their annual repairs or clearances, paying a cash commutation in case of default. In the Dera Ghazi Khan District Diwan Sawan Mal abolished *chher* and took a tax in lieu of it ; and we have followed his example in the late settlements of Mooltan and Muzaffargarh. In the Shahpur District the present canals were constructed between 1860 and 1870 under the encouragement of British officers mainly by private individuals with private capital; and as regards such of them as are private property there is at present no adequate legal provision for their control. The Ferozepore canals were made when Colonel Grey was the Deputy Commissioner by his initiative and with all his well known capacity to get the people to combine in their own interest, the cost being provided by the irrigators or in some cases by the Mamdot

Nous avons toujours eu, depuis lors, un système officiel d'administration, chaque fois pour plusieurs années, sous la direction capable de Rai Bahadour Maya Das qui vient seulement de se retirer de ses fonctions.

« Dans plusieurs autres districts également, outre ceux auxquels je viens de faire allusion, il existe des ouvrages d'irrigation à l'égard desquels nous aurons à examiner s'ils doivent être compris dans le projet de loi. Je ne suppose pas que les auteurs de la loi sur les canaux de l'Inde septentrionale pensèrent du tout à nos nombreux ouvrages secondaires d'irrigation, dans lesquels le public est souvent le propriétaire ; jusqu'ici nous avons procédé de la meilleure manière possible, partiellement, en appliquant cette loi tout en nous rendant compte qu'elle ne s'adaptait guère à la matière, partiellement, en concluant des accords spéciaux avec les irrigateurs eux-mêmes, partiellement, en maintenant des prescriptions absolument nécessaires dans les arrangements seulement (conditions d'établissement) et surtout grâce à la simple influence des paroles et des ordres de nos fonctionnaires, soit du

---

Estate. We have had ever since an official system of management for every many years under the capable charge of Rai Bahadur Maya Das who has only now retired from service.

« In several other districts also, besides those I have referred to, there are irrigation works in respect to which we should have to consider whether they should be scheduled under the Bill. I do not suppose the framers of the Canal Act of Northern India thought at all of our numerous minor irrigation works in which the people are often owners ; and hitherto we have carried on in the best way we could partly by applying the Act, though we felt it was not very suitable, partly by taking special agreements from the irrigators themselves, partly by maintaining absolutely necessary rules as conditions of the settlement arrangements, and very largely by the mere influence and word of command of our officers

Département du Trésor, soit du Département des canaux, aidés par le bon sens du public qui savait suffisamment bien qu'une certaine direction professionnelle des décisions d'autorité et cet esprit qui le pousse à s'associer, sont absolument nécessaires, et qui ont accepté, en conséquence, la situation.

« Le temps, cependant, est certainement venu d'asseoir sur une base légale convenable ce que nous avons eu l'habitude de faire et ce que nous devons continuer à faire.

« Le projet de loi nous donne la base légale nécessaire, mais laisse au Gouvernement local la faculté de choisir les canaux auxquels elle s'appliquera. De plus, dans la forme, le projet diffère considérablement du règlement sur les canaux du Peshawar, quoiqu'il ait, comme je l'ai expliqué, historiquement la même origine. Comme ce projet de loi, le règlement complète la loi sur les canaux, mais il le fait d'une manière différente. Le règlement, excepté là où il est en conflit avec la loi sur les canaux, laisse celle-ci opérante. Le projet que j'ai devant moi

---

both of the Revenue and the Canal Departments, supported by the good sense of the people who knew well enough that more or less professional guidance and authoritative decisions and the sort of leading which induces them to combine are absolutely essential and have thus acquiesced in the situation.

« The time, however, has certainly come when we should supply a suitable legal basis for what we have been in the abit of doing and must continue to do.

« The Bill gives us the legal basis required, but leaves the Local Government to select the canals to which it shall be applied. Moreover, in frame the Bill differs very materially from the Peshawar Canals Regulation, although, as I have explained, it has historically the same origin. Like the Bill the Regulation supplements the Canal Act, but does so in a different way. The Regu-

est, de son côté, une mesure législative complète par elle-même où elle opérera, la loi sur les canaux n'aura aucune action ; mais, de même que le règlement du Peshawar, elle forme un complément à la dite loi dont elle répète, avec les modifications nécessaires, toutes les dispositions dont nous avons besoin pour nos canaux secondaires. J'avoue que je préfère de beaucoup, quant à moi, cette méthode de législation. Nos fonctionnaires trouveront, à une même place, toutes les dispositions dont ils ont besoin; lorsque toutes les dispositions nécessaires sont comprises dans un même acte, il y a moins de risque de conflits non intentionnels ou de complications légales accidentelles.

« Il suit de l'élaboration de notre projet que telles de ses parties, qui simplement répètent, avec des modifications peu importantes, des parties de la loi VIII de 1873, n'ont pas besoin d'explication. Il s'agit ici de dispositions dont on a constaté le bon fonctionnement et qui sont considérées comme s'adaptant à nos canaux secondaires. Dans certains cas, cependant, nous avons inséré des dispositions qui constituent, pensons-nous, d'heureux amende-

---

lation except so far as it conflicts with the Canal Act, it leaves that to its operation. The Bill before me, on the other hand, is a self-contained enactment. Where it operates the Canal Act will not operate at all ; but equally with the Peshawar Regulation it is a supplement to that Act, because it repeats with the necessary modifications all the provisions of that enactement which we require for our minor canals. I confess that I myself greatly prefer this method of enactment. Our officers will have before them in one place all they need ; and there is less risk of unintended conflict and accidental legal complications if all the necessary provisions are included in a single draft.

« It follows from the frame of our enactment that so much of it as merely repeats with incidental alterations portions of Act VIII of 1873 does not need any explanation. These are provisions

ments à la loi principale. Mais ceux-ci sont nécessairement limités ici à nos canaux secondaires, attendu que la loi de 1873 s'applique aux Provinces-Unies et aux Provinces du Centre aussi bien qu'au Punjab. Si la dite loi doit être amendée, sa modification doit d'ailleurs être entreprise en Conseil du Gouverneur Général.

« Quant aux dispositions supplémentaires qui sont spécialement nécessaires à nos canaux secondaires et qui, pour ce motif, constituent la justification principale de la mesure, si toutes sont considérées actuellement comme nécessaires, je n'en mentionnerai toutefois brièvement que quelques-unes qui m'ont frappé comme faisant le mieux ressortir la nécessité de la loi.

« Le but du projet de loi est de traiter séparément, d'un côté, des canaux, qu'ils appartiennent au Gouvernement ou non, qui sont administrés par des fonctionnaires du Gouvernement ou par des Conseils de district et, de l'autre côté, des canaux placés sous une administration privée, mais qui réclament un contrôle par suite de la position de monopoleurs qu'occupent leurs propriétaires.

---

which have been found to work well and are considered suitable to our minor canals. In some cases, however, we have inserted provisions which would, we think, be good amendments in the principal Act. But these are necessarily limited here to our minor canals because the Act of 1873 applies to the United Provinces and the Central Provinces as well as to the Punjab; and if it were to be amended, the amendment would have to be undertaken in the Council of the Governor-General.

« As to the supplementary provisions which are specially required for our minor canals and therefore stand as the principal justification of the measure, while all are at present believed to be necessary, I will briefly mention some few which have struck me as being the best illustrations of the necessity for the Bill.

« Its plan is to deal separately on the one hand with canals,

Dans les chapitres I, II et V du projet sont contenues les dispositions nécessaires aux canaux des deux classes.

« Une partie du chapitre II réglemente la construction, et en ce qui concerne les canaux qui doivent être alimentés par des cours d'eau, notifiés à cet effet, assure le premier élément du contrôle en rendant une permission nécessaire.

« Une autre clause très importante du chapitre II, qui a été arrêtée récemment seulement après une correspondance prolongée, a trait aux droits d'eau. Les autorités du Punjab ont toujours soutenu que les droits de l'État à l'égard de l'eau des rivières, cours d'eau et lacs ne sont pas les mêmes au Punjab qu'en Angleterre ; et déjà, en 1864, sir Donald Mac Leod écrivait que, lorsque des particuliers ou des corporations privées recevaient l'autorisation de construire des canaux, ils devaient être astreints à payer au Gouvernement, en sa qualité de propriétaire des cours d'eau, une taxe au seigneuriage, à raison de

---

whether the property of Government or not, which are under the management of Government officers or District Boards ; and on the other hand with canals under private management, though needing control from the position of the owners as monopolists. In Chapters I, II and V of the Bill are enacted such provisions as are necessary for canals of both classes.

« Part of Chapter II regulates construction, and, in the case of canals intended to be supplied from waters notified in this behalf, secures the first element of control by making permission necessary.

« Another very important clause in Chapter II, which has only lately been settled after prolonged correspondence, refers to water dues. It has been held throughout by the Punjab authorities that the rights of the State in respect of the waters of rivers, streams and lakes are not the same in the Punjab as in England ; and so long ago as 1864 it was recorded by Sir Donald McLeod that « where private parties or corporations are allowed to construct

l'eau prise par eux aux sources alimentant leurs canaux. On voudra bien observer que si l'article 7 proclame le principe que le Gouvernement peut lever une contribution pour l'emploi de l'eau fournie par un canal, l'effet de ce principe est très soigneusement limité aux catégories de cas ou son équité ne peut, je pense, être raisonnablement combattue.

« L'article 9 du chapitre III, applicable aux canaux placés sous l'administration publique, est très importante. Elle donne au Percepteur ou au fonctionnaire du canal, qui peut être investi des pouvoirs du Percepteur (voir article 56), ces pouvoirs étendus d'administration que, d'une manière ou d'une autre, il a été souvent obligé jusqu'ici d'assumer.

« Un autre article très nécessaire à noter du même chapitre est l'article 13 qui légalise la pratique, fréquente jusqu'ici, mais sans sanction légale toutefois, d'occuper des

---

canals, they should be required to pay to Government, as lord of the rivers, a tax or seigniorage on the water taken by them at the head of their canals». It will be observed that while clause 7 asserts the principle that Government may make a charge for the use of water supplied to a canal, the operation of this principle is very carefully limited to classes of cases where its justice cannot, I think, be reasonably impugned.

« Clause 9 in Chapter III applicable to canals under public management is a most important one. It gives the Collector or Canal Officer, who may be empowered as a Collector (*vide* clause 56), those wide powers of management which in one way or another he has hitherto been often compelled to assume.

« Another noticeable and much needed clause in the same chapter is clause 13 which legalises the practice, hitherto common without legal sanction, of occupying land adjacent to the canal for depositing soil dug out in clearances and for excavating earth for repairs to the canal banks.

terrains adjacents à un canal pour y déposer de la terre extraite à l'occasion de nettoyages ou pour y prendre de la terre en vue des réparations à effectuer aux digues.

« Les articles 21, 22 et 24 permettent au Percepteur ou au fonctionnaire du canal investi des pouvoirs nécessaires, de construire des écluses, rigoles d'alimentation ou conduites d'eau, de récuper les frais à charge des personnes avantagées, enfin — faculté des plus utile — de réunir des aqueducs parallèles et séparés, sur une longue distance, d'une manière préjudiciable et de fixer les parts d'eau qui seront attribuées à chacun.

« Au chapitre IV, applicable aux canaux sous une administration privée, je distinguerai, comme étant la disposition principale, l'article 38, accordant au Gouvernement local le pouvoir de donner des ordres en vue de fixer les limites de l'irrigation, le montant, le caractère et les conditions des taxes d'eau ou pour réglementer la fourniture et la distribution de l'eau. Ce sont là des pouvoirs étendus mais nécessaires, et ils sont sauvegardés par des dispositions accordant des dédommagements, excepté lorsque le

---

« Clauses 21, 22 and 24 enable the Collector or Canal Officer duly empowered to construct sluices, outlets and water-courses and recover the cost from the persons benefited ; also — a most useful power — to unite long straggling wasteful water-courses and fix the shares in which the water shall be enjoyed.

« In Chapter IV applicable to canals under private management I single out as the leading provision clause 38 empowering the local Government to issue orders fixing the limits of irrigation, and the amount, character and conditions of the water-rates, and regulating the supply and distribution of water. These are wide powers, but necessary and guarded by provisions for compensation except where the canal-owner has forfeited his claim to it by conduct of an arbitrary or inequitable kind.

propriétaire du canal a perdu ses titres à une indemnité, en se conduisant d'une manière arbitraire ou non équitable.

« Au chapitre V applicable à tous les canaux, auxquels le projet de loi se rapporte, les articles 42 à 45 sont très importants comme donnant au Gouvernement le pouvoir de reprendre un canal moyennant le payement d'une indemnité. L'article 47 étend très utilement les pouvoirs donnés par la loi VIII de 1873 relatifs à l'enlèvement d'obstacles des chenaux, en permettant de prendre des mesures préventives à cet égard et en étendant ces pouvoirs aux chenaux secondaires — qui sont, en vérité, des bras de rivière — aussi bien qu'aux rivières elles-mêmes. L'article 49 donne des pouvoirs précieux à l'égard des travaux et de l'entretien des ouvrages; enfin, je peux mentionner l'article 63, qui est le résultat d'une correspondance volumineuse avec les autorités du Bahawalpour et du Sind. En vertu de cet article, le Gouvernement possède la faculté de rendre n'importe quelle partie de la loi applicable, à l'intérieur du Punjab, aux canaux, rivières,

---

« In Chapter V applicable to all canals to which the Bill relates clauses 42 to 45 are important as empowering Government to acquire any canal on payment of compensation. Clause 47 most usefully extends the power of dealing with obstructions in channels given by Act VIII of 1873 to their prevention in addition to their removal and to creeks as defined in the Bill — practically arms of rivers — as well as to rivers themselves. Clause 49 gives valuable powers as to the construction and maintenance of works; and lastly, I may mention clause 63 which is the outcome of voluminous correspondence with the Bahawalpur and Sind authorities. Under this clause the Local Government has discretion to apply within the Punjab any part of the Act to canals, rivers, creeks, water-courses or subsidiary works situated partly in Punjab and

chenaux secondaires, conduites d'eau et ouvrages subsidiaires situés partiellement dans le Punjab et partiellement dans les territoires du Bahawalpour et du Sind. On se propose de donner, aux autorités du Sind et de l'Etat de Bahawalpour, l'occasion d'examiner le projet et j'ose exprimer l'espoir qu'elles trouveront cet article à leur entière satisfaction.

« Je pense n'avoir besoin de rien ajouter pour justifier la mesure proposée, longuement discutée, en faveur de laquelle des propositions furent faites, pour la première fois, il y a plus de vingt ans, et dont le premier projet, que j'ai été capable de retrouver, date de dix ans environ. Je vous demande, par motion, la permission de déposer un projet de loi ayant pour objet l'amélioration des dispositions régissant le contrôle et l'administration des canaux secondaires au Punjab. »

Cette motion fut mise aux voix et adoptée. L'honorable sir Lewis Tupper déposa le projet de loi.

L'honorable sir Lewis Tupper proposa :

a) que le projet de loi fut renvoyé à une commission spéciale composée de l'honorable Mian Muhammad Shah

---

partly in Bahawalpur or Sind territory. It is intended to afford the authorities of Sind and the Bahalwalpur State an opportunity of considering the Bill and I venture to express the hope that this clause will be found entirely satisfactory to them.

« I do not think I need say more in justification of this long debated measure for which proposals were first made more than 20 years ago, and of which the first draft that I have been able to find was framed some 17 years ago. I beg to move for leave to introduce a Bill to make better provision for the control and management of the minor canals in the Punjab. »

The motion was put and agreed to, and the Hon'ble Sir Lewis Tupper introduced the Bill.

Din, de l'honorable M. J. Benton, de l'honorable M. J. M. C. C. Douie et de l'auteur de la proposition;

b) que le projet fut mis en circulation dans le but de recueillir l'opinion à son égard.

Ces motions furent mises aux voix et adoptées.

The Hon'ble Sir Lewis Tupper moved. —

a) that the Bill be referred to a Select Committee consisting of the Hon'ble Mian Muhammad Shah Din, the Hon'ble Mr. J. Benton, the Hon'ble Mr. J. Mc.C. Douie and the Mover ;

b) that the Bill be circulated for the purpose of eliciting opinion thereon.

The motions were put and agreed.

Loi sur les canaux secondaires du Punjab, de 1905.

TABLE DES MATIÈRES.

The Punjab Minor Canals Act of 1905.

CONTENTS.

Articles.

14. Faculté d'occuper du terrain adjacent à un canal en vue d'y déposer des terres extraites du canal ou d'en extraire de la terre pour des réparations aux digues ; indemnité du chef de dommages.
15. Fourniture d'eau par un aqueduc existant.
16. Demande de construction d'un nouvel aqueduc.
17. Procédure du Percepteur à cet égard.
18. Demande de transfert d'un aqueduc existant.
    Procédure à cet égard.
19. Enquêtes au sujet et règlement des oppositions à la construction ou au transfert d'aqueducs.
20. Dépenses à payer par le requérant de la construction ou du transfert d'un aqueduc, avant d'obtenir l'occupation.
    Procédure quant à la fixation de l'indemnité.
    Recouvrement de l'indemnité et des dépenses.
21. Conditions liant le requérant à qui l'occupation est octroyée.
22. Construction, par le Percepteur, de rigoles d'alimentation venant des canaux.
23. Pouvoir de convertir, en un seul, plusieurs aqueducs parallèles sur une longue distance.

Sections.

14. Power to occupy land adjacent to canal for depositing soil from canal and to excavate earth for repairs to the banks and compensation for damage.
15. Supply of water through intervening water-course.
16. Application for construction of new water-course.
17. Procedure of Collector thereupon.
18. Application for transfer of existing water-course.
    Procedure thereupon.
19. Inquiry into, and determination, of objections to construction or transfer of water-courses.
20. Expenses to be paid by applicant for construction or transfer of water-course before receiving occupation.
    Procedure in fixing compensation.
    Recovery of compensation and expenses.
21. Conditions binding on applicant placed in occupation.
22. Construction of outlets from canals by Collector.
23. Power to convert several water-courses running for a long distance side by side into one water-course.

24. Procédure applicable à l'occupation en vue d'extensions et de modifications.
25. Par qui les frais d'exécution des travaux prévus aux articles 22 et 23 sont payables.
26. Pouvoir du Gouvernement local d'ordonner la fourniture de main-d'œuvre par les irrigateurs.
27. Pouvoirs du Percepteur après la publication d'une notification conformément à l'article 26.
28. Pouvoir d'établir des registres pour les canaux.

Taxes d'eau.

29. Perception des taxes d'eau.
30. Responsabilité lorsque la personne, utilisant l'eau d'une manière non autorisée, ne peut être identifiée.
31. Responsabilité en cas de gaspillage d'eau.
32. Contributions s'ajoutant à des pénalités.

CHAPITRE IV.

Dispositions applicables aux canaux rangés sous l'annexe II.

33. Le présent chapitre n'est applicable qu'aux canaux rangés sous l'annexe II.

Sections.

24. Procedure applicable to occupation for extensions and alterations.
25. Costs of executing works under Section 22 or Section 23 by whom payable.
26. Power of Local Government to direct supply of labour by irrigators.
27. Powers of Collector upon issue of notification under Section 26.
28. Power to prepare record for canal.

Water-rates.

29. Levy of water-rates.
30. Liability when person using unauthorisedly cannot be identified.
31. Liability when water runs to waste.
32. Charges recoverable in addition to penalties.

CHAPTER IV.

Provisions applicable to Canals included under Schedule II.

33. This chapter applicable only to canals under Schedule II.

Articles.

55. Fixation d'indemnités.
56. Indemnité du chef d'un droit d'usage ;
    Indemnité sous forme d'une fourniture d'eau.
57. Répartition et recouvrement des frais d'acquisition de terrains ou d'exécution de travaux.
58. Pouvoir de réglementer les usines.
59. Application des articles 13 à 16 de la loi de 1887 sur l'impôt foncier.
60. Exclusion de la juridiction des cours civiles excepté à l'égard des cas d'application de la loi sur les expropriations d'immeubles.
61. Pouvoir de nommer des fonctionnaires pour exercer les fonctions prévues par la présente loi.
62. Pouvoirs du Percepteur à l'égard de certaines actions prévues par la présente loi.
63. Faculté des propriétaires et autres parties intéressées dans un canal de faire opposition dans certains cas.
64. Mode de signifier les avertissements et de publier les proclamations.
65. Défense d'accorder des indemnités lorsqu'elles ne sont pas autorisées expressément.

Sections.

53. Power as to construction and maintenance of works in respect of canals under Schedule I.
54. Power to take possession and to construct works in cases of emergency.
55. Assessment of compensation.
56. Compensation for right of user or in the form of a supply of water.
57. Apportionment and recovery of the cost of land acquired or works executed.
58. Power to regulate mills.
59. Application of Sections 13 to 16 of Land Revenue Act, 1887.
60. Exclusion of jurisdiction of Civil Court except under Land Acquisition Act.
61. Power to appoint officers to exercise functions under this Act.
62. Powers of Collector in certain proceedings under the Act.
63. Permission to owners and parties interested in any canal to object in certain cases.

Loi n° 3 de 1905

telle qu'elle a passé en Conseil.

LOI

ayant pour objet l'amélioration des dispositions régissant le contrôle et l'administration des canaux secondaires au Punjab.

Attendu qu'il est désirable d'améliorer les dispositions régissant l'exercice du contrôle sur certains canaux secondaires au Punjab et le règlement de l'administration de ces canaux.

BILL n° 3 of 1905.

(Bill as Passed in Council).

A BILL

To Make better provision for the control and management of minor canals in the Punjab.

Whereas it is desirable to make better provision for the exercise of control over and for the regulation of the management of certain minor canals in the Punjab ;

Il est décrété ce qui suit :

CHAPITRE 1.

Préliminaire.

1. 1° La présente loi peut être appelée la loi de 1905 sur les canaux secondaires du Punjab.

2° Elle s'étendra à tout le Punjab.

2. 1° Les dispositions de la présente loi s'appliqueront, dans les limites et de la manière indiquées ci-après, à chacun des canaux désignés soit dans l'annexe I, soit dans l'annexe II, suivant le cas.

2° En tout temps, après la mise en vigueur de la présente loi, le Gouvernement local peut, de temps à autre, par notification :

a) ranger tout canal, soit sous l'annexe I, soit sous l'annexe II, suivant le cas, ou transférer un canal d'une annexe à l'autre ; conséquemment, les dispositions de la présente loi, applicables aux canaux, rangés sous cette

---

It is hereby enacted as follows :

CHAPTER 1.

Preliminary.

1. (1) This Act may be called the Punjab Minor Canals Act of 1905.

(2) It shall extend to the whole of the Punjab.

2. (1) The provisions of this Act shall apply, to the extent and in the manner hereinafter provided, to every canal specified in either Schedule I or Schedule II as the case may be.

(2) At any time after the commencement of this Act, the Local Government may, from time to time, by notification —

a) include any canal under either Schedule I or Schedule II, as the case may be, or transfer a canal from one schedule to the other schedule, and thereupon the provisions of this Act applicable to canals included under such schedule, or such of the said provi-

annexe, ou telles de ces dispositions que le Gouvernement local ordonnera, s'appliqueront au dit canal ;

b) soustraire à l'effet de la présente loi tout canal rangé actuellement ou qui peut être rangé, dans l'avenir, soit sous l'annexe I, soit sous l'annexe II.

Sous réserve qu'aucun canal ne sera rangé sous l'annexe I,

a) s'il n'est totalement ou partiellement en possession du Gouvernement ; ou

b) s'il n'est, lors de la mise en vigueur de la présente loi, administré par des fonctionnaires du Gouvernement ou par quelque autorité locale ; ou

c) s'il ne se trouve partiellement dans et partiellement hors des territoires auxquels la présente loi étend ses effets, ou

d) s'il n'a été rangé sous l'annexe II et transféré à l'annexe I par ordre du Gouvernement.

---

sions as the Local Government may direct, shall apply to such canal ; or

b) exclude from the operation of this Act any canal which now is, or hereafter may be, included under either Schedule I or Schedule II :

Provided that no canal shall be included under Schedule I, unless

a) it is owned in whole or in part by Government, or

b) is, at the commencement of this Act, managed by Government officers or by any local authority, or

c) is situate partly within and partly without the territories to which this Act extends, or

d) has been included under Schedule II and is transferred to Schedule I by direction of Government.

(3) The Northern India Canal and Drainage Act, 1873 (1),

(1) India Act VIII of 1873.

(3) La loi de 1873 (1), sur les canaux et le drainage dans l'Inde septentrionale, ne s'appliquera à aucun canal tant que celui-ci sera rangé sous l'annexe I ou sous l'annexe II.

3. Dans la présente loi (2), à moins que le sujet ou le contexte n'indiquent le contraire :

(*i*) « registre des droits » et « fonctionnaire du trésor » ont la signification, qui leur est respectivement assignée dans la loi de 1887, sur l'impôt foncier au Punjab ;

(*ii*) « canal » signifie tout canal, chenal naturel ou artificiel ou voie de drainage naturelle, tout réservoir, barrage ou digue, construits, entretenus ou contrôlés pour la fourniture ou l'emmagasinement de l'eau ou pour la protection des terrains contre l'inondation et le sable, et comprend les conduites d'eau et les ouvrages subsidiaires, tels qu'ils sont définis dans le présent article ;

(*iii*) « Percepteur » signifie le fonctionnaire en chef du trésor, d'un district et comprend tout fonctionnaire,

(1) Loi de l'Inde VIII de 1873.
(2) Loi de l'Inde XVII de 1887.

---

shall not apply to any canal which is for the time being included under either Schedule I or Schedule II.

3. In this Act (1), unless there is something repugnant in the subject or context —

(*i*) « Record-of-Rights » and « Revenue Officer » have the meanings assigned to them respectively in the Punjab Land Revenue Act, 1887 ;

(*ii*) « Canal » means any canal, natural or artificial channel or line of natural drainage or any reservoir, dam or embankment constructed, maintained or controlled for the supply or storage of water or the protection of land from flood or sand, and includes any water-course or subsidiary works as defined in this section ;

(*iii*) « Collector » means the head revenue officer of a district

(1) India Act XVII of 1887.

nommé en vertu de la présente loi, pour exercer tout ou partie des pouvoirs d'un Percepteur ;

(*iv*) « Commissaire » signifie un commissaire de division et comprend tout fonctionnaire, nommé en vertu de la présente loi, pour exercer tout ou partie des pouvoirs d'un Commissaire ;

(*v*) « construction » signifie toute modification qui étendrait matériellement le rayon irrigable d'un canal ou toute autre modification d'importance matérielle ou le rétablissement d'un canal, après six ans d'abandon, mais ne se rapporte pas au recreusement d'une source de canal qui a été temporairement abandonnée par suite d'un changement dans la rivière, à l'excavation d'une nouvelle source, nécessitée par un changement dans la rivière ou à un changement des aqueducs pour rendre l'irrigation existante plus efficace.

(*vi*) « chenal accessoire » (creek) signifie tout chenal d'une rivière autre que le chenal principal, à travers lequel l'eau de la rivière coule naturellement à certaines

---

and includes any officer appointed under this Act to exercise all or any of the powers of a Collector ;

(*iv*) « Commissioner » means a Commissioner of a Division and includes any officer appointed under this Act to exercise all or any of the powers of a Commissioner ;

(*v*) « Construction » and « construct » include any alteration which would materially extend the area irrigable by a canal or any other alteration of material importance or the renewal of a canal after disuse for six years, but do not include the re-excavation of a canal head which has been temporarily abandoned owing to a change in the river, the excavation of a new head necessitated by a change in the river or a change of water-courses to render existing irrigation more efficient ;

(*vi*) « Creek » means any channel of a river other than the main

époques de l'année, à moins qu'il ne soit obstrué par un dépôt de vase;

(*vii*) « district » désigne un district tel qu'il est fixé pour les besoins de l'impôt;

(*viii*) « irrigateur » signifie, par rapport à un terrain irrigué par un canal, toute personne tant qu'elle retire directement un avantage de l'irrigation et comprend le propriétaire et le locataire occupant de ce terrain;

(*ix*) « main-d'œuvre » comprend les ouvriers, les animaux et le matériel nécessaires à l'exécution du travail pour lequel la main-d'œuvre doit être fournie;

(*x*) « usine » signifie tout mécanisme utilisant la force hydraulique d'un canal pour moudre, scier ou presser, pour mettre en mouvement et faire fonctionner des machines ou pour quelque besoin similaire et comprend tous les ouvrages subsidiaires et toutes les constructions en rapport avec ce mécanisme, à l'exception du canal lui-même;

(*xi*) l'expression « ouvrages subsidiaires » signifie tous

---

channel through which the water of the river would, unless obstructed by deposit of silt, naturally flow at some period of the year;

(*vii*) « District » means a district as fixed for revenue purposes;

(*viii*) « Irrigator » means in respect of any land which is irrigated from a canal any person for the time being directly deriving benefit by such irrigation and includes a land-owner or ocupancy tenant of such land;

(*ix*) « Labour » includes labourers, cattle and appliances necessary for the execution of the work for which labour is to be supplied;

(*x*) « Mill » means any contrivance where by the water-power of any canal is used for grinding, sawing or pressing, or for driving or working machinery or for any other similar purpose, and includes all subsidiary works and structures connected with any such contrivance except the canal itself;

les ouvrages nécessaires au contrôle et au maintien de l'alimentation d'un canal, à l'entretien du canal dans les conditions voulues ou au règlement de l'irrigation de ce canal, ou encore nécessaires pour prévenir les inondations ou pour assurer le drainage approprié à l'irrigation, et comprend également les terrains nécessaires à ces ouvrages;

(*xii*) « aqueduc » signifie tout chenal qui est alimenté d'eau par un canal et qui est entretenu aux frais des irrigateurs, et comprend tous les ouvrages subsidiaires en rapport avec ce chenal, à l'exception de l'écluse ou de la rigole d'alimentation par laquelle l'eau est fournie au chenal;

(*xiii*) « droit d'eau » signifie tout ce qui doit être payé au Gouvernement, en espèces ou en nature, par le propriétaire d'un canal du chef de la prise, par ce propriétaire, pour les besoins de son canal, de l'eau de toute rivière, chenal accessoire ou cours d'eau, coulant dans un

---

(*xi*) « Subsidiary works » mean all works required for the control or maintenance of the supply to a canal or for the maintenance of a canal in proper condition or for the regulation of the irrigation therefrom or for the prevention of floods or for the provision of proper drainage in connection with such irrigation, and include also the land required for such works;

(*xii*) « Water-course » means any channel which is supplied with water from a canal and which is maintained at the cost of the irrigators, and includes all subsidiary works connected with such channel except the sluice or outlet through which water is supplied to such channel;

(*xiii*) « Water-due » means whatever is payable to Government in cash or kind by the owner of a canal for the diversion by such owner for the purposes of such canal of the water of any river, creek or stream flowing in a natural channel or of any lake or other natural collection of water;

chenal naturel, ou de tout lac ou autre provision naturelle d'eau;

(*xiv*) « taxe d'eau » signifie la contribution établie pour l'eau des canaux, autre que le droit d'eau ou que l'impôt foncier du chef de la plus-value du terrain, par suite d'irrigation.

CHAPITRE II.

Construction de canaux et droits d'eau.

4. Lorsque le Gouvernement a notifié, à cet effet, quelque chenal, lac ou autre provision naturelle d'eau, personne ne pourra, sans en avoir, au préalable, obtenu l'autorisation de la manière prescrite à l'article suivant, construire un canal, à alimenter par les dits chenal, lac ou provision d'eau (1) sous réserve que rien, dans cet article, ne s'appliquera à la construction d'un aqueduc, dérivant d'un canal existant.

5. 1° Toute personne désirant construire un canal, qui

(1) Cf. Règlement IV de 1898.

(*xiv*) « Water-rate » means the charge made for canal water, other than a water-due or canal advantage land revenue rate.

CHAPTER II.

Construction of canals and water-dues.

4. When Government has notified in this behalf any natural channel, lake or other collection of water, no person shall, without permission previously obtained in the manner prescribed in the section next following, construct a canal intended to be fed from any such channel, lake or other collection of water (1):

Provided that nothing in this section shall apply to the construction of a water-course from an existing canal.

5. (1) Any person desiring to construct a canal intended to be fed from any source of supply which has been notified by Govern-

(1) *Cf.* Regulation IV of 1898.

doit être alimenté par une source notifiée par le Gouvernement conformément à l'article 4, peut demander, par écrit, au Percepteur, l'autorisation prescrite par cet article :

2° Toute demande, visée par le sous-article 1°, sera faite dans la forme et contiendra les indications que le Gouvernement prescrira à cet effet.

6. 1° Lorsqu'une source a été notifiée par le Gouvernement conformément à l'article 4 et que le Percepteur considère la construction d'un canal, qui s'y alimenterait comme avantageuse, il avertira, par proclamation générale, toutes les personnes intéressées de son intention de construire un canal (1).

2° Si aucune opposition à la construction dudit canal n'est faite dans le délai à indiquer dans l'avertissement dont il est question dans le sous-article (1), ou si quelque opposition a été faite dans le dit délai mais a été défini-

(1) Disposition nouvelle.

---

ment under section 4, may apply, in writing, to the Collector, for the permission prescribed in that section.

(2) Every application under sub-section (*1*) shall be in such form and shall contain such particulars as the Local Government may prescribe in that behalf.

6. (1) When a source of supply has been notified by Government under section 4 and the Collector considers that the construction of a canal to be fed therefrom will be advantageous, he shall give notice by general proclamation to all persons interested of his intention to construct such canal (1).

(2) If no objection to the construction of such canal shall have been preferred within a period to be specified in the notice under sub-section (*1*), or if any such objection has been preferred within

(New.

tivement rejetée, le Percepteur peut procéder à la construction du canal.

3° Les dispositions des articles 59 et 63 s'appliqueront à tous les actes du Percepteur, prévus dans le sous-article 1° du présent article et au précédent, et les pouvoirs conférés au Percepteur par ces articles seront soumis à telle sanction que le Gouvernement local prescrira, en conformité avec les règles établies par ce Gouvernement.

7. 1° Si quelque personne, sans avoir obtenu la permission nécessaire aux termes des articles 4 et 5 de la présente loi, ou contrairement à quelque condition de cette permission, commence à construire un canal ou en poursuit la construction, le Percepteur peut, en tout temps, par ordre écrit, défendre à cette personne et, par une proclamation générale, défendre à toutes autres personnes de continuer la construction dont il s'agit (1),

(1) Cf. Règlement IV de 1898, articles 6 et 7.

---

the said period, but has been finally overruled, the Collector may proceed to construct such canal.

(3) The provisions of sections 59 and 63 shall apply to all proceedings of the Collector under sub-section (1) of this section and under the preceding section, and the powers conferred upon the Collector by this and the preceding section shall be exercised subject to such sanction as the Local Government may prescribe and in accordance with the rules made by such Government.

7. (1) If any person, without the permission necessary under sections 4 and 5 of this Act, or contrary to any of the conditions of such permission, commences to construct or proceeds with the construction of any canal, the Collector may, at any time, by order in writing, prohibit such person, and, by general proclamation, all other persons, from continuing the construction thereof (1) :

(1) *Cf.* Regulation IV of 1898, sections 6 and 7.

sous réserve que, à moins qu'il ne s'agisse d'une construction qui étendrait matériellement le rayon irrigable d'un canal, aucun ordre de l'espèce ne sera donné ni aucune proclamation faite, suivant le cas, par rapport à tout canal qui, à l'époque où il est question de donner cet ordre ou de faire cette proclamation, aura servi à l'irrigation durant une période de trois ans sans autre interruption que celle due à des causes naturelles échappant au contrôle de la personne mentionnée.

2° Si, après la mise en vigueur de la présente loi, une personne construit un canal sans la permission nécessaire aux termes des articles 4 et 5, le Percepteur peut, avec l'assentiment préalable du Gouvernement local, fermer ce canal et couper le courant auquel il s'alimente ; il peut ensuite, par ordre écrit, défendre à cette personne et, par voie de proclamation générale, défendre à toutes autres personnes d'entretenir, de réparer, de recreuser le canal ou de continuer à en utiliser l'eau.

Provided that, unless in the case of a construction which would materially extend the area irrigable by a canal, no such order or proclamation, as the case may be, shall be made or issued in respect of any canal which, at the time when it is proposed to make or issue such order or proclamation, has been used for irrigation for a period of three years without interruption, other than such as was due to natural causes beyond the control of the person aforesaid.

(2) If any person shall, at any time after the commencement of this Act, construct a canal without the permission necessary under sections 4 and 5 of this Act, the Collector may, with the previous sanction of the Local Government, close it and shut of the supply of water thereto, and may further, by order in writing, prohibit such person, and, by general proclamation, all other persons, from maintaining, repairing or renewing such canal or continuing to use the water thereof.

8. 1° Le Gouvernement local peut fixer et percevoir des droits d'eau, soumis aux conditions, s'il y a lieu, imposées ou agréees par ce Gouvernement, sur

(*i*) les canaux construits après la mise en vigueur de la présente loi,

(*ii*) les canaux construits avant la mise en vigueur de la présente loi :

a) dans le cas où le droit aux ou la question des impôts a été expressément réservée par le Gouvernement;

b) lorsque les conditions auxquelles le propriétaire d'un canal a été autorisé à faire usage de l'eau ont été consenties pour un terme déterminé d'années et que ce terme est expiré;

c) dans le cas où ces droits d'eau étaient déjà perçus, au moment de la mise en vigueur de la présente loi.

2° L'arrêté, relatif aux droits d'eau, sera pris pour un nombre déterminé d'années et le droit sera limité à un montant n'excédant pas le quart des bénéfices nets que le propriétaire est présumé pouvoir faire pendant ce terme.

---

8. (1) Subject to the conditions, if any, imposed or agreed to by the Local Government such Government may assess and levy water-dues in respect of

(*i*) canals made after the commencement of this Act;

(*ii*) canals made before the commencement of this Act

(*a*) when the right to, or question of, water-dues has been expressly reserved by such Government, or

b) when the conditions upon which the owner of the canal has been allowed to use the water have been agreed on for a term and that term has expired, or

c) when such water-dues were already levied at the commencement of this Act.

(2) The demand on account of water-dues shall be assessed for a term of years, and shall be limited to an amount not exceeding

Chapitre III.

Dispositions applicables aux canaux rangés sous l'annexe I.

9. Sauf décision contraire du Gouvernement local suivant l'article 69, les dispositions du présent chapitre ne s'appliqueront aux canaux qu'aussi longtemps qu'ils seront rangés sous l'annexe I.

10. 1° Nonobstant l'existence de droits à ou sur un canal ou aqueduc, le Percepteur peut :

a) exercer tous pouvoirs de contrôle, d'administration ou de direction en vue de l'entretien efficace et du fonctionnement de ce canal ou en vue de la distribution convenable de l'eau fournie par lui ;

b) suspendre la fourniture des eaux à un aqueduc, écluse ou rigole d'alimentation ou à une personne chaque fois et aussi longtemps que cet aqueduc, cette écluse ou rigole d'alimentation n'est pas entretenue en état de réparation convenable et habituel ou que cet aqueduc, cette écluse

---

one-quarter of the net profits which are likely to accrue to the owner of the canal during that term.

CHAPTER III.

Provisions applicable to canals under Schedule I.

9. Except as the Local Government may otherwise direct under section 69 the provisions of this chapter shall apply only to canals for the time being included under Schedule I.

10. (1) Notwithstanding the existence of any rights in or over a canal or water-course, the Collector may

a) exercise all powers of control, management and direction for the efficient maintenance and working of such canal or for the due distribution of the water thereof; and

b) whenever and so long as any water course sluice or outlet is

ou rigole d'alimentation, fournissant l'eau à une personne ou, dans le cas d'une écluse ou d'une rigole d'alimentation, la fournissant à un aqueduc ou a une personne, est l'objet d'un dommage volontaire ou d'un élargissement indu (1).

2° Le Gouvernement local ne sera obligatoirement tenu à aucun dédommagement du chef de pertes causées par un ordre donné en exécution des dispositions du sous-article 1, mais toute personne, qui aura éprouvé quelque perte a raison d'un ordre, donné suivant le sous-article 1 (*a*), peut solliciter telle remise des charges ordinaires payables pour l'usage de l'eau que le Gouvernement local autorisera :

Sous réserve que si quelque droit sur l'eau, inscrit dans un registre des droits, établi ou revisé suivant l'article 28 1°, ou jugé, suivant l'article 28 3°, avoir été établi sous l'empire de la présente loi, ou bien admis suivant accord entre le Gouvernement local et quelque

(1) Cf. Article 32 (a) (2) de la loi VIII de 1873.

---

not maintained in proper customary repair, or any water-course sluice or outlet through which water is supplied to any person, or, in the case of a sluice or outlet, to any water-course or any person, is subjected to wilful damage or wrongful enlargement, stop the supply of water to such water-course sluice or outlet or to any person (1).

(2) No claim shall be enforceable against the Local Government for compensation in respect of loss caused by any order passed under sub-section (1), but any person suffering loss by reason of any order passed under sub-section (1) (*a*) may claim such remission of the ordinary charges payable for the use of the water as is authorised by the Local Government :

Provided that if any right to water entered in a record-of-rights prepared or revised under section 28 (1) or deemed under section

(1) *Cf.* section 32 (*a*) (2) of Act VIII of 1873.

personne, est réellement diminué en conséquence d'une mesure ordonnée en conformité du sous-article 1° (*a*), le Percepteur accordera à cette personne, à raison de la diminution de son droit, une indemnité suivant les stipulations de l'article 55.

3° Aucun droit à l'usage de l'eau d'un canal ne sera acquis sous l'empire de la loi de l'Inde de 1877 (1) sur la Prescription; la fourniture de l'eau, à quelque personne que ce soit, ne sera non plus obligatoire pour le Gouvernement.

11. 1° Le Gouvernement local peut, en tout temps, suspendre ou supprimer le droit d'une personne à ou sur un canal si l'exercice de ce droit est préjudiciable aux intérêts d'autres irrigateurs ou à la bonne administration, à l'amélioration ou au développement du canal (2).

(1) Cf. Loi de l'Inde XV de 1877.

(2) Cf. Règlement IV de 1898, article 23. Projet de loi précédent, clause 25.

---

28 (3) to have been made under this Act or admitted in any agreement between the Local Government and any person is substantially diminished in consequence of action taken under sub-section (1) (*a*), the Collector shall award compensation under section 55 to such person in respect of the diminution of his right.

(3) No right to the use of the water of a canal shall be, or be deemed to have been, acquired under the Indian Limitation Act, 1877 (1), nor shall Government be bound to supply any person with water

11. (1) The Local Government may at any time suspend or extinguish any right to which any person is entitled in or over any canal if the exercice of such right is prejudicial to the inte-

(1) *Cf.* India Act XV of 1877.

2° Dans chacun de ces cas, le Gouvernement local fera payer, à la personne dont le droit est suspendu ou éteint, une indemnité à fixer par le Percepteur suivant l'article 55. En fixant cette indemnité, le Percepteur aura égard au caractère du dit droit, à la période durant laquelle il en a été joui et au dommage que sa suspension ou sa suppression devra occasionner.

12. Le Percepteur, ou toute autre personne agissant en vertu des ordres généraux ou spéciaux du Percepteur, a accès à tous les terrains adjacents à un canal, ou à travers lesquels on propose de tracer un canal et peut y dresser des plans ou entreprendre des nivellements (1); creuser et forer dans le sous-sol ; faire et installer les bornes, les repères et les tubes de niveau nécessaires, y faire tout ce qui est nécessaire dans l'intéret d'une enquête relative à un canal existant ou projeté et relevant dudit Percepteur;

(1) Cf. Loi de l'Inde VIII de 1873, article 14.

---

rests of other irrigators or to the good management, improvement or extension of the canal (1).

(2) In every such case the Local Government shall cause to be paid to the person whose right is suspended or extinguished, compensation to be assessed by the Collector under section 55. In assessing compensation for the purposes of this section, the Collector shall also have regard to the character of the right, the period during which it has been enjoyed and the damage likely to be occasioned by its suspension or extinction.

12. The Collector or other person acting under the general or special orders of the Collector may enter upon any lands adjacent to any canal, or through which any canal is proposed to be made, and undertake surveys or levels thereon (2);

(1) *Cf.* Regulation IV of 1898, section 23. Previous Bill, clause 25.
(2) *Cf.* India Act VIII of 1873, section 14.

Si l'enquête ne peut aboutir autrement, le percepteur ou son fondé de pouvoirs peut faire couper ou abattre et faire enlever tout ou partie d'une récolte sur pied, d'une clôture ou d'une jungle;

Il a également accès à tout terrain, dans tout bâtiment et à tout aqueduc, sur lesquels une taxe d'eau est exigible, dans le but d'examiner ou de régler l'usage de l'eau fournie, de mesurer les terrains irrigués ou imposables et de faire tout ce qui est nécessaire pour la réglementation et l'administration convenable du canal sous réserve que, si le Percepteur ou son fondé de pouvoirs se propose d'entrer dans quelque bâtiment, cour fermée ou jardin clôturé attenant à une habitation non alimentée d'eau provenant du canal, il en avertira par écrit au moins sept jours d'avance, l'occupant du bâtiment, de la cour ou du jardin.

Dans chacun des cas énumérés dans le présent article, le Percepteur fixera, sur demande à lui adressée à cette

---

and dig and bore into the sub-soil;

and make and set up suitable landmarks, level-marks and water-gauges;

and do all other acts necessary for the proper prosecution of any inquiry relating to any existing or projected canal under the charge of the said Collector;

and, where otherwise such inquiry cannot be completed, the Collector or such other person may cut down and clear away any part of ony standing crop, fence or jungle;

and may also enter upon any land, building or water-course on account of which any water-rate is chargeable, for the purpose of inspecting or regulating the use of the water supplied, or of measuring the lands irrigated thereby or chargeable with a water-rate, and of doing all things necessary for the proper regulation and management of such canal:

Provided that, if such Collector or person proposes to enter

fin, et payera une indemnité pour tout dommage qui peut être occasionné par une mesure prise en exécution du présent article.

13. En cas d'avarie survenant à un canal ou d'avarie prévue, le Percepteur, ou toute autre personne agissant en vertu de ses ordres généraux ou spéciaux à cet effet, a accès à tous les terrains adjacents à ce canal et peut ordonner tous les travaux qui peuvent être nécessaires, dans le but de réparer l'avarie ou de la prévenir (1).

Dans chacun de ces cas, le Percepteur fixera, sur demande à lui adressée à cette fin, et payera une indemnité, suivant l'article 55, pour tout dommage qui peut être occasionné par une mesure prise en exécution du présent article.

14. 1° Le Percepteur ou toute personne agissant en vertu de ses ordres généraux ou spéciaux à cet effet, peut,

(1) Cf. Loi de l'Inde VIII de 1873, article 15.

---

into any building or enclosed court or garden attached to a dwelling house not supplied with water flowing from any canal, he shall previously give the occupier of such building, court or garden at least seven days notice in writing of his intention to do so.

In every case of entry under this section, the Collector shall, upon application made to him in this behalf, assess and pay compensation for any damage which may be occasioned by any proceeding under this section.

13. In case of any accident happening or being apprehended to a canal, the Collector or any person acting under his general or special orders in this behalf may enter upon any lands adjacent to such canal, and may execute all works which may be necessary for the purpose of repairing or preventing such accident (1).

In every such case, the Collector shall upon application made to

(1) *Cf.* India Act VIII of 1873, section 15.

à une distance du canal que le Gouvernement déterminera par arrêté, occuper des terrains adjacents à un canal, dans le but :

a) d'y déposer des terres extraites du canal ;

b) d'en extraire de la terre pour y faire des réparations.

Le Percepteur fixera, sur requête à lui adressée à cette fin, et payera une indemnité pour tout dommage qui serait occasionné par l'exécution de toute mesure prise en exécution du présent article.

2° Le propriétaire de tout terrain qui, après la mise en vigueur de la présente loi, aura été occupé pour l'un des besoins susvisés, et qui sera resté occupé dans ce but pendant une période excédant trois années, peut exiger que ce terrain soit repris à titre permanent, conformément aux dispositions de l'article 44.

15. Chaque fois qu'une requête est adressée au Percep-

---

him in this behalf, assess and pay compensation under section 55, for any damage which may be occasioned by any proceeding under this section.

14. (1) The Collector or any person acting under his general or special orders in this behalf may, within such distance from the canal as the Local Government may by rule determine, occupy land adjacent to any canal for the purpose of

a) depositing upon it soil excavated from the canal, or

b) excavating from it earth for repairs to the canal.

The Collector shall, upon application made to him in this behalf, assess and pay compensation for any damage which may be occasioned by any proceeding under this section.

(2) The owner of any land which has been occupied after the commencement of this Act for any purpose under sub-section (1) and has remained in such occupation for a period exceeding three years may require that such land shall be permanently acquired in accordance with provisions of section 44.

teur pour demander la fourniture de l'eau d'un canal et qu'il lui paraît opportun d'accorder cette fourniture, mais que l'eau doit circuler à travers quelque aqueduc existant, il invitera les personnes responsables de l'entretien de cet aqueduc à signaler, à une date distante d'au moins quatorze jours de celle de l'invitation, les causes pour lesquelles éventuellement l'eau ne devrait pas circuler ainsi ; après avoir, à la date susdite, procédé à une enquête, le Percepteur déterminera si et dans quelles conditions l'eau à fournir circulera à travers l'aqueduc en question (1).

Le requérant n'aura pas le droit de faire usage de l'aqueduc avant d'avoir payé le coût de tout changement à y effectuer en vue de l'approvisionner d'eau, ni avant d'avoir acquitté telle part, que le Percepteur peut déterminer, des frais de premier établissement de l'aqueduc.

Le requérant sera également tenu pour sa part dans les

(1) Cf. Loi de l'Inde VIII de 1873, article 20.

---

15. Whenever application is made to a Collector for a supply of water from a canal, and it appears to him expedient that such supply should be given, and that it should be conveyed through some existing water-course, he shall give notice to the persons responsible for the maintenance of such water-course to show cause, on a day not less than fourteen days from the date of such notice, why the said supply should not be so conveyed ; and, after making inquiry on such day, the Collector shall determine whether and on what conditions the said supply shall be conveyed through such water-course (1).

The applicant shall not be entitled to use such water-course until he has paid the expense of any alteration of such water-course necessary in order to his being supplied through it, and also such share of the first cost of such water-course as the Collector may determine.

(1) *Cf.* India Act VIII of 1873, section 20.

frais d'entretien de l'aqueduc, aussi longtemps qu'il en fera usage.

16. Toute personne désirant construire un nouvel aqueduc peut s'adresser par écrit au Percepteur, en faisant valoir (1) :

(*i*) qu'elle a essayé, sans succès, d'obtenir des propriétaires des terrains à travers lesquels elle désire voir passer l'aqueduc, le droit d'occuper le terrain nécessaire à la construction de cet aqueduc ;

(*ii*) qu'elle désire que le Percepteur fasse, dans son intérêt et à ses frais, toutes les diligences nécessaires pour acquérir ce droit ;

(*iii*) qu'elle est à même de payer tous les frais que l'acquisition de ce droit et la construction de l'aqueduc impliquent.

17. Si le Percepteur est d'avis (2) :

(1) Cf. Loi de l'Inde VIII de 1873, article 21.
(2) Cf. Loi de l'Inde VIII de 1873, article 22.

Such applicant shall also be liable for his share of the cost of maintenance of such water-course so long as he uses it.

16. Any person desiring the construction of a new water-course may apply in writing to the Collector, stating (1) :

(*i*) that he has endeavoured unsuccessfully to acquire, from the owners of the land through which he desires such water-course to pass, a right to occupy so much of the land as will be needed for such water-course ;

(*ii*) that he desires the Collector, in his behalf and at is cost, to do all things necessary for acquiring such right ;

(*iii*) that he is able to defray all costs involved in acquiring such right and constructing such water-course.

17. If the Collector considers (2) :

(1) *Cf.* India Act VIII of 1873, section 21.
(2) *Cf.* India Act VIII of 1873, section 22.

(*i*) que la construction de cet aqueduc est opportune, et

(*ii*) que les déclarations contenues dans la requête sont exactes,

il invitera le requérant à déposer la somme que lui, Percepteur, jugera nécessaire pour faire face aux frais des diligences préliminaires, ainsi que pour acquitter, le cas échéant, toutes indemnités qu'il présume devoir être payées, conformément à l'article 20 :

Et, la somme étant déposée, il ordonnera une enquête sur l'alignement le mieux approprié au dit aqueduc et délimitera le terrain qui, dans son opinion, devra être occupé pour la construction de l'aqueduc ; il publiera ensuite, dans tous les villages où le projet fait passer la conduite, un avis disant que telles parties de tels terrains, appartenant à chacun de ces villages, ont été ainsi délimitées.

18. Toute personne désirant obtenir de son propriétaire le transfert d'un aqueduc, peut s'adresser, par écrit, au Percepteur, en faisant valoir (1) :

(1) Cf. Loi de l'Inde VIII de 1873, article 23.

(*i*) that the construction of such water-course is expedient, and

(*ii*) that the statements in the application are true,

he shall c-ll upon the applicant to make such deposit as the Collector considers necessary to def-ay the cost of the preliminary proceedings, and the amount of any compensation which he considers likely to become due under section 20 ;

and, upon such deposit being made, he shall cause inquiry to be made into the most suitable alignment for the said water-course, and shall mark out the land which, in his opinion, it will be necessary to occupy for the construction thereof, and shall forthwith publish a notice in every village through which the water-course is proposed to be taken, that so much of such land as belongs to such village has been so marked out.

18. Any person desiring that an existing water-course should

(*i*) qu'elle a essayé, sans succès, d'obtenir du propriétaire de cet aqueduc le transfert en question ;

(*ii*) qu'elle désire que le Percepteur fasse, dans son intérêt et à ses frais, toutes les diligences nécessaires pour lui obtenir ce transfert ;

(*iii*) qu'elle est à même de payer les frais de ce transfert.

Si le Percepteur est d'avis

a) que le dit transfert est nécessaire à une meilleure distribution de l'irrigation provenant de cet aqueduc ;

b) que les déclarations, contenues dans la requête, sont exactes,

il invitera le requérant à déposer la somme que lui, Percepteur, jugera nécessaire pour faire face aux frais des diligences préliminaires, ainsi que pour acquitter, le cas échéant, le montant de toutes indemnités qu'il présume devoir être payées, conformément aux dispositions de l'article 20, relatives à ces transferts, et la somme

---

be transferred from its present owner to himself, may apply in writing to the Collector stating (1) :

(*i*) that he has endeavoured unsuccessfully to procure such transfer from the owner of such water-course;

(*ii*) that he desires the Collector, in his behalf, and at is cost, to do all things necessary for procuring such transfer ;

(*iii*) that he is able to defray the cost of such transfer.

If the Collector considers

a) that the said transfer is necessary for the better management of the irrigation from such water-course, and

b) that the statements in the application are true,

he shall call upon the applicant to make such deposit as the Collector considers necessary to defray the cost of the preliminary

(1) *Cf.* India Act VIII of 1873, section 23.

étant déposée, il publiera un avis relatif à la requête en question dans chaque village intéressé.

19. 1° Lorsque, dans les trente jours à dater de la publication d'un des avis dont il est question aux articles 17 et 18, une personne intéressée dans un des terrains ou dans l'aqueduc auxquels l'avis se rapporte, s'adresse au Percepteur comme il est dit ci-dessus, pour faire opposition à la construction ou au transfert demandé, le percepteur donnera avis aux autres intéressés que, à une date à indiquer dans l'avis ou à une autre date ultérieure à laquelle l'enquête peut être ajournée, il procédera à une enquête au sujet de la question en litige ou au sujet de la validité des oppositions, suivant le cas.

2° A la date indiquée ou à toute date ultérieure, comme il est dit plus haut, le Percepteur examinera le litige ou l'opposition suivant le cas, et en décidera.

---

proceedings, and the amount of any compensation that may become due under the provisions of section 20 in respect of such transfer; and, upon such deposit being made, he shall publish a notice of the application in every village affected.

19. (1) When within thirty days from the publication of a notice under section 17 or section 18 as the case may be, any person interested in the land or water-course to which the notice refers, applies to the Collector as aforesaid, stating his objection to the construction or transfer for which application has been made, the Collector shall give notice to the other persons interested that, on a day to be named in such notice or any subsequent day to which the proceedings may be adjourned, he will proceed to inquire into the matter in dispute or into the validity of such objections as the case may be.

(2) Upon the day so named or any such subsequent day as aforesaid, the Collector shall proceed to hear and determine the dispute or the objection as the case may be.

20. Aucun des requérants dont il est question aux articles 17 et 18 ne sera autorisé à occuper le terrain ou l'aqueduc, suivant le cas, avant d'avoir payé, à la personne désignée par le Percepteur, tel montant que celui-ci estimera dû à titre d'indemnité pour le terrain occupé ou l'aqueduc transféré et pour tout dommage occasionné par la démarcation ou l'occupation du terrain, ainsi que pour les dépenses incidentes se rapportant à la dite occupation ou au dit transfert (1).

L'indemnité à accorder, conformément au présent article, sera fixée comme il est dit à l'article 55, mais le Percepteur peut, si la personne à dédommager le désire, stipuler que la compensation sera payée sous forme de rente locative, payable à raison du terrain occupé ou de l'aqueduc transféré.

(1) Cf. Loi de l'Inde VIII de 1873, article 28.

---

20. No applicant under section 17 or section 18, as the case may be, shall be placed in occupation of such land or water-course until he has paid to the person named by the Collector such amount as the Collector determines to be due as compensation for the land or water-course so occupied or transferred, and for any damage caused by the marking out or occupation of such land, together with all expenses incidental to such occupation or transfer (1).

Compensation to be made under this section shall be assessed as provided in section 55, but the Collector may, if the person to be compensated so desire, award such compensation in the form of a rent charge payable in respect of the land or water-course occupied or transferred.

If such compensation and expenses are not paid when demanded by the person entitled to receive the same, the amount may be

(1) *Cf.* India Act VIII of 1873, section 28.

Si l'indemnité et les dépenses ne sont pas acquittées lorsqu'elles sont réclamées par la personne qualifiée pour les recevoir, le montant peut être recouvré par le Percepteur et sera, après recouvrement, payé par lui à la personne qualifiée pour le recevoir.

21. 1° Lorsqu'un requérant de l'espèce se sera dûment conformé aux conditions énoncées à l'article 20., le terrain ou l'aqueduc sera mis à sa disposition comme il est dit plus haut, et les règles et conditions suivantes le lieront ultérieurement ainsi que son fondé de pouvoir (1) :

a) Dans tous les cas,

Primo. Tous les travaux nécessaires, *a*) pour procurer le passage du dit aqueduc ou des aqueducs existant antérieurement à leur construction et des travaux de drainage interceptés et *b*) pour ménager des communications convenables avec les terrains avoisinants, seront effectués par le requérant et entretenus par lui ou par son fondé de pouvoir, à la satisfaction du Percepteur ;

(1) Cf. Loi de l'Inde VIII de 1873, article 29.

---

recovered by the Collector, and shall, when recovered, be paid by him to the person entitled to receive the same.

21. (1) When any such applicant has duly complied with the conditions laid down in section 20, he shall be placed in occupation of the land or water-course as aforesaid, and the following rules and conditions shall be thereafter binding on him and his representative in interest (1) :

a) In all cases,

First. — All works necessary for the passage across such water-course or water-courses existing previous to its construction and of the drainage intercepted by it, and for affording proper communications across it for the convenience of the neighbouring lands, shall be constructed by the applicant, and be maintained

(1) *Cf.* India Act VIII of 1873, section 29.

Secundo. Le terrain, occupé dans l'intérêt d'un aqueduc, suivant les dispositions de l'article 17, sera affecté uniquement aux besoins de cet aqueduc ;

Tertio. L'aqueduc projeté sera construit et achevé, à la satisfaction du Percepteur, dans le délai d'un an après que le terrain aura été mis à la disposition du requérant ;

b) Dans les cas où un terrain sera occupé par un aqueduc transféré, moyennant paiement d'une rente locative.

Quarto. Le requérant ou son fondé de pouvoirs paiera, aussi longtemps qu'il occupera le terrain ou l'aqueduc, la rente locative de ce chef au taux et aux jours qui seront déterminés par le Percepteur, au moment où ce terrain ou cet aqueduc est mis à la disposition du requérant ;

Quinto. Si le droit d'occuper le terrain cesse en raison d'une violation de l'une des règles ci-dessus, l'obligation de payer la dite rente continuera jusqu'au moment où le requérant ou son fondé de pouvoirs aura rétabli le

---

by him or his representative in interest to the satisfaction of the Collector.

Second. — Land occupied for a water-course under the provisions of section 17 shall be used only for the purpose of such water-course.

Third. — The proposed water-course shall be completed to the satisfaction of the Collector within one year after the applicant is placed in occupation of the land.

b) In cases in which land is occupied or a water-course is transferred, on the terms of a rent-charge.

Fourth. — The applicant or is representative in interest shall, so long as he occupies such land or water-course, pay rent for the same at such rate and on such days as are determined by the Collector when the applicant is placed in occupation.

terrain dans son état primitif, ou jusqu'à ce qu'il ait payé, à titre d'indemnité, pour tout dommage occasionné au dit terrain, tel montant et à la personne que le Percepteur désignera.

Sexto. Le Percepteur peut, à la requête de la personne, qualifiée pour recevoir la rente ou l'indemnité en question, déterminer le montant de la rente due ou fixer le montant de l'indemnité; si cette rente ou cette indemnité n'est pas payée par le requérant ou par son fondé de pouvoirs, le Percepteur peut en recouvrer le montant, augmenté des intérêts au taux de six pour cent l'an, à partir de la date à laquelle il est devenu exigible et le paiera, après recouvrement, à la personne à laquelle il est dû.

(2) Si certaines des règles et conditions prescrites par le présent article, ne sont pas observées ou si un aqueduc, construit ou transféré en vertu de la présente loi, n'est pas utilisé pendant trois années consécutives, le droit du

---

Fifth. — If the right to occupy the land cease owing to a breach of any of these rules, the liability to pay the said rent shall continue until the applicant or his representative in interest has restored the land to its original condition, or until he has paid, by way of compensation for any injury done to the said land, such amount and to such person as the Collector determines.

Sixth. — The Collector may, on the application of the person entitled to receive such rent or compensation, determine the amount of rent due or assess the amount of such compensation; and if any such rent or compensation be not paid be the applicant or his representative in interest, the Collector may recover the amount, with interest thereon at the rate of six per cent. per annum from the date on which it became due, and shall pay the same, when recovered, to the person to whom it is due.

(2) If any of the rules and conditions prescribed by this section are not complied with, or if any water-course constructed or

requérant ou de son fondé de pouvoirs d'occuper le terrain ou l'aqueduc, cesse absolument.

22. Le percepteur peut construire, réparer ou modifier une écluse ou une rigole d'alimentation pour régler la fourniture de l'eau provenant d'un canal, à n'importe quel aqueduc (1).

23. 1° Dans le cas où des aqueducs sont parallèles ou sont situés de manière à compromettre l'usage économique ou la bonne distribution de l'eau, le Percepteur peut, si une requête lui est adressée à cette fin, ou même d'office, requérir les propriétaires de prendre des mesures à sa satisfaction, pour réunir les aqueducs ou pour y substituer un système qui aura reçu son approbation.

2° Si les propriétaires n'obtempèrent pas, dans le délai fixé par le Percepteur, aux ordres donnés par lui en vertu du sous-article (1), le Percepteur peut exécuter le travail lui-même.

(1) Cf. Règlement IV de 1898, article 17.

---

transferred under this Act is disused for three years continuously, the right of the applicant, or of his representative in interest, to occupy such land or water-course shall cease absolutely.

22. The Collector may construct or repair or alter a sluice or outlet to regulate the supply of water from a canal to any water-course (1).

23. (1) In cases where there are water-courses running side by side or so situated as to interfere with the economical use or proper management of the water-supply, the Collector, if applied to for that purpose, or on his own motion may require the owners to make arrangements to his satisfaction to unite the water-courses or to substitute for them such system as may have been approved by him.

(2) If the owners fail within such time as the Collector may fix

(1) *Cf.* Regulation IV of 1898, section 17.

3° Chaque fois qu'un aqueduc a été reconstruit ou qu'un nouveau système a été substitué à des aqueducs suivant le sous-article 1° ou le sous-article 2°, le Percepteur peut fixer les parts d'eau dont jouiront les personnes ayant droit à l'utilisation de cet aqueduc.

24. La procédure prescrite ci-dessus pour l'occupation de terrains en vue de la construction d'un aqueduc, sera applicable à l'occupation de tout terrain en vue d'une extension ou d'une modification d'un aqueduc ou en vue du dépôt de terres provenant de nettoyages d'aqueducs (1).

25. Dans chacun des cas prévus aux articles 22 et 23, le coût de l'exécution ou de l'achèvement des travaux sera à charge de la personne ou des personnes jouissant du bénéfice de l'aqueduc, selon que le Percepteur en décidera dans chaque cas.

26. Le Gouvernement local peut, par notification,

(1) Cf. Loi de l'Inde VIII de 1873, article 30.

---

to comply with any order passed by him under sub-section (1), the Collector may himself execute the work.

(3) Whenever a water-course has been reconstructed or a new system substituted under sub-section (1) or sub-section (2), the Collector may fix the shares in which the water shall be enjoyed by the persons entitled to use the water-course.

24. The procedure hereinbefore provided for the occupation of land for the construction of a water-course shall be applicable to the occupation of land for any extension or alteration of a water-course and for the deposit of soil from water-course clearances (1).

25. In every case under section 22 or section 23, the cost of executing or completing the works shall be payable by such person or persons deriving benefit from the water-course as the Collector may in each case determine.

26. The Local Government may, by notification, direct that the

(1) *Cf.* India Act VIII of 1873, section 30.

ordonner que les irrigateurs d'un canal ou de deux ou plusieurs canaux adjacents, seront tenus de fournir gratuitement au Gouvernement la main-d'œuvre requise pour les besoins de l'enlèvement annuel de la vase du dit canal ou des dits canaux, ou pour en maintenir l'efficacité ou pour l'exécution de tout travail nécessaire à ces fins dans chacun des cas suivants, savoir (1) :

a) Chaque fois que ces irrigateurs sont tenus, en vertu d'une condition enregistrée au registre des droits du dit canal ou des dits canaux ou des domaines alimentés d'eau par eux, ou en vertu d'une coutume établie, de fournir la main-d'œuvre en question, ou

b) Chaque fois que les propriétaires fonciers, qui sont responsables du paiement de plus de la moitié de l'impôt foncier, établi sur les terrains irrigués par le dit canal ou

(1) Cf. Règlement IV de 1898, article 8.

---

irrigators from any canal or any two or more adjacent canals shall be bound to furnish labour free of cost to Government for the purpose of effecting the annual silt clearance of such canal or canals or of maintaining such canal or canals in a state of efficiency or of executing any work necessary thereto, in either of the following cases, namely (1) :

a) whenever such irrigators are bound, by a condition entered in the record-of-rights of such canal or canals or of the estates supplied with water therefrom or by established custom, to furnish such labour, or

b) whenever the land-owners who are responsible for the payment of more than half the land-revenue assessed on the land irrigated from such canal, or canals, agree to undertake to supply such labour.

(1) *Cf.* Regulation IV of 1898, section 8.

par les dits canaux, conviennent de fournir la main-d'œuvre dont il s'agit.

27. Lorsqu'une notification aura été faite conformément à l'article 26, le Percepteur pourra, de temps à autre, par ordre général ou spécial :

a) Déterminer la somme de main-d'œuvre à fournir ou la somme de travail à effectuer par chaque irrigateur ;

b) Régler le concours, la distribution et le contrôle des ouvriers fournis ou la manière dont le travail sera effectué;

c) Fixer et recouvrer la valeur de telle main-d'œuvre à charge de toute personne qui n'obtempérerait pas à un ordre donné en vertu du présent article ; et

d) Former un fonds de toutes les sommes ainsi recouvrées et les utiliser pour payer du travail de louage dans l'intérêt de chacun des canaux auxquels la notification se rapporte ou soumis, le cas échéant, aux dispositions du registre des droits dont il est question aux articles 26 et 28, ou pour quelque autre objet se rattachant à leur intérêt bien entendu.

---

27. Upon the issue of a notification under section 26 the Collector may, from time to time, by general or special order :

a) determine the amount of labour to be provided or the amount of work to be performed by each irrigator ;

b) regulate the attendance, distribution and control of the labourers provided or the manner of the performance of the work ;

c) assess and recover the cost of such labour from any person who fails to comply with an order passed under this section ; and

d) fund all costs so recovered and expend them on the provision of hired labour for any, of the canals to which the notification applies, or subject to the provisions, if any, of a record of-rights specified in section 26 or section 28, on any other purpose connected with the well-being thereof.

Provided that the costs assessed as aforesaid shall not exceed

Sous réserve que les frais, fixés comme il est dit ci-devant, n'excéderont pas huit annas par journée de travail de chacun des ouvriers dont le défaut a été constaté.

28. 1° Chaque fois que le Gouvernement local le prescrira, par ordre spécial ou suivant les règles dérivées de la présente loi, le Percepteur établira ou revisera, pour chaque canal, un registre contenant tout ou partie des renseignements suivants, savoir (1) :

a) la coutume ou le règlement de l'irrigation ;

b) les droits sur l'eau et les conditions de jouissance de ces droits ;

c) Les droits quant à l'érection, à la réparation, à la reconstruction et au fonctionnement des usines et les conditions de jouissance de ces droits ; et

d) tels autres renseignements suivant que le Gouvernement local en ordonnera par mesure spéciale.

2° Les inscriptions au registre des droits ainsi établi ou

(1) Cf. Règlement IV de 1893, article 19.

---

eight annas for each day's labour of each of the labourers in respect of whom default has occurred.

28. (1) The Collector shall, whenever the Local Government may, by special order or by the rules made under the authority of this Act, so direct, prepare or revise for any canal a record showing all or any of the following matters, namely (1) :

a) the custom or rule of irrigation ;

b) the rights to water and the conditions on which such rights are enjoyed ;

c) the rights as to the erection, repair, reconstruction and working of mills, and the conditions on which such rights are enjoyed ; and

d) such other matters as the Local Government may by rule prescribe in this behalf.

(1) *Cf.* Regulation IV of 1898, section 19.

revisé auront force de preuve évidente dans tout litige relatif aux matières enregistrées et seront présumées sincères jusqu'à preuve du contraire ou jusqu'à ce qu'une nouvelle inscription soit légalement substituée à la première :

Sous réserve qu'aucune de ces inscriptions ne sera restrictive d'un des pouvoirs conférés au Gouvernement par la présente loi.

3° Si un registre, contenant tout ou partie des renseignements énumérés dans le sous-article 1° a été établi à l'occasion de l'assiette de l'impôt foncier, assiette déjà sanctionnée par le Gouvernement, et qu'il a été certifié sincère par un fonctionnaire du Trésor, ce registre sera censé avoir été établi sous l'empire du présent article.

4° Chacune des personnes intéressées sera tenue de fournir au Percepteur ou à toute autre personne agissant en vertu des ordres du Percepteur, toutes informations nécessaires pour la préparation exacte d'un registre, conformément au précédent article.

---

(2) Entries in the record so prepared or revised shall be relevant as evidence in any dispute as to the matters recorded, and shall be presumed to be true until the contrary is proved or a new entry is lawfully substituted therefor :

Provided that no such entry shall be so construed as to limit any of the powers conferred on Government by this Act.

(3) When a record showing all or any of the matters enumerated in sub-section (1) has been framed at any settlement of the land-revenue already sanctioned by the Government and has been attested by a revenue officer, such record shall be deemed to have been made under this section.

(4) Every person intersted shall be bound to furnish to the Collector, or to any person acting under the direction of the Collector, all information necessary for the correct preparation of a record under this section.

5° Les dispositions du chapitre IV de la loi de 1887 (1) sur l'impôt foncier au Punjab seront, dans la mesure du possible, applicables à la préparation et à la revision de chacun de ces registres.

Taxes d'eau.

29. 1° Sans préjudice aux termes de tout arrangement entre lui et les propriétaires ou irrigateurs, le Gouvernement local peut, par notification, ordonner qu'une taxe ou des taxes, à raison de l'usage de l'eau d'un canal, seront perçues dans la forme autorisée.

2° Le Gouvernement local peut, par notification, imposer également une taxe spéciale à raison de toute eau obtenue ou utilisée sans autorisation ou d'une manière non autorisée.

3° La taxe imposée ou les taxes imposées suivant le sous-article 1° ou 2° sera ou seront exigibles de toute

(1) Loi XVII de 1887.

---

(5) The provisions of Chapter IV of the Punjab Land Revenue Act, 1887 (1), shall, so far as may be, apply to the preparation and revision of every such record.

Water-rates.

29. (1) Subject to the terms of any agreement made by it with the owners or irrigators, the Local Government may, by notification, direct that a rate or rates shall be levied for the use of water of a canal in an authorised manner.

(2) The Local Government may, by notification, also impose a special rate for all water obtained or used without authority or in an unauthorised manner.

(3) The rate or rates imposed under sub-section (1) or sub-

(1) Act XVII of 1887.

personne retirant un avantage de l'eau selon que le Gouvernement local en décidera par disposition générale ou spéciale.

4° Sans préjudice aux termes d'un des arrangements dont question ci-dessus, toute taxe ou toutes taxes prévues dans le présent article, sera perçue ou seront perçues de la manière que le Gouvernement local prescrira, par mesure générale ou spéciale.

30. Si l'eau fournie par un aqueduc a été employée d'une manière non autorisée et si la personne, dont l'acte ou dont la négligence a été cause de cet emploi, ne peut être identifiée (1),

la personne sur le terrain de laquelle l'eau a coulé, si ce terrain en a retiré un avantage, sera tenue,

ou si cette personne ne peut être identifiée ou si ce terrain n'a pas retiré d'avantage de cet épanchement,

(1) Cf. Loi de l'Inde VIII de 1873, article 33.

---

section (2) shall be leviable from such persons deriving benefit from the water as the Local Government may, by general or special rule, direct.

(4) Subject to the terms of any such agreement as aforesaid, the proceeds of any rate or rates levied under this section shall be disposed of in such manner as the Local Government may, by general or special rule, direct.

30. If water supplied through a water-course be used in an unauthorised manner, and if the person by whose act or neglect such use has occurred cannot be identified (1),

the person on whose land such water has flowed if such land has derived benefit therefrom,

or, if such person cannot be identified, or if such land has not derived benefit therefrom, all the persons chargeable in respect of the water supplied through such water-course,

(1) *Cf.* India Act VIII of 1873, section 33.

toutes les personnes imposables à raison de l'eau fournie par le dit aqueduc seront collectivement tenues des contributions imposées du chef de pareil usage.

31. Si l'eau fournie par un aqueduc a été gaspillée et si, après enquête par le Percepteur, la personne, dont l'acte ou la négligence a été cause de ce gaspillage, ne peut être découverte, toutes les personnes imposables à raison de l'eau fournie par le dit aqueduc seront collectivement tenues des contributions imposées du chef du dit gaspillage (1).

32. Toutes les contributions du chef d'emploi non autorisé ou de gaspillage d'eau peuvent être recouvrées cumulativement avec toutes pénalités encourues du chef de l'emploi ou du gaspillage susdits (2).

Toutes les questions prévues aux articles 30 et 31 seront réglées par le Percepteur.

(1) Cf. Loi de l'Inde VIII de 1873, article 34.
(2) Cf. Loi de l'Inde VIII de 1873, article 35.

---

shall be liable, or jointly liable as the case may be, to the charges made for such use.

31. If water supplied through a water-course be suffered to run to waste, and if after inquiry by the Collector, the person through whose act or neglect such water was suffered to run to waste cannot be discovered, all the persons chargeable in respect of the water supplied through such water-course shall be jointly liable for the charges made in respect of the water so wasted (1).

32. All charges for the unauthorized use or for waste of water may be recovered in addition to any penalties incurred on account of such use or waste (2).

All questions under section 30 or section 31 shall be decided by the Collector.

(1) *Cf.* India Act VIII of 1873, section 34.
(2) *Cf.* India Act VIII of 1873, section 35.

Chapitre IV.

Dispositions applicables aux canaux rangés sous l'annexe II.

33. A l'exception des dispositions contraires que le Gouvernement local peut édicter, conformément à l'article 60, les dispositions contenues dans le présent chapitre ne s'appliqueront aux canaux qu'aussi longtemps qu'ils seront rangés sous l'annexe II.

34. Lorsque la propriété d'un canal est détenue par de nombreux actionnaires ou qu'il est difficile de déterminer les personnes qui sont actionnaires ou l'étendue de l'intérêt des actionnaires ou de certains d'entre eux, le Percepteur peut, s'il n'existe pas d'administrateur ou de fondé de pouvoirs dûment délégué, requérir les actionnaires, par voie de proclamation ou d'invitation écrite, de désigner, endéans un délai déterminé, une personne capable, en qualité d'administrateur du canal ou de fondé de leurs pouvoirs et, à défaut par eux de procéder ainsi, nommer

---

Chapter IV.

Provisions applicable to canals included under Schedule II.

33. Except as the Local Government may otherwise direct under section 69 the provisions of this chapter shall apply only to canals for the time being included under Schedule II.

34. Where there are numerous share-holders in the ownership of a canal, or where it is difficult to ascertain the persons who are share-holders or the extent of the interest of the share-holders, or any of them, the Collector may, if there is no proper manager or representative, require by a proclamation or notice in writing, the share-holders to nominate, within a given period, a fit person as manager of the canal and their representative, and upon their failure to do so, may himself appoint any person to be the manager

lui-même une personne pour faire l'office d'administrateur du dit canal et de fondé de pouvoirs des actionnaires ; la personne, ainsi nommée, peut ensuite accomplir tous les actes et prendre toutes les mesures que les actionnaires ou certains d'entre eux pourraient légalement accomplir ou prendre, par rapport à l'administration du dit canal ; tous les actes ainsi accomplis et toutes les mesures ainsi prises, engageront chacune des personnes qui possèdent quelque part de la propriété du dit canal.

35. Le Gouvernement local peut, par notification, déclarer que tout ou partie des dispositions de l'article 28 (relatives à l'établissement et à la revision des registres) seront applicables à tout canal ; après qu'une déclaration de l'espèce aura eu lieu, les dites dispositions seront, dans la mesure du possible, applicables en conséquence.

36. 1° Le Gouvernement local sera légalement fondé à assumer, par notification, le contrôle ou l'administration d'un canal, ou l'un et l'autre :

a) si le propriétaire du dit canal y consent et, en ce

---

of such canal and the representative of the share-holders, and the person so appointed may thereupon do all acts and things which the share-holders or any of them might lawfully do in regard to the management of such canal, and all acts and things so done by him shall be binding upon every person who possesses any share in the ownership of such canal.

35. The Local Government may, by notification, declare all or any of the provisions of section 28 (as to the preparation and revision of records) to be applicable to any canal, and, upon any such declaration being made, such provisions shall, as far as may be, apply accordingly,

36. (1) It shall be lawful for the Local Government, by notification, to assume the control or management, or both, of any canal :

a) if the owner of such canal consents thereto, and subject to

cas, conformément aux conditions, s'il y a lieu, auxquelles pareil consentement sera subordonné ;

b) si, après enquête, le Gouvernement local a constaté que le contrôle ou l'administration, exercé par ou au nom du propriétaire, est tel qu'il cause de graves préjudices à la propriété ou à la santé de personnes détenant des terrains dans le voisinage ;

c) dans l'éventualité de violations volontaires et continuelles d'ordres délivrés en vertu de l'article 39 de la présente loi.

2° Lorsque le contrôle ou l'administration d'un canal ou tous les deux est ou sont assumés suivant les dispositions du sous-article 1°, le Gouvernement local peut exercer tout ou partie des droits et pouvoirs en découlant et que, sans cette confiscation, le propriétaire aurait pu légalement exercer ; il peut déléguer ces pouvoirs ou certains d'entre eux à une personne, mais en l'absence d'un décret ou d'un accord contraire, le Gouvernement sera tenu de rendre compte, de temps à autre, au propriétaire, du produit des droits confisqués ou des dépenses

---

the condition (if any) on which such consent may in any case be given ;

b) if, after inquiry, the Local Government is satisfied that the control or management exercised by or on behalf of the owner is such as causes grave injury to the property or health of persons owning lands in the vicinity ;

c) in the event of any wilful and continuous breach of orders issued under section 39 of this Act.

(2) When the control or management, or both, of any canal is assumed under the provisions of sub-section (1), the Local Government may exercise all or any of the rights and powers in regard thereto which, but for such assumption, the owner might lawfully have exercised, and may delegate such powers or any of them to any person, but Government shall, in the absence of any decree

occasionnées par le canal et il peut, en tout temps, restituer celui-ci au propriétaire.

37. Lorsque le contrôle ou l'administration d'un canal ou tous les deux sont assumés par le Gouvernement local suivant clause *b*) ou clause *c*) du sous-article 1° de l'article 36 et que ce contrôle ou cette administration auront été exercés, d'une manière continue, pendant une période excédant le terme de six années, le propriétaire dudit canal pourra, par requête écrite adressée au Percepteur, exiger que le Gouvernement reprenne le dit canal.

38. Au reçu de la requête prévue à l'article 37, le Gouvernement local déclarera, par notification, que le dit canal sera repris après une date à indiquer dans la dite notification qui ne pourra échoir avant trois mois à dater de la notification; après que celle-ci sera faite, le Percepteur procèdera suivant les stipulations des articles 46 et 47 (1).

39. Après enquête par le Percepteur, le Gouvernement local peut, relativement à chaque canal, donner des ordres

(1) Cf. loi de l'Inde VIII de 1873, article 5.

---

or agreement to the contrary, be liable to account, from time to time, to such owner for the income and expenditure thereof and may at any time restore the canal to the owner.

37. When the control or management, or both, of a canal shall be assumed by the Local Government under clause (*b*) or clause (*c*) of sub-section (1) of section 36, and such control or management shall have continued for a period exceeding six years, the owner thereof may, by notice in writing delivered to the Collector, require that the Government shall acquire such canal.

38. On receipt of notice under section 37 the Local Government shall by notification declare that the said canal will be acquired after a day to be named in the said notification, not being earlier than three months from the date thereof, and after the issue of

quant à tout ou partie des dispositions suivantes, savoir :

a) il peut fixer les limites endéans lesquelles les terrains peuvent être irrigués par le dit canal ;

b) fixer, suivant ce qui sera reconnu équitable, le montant et le caractère des taxes d'eau qui pourront être perçues par le propriétaire et les conditions auxquelles ces taxes seront payées, suspendues, remises ou rétablies ;

c) régler la fourniture et la distribution de l'eau du ou au dit canal.

Sous réserve que si quelque terrain, qui a été antérieurement irrigué d'une manière continue par le canal durant trois ans, est privé d'irrigation, ou que, si le revenu du propriétaire du canal est matériellement réduit en raison de quelque ordre donné en vertu du présent article, les propriétaires du dit terrain ou le propriétaire du canal recevront du Gouvernement ou de telles personnes que le Gouvernement déterminera, telle indemnité que le Percepteur estimera raisonnable ;

---

such notification the Collector shall proceed as in sections 46 and 47 provided (1).

39. The Local Government may after inquiry through the Collector, in respect of any canal, issue orders as to all or any of he following things, namely :

a) fixing the limits within which land may be irrigated from such canal;

b) fixing, as it may deem equitable, the amount and character of the water-rates leviable by the owner, and the conditions on which such rates are to be paid, suspended, remitted or refunded ;

c) regulating the supply and distribution of the water to and from such canal :

Provided that if any land which has been continuously irrigated rom the canal for three years previously is deprived of irriga-

(1) *Cf.* India Act VIII of 1873, section 5.

Sous réserve ensuite que si le propriétaire du canal a, de l'avis du Gouvernement local, exercé, comme tel, ses pouvoirs d'une manière arbitraire ou non équitable, il n'aura aucun titre à l'indemnité dont parle le présent article.

40. 1° Le Gouvernement local peut, à la requête du propriétaire, entreprendre la perception des taxes d'eau qui peuvent être levées à raison d'un canal, pour telle période à convenir avec lui et peut, en conséquence :

a) réglementer cette perception et désigner les personnes qui en seront chargées ;

b) ordonner qu'à titre de rétribution du service rendu en opérant cette perception des parts, des retenues n'excédant par trois pour cent du montant perçu, seront faites sur celui-ci.

(2) Durant la période pendant laquelle le Gouvernement local a entrepris la perception des taxes d'eau qui peuvent être levées à raison d'un canal, aucune action

---

tion, or the income of the canal-owner from such canal is materially reduced by reason of any order passed under this section, the owners of such land or the canal-owner shall be paid by Government or by such persons as Government may determine such compensation as the Collector may consider reasonable.

Provided further that if the canal-owner has in the opinion of the Local Government exercised his powers as such in an arbitrary or inequitable manner he shall not be entitled to compensation under this section.

40. (1) The Local Government may, at the request of he owner, undertake the collection of the water-rates leviable in respect of a canal for such period as may be agreed upon with him, and may, thereupon :

a) regulate such collection and determine the persons by whom it shall be made ;

b) direct that by way of payment for service rendered in making

en recouvrement de l'une ou l'autre de ces taxes ne sera intentée.

CHAPITRE V.

Dispositions applicables à tous les canaux.

41. Sauf les dispositions contraires expresses ci-après, les dispositions du présent chapitre seront applicables à tous les canaux, qu'ils soient rangés sous l'annexe I ou sous l'annexe II.

42. Chaque fois que, par rapport à un canal, se présente une question qui, conformément à la présente loi ou aux règles qui en sont découlées, doit être réglée par requête, consentement ou décision du propriétaire et que la propriété du dit canal est détenue par plus d'une personne, lesquelles personnes ne peuvent se mettre d'accord quant à la requête à envoyer, au consentement à donner ou à la décision à prendre, le Percepteur sera légalement fondé à agir, en la matière, au nom des propriétaires, et

---

such collection, deductions shall be made not exceeding three per cent. of the amount collected.

(2) During the period for which the Local Government has undertaken the collection of the water-rates leviable in respect of a canal, no suit for the recovery of any such rates shall be instituted.

CHAPTER V.

Provisions applicable to all canals.

41. Save as otherwise hereinafter expressly provided, the provisions of this chapter shall be applicable to all canals, whether included under Schedule I or under Schedule II.

42. Whenever, in respect of any canal, any question arises which has under this Act or the rules made thereunder, to be determined by the request consent or decision of the owner, and the ownership of such canal is vested in more persons than one who are unable to agree as to such request consent or decision it

la requête, le consentement ou la décision du Percepteur engagera, dans chacun de ces cas, les personnes qui détiennent une part de la propriété du dit canal.

Dans chacun de ces cas, le Percepteur prendra en due considération les vœux de l'actionnaire ou des actionnaires détenant l'intérêt le plus considérable, et lorsque la question sera de savoir si le Gouvernement sera requis d'intervenir au nom des propriétaires, les vœux de cet actionnaire ou de ces actionnaires prévaudront et seront acceptés par le Percepteur.

43. 1° Sauf ce qui est stipulé à l'article précédent, chaque fois qu'une contestation s'élève entre deux ou plusieurs personnes relativement à leurs droits mutuels et à leurs responsabilités quant à la propriété, à la construction, à l'usage ou à l'entretien d'un canal ou d'une conduite d'eau et que l'une ou l'autre de ces personnes s'adresse, par écrit, au Percepteur, pour exposer la question en litige, le Percepteur avertira l'autre personne ou

---

shall be lawful to the Collector to act on behalf of the owners in any such matter, and the request consent or decision of the Collector in any such case shall be binding upon every person who possesses any share in the ownership of such canal.

In every such case the Collector shall give due consideration to the wishes of the share-holder or share-holders who possess the larger interest, and when the question is one whether the Government shall be required to take any action, the wishes of such share-holder or share-holders shall prevail and be accepted by the Collector.

43. (1) Save as provided in the preceding section, whenever a dispute arises between two or more persons in regard to their mutual rights and liabilities in respect of the ownership, construction, use or maintenance of a canal or water-course, and any such person applies in writing to the Collector stating the matter in dispute, the Collector shall give notice to the other person or

les autres personnes intéressées que, à la date à indiquer dans son avertissement ou à toute autre date à laquelle les investigations pourraient être ajournées, il procédera à une enquête au sujet de la question litigieuse (1).

2° A la date indiquée ou à toute autre date ultérieure comme il est dit ci-devant, le Percepteur entendra le litige et le terminera de la manière suivante, savoir :

a) si le litige concerne la propriété d'un canal, les droits mutuels des propriétaires à l'usage de l'eau du dit canal, la construction ou l'entretien du canal, le paiement de quelque quote-part dans les frais de telle construction ou de tel entretien, ou de la distribution de la fourniture de l'eau d'un canal, le Percepteur procédera, comme une Cour du Trésor, suivant les dispositions de la loi de 1887 (2) sur les locations au Punjab, et les disposition de cette loi, relatives aux appels, revisions et réformations seront pplicables ;

(1) Cf. articles 19 et 26 de la loi VIII de 1873.
(2) Loi de l'Inde XVI de 1887.

---

persons interested that on a day to be named in such notice or any such day to which the proceedings may be adjourned, he will proceed to inquire into the matter in dispute (1).

(2) Upon the day so named or any such subsequent day as aforesaid, the Collector shall proceed to hear and determine the ispute in the following manner, that is to say,

a) If the dispute relates to the ownerschip of a canal or the mutual rights of owners in the use of the water of such canal or the construction or maintenance of a canal or the payment of any share of the costs of such construction or maintenance or the distribution of the supply of water from a canal, the Collector shall proceed as a Revenue Court under the provisions of the Punjab Tenancy Act, 1887 (2), and the provisions of that Act

(1) *Cf.* Sections 19 and 26 of Act VIII of 1873.
(2) India Act XVI of 1887.

b) si le litige concerne un aqueduc, le Percepteur entendra la cause et la terminera en qualité de fonctionnaire du Trésor ; il donnera à cet effet tel ordre qu'il jugera convenir ; cet ordre sera, à moins qu'il ne soit frappé d'appel auprès du Commissaire, concluant quant à l'usage de l'eau dans l'intérêt de toute récolte semée ou sur pied à la date du dit ordre. L'ordre du Commissaire, auprès duquel appel aura été interjeté, sera, en tout cas, définitif.

44. 1° Toute personne qui a obtenu du Gouvernement local l'autorisation de construire un canal, ou qui en possède un, peut s'adresser, par écrit, au Percepteur, aux fins d'acquérir tout terrain nécessaire pour les besoins du canal.

2° Si le Percepteur est d'avis que la requête doit être accueillie, il la soumettra, avec son avis favorable, à la décision du Gouvernement local.

3° Si, dans l'opinion du Gouvernement local, la requête doit être accueillie, soit en tout ou partie, il peut déclarer

---

regarding appeals, revisions and reviews shall be applicable.

b) If the dispute relates to a water-course the Collector shall hear and determine the case as a revenue officer and shall make such order thereon as to him seems fit, and such order shall unless set aside on appeal to the Commissioner be conclusive as to the use or distribution of water for any crop sown or growing at the date of such order. The order of the Commissioner on appeal shall in every such case be final.

44. (1) Any person who has obtained the permission of the Local Government to construct, or who owns a canal, may apply in writing to the Collector to take up any land required for the purposes of such canal.

(2) If the Collector is of opinion that the application should be granted, he shall submit it, with his recommendation, for the orders of the Local Government.

que le terrain est nécessaire dans un but d'utilité publique, conformément aux intentions de la loi de 1894 (1) sur les expropriation d'immeubles, et ordonner l'ouverture de l'action prescrite par cette loi.

45. Chaque fois qu'il semblera au Gouvernement local qu'il est utile à l'intérêt public de reprendre un canal, le Gouvernement local peut, par notification, déclarer que le dit canal sera repris après une date à indiquer dans la dite notification et qui ne pourra échoir avant six mois à partir de la date de la notification (2).

46. Aussitôt que possible, après pareille notification, le Percepteur fera donner publiquement avis, aux endroits voulus, que le Gouvernement local a l'intention de reprendre le dit canal comme il est dit ci-dessus et que des demandes d'indemnité, à raison de la reprise en question, peuvent lui être adressées (3).

(1) Loi de l'Inde no I de 1894.
(2) Cf. Loi de l'Inde VIII de 1873, article 5.
(3) Cf. Loi de l'Inde VIII de 1873, article 7.

---

(3) If, in the opinion of the Local Government the application should, whether in whole or in part, be granted, it may declare that the land is required for a public purpose within the meaning of the Land Acquisition Act, 1894 (1), and direct the necessary action to be taken thereunder.

45. Whenever it appears to the Local Government expedient in the public interest to acquire any canal, the Local Government may by notification declare that the said canal will be acquired after a day to be named in the said notification, not being earlier than six months from the date thereof (2).

46. As soon as practicable after the issue of such notification the Collector shall cause public notice to be given at convenient places stating that the Local Government intends to acquire the

(1) India Act I of 1894.
(2) *Cf.* India Act VIII of 1873, section 5.

47. 1° Le Percepteur enquêtera au sujet de chacune de ces requêtes et déterminera le montant de l'indemnité à accorder au requérant. En fixant cette indemnité, le Percepteur procédera comme il est dit à l'article 55, mais, aux fins visées par le présent article, il aura également égard à l'historique du canal, aux dépenses y afférentes et aux bénéfices du propriétaire (1).

2° Aucune demande d'indemnité ne sera recevable après l'expiration d'une année à partir de la date de l'avertissement dont fait mention l'article 46, à moins que le Percepteur ne constate que le requérant avait des raisons suffisantes pour ne pas introduire la requête endéans cette période (2).

48. 1° Le Gouvernement local fera connaître, par notification, la date à laquelle un canal a été repris par lui.

2° Sans préjudice à l'octroi d'une indemnité au pro-

(1) Cf. Loi de l'Inde VIII de 1873, article 10.
(2) Cf. Loi de l'Inde VIII de 1873, article 9.

---

said canal as aforesaid and that claims for compensation in respect of the acquisition thereof may be made before him (1).

47. (1) The Collector shall proceed to inquire into any such claims and to determine the amount of compensation, which should be given to the claimant. In assessing such compensation the Collector shall proceed as provided in section 55, but for the purposes of this section he shall also have regard to the history of the canal, the expenditure incurred thereon and the profits of the owner (2).

(2) No claim for compensation shall be enforceable after the expiration of one year from the date of the notice under section 46, unless the Collector is satisfied that the claimant had sufficient cause for not making the claim within such period (3).

(1) *Cf.* India Act VIII of 1873, section 7.
(2) *Cf.* India Act VIII of 1873, section 10.
(3) *Cf.* India Act VIII of 1873, section 9.

priétaire ou à la personne intéressée dans le dit canal, lorsque le Gouvernement local reprend un canal :

a) le droit, le titre et l'intérêt du propriétaire, à cet égard, cesseront immédiatement et d'une manière définitive ;

b) sans préjudice aux droits de prendre de l'eau pour l'irrigation, que quelques personnes peuvent posséder, le canal sera immédiatement dévolu au Gouvernement et deviendra sa propriété absolue.

49. Le Gouvernement local peut, par notification publiée au *Journal officiel*, s'attribuer le pouvoir de régler le courant de l'eau dans toute rivière, chenal accessoire, chenal naturel ou voie de drainage naturelle, soit par la construction, soit par le déplacement d'ouvrages ou autrement et, chaque fois qu'il semble au dit Gouvernement, après enquête par le Percepteur, que la fourniture de l'eau à un canal, la culture d'un terrain, la santé publique ou les convenances publiques risquent d'être

---

48. (1) The Local Government shall by notification declare the day on which a canal has been acquired by it.

(2) Subject to the award of compensation to the owner or person interested in the said canal, when the Local Government acquires a canal, —

a) the right, title and interest therein of the owner thereof shall forthwith cease and determine ;

b) such canal, subject to any rights to take water for irrigation which any person may have, shall forthwith vest in and be the absolute property of the Government.

49. The Local Government may, by notification published in the official Gazette, take power to regulate the flow of water in any river, creek natural channel or line of natural drainage whether by the construction or removal of works or otherwise, and whenever it appears to such Government, after inquiry through the Collector that the supply of water to a canal or the cultivation

sérieusement préjudiciées par suite de l'obstruction d'une rivière, d'un chenal accessoire, d'un chenal naturel ou d'une voie de drainage naturelle, le Gouvernement peut, par notification publiée comme il est dit ci-dessus, défendre, endéans les limites à définir par la dite notification, la formation de tout obstacle ou peut, endéans les dites limites, ordonner l'enlèvement ou toute autre modification de l'obstacle.

50. 1° Après pareille publication, le Percepteur peut donner l'ordre, à la personne qui a occasionné l'obstruction ou qui en a le contrôle, de l'enlever ou de la modifier endéans le délai fixé par l'ordre.

2° Le Percepteur peut d'office enlever ou modifier l'obstacle :

a) si la personne à laquelle l'ordre dont il est question au sous-article 1° était délivré, n'y obtempère pas dans le délai fixé ; et

---

of any land or the public health or public convenience is likely to be injuriously affected by the obstruction of any river, creek natural channel or line of natural drainage it may, by notification published as aforesaid, prohibit within the limits to be defined by such notification the formation of such obstruction, or may within such limits order the removal or other modification of such obstruction.

50. (1) The Collector may, after such publication, issue an order to the person causing or having control over any such obstruction to remove or modify the same within a time to be fixed in the order.

(2) The Collector may himself remove or modify the obstruction —

a) if the person to whom the order under sub-section (1) was issued fails to comply with that order within the time so fixed; and

b) dans tous les cas où l'obstruction n'a pas été occasionnée ou n'est pas contrôlée par une personne.

3° Le Percepteur déterminera à charge de qui le coût de l'enlèvement ou de la modification de l'obstacle sera recouvré, le montant de l'indemnité due à toute personne ayant souffert un préjudice à raison de l'enlèvement ou de la modification de l'obstacle, ainsi que la personne par qui cette indemnité sera payée.

Sous réserve qu'aucune indemnité ne sera accordée pour la perte d'un avantage obtenu par des agissements arbitraires ou non équitables.

51. Lorsque le Gouvernement local a, par notification, comme il est dit à l'article 49, pris le pouvoir de régler le courant d'une rivière, d'un chenal accessoire, d'un chenal naturel ou d'une voie de drainage naturelle, il peut autoriser le Percepteur à exercer, en son nom, tel pouvoir en concordance avec les mesures qu'il édictera. Un Percepteur, autorisé à cet effet, peut, en mettant ces mesures à exécution, exercer tous les pouvoirs à lui conférés par

---

b) in any case where the obstruction is not caused or controlled by any person.

(3) The Collector shall determine from whom the cost of removing or modifying the obstruction shall be recovered, and the amount of compensation due to any person injuriously affected by the removal or modification of the obstruction and the person by whom such compensation shall be payable :

Provided that no compensation shall be awarded for an advantage obtained by an arbitrary or inequitable course of action.

51. When the Local Government has by notification as provided in section 49 taken power to regulate the flow of water in any river, creek or natural channel or line of natural drainage it may authorise the Collector to exercise such power on its behalf in accordance with such rules as it may prescribe. A Collector

l'article 50 et son autorité implique le pouvoir d'exercer telle action que le Gouvernement local est autorisé, par l'article 49, à exercer, après enquête par le Percepteur. Pareille autorité peut être exercée ultérieurement, en toute occasion, sans publication d'une nouvelle notification au *Journal officiel*.

52. 1° Le Percepteur peut, en tout temps, donner l'ordre au propriétaire d'un canal, rangé sous l'annexe II (1) :

a) de réparer et d'entretenir, d'une manière convenable, tout ou partie de toutes digues, de tous travaux de protection, réservoirs, chenaux, conduites d'eau, écluses, rigoles d'alimentation et de tous autres ouvrages se rattachant au dit canal ;

b) de construire, de réparer et d'entretenir, d'une manière convenable, un pont ou une rigole appropriés ou tout autre ouvrage similaire, à tout endroit, à travers, en dessous ou au-dessus du canal, dans le but de ménager une

(1) Cf. Règlement IV de 1898, articles 9-12.

---

so authorised may in the execution of such rules exercise all the powers conferred upon him by section 50, and his authority shall include the power to take such action as the Local Government is empowered by section 49 to take after inquiry through the Collector. Such authority may on every occasion be exercised without the publication of any further notification in the Gazette.

52. (*1*) The Collector may, at any time, order the owner of any canal under Schedule II to (1) :

a) repair and maintain, in a proper state, all or any embankments, protective works, reservoirs, channels, water-courses, sluices, outlets and other works connected with the canal;

b) construct, repair and maintain, in a proper state, a suitable bridge, culvert, or similar work at any place across, under, or

(1) *Cf*. Regulation IV of 1898, sections 9-12.

communication avec une route publique ou un passage, qui était utilisé avant la construction du canal ;

c) de construire, de réparer et d'entretenir, d'une manière convenable, des ouvrages appropriés pour le passage de l'eau du canal à travers, en dessous ou au-dessus d'une route publique ou d'un passage, d'un canal ou d'un chenal de drainage qui était utilisé avant la construction du canal ;

d) de construire, de réparer et d'entretenir, d'une manière convenable, un modérateur approprié à ou près de la source du canal lorsque, faute d'un tel modérateur, une quantité excessive d'eau pourrait entrer dans le canal et occasionner du dommage à lui-même ou à des moissons, terrains, routes ou propriétés dans le voisinage.

Le mot « canal » tel qu'il est employé dans le sous-article ci-dessus, n'implique pas la signification d'« aqueduc ».

2° Le Percepteur peut, en tout temps, donner l'ordre au propriétaire d'un aqueduc d'effectuer, par rapport

---

over the canal, for the purpose of providing communication with any public road or thoroughfare which was in use before the canal was made ;

c) construct, repair and maintain, in a proper state, suitable works for the passage of the water of the canal across, under, or over any public road or thoroughfare or any canal or drainage channel which was in use before the canal was made;

d) construct, repair and maintain, in a proper state, a suitable regulator at or near the head of the canal where, for want of such regulator, an excessive supply of water may enter the canal or cause damage to it, or any crops, lands, roads or property in the neighbourhood.

« Canal » as used in this sub-section does not include « water-course. »

(2) The Collector may at ay time order the owner of a water-

au dit aqueduc, tout ou partie des travaux ou de prendre tout ou partie des mesures qu'il peut, aux termes du sous-article 1°, ordonner au propriétaire d'*un canal*, par rapport au dit *canal*, et il peut ordonner au propriétaire du canal de cesser de fournir de l'eau au dit aqueduc jusqu'à ce que le propriétaire de celui-ci ait obtempéré à l'ordre prémentionné.

3° Tout ordre donné en vertu des sous-articles 1° et 2°, sera délivré par écrit et stipulera un délai raisonnable endéans lequel les travaux ou les réparations y mentionnés devront être complètement exécutés.

4° S'il n'est pas obéi, à la satisfaction du Percepteur et dans le délai stipulé, à un ordre donné en vertu du présent article, le Percepteur peut d'office exécuter tous les travaux et réparations énoncés dans le dit ordre, ou en compléter l'exécution ou prendre des mesures pour assurer leur exécution ou leur achèvement (1).

(1) Cf. Règlement IV de 1893, articles 9-12.

---

course to perform in respect of such water-course all or any of the acts which he may under sub-section (1) order the owner of a canal to perform in respect of the canal, and may direct the owner of the canal to cease supplying water to the water-course till the owner of the water-course has complied with the order.

(3) Every order under sub-sections (1) and (2) shall be in writing, and shall specify a reasonable time within which the works or repairs mentioned therein shall be completely executed.

(4) If any order made under this section is not obeyed, to the satisfaction of the Collector, within the time therein specified, the Collector may himself execute or complete the execution of, or cause to be so executed or completed, all works or repairs specified in the order (1).

(1) *Cf.* Regulation IV of 1898, sections 9-12.

53. En ce qui concerne les canaux rangés sous l'annexe I, le Percepteur peut —

a) inviter les irrigateurs à s'acquitter de telles des obligations spécifiées dans l'article 52, sous-article 1°, que le Gouvernement local peut avoir déclaré imposées aux irrigateurs du dit canal ou groupe de canaux;

b) ou prendre d'office des mesures en vue de l'accomplissement de ces obligations et recouvrer les frais suivant les dispositions de l'article 57.

54. 1° Si quelque ouvrage nouveau est immédiatement nécessaire pour prévenir un détriment sérieux à l'utilité d'un canal, le Percepteur peut (1), nonobstant quelque stipulation contraire de la loi de 1894 (3) sur les expropriations d'immeubles, prendre possession immédiate de tout terrain nécessaire pour la construction du dit ouvrage.

(1) Projet de loi précédent, clause 12. 1°.
(3) Loi de l'Inde I de 1894.

---

53. In the case of canals included under Schedule 1, the Collector may —

a) call upon the irrigators to discharge any of the liabilities specified in section 52, sub-section (1), which the Local Government may have declared to attach to the irrigators from such canal or group of canals; or

b) himself arrange for the performance of such acts and recover the cost as provided in section 57.

54. (1) If any new work is immediately required to prevent serious detriment to the utility of a canal, the Collector may (1), notwithstanding anything in the Land Acquisition Act, 1894 (2), take immediate possession of any land required for the construction of the work.

(1) Previous Bill, clause 12 (1).
(2) India Act. I of 1894.

2° Lorsque le Percepteur a pris possession d'un terrain, conformément au sous-article 1°, il fixera et payera, sur requête à lui adressée à cette fin, l'indemnité prévue à l'article 55 (1).

3° Dans l'éventualité d'un dommage soudain et grave, survenant au canal, aux propriétés situées dans son voisinage immédiat, à l'irrigation en provenant ou au trafic public, ou d'un danger urgent les menaçant, le Percepteur peut, après avis préalable, exécuter ou prendre des mesures pour l'exécution de tels travaux qu'il jugera nécessaires en vue de remédier au dommage ou de prévenir le danger, et peut requérir tout irrigateur de fournir telle main-d'œuvre qu'il jugera raisonnable et nécessaire pour l'exécution immédiate des travaux (2).

4° La main-d'œuvre, fournie conformément au présent article, sera rétribuée au taux du tarif local (3).

(1) Projet de loi précédent, clause 12 (2).
(2) Projet de loi précédent, clause 51.
(3) Nouveau.

---

(2) When the Collector has taken possession of any land under sub-section (1), he shall, upon application made to him in this behalf, assess and pay compensation under section 55 (1).

(3) In the event of sudden and serious damage or urgent risk to a canal or to property situate in the immediate neighbourhood thereof, or to irrigation carried on therefrom, or to the public traffic, the Collector may, after giving previous notice, execute or cause to be executed such works as he may think necessary in order to remedy or prevent such damage or risk, and may require any irrigator to furnish such labour as to the said Collector may seem reasonable and necessary for the immediate execution of such works (2).

(4) Labour furnished under this section shall be paid for at the local market rate (3).

(1) Previous Bill, clause 12 (2).
(2) Previous Bill, clause 51.
(3) New.

5° Un ordre donné conformément aux sous-articles 3° et 4° sera définitif (1).

55. En fixant le montant de l'indemnité à payer, conformément à tout article de la présente loi, autre que les articles 12, 14, 21, 39 et 50, le Percepteur agira selon les dispositions de la loi de 1894 (2) sur les expropriations d'immeubles ; les dispositions de cette loi, concernant les enquêtes et décisions du Percepteur, les renvois aux Tribunaux Civils, la procédure y relative, la répartition des indemnités, leur paiement et les appels seront, dans la mesure du possible, applicables à tous les actes prévus par le présent article.

56. Moyennant le consentement des parties, le Percepteur peut, en fixant le montant de l'indemnité à payer, ordonner, dans le cas d'une acquisition de terrain, que la propriété de ce terrain demeurera au propriétaire, mais sera soumise à un droit d'usage, aussi longtemps que le

(1) Projet de loi précédent, clause 51.
(2) Loi de l'Inde I de 1894.

---

(5) An order passed under sub-sections (3) and (4) shall be final (1).

55. In assessing the amount of compensation to be paid under any section of this Act other than sections 12, 14, 21, 39 and 50, the Collector shall proceed under the provisions of the Land Acquisition Act, 1894 (2), and the provisions of that Act, regarding inquiries and awards by the Collector, references to the Civil Courts and procedure thereon, apportionment of compensation, payment and appeals shall, as far as may be, be applicable to all proceedings under this section.

56. With the consent of the parties, the Collector may, when assessing the amount of compensation to be paid, direct, in the case of an acquisition of land, that the property in such land shall

(1) Previous Bill, clause 51.
(2) India Act I of 1894.

terrain sera nécessaire pour les besoins du canal ou de l'aqueduc, l'indemnité n'étant alors accordée que pour le droit d'usage ; dans le cas de l'acquisition d'un canal ou de celle d'un terrain pour les besoins d'un canal, le Percepteur peut stipuler que l'indemnité prendra la forme de tout ou partie d'un droit à une fourniture d'eau par le canal qui a été acquis ou pour les besoins duquel un terrain a été acquis.

57. 1° Lorsqu'un terrain est acquis conformément aux dispositions de l'article 44 ou lorsqu'un travail est effectué par ou sous les ordres du Percepteur, conformément aux dispositions des articles 50, 52, 53 ou 54, les frais d'acquisition du dit terrain ou d'exécution du dit travail, suivant le cas, seront recouvrables (1) :

a) si le canal est rangé sous l'annexe II, à charge de son propriétaire ;

b) si le canal est rangé sous l'annexe I, à charge des irrigateurs ou de ceux d'entre eux qui, de l'avis du Per-

(1) Cf. Règlement IV de 1898, articles 9, 12, 15 et 17.

---

remain with the owner subject to a right of user so long as the land is required for the purpose of the canal or water-course, compensation being awarded for the right of user only, or in the case of an acquisition of a canal, or of land for the purposes of a canal, that the compensation shall take the form in whole or in part of a right to a supply of water from the canal which has been acquired or for the purposes of which land has been acquired.

57. (1) When any land is acquired under the provisions of section 44, or when any work is executed by or under the orders of the Collector under the provisions of section 50, section 52, section 53 or section 54 the cost of acquiring such land or of executing such work, as the case may be, shall be recoverable (5) : —

a) if the canal is included under Schedule II, —from the owner thereof; or

(5) *Cf.* Regulation IV of 1898, sections 9, 12, 15 and 17.

cepteur, sont avantagés ou présumés être avantagés par l'acquisition ou qui sont équitablement tenus de tout ou partie des frais occasionnés par l'exécution du travail, ou à charge des produits d'une taxe d'eau, perçue conformément à l'article 29 ; et

c) si telle destination n'est pas contraire aux dispositions du registre des droits décrit à l'article 28 de la présente loi, à charge du fonds dont il est question à l'article 27 de la présente loi.

2° Lorsque les frais d'acquisition d'un terrain ou d'exécution d'un travail sont, suivant les dispositions du sous-article 1°, recouvrables à charge du propriétaire d'un canal ou à charge des irrigateurs ou de quelques-uns d'entre eux, le Percepteur sera légalement fondé à répartir les frais, comme il le trouvera équitable, entre toutes ou quelques-unes des personnes tenues de tout ou partie de ces frais ; cette répartition sera définitive.

3° Lorsque les frais d'acquisition du dit terrain ont été

---

b) if the canal is included under Schedule 1,—from the irrigators or such of them as are, in the opinion of the Collector, benefited or likely to be benefited by the acquisition or equitably liable for the whole or any part of the cost of executing the work or from the proceeds of any water-rate levied under section 29; and

c) if such appropriation is not contrary to the provisions of the record-of-rights specified in section 28 of this Act,—from the fund referred to in section 27 of this Act.

(2) When the cost of acquiring any land or of executing any work is, under the provisions of sub-section (*1*), recoverable from the owner of any canal or from the irrigators therefrom, or any of them, it shall be lawful for the Collector to apportion such cost as to him may seem equitable, among all or any of the persons liable for the whole or any portion thereof and such apportionment shall be final.

payés, ce terrain, s'il est acquis en toute propriété, deviendra la possession du propriétaire du canal.

58. 1° Le Gouvernement local peut, par ordre général ou spécial, défendre ou réglementer la construction d'usines nouvelles et réglementer l'usage des usines existantes sur des canaux, ainsi que la fourniture de l'eau des canaux pour le fonctionnement des usines (1).

59. Sauf expression d'intention contraire, les articles 13 à 16 (tous les deux inclusivement) de la loi de 1887 sur l'impôt foncier au Punjab, seront applicables à toutes les actions prévues par la présente loi (2).

60. Sauf ce qui est prescrit par l'article 55, aucun Tribunal civil n'aura de compétence en aucune des matières qu'un fonctionnaire du trésor ou une Cour du trésor a le pouvoir, en vertu de la présente loi, de régler, ni ne pourra connaître de la manière dont le Gouvernement

(1) Cf. Règlement IV de 1898, articles 16 et 3 (4).
(2) Loi de l'Inde XVII de 1887.

---

(3) When the cost of acquiring such land has been paid, such land, if acquired in full proprietary right, shall become the property of the canal-owner.

58. (1) The Local Government may, by general or special order, prohibit or regulate the construction of new and regulate the use of existing, mills upon canals, and the appropriation of the water of canals for working mills (1).

59. Except in so far as a contrary intention in expressed, sections 13 to 16 (both inclusive) of the Punjab Land Revenue Act of 1887 shall apply to all proceedings under this Act (2).

60. Save as in section 55 provided, no Civil Court shall have jurisdiction in any matter which a Revenue Officer or Revenue Court is empowered by this Act to dispose of, or take cognizance of the manner in which the Local Government or any Revenue

(1) *Cf.* Regulation IV of 1898, section 16, and section 3 (4).
(2) India Act XVII of 1887.

local, un fonctionnaire du trésor ou une Cour du trésor exerce les pouvoirs qui lui sont dévolus en vertu ou sous l'empire de la présente loi.

61. 1° Le Gouvernement local peut désigner une personne ou une classe de fonctionnaires aux fins d'exercer les fonctions ou les pouvoirs conférés ou dévolus par la présente loi, ou par les mesures prises en exécution de la présente loi, au Percepteur, au Commissaire, au Commissaire des finances ou au Gouvernement (1).

2° Ces désignations peuvent être faites relativement à un canal, ou à tous ou quelques-uns des canaux situés dans un rayon local déterminé.

3° En toutes matières se rattachant à la présente loi, le Gouvernement local aura et exercera sur le Commissaire des finances, le Commissaire et le Percepteur, le Commissaire des finances sur le Commissaire et le Percepteur et le Commissaire sur le Percepteur, la même autorité et le même contrôle qu'ils ont ou exercent

(1) Cf. Loi du Punjab de 1898, articles 12-17.

Officer or Revenue Court exercises any powers vested in it or him by or under this Act.

61. (1) The Local Government may appoint any person or any class of officials to perform any functions, or to exercise any powers, by this Act or the rules made thereunder conferred on or vested in the Collector, Commissionner, Financial Commissioner or such Government (1).

(2) Such appointments may be made in respect of any canal or of all or any of the canals situate within any specified local area.

(3) In all matters connected with this Act, the Local Government shall have and exercise over the Financial Commissioner, the Commissioner and the Collector, and the Financial Commissioner shall have and exercise over the Commissioner shall have and exercise over the Collector, the same authority and control as it or

(1) *Cf.* Punjab Act I of 1898, sections 12-17.

respectivement sur eux en matière d'administration générale ou fiscale (1).

62. Pour les besoins de chaque enquête faite ou de chaque action exercée sous l'empire de la présente loi (2), le Percepteur ou tout autre fonctionnaire du Trésor, délégué par lui à cet effet, aura le pouvoir d'assigner, de faire comparaître et d'interroger parties et témoins, d'ordonner la production de documents et pourra, à tout ou partie de ces fins, exercer tout ou partie des pouvoirs conférés à un tribunal civil par le code de procédure civile de 1882 (3); chacune de ces enquêtes aura, aux fins du code pénal de l'Inde (4), force d'action judiciaire.

63. Dans chacun des cas visés par les articles 6, 8, 11, 21, 23, 25, 30, 31, 34, 36, 38, 39, 40, 42, 43, 47, 49, 50, 52, 53 et 57 de la présente loi, il sera donné aux propriétaires et aux autres parties intéressées dans le canal, la

(1) Cf. articles 26 du règlement IV de 1898.
(2) Cf. règlement IV de 1898, article 13 (4).
(3) Loi de l'Inde XIV de 1882.
(4) Loi de l'Inde XLV de 1860.

---

they respectively hare and exercise over them in the general and revenue administration (1).

62. For the purposes of every inquiry made and proceeding taken under this Act (2), the Collector or any other Revenue Officer authorised by him in this behalf shall have power to summon and enforce the attendance of and examine parties and witnesses and compel the production of documents, and for all or any of these purposes may exercise all or any of the powers conferred on a Civil Court by the Code of Civil Procedure, 1882, (3), and every such inquiry shall, for the purposes of the Indian Penal Code (4), be deemed to be a judicial proceeding.

63. In all cases under sections 6, 8, 11, 21, 23, 25, 30, 31, 34,

(1) *Cf.* Section 26 of Regulation IV of 1898.
(2) *Cf.* Regulation IV of 1898, section 13 (*4*).
(3) India Act XIV of 1882.
(4) India Act XLV of 1860.

faculté de se présenter devant le Percepteur et d'y exposer leurs objections.

64. Toutes assignations, tous avertissements, toutes proclamations et autres actes faits sous l'empire de la présente loi, seront signifiés, dans la mesure du possible, de la manière prescrite à cet effet, par les articles 20, 21 et 22 de la loi de 1887 (1) sur l'impôt foncier au Punjab.

65. Sauf disposition contraire expresse de la présente loi, personne ne sera fondé à recevoir aucune indemnité du chef d'une chose faite, à quelque époque que ce soit, ou d'une chose qu'il aurait, de bonne foi, l'intention de faire, à titre d'exercice de quelque pouvoir conféré par la présente loi ou par les mesures prises en exécution de cette loi (2).

66. Aucune poursuite, prévention ni autre action judiciaire ne sera dirigée contre quiconque aura fait ou aura,

(1) Loi de l'Inde XVII de 1887.
(2) Cf. Règlement IV de 1898, articles 6 et 7.

36, 38, 39, 40, 42, 43, 47, 49, 50, 52, 53 and 57 of this Act, the owners and other parties interested in the canal shall be given an opportunity of appearing before the Collector and of showing cause to the contrary.

64. Every summons, notice, proclamation and other process issued under this Act shall, as far as may be, be served or made in the manner provided in that behalf in sections 20, 21 and 22 of the Punjab Land Revenue Act, 1887 (1).

65. Save as otherwise expressly provided in this Act, no person shall be entitled to recover any compensation for anything at any time done or in good faith intended to be done in exercise of any power conferred by this Act or by the rules made thereunder (2).

66. No suit, prosecution or other legal proceeding shall lie

(1) India Act XVII of 1887.
(2) *Cf.* Regulation IV of 1893, sections 6 and 7.

de bonne foi, l'intention de faire quoi que ce soit, conformément à la présente loi ou aux mesures prises en exécution de cette loi (1).

67. Dans toute action ou poursuite, dans laquelle une inscription faite dans un registre établi en exécution de l'article 28 ou de l'article 35, est directement ou indirectement révoquée en doute, le tribunal donnera, avant le règlement définitif du litige, avis de la poursuite ou de l'action du Percepteur et, si le Percepteur le demande, mettra en cause le Secrétaire d'État pour l'Inde en conseil (2).

(2) Sauf ce qui est stipulé dans le sous-article 1°, aucune poursuite ne pourra être dirigée contre le Gouvernement du chef de quelque fait du Percepteur ou d'une personne agissant sous les ordres du Gouvernement local, dans l'exercice d'un pouvoir conféré au Percepteur ou au Gouvernement par la présente loi.

68. Tous les droits d'eau, taxes d'eau et autres droits

(1) Cf. Règlement IV de 1898, article 25.
(2) Cf. Règlement IV de 1898, article 22.

---

against any person for anything done, or in good faith intended to be done under this Act or the rules made thereunder (1).

67. (1) In any suit or proceeding in which an entry made in any record prepared under section 28 or section 35 is directly or indirectly called in question, the Court shall, before the final settlement of issues, give notice of the suit or proceeding to the Collector, and, if moved to do so by the Collector, shall make the Secretary of State for India in Council a party to the same (2).

(2) Save as provided in sub-section (1) no suit shall lie against the Government in respect of anything done by the Collector or by any person acting under the orders of the Local Government, in the exercise of any power by this Act conferred on such Collector or Government.

(1) *Cf.* Regulation IV of 1898, section 25.
(2) *Cf.* Regulation IV of 1898, section 22.

dus, à quelque époque que ce soit ou qui doivent être perçus à charge d'une personne, en vertu d'une disposition de la présente loi ou en vertu d'un accord accepté par les propriétaires du canal ou par la personne qui irrigue à l'aide de ce canal, et tous les arriérés de ces droits d'eau, taxes d'eau ou autres droits, seront recouvrables comme s'ils étaient des arriérés de l'impôt foncier.

69. Le Gouvernement local pourra exercer, en vertu de la présente loi, tout ou partie des pouvoirs dont il est investi par rapport à tout canal, rivière ou chenal accessoire, lorsque ceux-ci seront ou pourront être, à quelque époque que ce soit, situés partiellement à l'intérieur et partiellement à l'extérieur des limites du Punjab et par rapport à la partie du canal, de la rivière ou du chenal qui sera à l'intérieur de ces limites; lorsqu'il s'agit d'un de ces canaux, rivières ou chenaux, le Gouvernement local peut, par notification et nonobstant les dispositions de l'article 2, déclarer quels articles de la présente loi y seront applicables.

---

68. All water-dues, water-rates and other payments at any time due by or to be collected from any person under any provision of this Act or under an agreement entered into by the owners of the canal or the person irrigating from it and all arrears of such water-dues, water-rates or other payments shall be recoverable as if the same were arrears of land revenue.

69. Any or all of the powers exercisable by the Local Government under this Act in respect of any canal, river, or creek, may be exercised by such Government in the case of any canal, river, or creek, which is or may at any time be situate partly within and partly without the limits of the Punjab and in respect of so much of any such canal, river, or creek, as is within those limits; and in the case of any such canal, river, or creek, the Local Government may by notification, and notwithstanding the provi-

70. Le Gouvernement local peut, par notification publiée au *Journal officiel*, relativement à tout canal situé au delà des limites du Punjab, déclarer que les pouvoirs qui peuvent être exercés par un Percepteur, en vertu de l'article 54, seront, dans les circonstances y spécifiées, exercés par le Percepteur ou par quelque autre fonctionnaire délégué, endéans les limites du Punjab, pour tout ou partie des besoins du canal (1).

71. Quiconque, sans y être dûment autorisé, commet volontairement l'un des actes suivants, c'est-à-dire (2) :

1° endommage, modifie, élargit ou obstrue un canal;

2° entrave, augmente ou diminue la fourniture de l'eau dans ou le courant de l'eau provenant de, ou à travers, au-dessus ou en-dessous d'un canal ;

3° entrave ou modifie le courant de l'eau dans un chenal accessoire, dans une rivière ou cours d'eau de manière à mettre en danger, endommager ou rendre moins utile un canal ;

(1) Nouveau.
(2) Cf. Loi de l'Inde VIII de 1873, article 70.

---

sions of section 2, declare what sections of this Act shall be applicable thereto.

70. In respect of any canal situate beyond the limits of the Punjab the Local Government may, by notification published in the official Gazette, declare that the powers exercisable by a Collector under sections 54 may under the circumstances there specified be exercised by the Collector or other authorized officer within the limits of the Punjab for all or any of the purposes of such canal (1).

71. Whoever without proper authority and voluntarily does any of the acts following, that is to say (2) :

(1) damages, alters, enlarges, or obstructs any canal ;

(1) New.
(2) *Cf.* India Act VIII of 1873, section 70.

4° étant responsable de l'entretien d'un aqueduc ou utilisant un aqueduc, néglige de prendre les précautions nécessaires pour prévenir le gaspillage de l'eau de cet aqueduc, entrave la distribution autorisée de l'eau fournie par lui ou utilise cette eau d'une manière non autorisée;

5° corrompt ou souille l'eau d'un canal de manière à la rendre impropre aux besoins pour lesquels elle est ordinairement employée ;

6° étant tenu de fournir de la main-d'œuvre en vertu de la présente loi, omet sans cause raisonnable de fournir ou d'aider à fournir la main-d'œuvre exigée de lui ;

7° étant tenu de procurer de la main-d'œuvre en vertu de la présente loi, néglige, sans cause raisonnable, de procurer ou de continuer à procurer cette main-d'œuvre ;

8° détruit ou déplace quelque repère ou tube de niveau d'eau, placé par l'autorité d'un agent public ;

9° fait passer ou donne l'ordre de faire passer des animaux ou des véhicules au-dessus de ou à travers cer-

---

(2) interferes with, increases or diminishes the supply of water in, or the flow of water from, through, over or under any canal;

(3) interferes with or alters the flow of water in any river, creek or stream so as to endanger, damage or render less useful any canal ;

(4) being responsible for the maintenance of any water-course or using a water-course, neglects to take proper precautions for the prevention of waste of the water thereof, or interferes with the authorized distribution of the water therefrom or uses such water in an unauthorized manner ;

(5) corrupts or fouls the water of any canal so as to render it less fit for the purposes for which it is ordinarily used ;

(6) being liable to furnish labour under this Act, fails, without reasonable cause, to supply or to assist in supplying the labour required of him ;

(7) being liable to supply labour under this Art, neglects,

tains ouvrages, digues ou chenaux d'un canal, contrairement aux mesures prises en exécution de la présente loi, après qu'il a été invité à s'en abstenir ;

10° désobéit à un ordre donné ou à une proclamation faite en vertu de la présente loi ou viole quelque mesure prise en exécution de la présente loi ;

sera passible, en cas de culpabilité reconnue devant un Magistrat de telle classe que le Gouvernement local ordonnera à cet effet, d'une amende n'excédant pas cinquante roupies ou d'un emprisonnement n'excédant pas un mois ou de ces deux pénalités cumulées.

72. Toute personne ayant la charge d'un canal ou y employée, peut, lorsque ce canal est administré par des fonctionnaires du Gouvernement ou par un conseil de district, expulser des terrains ou bâtiments s'y rattachant, ou peut arrêter sans mandat et conduire ensuite devant un magistrat ou au poste de police le plus proche, pour

---

without reasonable cause, so to supply and to continue to supply labour ;

(8) destroys or removes any level-mark or water-gauge fixed by the authority of a public servant ;

(9) passes or causes animals or vehicles to pass on or across any of the works, banks or channels of a canal contrary to rules made under this Act after he has been desired to desist therefrom;

(10) disobeys any order or proclamation issued under this Act, or commits any breach of any rule made thereunder ;

shall be liable on conviction before a Magistrate of such class as the Local Government directs in this behalf, to a fine not exceeding fifty rupees or to imprisonment not exceeding one month, or to both.

72. Any person in charge of or employed upon any canal managed by Government officers or by a District Board may remove from the lands or buildings belonging thereto, or may

être traitée selon la loi, toute personne qui commet, sous ses yeux, l'un des délits suivants (1) :

(1) endommage volontairement ou obstrue un canal ;

(2) entrave, sans y être dûment autorisée, la distribution de l'eau ou le courant d'un canal, d'une rivière ou d'un cours d'eau, de manière à mettre en danger, endommager ou rendre moins utile un canal.

73. Aux articles 71 et 72, à moins que le sujet ou le contexte n'indiquent le contraire, le mot « canal » sera censé impliquer également tous terrains occupés pour les besoins des canaux et tous bâtiments, machines, clôtures, portes et autres constructions, arbres, récoltes, plantations et autres produits des dits terrains (2).

74. 1° Le Gouvernement local peut édicter des mesures conformes à la présente loi et réglant toute matière à raison de laquelle un pouvoir est conféré, par la présente loi, au Gouvernement local ou à quelque fonctionnaire

(1) Cf. Loi de l'Inde VIII de 1873, article 73.
(2) Cf. Loi de l'Inde VIII de 1873, article 74.

---

take into custody without a warrant, and take forthwith before a Magistrate, or to the nearest police station, to be dealt with according to law any person who, within his view, commits any of the following offences (1) :

(1) wilfully damages or obstructs any canal ;

(2) without proper authority interferes with the supply of, or flow of water in or from any canal or in any river or stream, so as to endanger, damage or render less useful any canal.

73. In sections 71 and 72 the word « canal » shall (unless there be something repugnant in the subject or context) be deemed to include also all lands occupied for the purposes of canals and all buildings, machinery, fences, gates and other erections, trees, crops, plantations or other produce upon such lands (2).

(1) *Cf.* India Act VIII of 1873, section 73.
(2) *Cf.* India Act VIII of 1873, section 74.

du Gouvernement et, d'une manière générale, pour réaliser les intentions de la présente loi.

2° Sans préjudice aux pouvoirs généraux conférés par le sous-article 1°, des mesures peuvent être édictées sous l'empire de la présente loi, pour la perception d'une taxe imposée sur des terrains en vue de leur protection contre le sable ou contre les inondations.

3° Toutes mesures édictées conformément au sous-article 1°, seront publiées, au préalable, au *Journal officiel*.

(1) Cf. Règlement IV de 1898, article 20.

---

74. (1) The Local Government may make rules, consistent with this Act, regulating any matter in regard to which any power is, by this Act, conferred upon the Local Government, or upon any officer of Government, and generally to carry out the purposes of this Act (1).

(2) Without prejudice to the generality of the power conferred by sub-section (1), rules made under this Act may provide for the levy of a rate imposed upon land in consideration of its protection from sand or flood.

(3) All rules made under sub-section (1) shall be so made after previous publication in the Gazette.

(1) *Cf.* Regulation IV of 1898, section 20.

ANNEXE I

CANAUX	DISTRICTS
Rangoi	Hissar.
Gual Pahari Bund.	Delhi.
Ghata Bund.	Gurgaon,
Badshapour Bund.	
Jharsa Bund	
Fazilpour Bund	
Naurangpour Bund	
Manesar Bund	
Shikopour Bund	
Bargujar Bund.	
Kasan Bund.	
Alipour Ghamraaj Bund	
Khalilpour Bund	
Qutabgahr Bund	
Duraichi Bund.	
Chandeni Bund	
Palla Bund.	
Palri Bund	
Kotla Bund.	
Sabras Bund	
Raheri Bund	
Akaira Bund	
Taorou Jatauli Embankment (digue de T.J.)	
Taoro Bund.	
Dhulawat Bund	
Dérivation de Chandeni.	
Khol Bund	
Dahina Bund	
Mau Bund	
Bhund Bund	
Ghata Shamsabad Bund.	
Rawa Bund.	

SCHEDULE I

CANALS	DISTRICT
Rangoi	Hissar.
Gual Pahari Bund.	Delhi.
Ghata Bund.	Gurgaon.
Badshahpur Bund.	
Jharsa Bund	
Fazilpur Bund	
Naurangpur Bund	
Mancsar Bund	
Shikohpur Bund	
Bargujar Bund.	
Kasan Bund.	
Alipur Ghamraaj Bund	
Khalilpur Bund	
Qutabgarh Bund	
Duraichi Bund	
Chandeni Bund.	
Palla Bund	
Palri Bund	
Kotla Bund	
Sabras Bund	
Raheri Bund	
Akaira Bund	
Taoru Jatauli Embankment	
Taoru Bund.	
Dhulawat Bund.	
Chandeni Water-cut	
Khol Bund	
Dahina Bund	
Mau Bund	
Bhund Bund.	
Ghata Shamsabad Bund	
Rawa Bund.	

CANAUX		DISTRICTS
Miswasi Bund		Gurgaon.
Sakrawa Bund.		
Shah Chokha Bund		
Dungocha Bund		
Aghawah		Ferozepore.
Daulatwah		
Bacherawah		
Barnswah		
Mayawah		
Butawah.		
Jalalwah.		
Nizamwah		
Khanwah		
Qutabwah		
Punjewah		
Mubarakwah		
Fazalwah		
Kingwah.		
Sarusti		Karnal.
Shah Nahr		Hoshiarpour.
Kiran		Gurdaspour.
Hajiwah		Moultan. Montgomery.
Kurram Canals (canaux de)		Mianwali.
Chachali	(Torrents de colline)	
Adwala		
Baroch		
Lunda.		
Mitha.		
Rakka		
Jaba		
Vahi (comprenant Truppi et Golar).		
Trimmounn		

CANALS		DISTRICT
Miswasi Bund		Gurgaon.
Sakrawa Buud.		
Shah Chokha Bund		
Dungocha Bund		
Aghwah		Ferozepore.
Daulatwah		
Bacherawah		
Barnswah		
Mayawah		
Butawah		
Jalalwah		
Nizamwah		
Khanwa		
Qutabwah		
Punjewah		
Mubarakwah		
Fazalwah		
Kingwah		
Sarusti		Karnal.
Shah Nahr		Hoshiarpur.
Kiran		Gurdaspur.
Hajiwah		Multan; Montgomery.
Kurram Canals.		Mianwali.
Chachali	(Hill torrents)	
Adwala		
Baroch		
Lunda		
Mitha		
Rakka		
Jaba		
Vahi (including Truppi and Golar)		
Trimmun		

CANAUX	DISTRICTS
Bhati Hill Torrent(Torrent de la colline de Bhati)	Dera Ghazi Khan.
Kanwan Hill Torrent	
Sangarh »	
Mahoi »	
Vehoa Torrent	
Sori »	
Vador »	
Sakhi Sarwaar Hill Torrent	
Mithawan id. id.	
Khosca id. id.	
Kaha id. id.	
Chachar id. id.	
Chezgi id. id.	
Pitok id. id.	
Sori sept[1] id. id.	
Sori mérid[1] id. id.	

CANALS	DISTRICT
Bhati Hill Torrent.	Dera Ghazi Khan.
Kanwan Hill Torrent.	
Sangarh ditto	
Mahoi ditto	
Vehoa ditto	
Sori ditto	
Vador ditto	
Sakhi Sarwar Hill Torrent.	
Mithawan ditto	
Khosra ditto	
Kaha ditto	
Chachar ditto	
Chezgi ditto	
Pitok ditto	
Northern Sori ditto	
Southern Sori ditto	

ANNEXE II

CANAUX		DISTRICTS
Chakarpour Bund		Gurgaon.
Gairatpour Bas Bund		Gurgaon.
Gangaini Bund		Gurgaon.
Nandrampour Bas Bund		Gurgaon.
Kanmaida Bund		Gurgaon.
Landoha et Nagli Bund		Gurgaon.
Natha Singh du canal de Jhandwal		Hoshiarpour.
Piranwala	Rive gauche du Jhelum.	Shahpour.
Amir Chandwala	Rive gauche du Jhelum.	Shahpour.
Nounanwala	Rive gauche du Jhelum.	Shahpour.
Sultan Muhammadwala	Rive gauche du Jhelum.	Shahpour.
Nabbiwala	Rive gauche du Jhelum.	Shahpour.
Chaharmiwala	Rive gauche du Jhelum.	Shahpour.
Malik Sahid Khanwala	Rive gauche du Jhelum.	Shahpour.
Mekananwala	Rive gauche du Jhelum.	Shahpour.
Malik Jahan Khanwala	Rive gauche du Jhelum.	Shahpour.
Sarfaraz Khanwala	Rive gauche du Jhelum.	Shahpour.
Jhammatanwala	Rive gauche du Jhelum.	Shahpour.
Nathuwala	Rive gauche du Jhelum.	Shahpour.
Makhdumanwala	Rive droite du Chenab.	Shahpour.
Daimwala	Rive droite du Chenab.	Shahpour.
Mukkamdinwala	Rive droite du Chenab.	Shahpour.
Ahmadabad		Jhelum.

H. A. B. RATTIGAN,
Secrétaire, Conseil législatif du Punjab.

SCHEDULE II

CANALS		DISTRICT
Chakarpur Bund		Gurgaon.
Gairatpur Bas Bund		Gurgaon.
Gangaini Bund.		Gurgaon.
Nandrampur Bas Buud		Gurgaon.
Kanmaida Bund		Gurgaon.
Landoha and Nagli Bund		Gurgaon.
Natha Singh of Jhandwal's Canal.		Hoshiarpur.
Piranwala	Left bank of Jhelum.	Shahpur.
Amir Chandwala	Left bank of Jhelum.	Shahpur.
Nunanwala	Left bank of Jhelum.	Shahpur.
Sultan Muhammadwala	Left bank of Jhelum.	Shahpur.
Nabbiwala	Left bank of Jhelum.	Shahpur.
Chaharmiwala	Left bank of Jhelum.	Shahpur.
Malik Sahib Khanwala	Left bank of Jhelum.	Shahpur.
Mokananwala	Left bank of Jhelum.	Shahpur.
Malik Jahan Khanwala	Left bank of Jhelum.	Shahpur.
Sarfaraz Khanwala	Left bank of Jhelum.	Shahpur.
Jhammatanwala	Left bank of Jhelum.	Shahpur.
Nathuwala	Left bank of Jhelum.	Shahpur.
Makhdumanwala	Right bank of Chenab.	Shahpur.
Daimwala	Right bank of Chenab.	Shahpur.
Muhkamdinwala	Right bank of Chenab.	Shahpur.
Ahmadabab		Jhelum.

H. A. B. RATTIGAN,
Secretary, Punjab Legislative Council.

BIRMANIE.

Birmanie.

Loi sur les canaux d'irrigation en Birmanie.

EXPOSÉ DES MOTIFS.

Le présent projet de loi a pour objet de prendre des mesures au sujet de la réglementation des canaux d'irrigation et de navigation, ainsi que des travaux de drainage en Birmanie. Pour le moment, ces questions ne sont réglées par aucune loi d'application générale à la province. La loi sur le canal de Pégu et de Sittang de 1881 (II de 1881) règle la navigation dans un canal particulier et ne peut, dans sa forme actuelle, être étendue à aucun autre ouvrage existant ou projeté. Les articles 34 à 36 de la loi

---

Burma.

Burma Canal Act 1905.

STATEMENT OF OBJECTS AND REASONS.

The object of this Bill is to provide for the regulation of irrigation and navigation-canals and drainage-works in Burma. These subjects are not at present regulated by any enactment of general application to the Province. The Pegu und Sittang Canal Act, 1881 (II of 1881) regulates the navigation of a particular canal and, in its present form, cannot be extended to any other existing

de 1889 sur l'impôt foncier dans la Haute-Birmanie (III de 1889) concernent uniquement la Haute-Birmanie et étaient primitivement destinés à être appliqués aux nombreux réservoirs, canaux, voies de navigation et autres travaux d'irrigation secondaires construits jadis. Ces articles ne spécifient guère plus que les pleins pouvoirs assumés par le Gouvernement d'administrer tous ces travaux et de fixer le montant des impôts qui s'y rapportent, et de veiller à leur conservation conformément à la coutume. L'urgente nécessité de pouvoirs plus étendus ne se fit pas sentir aussi longtemps que les efforts du Gouvernement se bornèrent spécialement au perfectionnement, à la réparation et à l'entretien des travaux existants qui avaient été négligés ou dont on avait cessé de se servir durant les années troublées qui ont précédé l'annexion de la Haute-Birmanie. La situation a changé maintenant par suite du plus grand développement de la Haute-Birmanie ; la construction du canal de Mandalay au moyen des fonds impériaux, et le projet encore plus important du canal de

---

or contemplated work. Sections 34 to 36 of the Upper Burma Land and Revenue Regulation, 1889 (III of 1889) extend only to Upper Burma and were primarily intended to apply to the numerous tanks, canals, navigation-channels and other minor irrigation-works constructed in Burmese times. These sections do little more than declare the plenary powers of management and assessment assumed by Government in respect of all such works and provide for their up-keep according to custom. The urgent necessity for further powers did not arise so long as the efforts of Government were confined chiefly to the renovation, repair and maintenance of existing works which had fallen into disrepair or disuse during the years of misrule preceding the annexation of Upper Burma. The position has now changed on the further development of Upper Burma ; and the construction of the Mandalay Canal with Imperial Funds and the still more important

Schevebo, qui marquent pour cette province une nouvelle ère dans la construction des canaux, nécessitent une législation conférant des pouvoirs étendus en ce qui concerne la construction et l'administration des canaux d'État de l'Inde septentrionale.

2. La loi de 1873 sur les canaux et les drainages dans l'Inde septentrionale (VIII de 1873) est un précédent pour cette législation et son texte a été suivi de près dans la rédaction du présent projet de loi. La loi sur le canal de Pegu et de Sittang de 1881, qui était une reproduction des dispositions contenues dans cette ordonnance au sujet de la construction et l'administration d'un canal de navigation, est abrogée par le projet de loi qui s'appliquera à ce canal aussi bien qu'aux autres canaux de navigation existant à présent ou à construire ultérieurement.

3. En vue de présenter cette mesure sous la forme d'une loi compréhensible, traitant simultanément des canaux d'irrigation et des canaux de navigation, et applicable dans toute la province, il a été décidé d'abroger les

---

project of the Shwebo Canal, which are for this province a new departure in canal construction, necessitate legislation conferring ample powers for the construction and management of canals similar in class to the large State Canals of Northern India.

2. The Northern India Canal and Drainage Act, 1873 (VIII of 1873) is a precedent for such legislation and has been closely followed in the present Bill. The Pegu and Sittang Canal Act, 1881, wihich was a reproduction of the provisions of that enactment relating to the construction and management of a navigation-canal, is repealed by the Bill which will apply to this canal as well as to the other navigation-canals now existing or which may hereafter be constructed.

3. In order to make the measure a comprehensive enactment dealing with both irrigation and navigation-canals and applicable throughout the Province, it has been decided to repeal sections 34

articles 34 à 36 de la loi sur l'impôt foncier dans la Haute-Birmanie, de 1889 (III de 1889), et de prendre des dispositions en vue de la réglementation uniforme des canaux secondaires, dans le chapitre VI du projet de loi. Ce chapitre, étant par l'article 47 limité à ces canaux, s'appliquera uniquement aux canaux secondaires existants spécifiés dans la deuxième annexe et à tous les autres travaux de ce genre que le Gouvernement local déclarera, par notification faite en vertu de l'article 3, sous-article 2°, être des canaux secondaires. Comme les dispositions générales réglementant les grands canaux d'État ne conviendraient pas en grande partie quand il s'agirait des canaux secondaires susdits, l'application du reste de cette loi à ces travaux est annulée par l'article 4 ; cependant l'article 50 permet d'étendre à ces canaux celles de ces dispositions qui pourraient être jugées convenir dans une forme modifiée, et de cette manière la réglementation et le contrôle, renforcés maintenant ensuite de l'article 34, sous-articles 1° et 2° et de l'article 35 de la loi de 1889

---

to 36 of the Upper Burma Land and Revenue Regulation, 1889 (III of 1889), and to provide for a similar regulation of minor canals in Chapter VI of the Bill. This chapter, being restricted by clause 47 to such canals, will apply only to the existing minor canals specified in the Second Schedule and to such other works as the Local Government may, by notification under clause 3, sub-clause (2), declare to be minor canals. As the general provisions regulating the large State Canals would be to a great extent unsuitable in the case of such minor canals, the application of the rest of the Act to these works is barred by clause 4 ; but power is taken in clause 50 to extend thereto such of those provisions as may be considered suitable in a modified form, and in this manner the regulation and control now enforced under section 34, sub-sections (*1*) and (*2*) and section 35 of the Upper Burma Land and Revenue Regulation, 1889, will be continued. Under clause 50,

sur l'impôt foncier dans la Haute-Birmanie, continueront à se faire. En vertu de l'article 50, certaines dispositions seront étendues généralement à tous les canaux secondaires et s'appliqueront à chacun de ces canaux pour autant que ces dispositions, modifiées ainsi, ne soient pas contraires aux coutumes, privilèges, engagements et obligations enregistrés par rapport à ce canal, et dans le cas d'un canal particulier, les mesures spéciales nécessaires à une réglementation plus complète seront prises par un ordre spécial du Gouvernement local, fixant les dispositions modifiées qui seront applicables à cette voie d'eau, même si elles sont contraires à l'une ou l'autre de ces coutumes, etc.

En conséquence de cette dernière mesure, la clause autorise de s'écarter notablement des méthodes d'administration en vigueur, lesquelles sont simplement la continuation des méthodes usitées en Birmanie telles qu'elles sont décrites et consignées au registre du Percepteur.

Par suite de la connaissance plus complète de ces mé-

---

certain provisions will be extended generally to all minor canals and will apply to each such canal so far as such provisions as so modified are not inconsistent with the customs, privileges, liabilities and obligations recorded in respect of such canal ; and, in the case of any particular canal, the special requirements for further regulation will be provided for by a special order of the Local Government extending provisions in a modified form which will apply thereto even when inconsistent with any such custom, etc. In this latter respect the clause authorizes an important departure from the existing methods of management, which are only a continuance of the Burmese methods as described and recorded in the Collector's record. From the greater knowledge obtained in a careful supervision of these methods for a number of years, it has been seen that the minor schemes cannot be worked to the best advantage either to Government or to the cultivators concerned if

thodes, obtenue en les étudiant soigneusement pendant nombre d'années, on a pu constater que les entreprises de moindre importance ne peuvent être exécutées au mieux des intérêts, soit du Gouvernement, soit des cultivateurs intéressés, si les méthodes usitées en Birmanie doivent être appliquées intégralement ; mais l'intention n'est pas de prescrire, en vertu de l'article 50, des mesures outrepassant les droits coutumiers etc., à l'exception des cas dans lesquels il est prouvé que cette marche doit nécessairement être suivie dans l'intérêt général du public, et seulement après que les servitudes, droits et privilèges auront été formellement reconnus et enregistrés, de telle sorte que dans chaque cas on sache exactement ce qui doit être négligé.

4. La plus grande partie du projet de loi a été reprise, comme il est indiqué dans les renvois au bas des pages, de la loi sur les canaux et les drainages dans l'Inde septentrionale de 1873, qui a subi l'épreuve de trente années d'expérience; il semble donc inutile d'entrer dans une explication détaillée de ces chapitres du projet. Les quelques dispositions additionnelles qui ont été adoptées

---

the Burmese methods are to be followed throughout ; but it is not intended to extend, under clause 50, any provision overriding customary rights, etc., except in cases where this course is shown to be necessary in the general interests of the public and only after the customary obligations, rights and privileges have been formally ascertained and recorded, so that it may be known exactly in each case what is being set aside.

4. The greater portion of the Bill has been taken, as indicated by the marginal references, from the Northern India Canal and Drainage Act, 1873, which has stood the test of thirty years' experience, and it seems unnecessary to enter into a detailed explanation of such parts of the Bill. The few additionnal provisions which have been adopted in order to remove some minor defects

pour remédier à certains petits défauts de la loi précitée et les modifications qui ont été jugées convenir aux circonstances spéciales dans lesquelles se trouve cette province, sont expliquées plus loin dans les notes explicatives sur les clauses.

Les dispositions relatives aux engagements de main-d'œuvre par contrainte sont néanmoins des questions d'intérêt général et sont entièrement expliquées dans les paragraphes suivants.

5. Le chapitre IX contient les dispositions relatives à la fourniture de la main-d'œuvre. En vertu de la clause 67, le pouvoir de requérir des ouvriers par ordre ne peut ordinairement être exercé que dans les cas où il appert que, si le travail n'est pas exécuté immédiatement, un canal ou une entreprise de drainage encourra des dommages tellement graves que ceux-ci causeront un préjudice public subit et important, et que la main-d'œuvre indispensable à l'exécution de ce travail ne peut être obtenue par la voie ordinaire. En vertu de la partie VIII de la loi de 1873 sur les canaux et les travaux de drainage dans l'Inde septentrionale, l'obligation de fournir des ouvriers dans

---

of the previous enactment and the alterations considered suitable to the special circumstances of this Province are explained below in the notes on clauses. The provisions relating to the enforcement of labour are, however, matters of special interest and are fully explained in the following paragraphs.

5. Chapter IX contains the provisions respecting the supply of labour. Under clause 67 the power to impress labourers can ordinarily be exercised only in cases where it appears that, if the work is not immediately executed, such serious damage will happen to a canal or drainage-work as will cause sudden and extensive public injury, and that the necessary labour therefor cannot be obtained in the ordinary manner. Under Part VIII of the Northern India Canal and Drainage Act, 1873, the duty of

ces cas est imposée aux propriétaires, etc.; des villages et des domaines ; mais eu égard au système de petites propriétés et aux autres conditions prévalant dans la Birmanie, il est nécessaire dans cette province que cette obligation soit directement répartie entre les villages intéressés et que, lorsque c'est nécessaire, la main-d'œuvre puisse être commandée par le chef du village, conformément aux errements existant en vertu des ordonnances communales. Pour ces raisons, l'article 66 a été rédigé de façon à imposer au Commissaire député l'obligation de préparer des listes spécifiant le nombre maximum d'ouvriers que le chef de chaque village ayant la jouissance d'un canal pourra être requis de fournir, et la sélection individuelle des ouvriers est, dans l'article 67, laissée aux soins du chef. Pour d'autres cas, les dispositions des ar-articles 66 à 69 sont basées généralement sur les articles 64 et 65 de la loi de 1873 sur les canaux et les travaux de drainage dans l'Inde septentrionale, et sur les articles

---

supplying labourers in such cases is imposed on the proprietors, etc., of villages and estates; but having regard to the system of peasant-proprietary and other conditions prevailing in Burma, it is necessary that the duty should in this Province be apportioned directly among the villages concerned and that, when necessary, the labour should be impressed through the village headman in accordance with the existing practice under the village enactments. For these reasons, clause 66 has been so drafted as to impose on the Deputy Commissioner the duty of preparing lists specifying the maximum number of labourers which the headman of each village benefited by the canal may be required to supply, and the selection of individual labourers is in clause 67 left to the headman. In other respects the provisions of clauses 66 to 69 are based generally on sections 64 and 65 of the Northern India Canal and Drainage Act, 1873 and sections 14 to 17 of the Pegu and Sittang Canal Act, 1881.

14 à 17 de la loi de 1881 sur le canal de Pégu et de Sittang.

6. Dans les articles 70 et 71 il a cependant été trouvé nécessaire de mentionner le droit de donner une plus grande latitude à l'application des dispositions relatives à la fourniture de la main-d'œuvre dans des districts spéciaux, *premièrement* en vue de la construction d'aqueducs, et *deuxièmement* en vue d'exécuter les curages annuels des canaux et des aqueducs. Cette extension de pouvoirs devra dans chaque cas être accomplie par une notification du Gouvernement local et elle aura lieu uniquement là où elle sera estimée nécessaire.

7. Ce dernier droit est stipulé dans l'article 71, qui a été rédigé sur la base d'une disposition existante dans l'article 65 de la loi de 1873 sur les canaux et les travaux de drainage dans l'Inde septentrionale. Les canaux d'irrigation et les aqueducs sont spécialement exposés à s'engorger et à devenir inutilisables par suite du dépôt de

---

6. In clauses 70 and 71, it has, however, been considered necessary to take power to further extend the application of the labour provisions in particular districts, *firstly* for the purpose of the construction of water-courses, and *secondly* for the purpose of carrying out the annual silt-clearances in the canal and water-courses. Such extension will in each case be effected by a notification of the Local Government and will only be made where the necessity therefor is found to exist.

7. The latter power is contained in clause 71 which has been drafted on the basis of a provision in section 65 of the Northern India Canal and Drainage Act, 1873. Irrigation-canals and water-courses are specially liable to become choked and useless from the deposit of silt if not annually cleared, and experience has shown that the provision of the supply of labour for such maintenance of the works is one of the chief difficulties of the Irrigation Department. This difficulty is specially met with in

la vase, si celle-ci n'est pas annuellement enlevée, et l'expérience a prouvé que la disposition relative à la fourniture de la main-d'œuvre pour cet entretien des travaux est une des plus grandes difficultés contre lesquelles le département de l'irrigation doit lutter. Cette difficulté se rencontre spécialement en Birmanie, par suite de la population clairsemée des régions déjà irriguées et de celles qu'on se propose d'irriguer plus tard, et du manque subséquent d'une population flottante qui veuille s'engager pour effectuer des travaux à gage. La difficulté s'accroît encore par suite de l'apathie et du manque de prévoyance inhérents au caractère Birman. Même dans le cas d'un aqueduc pour l'entretien duquel un certain nombre de cultivateurs sont solidairement responsables, ils ont dans beaucoup de districts été trouvés incapables d'exécuter systématiquement le travail combiné et ils se sont accoutumés à se fier à la surveillance que le Gouvernement exerce sur leur travail. Dans ces conditions, il est absolument nécessaire que le Gouvernement ait le pouvoir de les contraindre à achever ce travail, quand la né-

---

Burma in consequence of the thinly populated nature of the tracts already irrigated and which it is proposed to irrigate in the future, and the consequent lack of a floating population willing to engage themselves on hired labour. The difficulty is further increased by the apathy and want of forethought inherent to the Burman character. Even in the case of a water-course for the maintenance of which a number of cultivators are jointly responsible, they have in many districts been found unable to carry out systematically the combined work and have been accustomed to place reliance on the Government supervision of their labour. Under these circumstances, it is absolutely necessary that Government should have the power to compel the performance of such work when the necessity arises, if the irrigation-works are to be kept at the maximum of efficiency. The clause in effect provides legisla-

cessité s'en fait sentir, si l'on veut maintenir aux travaux d'irrigation leur plus haut degré de rendement. La clause en question pourvoit à une autorité législative pour l'imposition d'une coutume existante déjà, qui est bien admise dans la Haute-Birmanie et qui ne fera peser aucune contrainte spéciale sur les villageois dont les terrains sont rendus cultivables par l'irrigation. Lorsqu'il s'agit de l'entretien de canaux, ce qui est un devoir incombant au Gouvernement, les ouvriers recevront, naturellement, les gages prévus dans la clause 68 ; mais dans le cas d'enlèvement des vases dans les aqueducs par les villages qui en bénéficient et qui sont responsables de leur bon état, la clause conditionnelle ajoutée à l'article 71 permettra de ne pas percevoir à charge des cultivateurs de ces villages la compensation, qui serait plus tard remboursée aux villageois en guise de salaire pour leur travail. Cette manière de procéder est aussi en harmonie avec les coutumes spéciales prévalant dans les régions irriguées, où tous les villageois de la classe qui peut être appelée à travailler aux aqueducs, sont directement ou

---

tive authority for the enforcement of an already existing custom, which is well recognized in Upper Burma, and will involve no special hardship on the villagers whose lands are rendered culturable by the efficiency of the irrigation-work. In the case of the maintenance of canals, which is a Government charge, the labourers will, of course, receive the wages provided for in clause 68; but in the case of the silt-clearance of water-courses by villages benefited thereby and responsible for the up-keep thereof, the proviso to clause 71 will avoid the necessity of collecting from the cultivators of such villages the compensation which would be paid back to the villagers as the wages for their work. This procedure is likewise in consonance with the special customs prevailing in the irrigated tracts, where all the villagers of the class likely to be called out to labour on a water-course are either directly or indi-

indirectement intéressés à la bonne réussite de l'irrigation des terres du village, à cause des récoltes de la saison ou de l'année au cours de laquelle ce travail est exécuté.

8. A propos du droit dont il est question ci-dessus, il est à noter que la construction des aqueducs ne sera pas, dans beaucoup de cas, entamée avant que le canal soit achevé et que les ouvriers qui y étaient employés soient licenciés. Appeler un contingent d'ouvriers étrangers sur les travaux entraînerait une dépense dépassant considérablement la valeur de l'ouvrage à construire. Comme les frais de construction retomberont sur les propriétaires et les occupants des terres irriguées par les aqueducs, il est évidemment à leur avantage que la dépense soit restreinte et que des mesures soient prises pour assurer l'exécution de ce travail par les villages qui y sont intéressés. La nécessité de l'intervention du Gouvernement d'imposer l'action combinée des villageois, dans leur propre intérêt, a été expliquée précédemment. Dans le district de Man-

---

rectly interested in the success of the irrigation-supply to the village-lands for the crops of the season or year in which such labour is exacted.

8. In connection with the former power, it may be noticed that the construction of water-courses will in many cases not be commenced until after the canal has been completed and the labourers employed thereon have dispersed. To bring an outside body of labourers to the work might consequently entail an expenditure considerably in excess of the value of the work to be done. As the cost of construction will fall on the owners and occupiers of lands irrigated by the water-course, it is clearly to their advantage that the expense should be curtailed and that power should be taken to ensure such work being carried out by the villages interested therein. The necessity for Government interference so as to enforce the combined action of villagers for their own benefit has been explained above. In the Mandalay District it

dalay, il a été trouvé nécessaire de requérir la main-d'œuvre pour ces travaux en vertu de l'article 5, littera (*h*), du règlement de 1887 sur les villages dans la Haute-Birmanie, mais il est préférable que les pouvoirs à ce sujet soient tous réunis dans le projet de loi sur les canaux.

Les ouvriers commandés à cette fin auront droit, en vertu de la clause 68, au paiement d'un salaire pour leur travail dont le montant sera, en vertu de la clause 16, recouvable à charge des propriétaires des terrains alimentés par l'aqueduc. Comme la construction primordiale comprendra un travail plus important que les enlèvements de vase annuels, etc., visés par l'article 71 et sera entreprise avant que les bénéfices produits par l'irrigation se soient fait sentir dans le village d'une manière efficace, il conviendra que les ouvriers, et spécialement ceux qui résident temporairement dans les villages, touchent les salaires auxquels ils ont droit pour ce travail.

---

has been found necessary to call out labour for this work under section 5, clause (*h*), of the Upper Burma Village Regulation, 1887, but it is preferable that the powers in this respect should all be collected in the Canal Bill.

The labourers impressed for this purpose will, under clause 68, be entitled to payment for their labour, and that amount will, under clause 16, be recoverable from the owners of the lands supplied from the water-course. As the original construction will be a larger work than the annual silt-clearances, etc., contemplated by section 71 and will be undertaken before the benefits from the water-supply have actually accrued to the village, it is advisable that labourers and especially those temporarily residing in the villages should receive their wages for such labour.

NOTES EXPLICATIVES SUR CERTAINES CLAUSES.

Article 3, *sous-article* 1°. — La définition figurant dans la loi sur le canal de Pegu et de Sittang, de 1881, et désignant les terrains, etc., spécifiés dans le paragraphe (*c*) pour tous les cas qui pourraient se présenter, est jugée préférable à la définition qui figure dans la loi de 1873 et qui, lue avec l'addition à l'article 74, désigne les mêmes terrains, etc., uniquement en ce qui concerne les dispositions relatives aux pénalités.

Les définitions de « Commissaire et de Percepteur », qui figurent dans les autres lois, n'ont pas été reproduites, parce que ces termes sont définis dans la loi des clauses générales de 1898 relatives à la Birmanie.

Article 4. — La nécessité de cette clause a été expliquée plus haut dans le paragraphe 3.

Article 9. — Le paragraphe (*i*) a reçu un sens plus restreint que la disposition correspondante dans l'article 8 de la loi de 1873 par l'insertion des mots « à une pro-

---

NOTES ON CLAUSES.

Clause 3, sub-clause (1). — The definition in the Pegu and Sittang Canal Act, 1881, which includes the lands, etc., specified in paragraph (*c*) for all purposes, is considered preferable to the definition in the Act of 1873 which, read with the addition in section 74, includes the same only for the purpose of the penal provisions.

The definitions of « Commissioner » and « Collector, » which appear in the other Acts, have not been reproduced, as these terms are defined in the Burma General Clauses Act, 1898.

Clause 4. — The necessity for this clause has been explained above in paragraph 3.

Clause 9. — Paragraph (*i*) has been made more restricted than the corresponding provision in section 8 of the Act of 1873 by the

priété ». Sans cette modification, on pourrait croire que cette disposition admet des demandes de dédommagement pour la perte d'émoluments personnels par suite de la suppression des appointements, dans les cas où le Gouvernement reprend l'administration de travaux d'irrigation existants. Dans ces cas, la personne dont l'appointement est supprimé peut réclamer à son patron le montant auquel elle a droit en vertu de la loi ordinaire, et il n'y a aucune raison pour qu'elle puisse prétendre à une autre indemnité.

Le projet de loi ne renferme aucune disposition correspondante aux articles 11 et 12 de la loi de 1873, relatifs à l'abaissement ou à l'augmentation de l'impôt en cas d'interruption ou de rétablissement d'une distribution d'eau. Ces points peuvent, si c'est nécessaire, être réglés plus judicieusement dans le projet de loi concernant la location, à l'examen en ce moment.

Il a également été jugé inutile d'adopter les dispositions de l'article 13 de cette loi. Les articles 28 et 34 de la loi

---

insertion of the words « to property. » Without this alteration, the provision might seem to authorize claims for compensation for the loss of personal emoluments on the abolition of appointments in cases where the management of existing irrigation-works is taken over by Government. In such cases the person whose appointment is abolished can recover from his employer the sums claimable under the ordinary law, and there is no reason why he should recover anything more.

The Bill contains no provisions corresponding to sections 11 and 12 of the Act of 1873 with respect to the abatement or enhancement of rent in the case of stoppage or restoration of a water-supply. Such matters can, if necessary, be more suitably provided for in the Tenancy Bill now under consideration.

It has also been considered unnecessary to adopt the provisions of section 13 of that Act, Sections 28 and 34 of the Land Acquisi-

de 1894 sur les expropriations immobilières, seront d'application, en vertu de la clause 11, dans les cas prévus par la disposition omise.

Article 12. — Cet article accordera au Gouvernement local la faculté de rendre le consentement du Percepteur nécessaire pour la construction de nouveaux travaux d'irrigation devant s'alimenter à des voies d'eau qui seront probablement destinées à être affectées à l'usage de canaux. Le projet d'un canal ou d'un travail de drainage est souvent médité déjà beaucoup d'années avant la construction, et dans ces cas, il importe de prévenir que des personnes privées ne gaspillent de l'argent en travaux qui plus tard seront rendus inutilisables et qui deviendront par conséquent l'objet de lourdes compensations, en vertu de l'article 9. Dans ce cas, le Percepteur peut consentir à laisser effectuer des travaux qui ne souffriront pas de l'établissement d'un canal ou pour lesquels la personne privée veut renoncer à la compensation du chef de la diminution prévue de l'alimentation d'eau.

---

tion Act, 1894 will, under clause 11, provide for matters covered by the omitted provision.

Clause 12. — This clause wil enable the Local Gevernment to render the consent of the Collector necessary for the construction of new irrigation-works on waters likely to be required for canal purposes. A projected canal or drainge-work is often contemplated for many years before construction, and in such cases it is advisable to prevent a waste of money by private persons on works which will afterwards be rendered useless and consequently the subject-matter of heavy compensation under clause 9. The Collector will in such cases be authorized to consent to works which will not be affected by the canal or in respect of which the private person is willing to forego compensation for the anticipated diminution of the water-supply.

Article 13. — Comme dans le troisième paragraphe on considère le pouvoir général, il a été jugé inutile de conserver la disposition suivante de la loi de 1873, qui fait suite à ce paragraphe :

« et lorsque ces recherches ne peuvent être menées à « bonne fin autrement, ce fonctionnaire ou cette personne « peut abattre et enlever n'importe quelle partie d'une « récolte, d'une clôture ou d'une jungle. »

Les dispositions relatives à cette clause, qui figurent dans l'article 15, s'appliquent également aux cas qui se présenteront ensuite du nouvel article 14.

Article 14. — La loi de 1873 édicte des mesures en vue de la construction des aqueducs à la demande et aux frais des personnes qui en bénéficient, mais ces requêtes et ces constructions devraient ordinairement être remises jusqu'à ce que le succès du canal soit prouvé, et le développement du système devrait être lent et graduel. La nouvelle disposition figurant dans cette clause permettra à l'officier de canal de construire en premier lieu les grandes

---

Clause 13. — Having regard to the general power in the third paragraph, it has been considered unnecessary to retain the following further provision of the Act of 1873 :

« and where otherwise such inquiry cannot be completed, such officer or other person may cut down and clear away any part of any standing crop, fence or jungle. »

The provisos to this clause, which appear in clause 15, will also apply to cases arising under the new clause 14.

Clause 14. — The Act of 1873 provides for the construction of the water-courses on the application of and at the cost of the persons benefited, but such applications and construction would ordinarily be delayed until the success of the Canal had been proved, and the development of the system would be slow and gradual. The new provision in this clause will enable the Divisional

conduites de distribution, et aura probablement pour résultat un développement plus rapide du système des aqueducs, en même temps qu'elle mettra ce fonctionnaire à même d'adopter un système propre à garantir la plus grande économie possible de l'eau du canal.

Article 15. — Il est à supposer avec raison que le possesseur d'un terrain affecté à un aqueduc demandera plus tard une distribution d'eau, si le terrain limitrophe peut utiliser cette alimentation. Dans ces cas, il est inutile de lui allouer une compensation qu'il aurait éventuellement à rembourser plus tard, lorsqu'il accepterait la distribution d'eau.

Article 16. — Comme les dispositions des articles 21 et 33 s'appliquent uniquement aux cas où un arrangement est conclu ou une demande a été faite, il est nécessaire de fixer la marche à suivre pour établir la proportion dans laquelle les personnes recevant une distribution d'eau devront supporter les frais d'une conduite construite par

---

Canal-officer to construct the main distributaries in the first instance and will probably result in the more speedy development of the system of water-courses, besides enabling that officer to adopt a system likely to secure the utmost possible economy in the distribution of canal-water.

Clause 15. — It may be reasonably presumed that the owner of the land occupied for a water-course will afterwards apply for a supply of water, if the adjoining land is capable of taking the supply. In such cases it is unnecessary to allow him compensation which would eventually be levied from him when accepting the supply of water.

Clause 16. — As the provisions of clauses 21 and 33 apply only to cases where an agreement or application has been made, it is necessary to provide a procedure for settling the proportion in which the persons receiving a supply of water shall bear the cost

le Gouvernement en vertu du nouveau droit stipulé dans l'article 14.

Cet article n'impose aucune charge qui ne pèserait pas également sur chacune de ces personnes, au cas où elles introduiraient une requête pour demander la construction d'un nouvel aqueduc. Il semble qu'il n'y a aucune objection à l'application rétrospective de la disposition aux aqueducs que le Gouvernement construit pour le moment, en communication avec le canal de Mandalay.

Article 18. — Les mots « ou en cas d'urgence, lorsqu'un « nouvel ouvrage est immédiatement requis pour prévenir « un sérieux préjudice au bon état d'un canal ou chaque « fois que c'est nécessaire au bon entretien du canal », et les mots correspondants de la fin de l'article sont une ajoute aux droits déterminés dans l'article 15 de la loi de 1873. Ces pouvoirs additionnels seront utiles lorsqu'une nouvelle tête de chenal devra être construite pour un canal par suite de changements dans le cours de la

---

of a water-course constructed by Government under the new power in clause 14.

This clause does not impose any burden which would not equally arise in the case of an application by the same persons for the construction of a new water-course. There seems to be no objection to the retrospective application of the provision to the water-courses now being constructed by Government in connection with the Mandalay Canal.

Clause 18. — The words « or in case of urgency when any new work is immediately required to prevent serious detriment to the efficiency of a canal or whenever necessary for the proper maintenance of a canal » and the corresponding words at the end of the clause are an addition to the powers in section 15 of the Act of 1873. These additional powers will be useful when a new head-channel is required for a canal owing to changes in the course of

rivière, et qu'il sera nécessaire d'achever le travail dans la saison des curages, entre novembre et mars.

Article 19. — Cet article est une addition aux pouvoirs stipulés dans la loi de 1873 et pare aux difficultés que les fonctionnaires ont rencontrées dans l'Inde septentrionale, quand ils essayaient de faire exécuter rapidement les réparations. L'acquisition complète des terrains longeant un canal est ordinairement très mal vue des propriétaires, et lorsqu'une occupation permanente n'est pas nécessaire, ce moyen est à éviter, excepté si les propriétaires désirent expressément que la compensation fixée sur la base d'une acquisition complète, faite en vertu de la loi de 1894 sur les expropriations immobilières. Dans la plupart des cas, l'offre d'une compensation pour une occupation temporaire suffira, mais il n'y a aucune raison de payer une telle compensation pour l'extraction d'une légère couche d'argile, si cette opération ne cause aucun dommage ni aucune perte réels au terrain ni à son occupant.

---

the river and it is necessary to complete the work in the clearance-season between November and March.

Clause 19. — This clause is an addition to the powers in the Act of 1873, and meets difficulties which officers have experienced in Northern India when endeavouring to get their repairs done quickly. The complete acquisition of lands near a canal is usually very unpopular with the owners, and, where permanent occupation is unnecessary, that course should be avoided, except in cases in which the owners expressly desire the compensation to be assessed on the basis of a complete acquisition under the Land Acquisition Act, 1894. In most cases the tender of compensation for a temporary occupation will suffice, but there is no reason why such compensation should be paid for the extraction of a little surface clay if no actual damage or loss is caused thereby to the Land or its occupier.

L'article 20 confère deux pouvoirs additionnels pour la fixation de l'indemnité dans les cas où le propriétaire foncier et le Gouvernement sont d'accord sur la forme spéciale d'acquisition ou de compensation. La nécessité d'avoir le consentement des deux parties est de nature à éviter l'application du procédé dans les cas auxquels il ne conviendrait pas. En souscrivant, d'après le paragraphe (*a*), à un droit d'usage limité de la part du Gouvernement, le propriétaire foncier aura la faculté de conserver son terrain et, en même temps, de recevoir une compensation pour tout dommage causé par l'occupant. Le paragraphe (*b*) est, en effet, une extension, adaptée au cas spécial des canaux, de la disposition de l'article 31, sous-article 3° de la loi de 1894 sur expropriations immobilières.

Article 21. — Les mots « ou si les occupants se sont « engagés à payer le coût effectif, pour ce coût effectif » inscrits à la fin du troisième paragraphe, sont simplement

---

Clause 20 confers two additional powers for the assessment of compensation in cases where both the land-owner and Government agree to the special form of acquisition or compensation. The necessity for the consent of both parties will prevent the procedure from being applied in unsuitable cases. By agreeing under paragraph (*a*) to a limited right of user on the part of Government, the land-owner will be able to retain his lands and at the same time receive compensation for any damage caused by the user. Paragraph (*b*) is in effect an extension, adapted to the special case of canals, of the provisions of section 31, sub-section (3) of the Land Acquisition Act, 1894.

Clause 21. — The words « or if the applicants have engaged to pay the actual cost, for such actual cost » at the end of the third paragraph are merely a formal addition to the corresponding section of the Act of 1873.

une addition de pure forme à l'article correspondant de la loi de 1873.

La désignation du Percepteur comme fonctionnaire chargé du recouvrement d'un montant comme si c'était un arriéré d'impôt foncier, n'a été conservée ni dans le dernier paragraphe de cet article, ni dans les autres dispositions similaires du projet de loi. Cette restriction paraît inutile, parce que le recouvrement des arriérés d'impôt foncier est ordinairement fait dans la Basse-Birmanie par le fonctionnaire chargé de la juridiction d'une ville (Township) ou par le fonctionnaire subdivisionnaire, et dans la Haute-Birmanie par le Percepteur assistant.

Article 24. — Dans le troisième paragraphe il est dit que les plaignants doivent interjeter appel auprès de l'officier de canal intendant en chef, parce que l'objet de l'enquête comprend ordinairement des questions de nature technique concernant le coût de l'ouvrage, et que celles-ci sont spécialement de la compétence de cet officier. D'après

---

The reference to the Collector as the officer to recover an amount as if it were an arrear of land-revenue has not been retained either in the last paragraph of this clause or in the other similar provisions of the Bill. Such restriction appears to be unnecessary, as the recovery of arrears of land-revenue is ordinarily made by the Township or Subdivisional Officer in Lower Burma and by an Assistant Collector in Upper Burma.

Clause 24. — In the third paragraph the appeal is made to lie to the Superintending Canal-officer, as the subject-matter of the inquiry would ordinarily include questions of a technical nature relating to the cost of work and would be specially within the experience of that officer. Under the corresponding section of the Act of 1873 the appeal lies to the Commissioner.

Clauses 36 and 37 are additions to the Act of 1873 which have

l'article correspondant de la loi de 1873, l'appel doit être interjeté auprès du Commissaire.

Les articles 36 *et* 37 sont des additions à la loi de 1873 qui ont été trouvées nécessaires pour la bonne administration des canaux et des aqueducs au Punjab.

L'article 40 est un développement du principe de l'article 41, dont l'expérience faite au Punjab prouve la nécessité. Dans les cas où la berge d'un canal est trouvée percée, la personne dont les terrains ont été avantagés par ce fait peut avec raison être taxée du chef de l'emploi de l'eau. Si l'on omettait d'imposer ces taxes, on encouragerait des dégâts similaires, qui, même s'ils n'étaient pas effectivement commis ou favorisés par le propriétaire foncier, seraient cependant une cause de profit pour lui.

Article 44. — Cet article autorise l'imposition d'une taxe d'occupant, mais il n'a pas été inséré dans le projet de dispositions autorisant l'imposition d'une « taxe de propriétaire » semblable à celle prévue par les articles 37

---

been found necessary for the proper management of canals and water-courses in the Punjab.

Clause 40 is an extension of the principle of clause 41, which experience in the Punjab has shown to be necessary. In cases where the bank of a canal is found cut, the person whose lands have benefited thereby may be reasonably charged for the use of the water. An omission to impose such charges would encourage similar offences which, if not actually committed or connived at by the adjoining land-owner, would at least confer a benefit on him.

Clause 44. — This clause authorizes the imposition of an occupier's rate, but no provisions have been inserted in the Bill authorizing an « owner's rate » similar to that provided for in sections 37 to 44 of the Act of 1873. Experience has shown that the

à 44 de la loi de 1873. L'expérience a prouvé qu'on n'est pas réellement à même d'empêcher le propriétaire, qui n'est pas en même temps l'occupant, de se décharger sur l'occupant d'une contribution variable de cette sorte, et dans ces conditions il est plus simple et plus efficace d'avoir une simple taxe d'occupant relativement élevée, qu'une taxe d'occupant moindre augmentée d'une taxe de propriétaire. Comme la taxe d'occupant et la taxe sur les revenus des travaux d'eau sont déjà introduites dans la Haute-Birmanie, on ne comprendrait pas toujours bien la nécessité d'imposer une taxe de propriétaire.

Article 46. — La taxe d'eau est et sera ordinairement perçue dans la Birmanie par le chef de village désigné par le Percepteur. Pour ce motif, les dispositions de l'article 46 de la loi de 1873, relatives à un arrangement en vue de la perception, ne conviendraient pas. De même, les articles 47 et 48 de cette loi ne conviendraient pas dans cette province.

---

owner, who is not also the occupier, cannot be effectually prevented from throwing a fluctuating charge of this description on to the occupier, and under these circumstances it is simpler and more satisfactory in every way to have a single comparatively high occupier's rate than a lower occupier's rate supplemented by an owner's rate. As the occupier's rate and the wet revenue rate have been already introduced in Upper Burma, the necessity for the application of an owner's rate would not in any case be likely to arise.

Clause 46. — The water-rate in Burma is and will ordinarily be collected by the village headman appointed by the Collector. For this reason the provisions of section 46 of the Act of 1873 relating to an agreement to collect would not be suitable. Sections 47 to 48 of that Act would likewise be unsuitable in this Province.

Articles 47 *à* 51. — L'objet principal de ces dispositions a été expliqué plus haut dans le paragraphe 3.

Article 48, *sous-article* 1°. — Outre la substitution des mots « canal secondaire » et « canal » respectivement à « travail d'irrigation » et « ouvrage », et la remise au Gouvernement local, au lieu du Commissaire des finances, du pouvoir de prescrire la forme du registre, le texte de l'article 36, sous-article 1° de la loi sur les impôts dans la Haute-Birmanie a été amplifié par l'addition des instructions relatives au bon fonctionnement du canal, dans le paragraphe (*d*), et de celles relatives aux curages annuels dans le paragraphe (*e*).

L'article 48, *sous-article* 2° prend des dispositions pour le cas où il est impossible de former un registre de coutumes qui n'ont pas existé auparavant, comme dans le cas d'un nouveau canal, ou qui ont été oubliées par suite d'un long abandon de l'ouvrage. Si les villageois acceptent

---

Clauses 47 to 51.—The main object of these provisions has been explained above in paragraph 3.

Clause 48, sub-clause (1). — Besides the substitution of the words « minor canal » and « canal » for « irrigation-work » and « work » respectively, and the conferment of the power to prescribe the form of record on the Local Government instead of on the Financial Commissioner, the wording of section 36, sub-section (1) of the Upper Burma Land and Revenue Regulation has been amplified by the references to the efficient working of the canal in paragraph (*d*) and to the annual silt-clearances in paragraph (*e*).

Clause 48, sub-clause (*2*) provides for a case in which it is impossible or difficult to frame a record of customs, which have not previously existed, as in the case of a new canal, or which have been forgotten owing to a long abandonment of the work. If the villagers agree to be bound by a definite statement of

d'être liés par un exposé défini de coutumes, obligations et responsabilités, il n'y a aucune raison de ne pas imposer cet exposé aux personnes qui l'ont accepté, mais il a été trouvé recommandable de sauvegarder les droits des personnes qui n'ont pas accepté cet exposé et qui ne seraient pas liées en conséquence par une stipulation qui y figure et qui ne serait pas basée sur une coutume établie.

Le sous-article 3° a été ajouté pour mettre le Gouvernement local à même de se procurer des renseignements complets sur les conditions de chaque canal, au moment de faire une notification en vertu de la clause 50. Et la publication du registre permettra au public et aux fonctionnaires locaux de s'assurer de la condition légale de chaque canal secondaire.

Articles 52 *à* 57. — Le texte de la loi sur le canal de Pegu et de Sittang de 1881 a été suivi dans ce chapitre. L'article 52, qui confère le pouvoir d'imposer des droits, ne figure pas dans la loi de 1873, mais les autres varia-

---

customs, obligations and liabilities, there is no reason why such statement should not be enforced as between the persons accepting the same, but it has been considered advisable to safeguard the rights of persons who have not accepted such statement and should not accordingly be bound by a stipulation therein which is not based on an established custom.

Sub-clause (3) has been added to enable the Local Government to have full information as to the circumstances of each canal when making a notification under clause 50. And the publication of the record will enable the public and local officers to ascertain the legal position of each minor canal.

Clauses 52 to 57. — The wording of the Pegu and Sittang Canal Act, 1881, has been followed in this chapter. Clause 52, which confers the power to impose tolls, does not appear in the

tions au texte de la partie VI de cette loi sont de moindre importance.

Les articles 66 *à* 71 ont été expliqués ci-dessus dans les paragraphes 4 à 8.

Article 75, *sous-article* 6°.—Les mots « ou pour rester à n'importe quelle place dans » figurent dans la loi de 1881 sur le canal de Pegu et de Sittang, et sont une addition judicieuse aux dispositions de la loi de 1873.

Article 75, *sous-article* 9°. — La rédaction de l'article 18, alinéa (*g*) de la loi de 1881 sur le canal de Pegu et de Sittang, est conséquente avec les dispositions des articles 66 et 67 du projet de loi, lesquelles, comme il est dit ci-dessus, sont une modification des dispositions contenues dans la loi de 1873.

Le dernier paragraphe de l'article reproduit le texte de la loi sur le canal de Pegu et de Sittang, de 1881, mais ne contient pas les mots « de telle classe que le Gouvernement l'ordonne dans ce cas » qui figurent après le mot

---

Act of 1873, but the other variations from the wording of Part VI of that Act are of minor importance.

Clauses 66 to 71 have been explained above in paragraphs 4 to 8.

Clause 75, *sub-clause* (*6*). — The words « or to remain at any place in » appear in the Pegu and Sittang Canal Act, 1881, and are a reasonable addition to the provision in the Act of 1873.

Clause 75, *sub-clause* (*9*). — The wording of section 18, clause (*g*) of the Pegu and Sittang Canal Act, 1881, is consistent with the provisions of clauses 66 and 67 of the Bill which, as explained above, are a modification of the provisions in the Act of 1873.

The last paragraph of the clause follows the wording of the Pegu and Sittang Canal Act, 1881, and does not contain the words « of such class as the Local Government directs in this behalf »

« magistrat » dans le paragraphe correspondant de la loi de 1873.

Article 77. — Cette disposition autorise le recouvrement d'une amende infligée au propriétaire ou à la personne qui a charge d'un navire naviguant sur un canal, comme s'il s'agissait d'une taxe due en vertu du projet de loi pour ce navire. Elle est reprise de la loi de 1881 sur le canal de Pegu et de Sittang, et forme une addition à la loi de 1873.

L'article 78 reste également fidèle au texte de la loi de 1881, sur le canal de Pegu et de Sittang.

Article 79. — Il est jugé inutile d'exiger la sanction expresse du Gouverneur général en Conseil pour les différents règlements édictés en vertu de cet article. Dans le dernier paragraphe, le texte « et auront ensuite le même

---

which appear after the word « Magistrate » in the corresponding paragraph of the Act of 1873.

Clause 77. — This provision authorizes the recovery of a fine imposed upon the owner or person in charge of a vessel navigating a canal as if it were a charge under the Bill due in respect of such vessel. It is taken from the Pegu and Sittang Canal Act, 1881, and is an addition to the Act of 1873.

Clause 78 likewise follows the wording of the Pegu and Sittang Canal Act, 1881.

Clause 79. — It is considered unnecessary to require the express sanction of the Governor-General in Council for the various rules made under this clause. In the last paragraph the wording « and shall thereupon have the same effect as if enacted

effet que s'ils avaient été décrétés par cette loi » a été substitué à celui « et auront dès ce moment force de loi ».

Rangoon, le 10 décembre 1904.

LIONEL JACOB.

---

by this Act » has been substituted for « and shall thereupon have the force of law ».

Rangoon, the 10th December 1904.

LIONEL JACOB.

RAPPORT de la Commission sur le projet de loi des canaux en Birmanie.

Nous soussignés, membres de la Commission à laquelle le projet de loi pour régler l'irrigation, la navigation et le drainage en Birmanie a été soumis, avons examiné ce projet et avons l'honneur de soumettre notre rapport en même temps que le projet de loi y annexé, comme il a été amendé par nous.

Article 3, *sous-article* 2° et deuxième annexe. — Nous avons omis dans ce sous-article les mots « canal spécifié dans la deuxième annexe ou tout autre » ainsi que la deuxième annexe. Comme le sous-article confère au Gouvernement local le pouvoir de déclarer par notification que des canaux sont de rang secondaire, nous

---

REPORT of the Select Committee on the Burma Canal Bill.

We, the undersigned, members of the Select Committee to which the Bill to regulate Irrigation, Navigation and Drainage in Burma was referred, have considered the Bill and have the honour to submit this our report together with the Bill as amended by us annexed thereto.

Clause 3, sub-clause (2) and Second Schedule. — We have omitted the words « canal specified in the Second Schedule or any other » in this sub-clause and also the Second Schedule. As the sub-clause confers power on the Local Government to declare minor canals by notification, we consider it preferable that the entire list of minor canals should be so notified. If the Second

jugeons qu'il est préférable de notifier ainsi la liste entière des canaux. Si la deuxième annexe était conservée, il serait recommandable de conférer au Gouvernement local le pouvoir d'annuler par notification des inscriptions dans ces registres, de la manière dont une notification peut être annulée ou amendée ; et il ne nous semble pas désirable que la loi puisse être amendée par notification.

Article 5, *sous-article* 2°. — Nous avons ajouté ce sous-article afin de mettre le Gouvernement local à même de conférer quelques-uns des pouvoirs du Percepteur à des fonctionnaires choisis.

Article 7. – Nous avons inséré les mots « ou utiles ».

Article 16. — Dans cet article et dans plusieurs articles suivants, nous avons omis les mots « à la demande de l'officier de canal divisionnaire » et nous avons ajouté l'article 80, qui confère au Gouvernement local le pou-

---

Schedule were retained, it would be advisable to confer on the Local Government power to cancel by notification entries therein in the same way as a notification may be cancelled or amended, and it does not seem desirable that the enactment should be amended by notification.

Clause 5, sub-clause (2). — We have added this sub-clause in order to enable the Local Government to confer some of the powers of a Collector on selected officers.

Clause 7. — We have inserted the words « or proper. »

Clause 16. — In this clause and in several subsequent clauses we have omitted the words « on the demand of the Divisional Canal-officer, » and we have added clause 80 conferring on the Local Government power to prescribe by notification by whose order and on whose aplication any sum recoverable under the Bill as arrears of land-revenue may be recovered, similar to the power conferred under section 206 of the Burma Municipal Act, 1898.

voir de prescrire par notification en vertu de quel ordre et à la demande de qui toute somme recouvrable, d'après le projet de loi comme un arriéré d'impôt foncier, peut être recouvrée, pouvoir semblable à celui qui est conféré d'après l'article 206 de la loi municipale de Birmanie de 1898.

Article 19. — Nous avons supprimé les mots « adjacent à un canal » comme étant superflus. Le Gouvernement local peut prescrire jusqu'à quelle distance du canal le sol peut être creusé, etc.

Article 21. — Dans le 3e paragraphe, nous avons supprimé les mots par lesquels il est dit que le Percepteur devra vérifier l'authenticité de la requête. Si l'officier de canal divisionnaire accepte la demande et y donne son consentement, comme il est prévu dans l'article, il aura lui-même à s'assurer si les requérants l'ont signée.

Article 39. — Nous avons substitué les mots « les dispositions suivantes s'appliqueront à toute distribution d'eau, à savoir » aux mots « ces contrats et règlements doivent être d'accord avec les conditions suivantes »,

---

Clause 19. — We have omitted the words « adjacent to a canal » as superfluous. The Local Government can prescribe within what distance from the canal earth may be excavated, etc.

Clause 21. — In the third paragraph we have omitted the words providing that the application shall be attested by the Collector. If the Divisional Canal-officer accepts the application and assents to it, as provided in the clause, he should himself make certain that the applicants have signed it.

Clause 39. — We have substituted the words « the following provisions shall apply to every supply of canal-water namely » for the words « such contract and rules must be consistent with the following conditions, » as it is intended that the provisions should apply whether expressly incorporated in the contract or not.

parce que le but est de rendre les dispositions applicables, qu'elles soient ou non renseignées explicitement dans le contrat.

Dans le sous-article (*b*) nous avons substitué les mots, « Le Gouvernement ne sera pas responsable des pertes » aux mots « aucune plainte ne pourra être adressée au Gouvernement en vue d'obtenir une compensation pour une perte. » Nous avons également substitué les mots « mais les dispositions précédentes ne défendent pas à la personne qui supporte un dommage de demander telle diminution » aux mots « mais les personnes qui ont subi cette perte peuvent demander telle diminution », parce que l'intention n'est pas de conférer ce droit à une diminution pour toutes les interruptions de minime importance.

Dans le sous-article (*c*) nous avons supprimé les mots qui énoncent l'autorisation de présenter une pétition, comme étant inutiles.

Articles 40, 41 et 42. — Nous avons légèrement modifié ces articles de façon à imposer au propriétaire des terrains sur lesquels l'eau s'est répandue de telle sorte

---

In sub-clause (*b*) we have substituted the words « Government shall not be liable for loss » for the words « no claim shall be made against the Government for compensation in respect of loss. » We have also substituded the words « but the foregoing provisions shall not prevent the person suffering such loss from claiming such remission » for the words « but the person suffering such loss may claim such remission, » as it is not intended to confer the right to remission for every minor stoppage.

In sub-clause (*c*) we have omitted the words authorizing the presentation of a petition, as unnecessary.

Clauses 40, 41 and 42. — We have slightly altered these clause so as to throw on the owner of the land, on which water has

qu'ils en aient retiré un avantage, l'obligation de désigner la personne qui a causé le gaspillage, etc.

Article 45. — Nous avons supprimé les mots « et certifié par l'officier de canal divisionnaire comme étant dû ainsi ». L'article 80 mettra le Gouvernement local à même de prendre des mesures en vue du recouvrement.

L'article 46 *du projet de loi, comme il a été déposé,* a été supprimé par nous comme étant inutile en Birmanie. Nous avons renuméroté en conséquence les articles 47 et 48.

Article 47 (*article* 48 *du projet comme il a été déposé*). — Nous avons supprimé le sous-article 2° du projet primitif, et nous avons, dans le paragraphe (*g*) du sous-article 1° pris les dispositions nécessaires pour l'enregistrement des conventions, de sorte que les dispositions s'appliqueront à tous les canaux secondaires, aussi bien qu'aux nouveaux canaux ou aux canaux transformés. Cet amendement permettra aux villageois de modifier les

---

flowed with benefit thereto, the onus of showing who caused the waste, etc.

Clause 45. — We have omitted the words « and certified by the Divisional Canal-officer to be so due. » Clause 80 will enable the Local Government to provide for the application for the recovery.

Clause 46 of the Bill as introduced has been omitted by us as unnecessary in Burma. We have accordingly re-numbered clauses 47 and 48.

Clause 47 (clause 48 of Bill as introduced). — We have omitted sub-clause (2) of the Bill as introduced, and have provided in paragraph (*g*) of sub-clause (*1*) for the recording of agreements, so that the provision will apply to all minor canals as well as to new canals or renovated canals. This amendment will enable

coutumes au moyen d'un accord, si des difficultés ou des circonstances imprévues se présentent.

Article 48 du projet amendé. — Nous avons inséré cette disposition, qui permettra aux villageois et au Percepteur d'anticiper la préparation du registre, dans les cas où les villageois désirent qu'une convention soit enregistrée avant qu'ils commencent la construction d'un canal projeté. Comme un travail d'irrigation projeté ne peut être classé comme canal secondaire avant son achèvement complet, il est recommandable de conserver un procès-verbal de la convention conclue, pendant la construction, afin d'éviter ultérieurement des discussions, lorsque le registre pourra être légalement dressé.

Article 53. — Nous avons supprimé les mots « ou à la fois déplacés ou détenus » comme étant inutiles.

L'article 58 du projet amendé a été inséré par nous dans le but de permettre une vente plus rapide de biens sujets à s'avarier.

---

villagers to alter the customs by agreement when difficulties or unforeseen circumstances arise.

Clause 48 of the amended Bill. — We have inserted this provision which will enable the villagers and the Collector to anticipate the preparation of the record in cases where the villagers desire an agreement to be recorded before they commence the construction of a projected canal. As a projected irrigation-work would not be notified as a minor canal until after completion, it is advisable that some record should be kept of the agreement pending the construction in order to avoid disputes at the later date when the record can legally be prepared.

Clause 53. — We have omitted the words « or both removed or detained » as unnecessary.

Clause 58 of the amended Bill has been inserted by us in order to permit an earlier sale of perishable goods.

Article 67. — Nous avons intercalé les mots « convoqués par le chef de leur village » afin d'indiquer comment le chef se procurera les ouvriers, et la période durant laquelle cette tâche pèsera sur les ouvriers.

Article 75. — Dans le sous-article 12° nous avons substitué le mot « permet » aux mots « supporte sciemment ». Le mot « volontairement », qui figure au commencement de l'article, implique suffisamment la condition que le délinquant soit conscient de l'acte.

L'article 80 a été ajouté par nous, pour les motifs expliqués dans l'article 16.

Nous avons apporté quelques modifications de moindre importance, qui n'influent pas sur le sens et ne nécessitent pas d'explications.

Le projet de loi a été publié comme suit :

En anglais : Dans la *Burmah Gazette* du 17 décembre 1904.

Clause 67. — We have inserted the words « called upon by the headmann of their village » in order to indicate how the headman will obtain the labourers and the stage at which the duty will attach to the labourers.

Clause 75. — In sub-clause (*12*) we have substituted the word « allows » for the words « knowingly suffers. » The word « voluntarily » at tbe beginning of the clause sufficiently imports the requirement that the offender shall be aware of the act.

Clause 80 has been added by us, as explained under clause 16.

We have made some minor alterations which do not affect the meaning or require explanation.

The Bill has been published as follows :—

InEnglish. —In the *Burma Gazette* of the 17th December1904.

En Birman : dans la *Vernacular Gazette* du 24 décembre 1904.

Nous estimons que le projet n'a pas été tellement modifié qu'il exige une nouvelle publication, et nous recommandons de le promulguer comme il est amendé maintenant.

L. M. JACOB,
J. LOWIS,
F. C. GATES (1),
C. G. BAYNE,
MAUNG SHWE WAING.

Le 23 janvier 1905.

(1) Quoique le chapitre VI ait été quelque peu amélioré par la Commission, il s'adapte encore mal, à mon avis, aux nécessités de la province. Comme il n'est pas possible de l'amender davantage, dans les limites que la circonstance impose, je me rallie à la recommandation que ce chapitre, de même que le reste du projet soit promulgué tel qu'il a été amendé par la Commission.

F. C. GATES.

In Burmese. — In the *Vernacular Gazette* of the 24th December 1904.

We consider that the Bill has not been so altered as to require re-publication, and we recommend that it be passed as now amended.

L. M. JACOB,
J. LOWIS,
F. C. GATES,*
C. G. BAYNE,
MAUNG SHWE WAING.

The 23rd January 1905.

* Although Chapter VI has been somewhat improved by the Select Committee, it is still, in my opinion, ill-adapted to the requirements of te province. As there is no possibility of further amending it within the limits which circumstances impose, I concur in the recommendation that it, together with the rest of the Bill, be passed as amended by the Committee.

S. F. C. GATE

(Extrait du résumé du procès-verbal du Conseil, relatif à la loi sur les canaux en Birmanie, 1904.)

RÉSUMÉ du procès-verbal du Conseil du lieutenant-gouverneur de Birmanie, assemblé dans le but d'élaborer des lois et des règlements en vertu des dispositions de la loi sur le Conseil de l'Inde, de 1861.

Le Conseil se réunit à l'Hôtel du Gouvernement, le mercredi 21 décembre 1904.

Étaient présents :

L'honorable Sir Hugh Shakespear Barnes, K. C. S. I., K. C. V. O. I., C. S., lieutenant-gouverneur de Birmanie, président.

L'honorable J. Lowis, avocat.

L'honorable Maung Po, K. S. M.

L'honorable P. M. Jacob, M. Inst. C. E.

L'honorable F. C. Gates, I. C. S., avocat.

Extract from the Abstract of Proceedings of Council relating to the Burma Canal Bill, 1904.)

ABSTRACT of the proceedings of the Council of the Lieutenant-Governor of Burma, assembled for the purpose of making Laws and Regulations under the provisions of the Indian Council's Act, 1861.

The Council met at Government House on Wednesday, the 21st December 1904.

Present :

The Hon'ble Sir Hugh Shakespear Barnes, K. C. S. I., K. C. V. O., I. C. S., Lieutenant-Governor of Burma, *presiding*.

The Hon'ble J. Lowis, *Barrister-at-Law*.

The Hon'ble Maung Po, K. S. M.

The Hon'ble L. M. Jacob, M. Inst. C. E.

The Hon'ble F. C. Gates, I. C. S., *Barrister-at-Law*.

L'honorable C. G. Bayne, C. S. I., I. C. S.
L'honorable C. H. Wilson, C. I. E.
L'honorable H. S. Hartnoll, I. C. S., avocat.
L'honorable J. G. Reddie.
L'honorable Maung Shwe Waing, A. T. M.

***

Loi sur les canaux de la Birmanie, 1904.

L'honorable **M. Jacob** demanda la permission de déposer un projet de loi destiné à régler l'irrigation, la navigation et le drainage en Birmanie. Il dit :

« La nécessité d'une législation relative aux canaux de la Birmanie fut d'abord mise en avant par le Gouvernement de l'Inde, en 1899. Le Gouvernement de l'Inde examina alors si une loi spéciale sur les canaux ne serait pas bientôt nécessaire, eu égard aux nombreux problèmes spéciaux qui se posaient au sujet des canaux d'irrigation dans cette province.

The Hon'ble C. G. Bayne, C. S. I., I. C. S.
The Hon'ble C. H. Wilson, C. I. E.
The Hon'ble H. S. Hartnoll, I. C. S., *Barrister-at-Law.*
The Hon'ble J. G. Reddie.
The Hon'ble Maung Shwe Waing, A. T. M.

***

The Burma Canal Bill 1904.

The Hon'ble Mr. Jacob moved for leave to introduce a Bill to regulate Irrigation, Navigation and Drainage in Burma. He said :

« The necessity for legislation in connection with canals in Burma was first suggested by the Government of India in 1899. The Government of India then enquired whether a special Canal Act would not soon be necessary with reference to the many special circumstances arising out of irrigation-works in this Province.

« A cette époque nous n'avions, et en fait nous n'avons à présent que la loi de 1881, sur le canal de Pégu et de Sittang applicable à ce canal exclusivement, et les trois articles 34 à 36 de la loi de 1889 sur les terrains et les impôts dans la Haute-Birmanie. L'ancien système d'irrigation existant dans la Haute-Birmanie se résumait dans des travaux nombreux, mais très peu importants, dont beaucoup étaient de construction privée, traités suivant les coutumes locales et les méthodes d'administration traditionnelles. A une certaine époque, la loi sur les terrains et les impôts dans la Haute-Birmanie semble avoir été trouvée suffisante pour réglementer ces petites entreprises, mais des expériences subséquentes ont démontré que beaucoup d'entre les canaux dits « travaux secondaires » ne peuvent être exploités au mieux des intérêts ni du Gouvernement, ni de la population, en appliquant les articles précités, et à plus forte raison ces articles sont insuffisants à l'administration effective des grands canaux

---

« We had at that time, in fact we have at present, only the Pegu and Sittang Canal Act, 1881, applicable to that canal alone, and the three sections 34 to 36 of the Upper Burma Land and Revenue Regulation, 1889. The old irrigation-system of Upper Burma was confined to numerous but very small works, many of them of private construction, treated in accordance with local customs and traditional methods of management. To deal with these small schemes, the Upper Burma Land and Revenue Regulation appears at one time to have been found sufficient, but subsequent experience has shown that many of the « Minor works » canals cannot be worked to the best advantage of either Government or the people under the sections referred to, and, with stronger reason, these sections are inadequate for the effective management of the large State Canals constructed, under construction, or to be constructed in the future.

« It has to be remembered that we shall shortly be dealing

d'État construits, en voie d'achèvement ou qui seront à construire ultérieurement.

« Je dois rappeler que sous peu nous aurons à compter avec des entreprises beaucoup plus importantes que celles d'antan. En l'année 1891-1892, la première dont nous ayons quelques renseignements exacts, la superficie irriguée par toutes les sources était de 196,311 acres. Dans le courant des deux années suivantes, la zone s'accroît jusqu'à 419,747 acres. Depuis, par suite de conditions climatériques défavorables, il y a eu un recul. Néanmoins, l'étendue maxima de 1900-1901 peut un jour être dépassée, et d'autre part, nous avons à prendre en considération les canaux « travaux principaux ». Les « travaux principaux », basés sur des estimations sérieuses, sont destinés à irriguer une superficie de 362,575 acres, et conséquemment la superficie générale que nous avons à considérer s'étendra vraisemblablement jusqu'à huit et demi lakhs d'acres bien mesurés, au lieu de moins de deux lakhs,

---

with much larger figures than those of the past. In the year 1891-1892, the earliest year of which we have any accurate record, the area irrigated from all sources was 196,311 acres. In the course of the next two years the area increased to 419,747 acres. There has been, owing to unfavourable climatic conditions, a drop since. Nevertheless, the maximum area of 1900-1901 may at any time be largely exceeded, and we have further to take into consideration the « Major works » canals. The « Major works », based on cautious estimates, are designed to irrigate an area of 362,575 acres, and consequently our total area is likely to amount to fully eight and a half lakhs of acres as compared with less than two lakhs, the figures of thirteen years ago. In the matter of revenue, taking thirteen lakhs of rupees as a normal figure for the minor works, and adding sixteen lakhs, the probable income of the large canals, we have a total of twentynine lakhs of revenue as against seven lakhs, the figure of 1891-1892.

les chiffres d'il y a treize ans. Pour ce qui concerne l'impôt, en prenant treize lakhs de roupies comme une base normale pour les travaux secondaires, et en y ajoutant seize lakhs, le revenu probable des grands canaux, nous arrivons à un total de vingt-neuf lakhs d'impôt au lieu de sept lakhs, les chiffres de 1891-1892.

« Le premier plan du projet que j'ai l'intention de déposer fut dressé en 1900 par l'honorable M. Smeaton, commissaire des finances, assisté par l'honorable M. Benton, ingénieur en chef. Il y a d'autres plans subséquents, mais il est inutile de suivre l'historique du projet de loi dans ses détails. Une loi sur les canaux pour la Birmanie est devenue, en ce moment, non pas simplement désirable, mais d'absolue nécessité. L'administration du canal de Mandalay cause déjà beaucoup de difficultés, et le Gouvernement aura perdu une somme de près d'un lakh de roupies parce que, par suite du manque de loi, aucun droit de navigation n'a été perçu sur le canal de Kyaikto, un ouvrage dont la construction a coûté plus de douze lakhs de roupies.

« The first draft of the measure, which I propose to ask leave to introduce, was framed in 1900 by the Hon'ble Mr. Smeaton, Financial Commissioner, assisted by the Hon'ble Mr. Benton, Chief Engineer. There have been other subsequent drafts, but it is unnecessary to follow the history of the Bill in any detail. A Canal Act for Burma has now become, not merely desirable, but an absolute necessity. The Mandalay Canal is already causing many difficulties in administration, and Government will have lost a sum approaching a lakh of rupees because, for want of an Act, no navigation-dues have been levied on the Kyaikto Canal, a work costing over twelve lakhs of rupees to construct.

« The preparation of the Bill has been greatly facilitated by the Northern India Canal and Drainage Act, 1873. This Act has now been in force for over thirty years; under it have been

La préparation du projet a été de beaucoup facilitée par la loi de 1873 sur les canaux et le drainage dans l'Inde septentrionale. Cette loi est maintenant en vigueur depuis plus de trente ans ; tous les grands canaux de l'Inde supérieure ont été administrés d'après ses dispositions, et elle a remarquablement bien soutenu l'épreuve. Les dispositions additionnelles, adoptées pour remédier à certains défauts de cette loi et pour l'adapter aux nécessités spéciales de la Birmanie, ont été expliquées dans l'exposé des motifs publié. Elles se résument essentiellement à deux points principaux, l'insertion d'un chapitre concernant la manière de traiter certains canaux secondaires, et les clauses en vue de l'obtention de la main-d'œuvre.

« Au Punjab, il été reconnu depuis longtemps que la loi VIII de 1873 ne convient pas entièrement à plusieurs petits canaux de cette province, et un projet de loi spécial sur les canaux secondaires a été récemment déposé au Conseil législatif. Il est de toutes façons désirable que le projet de loi de la Birmanie soit compréhensible et complet, et le Chapitre VI traite de cette partie de la mesure.

---

administered all the large canal works of Upper India, and it has stood the test remarkably well. The additional provisions, adopted to remove some defects of this Act and to meet the special requirements of Burma, have been explained in the published Statement of Objects and Reasons. They are chiefly confined to two main points, the inclusion of a chapter for the treatment of certain minor canals, and the clauses for the provision of labour.

« In the Punjab, it has long been recognized that Act VIII of 1873 is not entirely suitable to many small canals in that Province, and a separate Minor Canals Bill has recently been introduced into the Legislative Council. It is in every way desirable that the Burma Bill should be comprehensive and complete, and Chapter VI deals with this portion of the measure. It provides

Il prend des dispositions en vue de l'administration améliorée de ces entreprises secondaires, en prenant en due considération les obligations et les droits des vieilles coutumes.

« Quant à l'autre point cité, l'obtention de la main-d'œuvre nécessaire à assurer l'entretien efficace des canaux, est une des principales difficultés avec lesquelles le département de l'irrigation doit lutter.

« Par suite des progrès faits dans la science de l'irrigation, il a maintenant été reconnu que, pour donner les meilleurs résultats, tous les canaux devraient être entretenus dans la perfection. Ce n'est pas parce qu'un canal bien tenu se présente proprement et agréablement à l'œil, mais parce que tout écart de la perfection du régime signifie absorption supplémentaire ; d'abord cette eau absorbée est perdue, entraînant une perte de revenu, et en second lieu, c'est un fait établi qu'elle ira là où elle n'est pas nécessaire et menacera d'y causer un préjudice. Tout expert en irrigation sait combien l'irrigation, au moyen de canaux mal construits, s'accroît dès qu'on y met la

---

for the improved management of these minor schemes with due regard to the obligations and rights of old customs.

« On the other point mentioned, the provision of labour needed to secure the efficient maintenance of canals is one of the chief difficulties with which the Irrigation Department have to contend. With the advance of Irrigation-knowledge, it has now been recognized that all channels, to give the best results, should be maintained in first-rate order. This is not because a well-kept channel appeals as neat and pretty-looking to the eye, but because every deviation from perfection of regimen means extra absorption, and water absorbed is in the first place wasted, involving loss of revenue, and then as a rule it goes where it is not wanted and tends to do injury. Every Irrigation-expert knows how irrigation increases when channels in bad order are taken

main et qu'on les transforme. La main-d'œuvre attirée par le creusement d'un grand canal se disperse après son achèvement; et pour cette raison il est essentiel, dans l'intérêt d'un entretien régulier, de recourir aux ressources locales. Ce serait un tort d'importer des ouvriers étrangers pour tout travail de peu d'importance qui serait à faire ; les frais seraient hors de proportion avec l'étendue du travail auquel ils se rapporteraient.

« Il y a aussi la question très importante de la construction des aqueducs. A présent, il est admis comme un axiome dans la conception des travaux d'irrigation que les fonctions du Gouvernement ne doivent pas se borner aux canaux et distributions lui appartenant et qu'il doit entretenir, mais que, dans tout projet bien compris, elles doivent s'étendre à l'alignement et à la construction des aqueducs privés, qui seront la propriété et devront être entretenues par les soins des personnes employant l'eau. La perte par absorption dans les aqueducs d'un système de canaux est une question très importante. Elle varie avec la qualité du sol et l'état des aqueducs. Elle peut n'être

---

in hand and remodelled. The labour attracted by a large canal under construction disperses on its completion, and it is therefore essential in the interests of regular maintenance to have recourse to local supply. It would be out of the question to import outside labour for each recurring work of small magnitude ; the cost would be out of all proportion to the extent of work involved.

« There is also the very important question of the construction of water-courses. It has now been accepted as an axiom of irrigation schemes that the work by Government agency should not cease with those canals and distributaries owned and to be maintained by Government, but should, in any up-to-date project, also include the alignment and construction of the private water-courses to be owned and maintained by the people using the water. The loss by absorption in the water-courses of a canal-

pas plus de 8 % du débit d'eau pour un canal et peut monter jusqu'à cinquante pour cent. Pour un sol quelconque, elle sera la moins grande dans les canaux construits d'après les règles de la science. La perte s'accroît énormément si le travail est abandonné aux soins de la population, et conduit à des voies d'eau longues, sinueuses, mal appropriées à leur usage, avec un maigre débit, et elle atteint son maximum lorsque, comme le fait est si commun en Birmanie, il n'y a pas d'aqueducs du tout et que l'irrigation se fait en laissant couler l'eau d'un champ sur l'autre. Construire à grands frais un grand canal, — le coût de chaque pied cube par seconde au canal de Mandalay à dépassé trois mille roupies, — et perdre alors un pour cent élevé du volume de l'eau pour laquelle on a payé de si grosses sommes, est évidemment de la plus mauvaise politique. Cette manière d'agir est cause pour le Gouvernement non seulement d'une perte considérable, mais aussi d'une grande perte indirecte, parce qu'un nombre moindre de cultivateurs participeront à la prospé-

---

system is a very large figure. It varies with the description of soil and the state of the water-courses. It may be as low as eight per cent. of the water-rate for the canal or as high as fifty per cent. Soil for soil, it will be at its least with scientifically constructed channels. The loss increases enormously when the work is left to the people and results in long, straggling, ill-designed water-courses with poor command; and it is at its maximum when, as is so common in Burma, there are no water-courses at all and the irrigation is carried out from the flooding of field to field. To construct a large and costly canal, the cost of each cubic foot per second of the Mandalay Canal has been over rupees three thousand; and then to lose a high percentage of the volume of water, for which so much has been paid, is obviously the worst of all policies. It entails not only loss to Government of considerable revenue, but also a large indirect loss in that

rité générale de la contrée, à l'amélioration de la situation du peuple et à sa satisfaction plus grande.

« Il y a en outre la question de développement de l'irrigation. Dans tout projet soumis au Gouvernement de l'Inde pour avoir la sanction de celui-ci ou du Secrétaire d'État. l'extension prévue doit être soigneusement calculée. D'accord avec cela, un projet promettra d'être, ou non, un travail public productif et voilà toute la différence. Plus l'extension sera rapide, plus le projet réussira au point de vue financier ; et l'expérience prouve qu'un développement rapide a toujours été obtenu dans ces entreprises où le Gouvernement a construit les cours d'eau aux frais de la population, tandis que les efforts, sans aide, des cultivateurs pour construire leurs propres canaux ont toujours abouti à une extension lente, accompagnée d'autres circonstances défavorables. L'expérience faite au canal de Mandalay prouve qu'il n'est pas possible d'achever l'aqueduc endéans un délai raisonnable, au moyen de travail volontaire. Il ne sera jamais possible

---

a smaller number of cultivators share in the general prosperity of the country, improvement in the status of the people and their increased contentment.

« There is, further, the question of the development of irrigation. In every project, submitted to the Government of India for their sanction or for the sanction of the Secretary of State, the forecast of development has to be very carefully guaged. In accordance with it, a project may promise to be a productive public work or it may not, and that is all the difference in the world. The more rapid the development, the more financially successful the project ; and experience shows that rapid development has always attended those schemes where Government has constructed the water-courses at the expense of the people, as slow development, with other unsatisfactory features, has always attended the unaided efforts of the cultivators to construct their

en Birmanie de construire, à quelque prix que ce soit, toutes les conduites d'eau requises dès que le canal et les ouvrages distributifs seront en progrès. Conséquemment, que ce soit pour obtenir la main-d'œuvre nécessaire à l'alignement des chenaux à travers des propriétés privées, ou que ce soit pour recouvrer les frais à charge de ceux qui bénéficieront de ces travaux, une législation spéciale est nécessaire. Aucune disposition semblable n'a été prise dans la loi relative à l'Inde septentrionale, de 1873, — une époque à laquelle la science de l'irrigation était encore dans l'enfance, — et il est maintenant d'une nécessité impérieuse que cette lacune soit comblée.

« Je ne crois pas qu'il soit nécessaire de faire d'autres observations pour justifier un projet, dont le premier plan fut dressé il y a quatre ans, qui a depuis été l'objet de réflexions et de discussions approfondies et qui est en ce moment devenu une question d'importance urgente. Je demande la permission de déposer le projet de loi destiné

---

own channels. Experience on the Mandalay Canal has shown that it was not possible to complete the water-course within a reasonable time by voluntary labour. It may never be practicable en Burma to construct, at any rate, all the water-courses required while the canal and distributary works are in progress. Consequently, whether for the purpose of obtaining the necessary labour for the alignment of channels through privately owned lands, or for the recovery of the cost from those benefited, special legislation is necessary. No such provision was made in the Northern India Act of 1873— a time when irrigation-knowledge was in its infancy, and it has become imperative that the difficiency should be supplied.

« I do not think any further remarks are needed to justify a measure; the first draft of which was framed four years ago, which has since been the subject of considerable thought and discussion, and which has now become a matter of pressing impor-

à régler l'irrigation, la navigation et le drainage en Birmanie. »

L'Honorable **M. Gates** dit : « Le projet de loi est sans doute nécessaire et sera très avantageux, mais j'estime cependant que le chapitre sur les canaux secondaires exige un examen. Les dispositions de l'article 50 du projet de loi sont quelque peu obscures et ne prescrivent pas, à mon avis, des mesures suffisantes concernant les innovations qui seront nécessaires de temps en temps. Il est à remarquer que le Percepteur doit en premier lieu former un registre des coutumes. Ensuite, certaines dispositions de cette loi doivent être appliquées par le Gouvernement local aux canaux secondaires, mais seulement pour autant qu'elles ne soient pas en désaccord avec le registre des coutumes. J'estime que cette disposition pourrait très bien devenir une cause de litiges. Je suis d'avis que l'ordre du Gouvernement local devrait déclarer quelles dispositions sont et lesquelles ne sont pas en

---

tance. I beg to move for leave to introduce the Bill to regulate Irrigation, Navigation and Drainage in Burma. »

The Hon'ble Mr. Gates said : — « The Bill is no doubt required and will be very beneficial, but I think the chapter on minor canals requires consideration. The provisions of clause 50 of the Bill are somewhat obscure and do not, in my opinion, provide adequately for the innovations which will from time to time be necessary. It may be observed that the Collector has first to draw up a record of customs. Then certain provisions of the Act are to be applied by the Local Government to the minor canal, but only so far as they are not inconsistent with the record of customs. I regard this provision as likely to lead to litigation. I think the Local Government's order should declare which provisions are and which are not inconsistent with the record, and that the declaration should be final.

« Then I do not find in the chapter any sufficient procedure for

désaccord avec le registre, et que cette décision devrait être définitive.

« D'autre part, je ne trouve pas dans ce chapitre une manière de procéder suffisamment complète quand il s'agit de construire de nouveaux travaux d'irrigation privés. Ce qui arrive dans la pratique, c'est qu'un groupe de cultivateurs qui désirent barrer un fleuve adressent une requête au Commissaire-député. Je pense que le Commissaire-député devrait avoir le droit d'envoyer des citations à tous les intéressés, aux propriétaires fonciers intéressés dans des barrages établis plus en aval sur le fleuve, aux ingénieurs du département de l'irrigation, et à d'autres personnes, et que, après les avoir entendus, il devrait avoir le droit d'élaborer un projet liant la minorité qui n'est pas d'accord aussi bien que la majorité qui est d'accord. Il est presque chimérique d'espérer, comme l'article 48, sous-article 2° semble le faire, que tous les intéressés seront d'accord. Ce qui plus est, je ne vois aucune disposition permettant d'imposer aux administrateurs d'un travail de drainage des conditions en faveur

---

making new private irrigation works. What happens in practice is that a band of cultivators, who want to dam a stream, apply to the Deputy Commissioner. I think that the Deputy Commissioner should have power to issue citations to all concerned, to the landowners interested in dams lower down the stream, to the Irrigation Department Engineers, and to others, and should, after hearing them all, have power to draw up a scheme which should be binding on the minority which disagree as well as on the majority which agrees. It is quite chimerical to expect, as clause 48, sub-clause (2) apparently does, that all concerned will agree. More over, I see no provision for imposing terms on the managers of one irrigation-work in favour of the managers of another work lower down or higher up.

« Again, I see that in the case of a new work or a restored

des administrateurs d'une autre travail situé en aval ou en amont.

« De nouveau, je vois que dans le cas d'un nouvel ouvrage ou d'un ouvrage restauré, le Commissaire-député peut accepter un exposé écrit des coutumes et obligations. Mais qu'adviendra-t-il si le *circle headman*, qui avait coutume d'administrer un système d'irrigation, meurt ou démissionne? Il n'aura pas comme successeur un *circle headman*, puisque les *circle headmen* sont supprimés au fur et à mesure que l'occasion s'en présente. Un nouveau système d'administration sera pour ce motif nécessaire. Je ne trouve pas de manière de procéder satisfaisante pour parer à cette situation. Ces systèmes d'irrigation sont des travaux de peu de poids, mais ils sont importants aux yeux des personnes dont les terrains sont irrigués de cette manière. Et à moins qu'elles n'aient des administrateurs, et à moins que ces administrateurs n'aient quelques pouvoirs de contrainte, ces travaux seront négligés et tomberont en ruines. Je veux spécialement attirer l'attention sur la nécessité de conférer des pouvoirs de contrainte.

---

work the Deputy Commissioner may accept a written statement of customs and obligations. But what is to happen when the circle headman, who used to manage an irrigation-system, dies or resigns? He will not be succeded by any circle headman, because circle headmen are abolished as opportunity offers. A new system of meanagement will, therfore, be necessary. I do not find any adequate procedure for meeting such a situation. These private irrigation-systems are small affairs, but they are important to the persons whose lands are watered by them. And unless shey have managers, and unless the managers have some compulsory powers, they fall into disrepair and ruin. I wish particularly to insist on the necessity for compulsory powers. Under the native government drastic powers of this kind were conferred and exercised. I hope it may be found possible to enlarge

Sous le Gouvernement naissant, des pouvoirs puissants de ce genre furent conférés et exercés. J'espère qu'on trouvera le moyen de compléter et d'amender ce chapitre sur les canaux secondaires avant de promulguer le projet de loi.

« J'estime qu'il est regrettable que la loi sur les Endiguements ne soit pas consolidée par le présent projet de loi. Mais ceci est une simple question de commodité dans la rédaction, et je ne voudrais pas du tout insister sur ce point ».

M. le **Président** dit : « En réponse à la remarque de l'honorable M. Gates, j'aime à dire que son expérience comme Commissaire-député de Meiktila a été très grande et précieuse, et je suis convaincu que la commission dont il est membre sera heureuse d'examiner toutes les propositions qu'il pourrait faire en vue d'améliorer le projet de loi. J'ajouterai cependant que quelques-unes des suggestions de l'honorable membre ont déjà été examinées par le Gouvernement local et par le Gouvèrnement de

---

and amend this chapter on minor canals before the Bill is passed.

« I think it is a pity that the Embankment Act was not consolidated with this Bill. But that is merely a matter of convenience in drafting, and I should not wish to press it at all. »

His Honour THE PRESIDENT said : — « With reference to the Hon'ble MR. GATES' remarks, I should like to say that his experience as Commissioner of Meiktila has been very extensive and valuable, and I am sure that the Select Committee of which he is a member will be glad to consider any suggestions for the improvement of the Bill that he may wish to bring forward. I may however, add that some of the Hon'ble Member's suggestions have already been considered by the Local Government and the Government of India in the course of the drafting of the Bill, and, although I shall be very glad to consider any sugestions the

l'Inde au cours de la rédaction du projet de loi, et tout en déclarant que je serais très heureux de prendre en considération les propositions que la commission admettra et désirera faire adopter, dans le but de donner plus de force au projet de loi conformément aux suggestions de l'honorable membre, je ne serais pas favorable à l'adoption d'amendements radicaux qui seraient de nature à différer le projet et nécessiteraient l'envoi d'un rapport au Gouvernement de l'Inde ; j'espère que l'honorable membre se ralliera à cet avis. L'honorable M. Jacob a fait remarquer que le projet de loi est requis d'urgence en vue de l'achèvement du canal de Mandalay. J'estime qu'il serait dommage que, pour ce chapitre seul, la promulgation du projet de loi fût différée. »

La proposition fut mise aux voix et adopté.

L'honorable M. Jacob proposa alors de faire examiner le projet par une commission spéciale, composée de l'honorable M. Lowis, l'honorable M. Gates, l'honorable M. Bayne, l'honorable Maung Shwe Waing et l'auteur de

---

Select Committee may accept and may wish to adopt in the way of strengthening the Bill in the manner suggested by the Hon'ble member, I should not be willing to accept any radical amendments which are likely to delay the Bill and necessitate a reference to the Government of India, and I hope the Hon'ble Member will take the same view. The Hon'ble Mr. Jacob has pointed out that the Bill is urgently required on account of the completion of the Mandalay Canal. It would be unfortunate, I think, if on account merely of this Chapter the passing of the Bill should be delayed ».

The motion was put and agreed to.

The Hon'ble Mr. Jacob then moved that the Bill be referred to a Select Committee consisting of the Hon'ble Mr. Lowis, the Hon'ble Mr. Gates, the Hon'ble Mr. Bayne, the Hon'ble Maung

la proposition, avec mission de déposer le rapport le 21 janvier 1905.

Cette proposition fut mise aux voix et adoptée.

*
* *

Le Conseil s'ajourna alors jusqu'au samedi 28 janvier 1905.

Rangoon, le 21 décembre 1904.

B. LENTAIGNE,
Secrétaire du Conseil législatif de Birmanie.

SHWE WAING and the mover with instructions to report 21st January 1905.

The motion was put and agreed to.

*
* *

The Council then adjourned to Saturday, the 28th January 1905.

Rangoon, the 21st December 1904.

B. LENTAIGNE,
Secy. to the Burma Legislative Council.

(Extrait du résumé du procès-verbal du Conseil, relatif à la loi sur les canaux en Birmanie, 1904).

RÉSUMÉ du procès-verbal du Conseil du Lieutenant-Gouververneur de Birmanie, assemblé dans le but d'élaborer des lois et des règlements en vertu des dispositions de la loi sur le Conseil de l'Inde, de 1861.

Le Conseil se réunit à l'Hôtel du Gouvernement, le samedi 28 janvier 1905.

Étaient présents :

L'honorable sir Hugh Shakespear, K. C. S. I., K. C. V. O., I.C S., Lieutenant-Gouverneur de Birmanie, président.
L'honorable Maung Po, K. S. M.
L'honorable L. M. Jacob, C. S. I.
L'honorable F. C. Gates, I. C. S., avocat.

(Extract from the Abstract of Proceedings of Council relating to the Burma Canal Bill, 1904.)

ABSTRACT of the proceedings of the Council of the Lieutenant-Governor of Burma, Assembled for the purpose of making Laws and Regulations under the provisions of the Indian Councils Act, 1861.

THE Council met at Government House on Saturday, the 28th January 1905.

Present :

The Hon'ble Sir Hug Shakespear Barnes, K.C.S.I., K.C.V.O., I.C.S., Lieutenant-Governor of Burma, *presiding*.
The Hon'ble Maung Po, K.S.M.
The Hon'ble L. M. Jacob, C.S.I.
The Hon'ble F. C. Gates, I.C.S., *Barrister-at-Law*.

L'honorable C. G. Bayne, C. S. I., I. C. S.
L'honorable C. H. Wilson, C. I. E.
L'honorable N. S. Hartnoll, I. C. S., avocat.
L'honorable J. G. Reddie.
L'honorable Maung Shwe Waing, A. T. M.
L'honorable J. Lowis, avocat.

Loi sur les canaux de la Birmanie, 1904.

L'honorable **M. Jacob** présenta le rapport de la commission sur le projet de loi pour régler l'irrigation, la navigation et le drainage en Birmanie. Il dit :

« En présentant le rapport de la commission relatif au projet de loi sur les canaux en Birmanie, je demande la permission de faire quelques observations, simplement au sujet des canaux secondaires.

« Dans le premier amendement mentionné dans le rapport, celui visant l'article 3, sous-article 2°, définissant un canal secondaire, la commission a été unanime à juger cet

---

The Hon'ble C. G. Bayne, C.S.I., I.C.S.
The Hon'ble C. H. Wilson, C.I.E.
The Hon'ble H. S. Hartnoll, I.C.S., *Barrister-at-Law.*
The Hon'ble J. G. Reddie.
The Hon'ble Maung Shwe Waing, A.T.M.
The Hon'ble J. Lowis, *Barrister-at-Law.*

The Burma Canal Bill, 1904.

The Hon'ble Mr. Jacob presented the Report of the Select Committee on the Bill to regulate Irrigation, Navigation and Drainage in Burma. He said :—

« In presenting the Report of the Select Committee on the Burma Canal Bill, I beg leave to make a few remarks on the subject of minor canals only.

« In the first amendment mentioned in the Report, that refer-

amendement très nécessaire. Le nombre des travaux d'irrigation séparés en Birmanie, spécialement des tout petits travaux, est très grand. Pour ce motif la deuxième annexe serait très longue ; elle serait sujette à de fréquentes revisions, et dans certains exemples de canaux, il est difficile à dire s'ils doivent être soumis aux dispositions générales du projet de loi, où bien à celles du chapitre VI spécial simplement. Il est important que cet amendement soit adopté.

« Je regrette que l'honorable M. Gates ait jugé nécessaire d'émettre une opinion défavorable sur le chapitre IV. Nous lui sommes très reconnaissants de l'avis qu'il a donné en traitant le sujet. Son expérience comme Commissaire de division de Meiktila nous a été d'un grand secours pour mener à bonne fin la rédaction des amendements apportés. M. Gates aurait voulu aller plus loin, mais après de longues discussions, la commission a jugé que les propositions de l'honorable M. Gates impliquaient des mo-

---

ring to clause 3, sub-clause (2), defining a minor canal, the Committee have been unanimous in considering this amendment very necessary. The number of separate irrigation-works in Burma, particularly of the very small works, is very large. The Second Schedule would, therefore, be a very lengthy one; it would be liable to frequent revision, and in certain instances of minor works it is a matter for consideration whether they should come under the general provisions of the Bill or under the operation of the special Chapter VI only. It is important that this amendment should be made.

« I regret that the Hon'ble Mr. Gates should have found it necessary to record an unfavourable opinion of Chapter VI. We have been much indebted to him for his advice in dealing with the subject. His experience as Commissioner, Meiktila Division, has been very helpful in arriving at the amendments made. Mr. Gates would have liked to have gone further, but after considerable

difications plus radicales qu'elle n'était préparée à adopter.

« Il est désirable qu'il soit laissé du temps pour exprimer une opinion sur le projet de loi comme il a été amendé, et je demande de mettre aux voix la proposition que le rapport soit pris en considération par le Conseil à la prochaine séance.

Rangoon, le 28 janvier 1905.

B. Lentaigne,
Secrétaire du Conseil législatif de Birmanie.

---

discussion the Committee held his proposals implied more radical alterations than they were prepared to accept.

« It is desirable to allow time for expression of opinion on the Bill as amended, and I propose to move that the Report be taken into consideration by the Council at the next meeting. »

Rangoon, the 28th January 1905.

B. Lentaigne,
Secy. to the Burma Legislative Council.

(Extrait du résumé du procès-verbal du Conseil, relatif à la loi sur les canaux en Birmanie, 1904).

RÉSUMÉ du procès-verbal du Conseil du Lieutenant-Gouverneur de Birmanie, assemblé dans le but d'élaborer des lois et des règlements en vertu des dispositions de la loi sur le Conseil de l'Inde, de 1861.

Le Conseil se réunit à l'Hôtel du Gouvernement, le samedi 11 février 1905.

Étaient présents :

L'honorable sir Hugh Shakespeare, K. C. S. I., K. C. V. O., I. C. S., Lieutenant-Gouverneur de Birmanie, président.
L'honorable Maung Po, K. S. M.
L'honorable L. M. Jacob, C. S. I.
L'honorable F. C. Gates, I. C. S., avocat.

(Extract from the Abstract of Proceedings of Council relating to the Burma Canal Bill, 1904.)

ABSTRACT of the proceedings of the Council of the Lieutenant-Governor of Burma, Assembled for the purpose of making Laws and Regulations under the provisions of the Indian Councils Act, 1861.

The Council met at Government House on Saturday, the 11th February 1905.

Present :

The Hon'ble Sir Hugh Shakespear Barnes, K.C.S.I., K.C.V.O., I.C.S., Lieutenant-Governor of Burma, *presiding.*
The Hon'ble Maung Po, K.S.M.
The Hon'ble L. M. Jacob, C.S.I.
The Hon'ble F. C. Gates, I.C.S., *Barrister-at-Law.*

L'honorable C. G. Bayne, C. S. I., I. C. S.
L'honorable C. H. Wilson, C. I. E.
L'honorable H. S. Hartnoll, I. C. S., avocat.
L'honorable J. G. Reddie.
L'honorable Maung Shwe Waing, A. T. M.
L'honorable J. Lowis, avocat.

Loi sur les canaux de la Birmanie, 1904.

L'honorable **M. Jacob** mit aux voix la proposition que le rapport de la Commission, au sujet du projet de loi destiné à régler l'irrigation, la navigation et le drainage en Birmanie, fût pris en considération.

La proposition fut mise aux voix et adoptée.

L'honorable **M. Jacob** mit alors aux voix la proposition que le projet fût voté tel qu'il avait été amendé par la commission.

L'honorable **Président** dit : « Je ne crois pas avoir à dire quelque chose de spécial concernant ce projet de loi.

The Hon'ble C. G. Bayne, C.S.I., I.C.S.
The Hon'ble C. H. Wilson, C.I.E.
The Hon'ble H. S. Hartnoll, I.C.S., *Barrister-at-Law.*
The Hon'ble J. G. Reddie.
The Hon'ble Maung Shwe Waing, A.T.M.
The Hon'ble J. Lowis, *Barrister-at-Law.*

The Burma Canal Bill, 1904.

The Hon'ble Mr. Jacob moved that the Report of the Select Committee on the Bill to regulate Irrigation, Navigation and Drainage in Burma be taken into consideration.

The motion was put and agreed to.

The Hon'ble Mr. Jacob then moved that the Bill as amended by the Select Committee be passed.

His Honour The President said :— « I do not think I have anything special to say on this Bill. I have gone very minutely

J'ai examiné très soigneusement les amendements de la commission et ceux-ci ont, je pense, considérablement amélioré le projet. Comme je l'ai dit précédemment, le projet de loi est requis de toute urgence et je serais heureux s'il était voté.

La proposition fut mise aux voix et adoptée.

Rangoon, le 11 février 1905.

B. Lentaigne,
Secrétaire du Conseil législatif de Birmanie.

---

through the Select Committee's amendments, and they have, I think, greatly improved the Bill. As I said on a previous occasion, the Bill is very urgently required and I shall be glad if it is passed. »

The motion was put and agreed to.

Rangoon, the 11th February 1905.

B. Lentaigne,
Secy. to the Burma Legislative Council.

GOUVERNEMENT DE LA BIRMANIE.

DÉPARTEMENT LÉGISLATIF.

Loi sur les canaux de la Birmanie, 1904, comme elle a été amendée par la Commission.

(Annexe au Rapport daté du 23 janvier 1905.)

CONTENU.

CHAPITRE I.

Préliminaire.

GOVERNMENT OF BURMA.

LEGISLATIVE DEPARTMENT.

The Bûrma Canal Bill, 1904, as amended by the Select Committee.

(Annexure to Report dated the 23rd January 1905.)

CONTENTS.

CHAPTER I.

Preliminary.

CHAPITRE II.

De l'affectation de l'eau à des usages publics.

Articles.

6. Notification à faire quand l'alimentation d'eau doit être affectée à un usage public.
7. Pouvoirs de l'officier de canal.
8. Publicité rèlative aux demandes de compensation.
9. Dommage pour lequel il ne sera pas alloué de compensation. Motifs pour lesquels une compensation peut être allouée.
10. Limite à l'introduction de réclamations.
11. Enquêtes concernant les réclamations et montant de la compensation.

CHAPITRE III.

De la construction et de l'entretien des travaux.

12. Sanction du Percepteur nécessaire avant d'entamer la construction de travaux d'irrigation dans les rivières notifiées, etc.
13. Droit d'accès et de surveillance, etc. Droit d'inspecter et de régler l'alimentation d'eau.
14. Droit de se rendre sur les terrains et de construire des aqueducs.

CHAPTER II.

Of the Application of water for public purposes.

Sections.

6. Notification to issue when water-supply is to be applied for a public purpose.
7. Powers of Canal-officer.
8. Notice as to claims for compensation.
9. Damage for which compensation shall not be awarded. Matters in respect of which compensation may be awarded.
10. Limitation of claims.
11. Enquiry into claims and amount of compensation.

CHAPTER III.

Of the Construction and Maintenance of Works.

12. Sanction of Collector necessary before construction of irrigation-work in notified rivers, etc.
13. Power to enter and survey, etc. Power to inspect and regulate watersupply.
14. Power to enter upon lands and construct water-courses.

Articles.

15. Compensation pour le dommage causé par l'accès aux terrains en vertu des articles 13 ou 14.
Avertissement qu'on a l'intention d'entrer dans une habitation, etc., en vertu des articles 13 ou 14.
16. Coût des aqueducs construits en vertu de l'article 14 et de ceux construits avant la mise en vigueur de la loi.
17. Modifications à des cours d'eau.
18. Droit d'accès pour effectuer des réparations ou pour prévenir des accidents.
Compensation pour les dégâts causés aux terrains.
19. Droit d'occuper les terrains adjacents à un canal pour déposer les terres provenant du canal et pour creuser le sol.
20. Formes spéciales de compensation pour les terrains requis en vertu de la loi.
21. Requête à faire par les personnes désireuses d'employer de l'eau de canal.
Contenu de la requête.
Engagement des postulants pour ce qui concerne les dépenses des travaux.
Recouvrement du montant dû.

Sections.

15. Compensation for damage caused by entry under section 13 or 14.
Notice of intended entry into houses, etc., under section 13 or 14.
16. Cost of water-courses constructed under section 14 and of water-courses constructed before Act comes into force.
17. Alteration of water-courses.
18. Power to enter for repairs and to prevent accidents.
Compensation for damage to land.
19. Power to occupy land adjacent to canal for depositing soil from canal and to excavate earth.
20. Special forms of compensation for land required under Act.
21. Application by persons desiring to use canal-water.
Contents of application.
Liability of applicants for cost of works.
Recovery of amount due.
22. Government to provide means of crossing canals.

Articles.

22. Le Gouvernement doit prendre des mesures en vue de traverser les canaux.
23. Personnes se servant d'aqueducs pour construire les travaux destinés au transport de l'eau au travers de routes, etc.
    Si elles sont en défaut, l'officier de canal peut construire et recouvrer les frais.
24. Répartition des droits entre les personnes se servant collectivement d'un aqueduc.
    Recouvrement des montants estimés dus.
25. Fourniture d'eau par un aqueduc intermédiaire.
26. Requête en vue de la construction d'un nouvel aqueduc.
27. Manière de procéder de l'officier de canal en cette circonstance.
28. Requête en vue du transfert d'un aqueduc existant.
    Marche à suivre dans ce cas.
29. Objections contre la construction ou le transfert demandés.
30. Quand le postulant peut être mis en possession.
31. Marche à suivre quand la validité de l'objection est admise.
32. Marche à suivre en cas de désaccord entre l'officier de canal et le Percepteur.
33. Dépenses à payer par le postulant avant de recevoir le droit d'occupation.
    Marche à suivre dans la fixation de la compensation.

Sections.

23. Persons using water-course to construct works for passing water across roads, etc.
    If they fail, Canal-officer may construct, and recover cost.
24. Adjustment of claims between persons jointlly using water-course.
    Recovery of amount found due.
25. Supply of water through intervening water-course.
26. Application for construction of new water-course.
27. Procedure of Canal-officer thereupon.
28. Application for transfer of existing water-course.
    Procedure thereupon.
29. Objections to construction or transfer applied for.
30. When applicant may be placed in occupation.
31. Procedure when objection is held valid.
32. Procedure when Canal-officer disagrees with the Collector.

Articles.

Recouvrement de la compensation et des dépenses.

34. Conditions liant le postulant depuis sa mise en possession.

35. Manière de procéder applicable à l'occupation en cas d'extensions ou de modifications.

36. Coût des dommages volontaires à la voie d'écoulement ou en cas d'agrandissement de celle-ci.

37. Pouvoir de convertir en un seul aqueduc plusieurs conduites parallèles sur une longue distance, à la condition que l'alimentation ne soit pas diminuée pour l'un des propriétaires.

CHAPITRE IV.

De la fourniture de l'eau.

38. A défaut de contrat écrit, la fourniture d'eau doit être soumise à un règlement.

39. Conditions relatives :

a) au pouvoir d'arrêter la fourniture de l'eau ;

b) à la demande de compensation en cas de défaut ou d'arrêt de l'alimentation ;

c) aux plaintes au sujet de l'interruption pour d'autres causes ;

d) à la durée de l'alimentation ;

e) à la vente ou sous-location du droit d'employer de l'eau de canal ;

Sections.

33. Expenses to be paid by applicant before receiving occupation.

Procedure in fixing compensation.

Recovery of compensation and expenses.

34. Conditions binding on applicant placed in occupation.

35. Procedure applicable to occupation for extensions and alterations.

36. Cost of wilful damage to or enlargement of outlet.

37. Power to convert several water-courses running for a long distance side by side into one water-course ; provided it does not diminish the supply to any of the owners.

CHAPTER IV.

Of the Supply of Water.

38. In absence of written contract, water-supply to be subject to rules.

39. Conditions as to—

(*a*) power to stop water-supply ;

Chapitre IX.

De l'obtention de la main-d'œuvre pour les canaux et les travaux de drainage.

Chapitre X.

De la juridiction.

Chapter IX.

Of obtaining Labour for Canals and Drainage-works.

Chapter X.

Of Jurisdiction.

LOI

pour réglementer l'irrigation, la navigation et le drainage en Birmanie (1).

Vu que, sur toute l'étendue des territoires sur lesquels cette loi étend son action (2), le Gouvernement a le droit d'employer et de contrôler, pour des usages d'utilité publique, l'eau de toutes les rivières et de tous les fleuves coulant dans des chenaux naturels, et de tous les lacs ou autres bassins naturels d'eau stagnante et d'assumer le

(1) NOTE. — Dans les notes au bas des pages, « Loi C et D » désigne la loi sur les canaux et les drainages de l'Inde septentrionale, 1873 (VIII de 1873) ; et « Loi P et S » désigne la loi sur les canaux de Pégu et de Sittang, 1881 (II de 1881). Les amendements apportés par la Commission sont indiqués en italiques.

(2) Loi C. et D. Préambule.

A BILL

to regulate Irrigation, Navigation and Drainage in Burma (1).

Whereas, throughout the territories to which this Act (2) extends, the Government is entitled to use and control for public purposes the water of all rivers and streams flowing in natural channels, and of all lakes and other natural collections of still

(1) [NOTE. — In the notes, « C. and D. Act » means the Northern India Canal and Drainage Act, 1873 (VIII of 1873); and « P. and S. Act » means the Pegu and Sittang Canal Act, 1881 (II of 1881). Amendments made by the Select Committe are indicated by italics.]

(2) C. and D. Act, Preamble.

contrôle (1) et d'entreprendre en totalité ou en partie l'entretien de travaux d'irrigation, à la condition d'allouer, s'il y a lieu, une compensation estimée équitable, chaque fois qu'il paraît nécessaire, dans l'intérêt du public, d'agir ainsi; et vu qu'il convient d'amender la loi (2) relative à l'irrigation, à la navigation et au drainage dans les dits territoires;

Il est arrêté par la présente ce qui suit :

CHAPITRE PREMIER.

Préliminaire.

1. 1° Cette loi peut être intitulée « La loi sur les canaux de la Birmanie, 1905 »;

2° Elle étend son action sur toute la Birmanie, y compris les Etats de Shan ; et

3° Elle entrera en vigueur immédiatement.

(1) Loi sur les impôts, H. B. 1880, a. 34 (3).
(2) Loi C. et D. Préambule.

---

water, and to assume the control (1) and undertake in whole or in part the maintenance of any irrigation-work, upon such terms, if any, as to compensation as it deems just, whenever it appears to be necessary in the public interest to do so; and whereas it is expedient to amend the law (2) relating to irrigation, navigation and drainage in the said territories; It is hereby enacted as follows :

CHAPTER I.

Preliminary.

1. (1) This Act may be called the Burma Canal Act, 1905;

(2) It extends to the whole of Burma, including the Shan States; and

(3) It shall come into force at once.

(1) U. B. Land and Revenue Regulation, 1880, s. 34, (3).
(2) C. and D. Act, Preamble.

2. Les lois mentionnées dans l'annexe sont abrogées dans la mesure spécifiée dans la quatrième colonne de celle-ci.

3. Dans cette loi (1), à moins qu'il n'y ait quelque contradiction dans le sujet ou le contexte,

1° « Canal » comprend :

a) Tous les canaux, chenaux ou réservoirs construits, entretenus ou contrôlés par le Gouvernement pour la fourniture ou l'emmagasinage d'eau ;

b) Tous les travaux, terrassements, constructions, canaux d'alimentation ou de dérivation reliés à ces canaux, chenaux ou réservoirs ;

c) Tous les terrains occupés par le Gouvernement (2) à l'usage de ces canaux, et tous bâtiments, machineries, clôtures, barrières et autres constructions, les arbres, récoltes, plantations ou autres produits, occupés par ou appartenant au Gouvernement sur les terrains précités ;

(1) Loi C. et D, a. 3.
(2) Loi P. et S, a. 2 (1) (c).

---

2. The enactments mentioned in the Schedule are repealed to the extend specified in the fourth column thereof.

3. In this Act, (1) unless there is anything repugnant in the subject or context,

(1) « canal » includes :

a) all canals, channels and reservoirs constructed, maintained or controlled by the Government for the supply or storage of water ;

b) all works, embankments, structures, supply and escape-channels connected with such, canals channels or reservoirs ;

c) all lands occupied by the Government (2) for the purposes of such canals, and all buidings, machinery, fences, gates and other erections, trees, crops, plantations or other produce occupied by or belonging to the Government, upon such lands ;

(1) C. and D. Act, s. 3.
(2) P. and S. Act, s. 2, (1), (*c*).

d) Tous les aqueducs tels qu'ils sont définis dans le troisième sous-article de cet article (1) ;

e) Toute partie d'une rivière, d'un fleuve, lac ou autre bassin naturel d'eau ou chenal naturel de drainage, auquel le Gouvernement local a appliqué les dispositions du chapitre II de la présente loi ;

2° « Canal secondaire » signifie canal *déclaré* par une notification du Gouvernement local comme étant un canal secondaire, que ce canal ait été ou soit, oui ou non, construit, entretenu ou contrôlé par le Gouvernement (2) ;

3° « Aqueduc » signifie tout chenal qui est alimenté par l'eau d'un canal, mais qui n'est pas entretenu aux frais du Gouvernement, et tous les travaux subsidiaires relevant d'un tel chenal (3);

4° « Travail de drainage » comprend les canaux de

(1) Loi C. et D, a. 3 (1) (c) et (d).
(2) Nouveau.
(3) Loi C. et D; a. 3 (2).

---

d) all water-courses as defined in the third sub-section of this section (1) ;

e) any part of a river, stream, lake or natural collection of water or natural drainage-channel, to which the Local Government has applied the provisions of Chapter II of this Act :

(2) « minor canal » means a canal *declared* by a notification of the Local Government to be a minor canal, whether such canal has been or is constructed, maintained or controlled by Government or not (2) :

(3) « water-course » means any channel which is supplied with water from a canal, but which is not maintained at the cost of Government, and all subsidiary works belonging to any such channel (3) :

(4) « drainage-work » includes escape-channels from a canal,

(1) C. and D. Act, s. 3. (1), (*c*) and (*d*).
(2) New.
(3) C. and D. Act, s. 3, (2).

dérivation d'un canal, les digues, barrages, terrassements, écluses, épis et autres travaux pour la protection des terres contre le courant ou l'érosion, construits ou entretenus par le Gouvernement, conformément aux dispositions de la partie VIII de cette loi (1), mais ne comprend pas les travaux pour l'écoulement des eaux d'égout des villes ;

5° « Navire » désigne les bateaux, radeaux, bois flottant et autres corps flottants (2) ;

6° « Officier de canal » signifie fonctionnaire désigné par le Gouvernement local pour exercer le contrôle sur un canal ou une partie d'un canal (3) ;

7° « Officier de canal intendant en chef » signifie un fonctionnaire exerçant le contrôle général sur un canal ou une partie de canal (4) ;

(1) Loi C. et D. a. 3 (3).
(2) Loi C. et D. a. 3 (4).
(3) Loi P. et S. a. 2 (3).
(4) Loi C. et D. a. 3 (7).

---

dams, weirs, embankments, sluices, groins and other works for the protection of lands from flood or from erosion, formed or maintained by the Government under the provisions of Chapter VIII of this Act (1), but does not include works for the removal of sewage from towns :

(5) « vessel » includes boats, rafts, timber and other floating bodies (2) :

(6) « Canal-officer » means an officer appointed by the Local Government to exercise control over a canal or any part thereof (3) :

(7) « Superintending Canal-officer » means an officer exercising general control over a canal or part of a canal (4) :

(1) C. and D. Act, s. 3, (3).
(2) C. and D. Act, s. 3, (4)
(3) P. and S. Act, s. 2, (3).
(4) C. and D. Act, s. 3, (7).

8° « Officier de canal divisionnaire » désigne un fonctionnaire exerçant le contrôle sur une division de canal ;

9° « Officier de canal subdivisionnaire » désigne un fonctionnaire exerçant le contrôle sur une subdivision de canal ; et

10° « District » désigne un district comme il est fixé pour la perception des impôts (1).

4. Les dispositions des chapitres II à V et VII à XI (2) ne s'appliqueront aux canaux secondaires que de la manière et dans la mesure prévues dans le chapitre VI.

5. 1° Le Gouvernement local peut, de temps en temps, faire connaître par notification les fonctionnaires par lesquels, et les limites locales dans lesquelles, tous ou quelques-uns des pouvoirs ou charges conférés ou imposés ci-après seront exercés ou exécutés (3).

(1) Loi C. et D. a. 3 (8).
(2) Nouveau.
(3) Loi C et D. a. 4.

---

(8) « Divisional Canal-officer » means an officer exercising control over a division of a canal :

(9) « Subdivisional Canal-officer » means an officer exercising control over a subdivision of a canal and :

(10) « District » means a district as fixed for revenue-purposes (1).

4. The provisions of Chapters II to V and VII to XI (2) shall apply to minor canals only in the manner and to the extent provided in Chapter VI.

5. (1) The Local Government may from time to time declare, by notification, the officers by whom, and the local limits within which, all or any of the powers or duties hereinafter conferred or imposed shall be exercised or performed (3).

(1) C. and D. Act, s. 3, (8).
(2) New.
(3) C. and D. Act, s. 4.

Tous les fonctionnaires mentionnés dans l'article 3, sous-articles 6°, 7°, 8° et 9° seront respectivement soumis aux ordres de tels fonctionnaires que le Gouvernement local désignera de temps en temps.

2° Le Gouvernement local peut, par notification, conférer à une certaine personne tous ou quelques-uns des pouvoirs d'un Percepteur, en vertu de la présente loi et des règlements édictés en vertu de celle-ci.

Chapitre II.

De l'emploi de l'eau à des usages publics.

6. Toutes les fois qu'il paraît opportun au Gouvernement local que l'eau d'une rivière ou d'un fleuve coulant dans un chenal naturel, ou d'un lac ou autre bassin naturel d'eau stagnante, soit par le Gouvernement affectée ou utilisée pour l'usage de quelque canal ou travail de drainage existant ou projeté (1), il peut, par notification,

(1) Loi C. et D. s. 5.

All officers mentioned in section 3, subsections (6), (7), (8) and (9) shall be, respectively, subject to the orders of such officers as the Local Government from time to time directs.

(2) The local Government may by notification confer on any person, all or any of the powers of a Collector under this Act and the rules thereunder.

Chapter II.

Of the Application of water for public purposes.

6. Whenever it appears expedient to the Local Government that the water of any river or stream flowing in a natural channel, or of any lake or other natural collection of still water, should be applied or used by the Government for the purpose of any existing or projected canal or drainage-work (1), the Local Government may, by notification, declare that the said water

(1) C. and D. Act, s. 5.

déclarer que la dite eau sera ainsi affectée ou utilisée à partir d'un jour à fixer dans la dite notification, mais qui ne peut être antérieur à trois mois à partir de cette date.

7. A n'importe quelle date après le jour ainsi désigné, tout officier de canal, agissant en cette qualité d'après les ordres du Gouvernement local, peut se rendre sur n'importe quels terrains, enlever tous les obstacles, fermer tous les chenaux, et faire toutes les autres opérations nécessaires *ou utiles* en vue de cette affectation ou de cette utilisation de la dite eau (1).

8. Dès que cela sera possible, après la publication de cette notification, le Percepteur veillera qu'il soit donné publiquement aux endroits opportuns, un avis stipulant que le Gouvernement a l'intention d'affecter ou d'utiliser la dite eau comme il est dit ci-dessus, et que les demandes de compensation pour les motifs mentionnés dans l'article 7 peuvent lui être adressées (2).

(1) Loi C. et D. s. 6.
(2) Loi C. et D. s. 7.

---

will be so applied or used after a day to be named in the said notification, not being earlier than three months from the date thereof.

7. At any time after the day so named, any Canal-officer, acting under the orders of the Local Government in this behalf, may enter on any land and remove any obstructions, and may close any channels and do any other thing necessary *or proper* for such application or use of the said water (1).

8. As soon as is practicable after the issue of such notification, the Collector shall cause public notice to be given at convenient places, stating that the Government intends to apply or use the said water as aforesaid, and that claims for compensation in respect of the matters mentioned in section 9 may be made before him (2).

(1) C. and D. Act, s. 6.
(2) C. and D. Act, s. 7.

9. Aucune compensation ne sera accordée pour les dommages causés par (1) :

a) L'arrêt ou la diminution de la filtration ou des courants ;

b) La perturbation climatérique du sol ;

c) L'arrêt de la navigation ou du transport par eau de bois flottant ou de l'abreuvage des bestiaux ;

d) Le déplacement de la main-d'œuvre ou du travail.

Mais une compensation peut être allouée pour l'un des motifs suivants :

e) L'arrêt ou la diminution de l'alimentation d'eau par un chenal naturel à un chenal artificiel déterminé soit au-dessus, soit en dessous du sol, en usage à la date de la dite notification ;

f) Arrêt ou diminution de l'alimentation d'eau à une entreprise érigée dans un but de gain sur un chenal, soit naturel, soit artificiel, en usage à la date de la dite notification ;

(1) Loi C. et D. s. 8.

---

9. No compensation shall be awarded for any damage caused by (1) :

a) stoppage or diminution of percolation or floods ;

b) deterioration of climate or soil ;

c) stoppage of navigation or of the means of floating timber or watering cattle ;

d) displacement of labour.

But compensation may be awarded in respect of any of the following matters :

e) stoppage or diminution of supply of water through any natural channel to any defined artificial channel, whether above or under ground, in use at the date of the said notification ;

f) stoppage or diminution of supply of water to any work

(1) C. and D. Act, s. 8.

g) Arrêt ou diminution de l'alimentation d'eau par un chenal naturel qui a été employé aux fins d'irrigation endéans les cinq dernières années précédant la date de la dite notification ;

h) Dommage causé au point de vue d'un droit quelconque sur un aqueduc, ou de l'usage d'une certaine eau, droit acquis par une personne en vertu de la loi de l'Inde, 1877, partie IV, sur la Prescription (1).

i) Tout autre dommage notable à une propriété, ne tombant pas sous l'application de l'une des clauses précédentes *a*), *b*), *c*) ou *d*), et causé par l'exercice des pouvoirs conférés par la présente loi, lequel dommage peut être certifié et estimé au moment de l'allocation de cette compensation.

En déterminant le montant de cette compensation, on prendra en considération la diminution de la valeur commerciale, au moment où la compensation est à allouer, de

(1) XV de 1877.

---

erected for purposes of profit on any channel, whether natural or artificial, in use at the date of the said notification ;

g) stoppage or diminution of supply of water through any natural channel which has been used for purposes of irrigation within the five years next before the date of the said notification;

h) damage done in respect of any right to a water-course or the use of any water to which any person is entitled under the Indian Limitation Act, 1877, Part IV (1) ;

i) any other substantial damage to property, not falling under any of the above clauses *a*), *b*), *c*) or *d*), and caused by the exercise of the powers conferred by this Act, which is capable of being ascertained and estimated at the time of awarding such compensation.

In determining the amount of such compensation, regard shall be had to the diminution in the market-value, at the time of awar-

(1) XV of 1877.

la propriété au profit de laquelle la compensation est demandée; et là où cette valeur commerciale ne peut être évaluée avec certitude, le montant sera calculé à raison de douze fois le montant de la diminution des bénéfices nets annuels de cette propriété, causée par l'exercice des pouvoirs conférés par la présente loi.

Aucun droit à une de ces alimentations d'eau auxquelles il est fait allusion dans la clause *e*), *f*) ou *g*) du présent article, relativement à une industrie ou à un chenal non en usage à la date de la notification, ne pourra être acquis ou estimé avoir été acquis vis-à-vis du Gouvernement, si ce n'est par concession ou en vertu de la loi de l'Inde de 1877, partie IV sur la Prescription (1).

Et aucun droit à l'un des avantages auxquels il est référé dans les clauses *a*), *b*) et *c*) du présent article ne pourra être acquis vis-à-vis du Gouvernement, en vertu de la même partie.

(1) XV de 1877.

---

ding compensation, of the property in respect of which compensation is claimed; and where such market-value is not ascertainable, the amount shall be reckoned at twelve times the amount of the diminution of the annual nett profits of such property caused by the exercise of the powers conferred by this Act.

No right to any such supply of water as is referred to in clause *e*), *f*) or *g*) of this section in respect of a work or channel not in use at the date of the notification shall be, or be deemed to have been, acquired as against the Government except by grant or under the Indian Limitation Act, 1877, Part IV (1).

And no right to any of the advantages referred to in clauses *a*), *b*) and *c*) of this section shall be acquired, as against te Government under the same Part.

10. No claim for compensation for any such stoppage, diminution

(1) XV of 1877.

Aucune demande de compensation pour un de ces arrêts, diminutions ou dommages ne pourra être introduite après l'expiration d'une année à dater de cet arrêt, diminution ou dommage, à moins que le Percepteur n'admette que le plaignant avait des raisons suffisantes pour ne pas intróduire sa demande endéans cette période (1).

Le Percepteur procédera à une enquête au sujet de chacune de ces demandes, et déterminera le montant de la compensation à accorder, s'il y a lieu, au réclamant ; les articles neuf à quatorze (inclusivement), dix-huit à vingt-deux (inclusivement), vingt-cinq à trente-et-un (inclusivement), trente-quatre, quarante-cinq, cinquante-et-un à cinquante-cinq (inclusivement) de la loi sur les expropriations immobilières de 1894, seront applicables à ces enquêtes (2).

CHAPITRE III

De la construction et de l'entretien des travaux.

12. Sur les parties d'une rivière, d'un fleuve, d'un lac

(1) Loi C. et D. a. 9.
(2) Loi C. et D. a. 10.

---

or damage shall be entertained after the expiration of one year from such stoppage, diminution or damage, unless the Collector is satisfied that the claimant has sufficient cause for not making the claim within such period (1).

11. The Collector shall proceed to enquire into any such claim, and to determine the amount of compensation, if any, which should be given to the claimant ; and sections nine to fourteen (inclusive), eighteen to twenty-two (inclusive), twenty-five to thirty-one (inclusive), thirty-four, forty-five, fifty-one to fifty-five (inclusive) of the Land Acquisition Act, 1894, shall apply to such enquiries (2).

(1) C. and D. Act, s. 9.
(2) C. and D. Act, s. 10.

ou autre bassin d'eau naturelle, que le Gouvernement local déclarera, par notification, être soumises aux dispositions du présent article, personne ne pourra construire une digue, un barrage, un terrassement, une écluse, un chenal ou tout autre ouvrage destiné à l'irrigation, sans la sanction préalable du Percepteur (1).

13. Tout officier de canal ou toute autre personne agissant sur l'ordre général ou spécial d'un officier de canal, peut se rendre sur tout terrain adjacent à un canal ou dans le voisinage de celui-ci, ou à travers duquel on se propose de creuser un canal, et il peut y procéder à des levés de plans ou des nivellements (2), creuser et forer dans le sous-sol, faire et installer les bornes, les repères et les tubes de niveau nécessaires, accomplir tous les autres actes nécessaires à la bonne exécution de toutes les investigations relatives à un canal existant ou projeté, dont la direction est confiée au dit officier de canal;

Et il peut aussi se rendre sur n'importe quel terrain, bâtiment et aqueduc sur lesquels une taxe d'eau est

(1) Nouveau.
(2) Loi P. et S. a. 10 et C. et D. a. 14.

CHAPTER III.

Of the Construction and Maintenance of Works.

12. On such parts of any river, stream, lake or natural collection of water as the Local Government may, by notification, declare to be within the provisions of this section, no person shall construct any dam, weir, embankment, sluice, channel or other work for purposes of irrigation without the previous sanction of the Collector (1).

13. Any Canal-officer, or other person acting under the general or special order of a Canal-officer, may enter upon any lands adjacent to or in the neighbourhood of any canal or through

(1) New.

imposable, afin d'inspecter ou de régler l'emploi de l'eau fournie, ou pour mesurer les terrains irrigués par celle-ci ou imposables d'une taxe d'eau et afin de faire tout ce qui est nécessaire à la bonne réglementation et administration de ce canal.

14. Un officier de canal désigné à cet effet par l'officier de canal divisionnaire, peut de tout temps, durant la construction d'un canal ou après son achèvement, se rendre sur n'importe quel terrain situé à proximité de ce canal, et aligner et construire sur ce terrain toutes les conduites d'eau qu'il estimera nécessaires (1) :

15. 1° Chaque fois qu'il aura pénétré quelque part en vertu de l'article 13 ou de l'article 14, l'officier de canal ou toute autre personne qui fait cette entrée devra, à ce moment, présenter une compensation pour dommage qui

(1) Nouveau.

---

which any canal is proposed to be made, and undertake surveys or levels thereon (1);

and dig and bore into the sub-soil; and make and set up suitable land-marks, levelmarks and water-gauges;

and do all other acts necessary for the proper prosecution of any enquiry relating to any existing or projected canal under the charge of the said Canal-officer;

and may also enter upon any land, building or water-course on account of which any water rate is chargeable, for the purpose of inspecting or regulating the use of the water supplied, or of measuring the lands irrigated thereby or chargeable with a water rate, and of doing all things necessary for the proper regulation and management of such canal.

14. A Canal-officer appointed by the Divisional Canal-officer in this behalf may, at any time during the construction of a canal or after its completion, enter upon any lands in the neighbourhood of

(1) P. and S. Act, s. 10, and C. and D. Act, s. 14.

pourrait être occasionné par des travaux exécutés en vertu de cet article, et en cas de différend quant à la suffisance du montant ainsi présenté, il en référera sur-le-champ au Percepteur, et la décision de ce dernier fonctionnaire sera définitive (1), sous réserve qu'aucune compensation autre que celle destinée à indemniser les dégâts commis à des arbres ou des moissons sur pied ne sera payable pour un terrain qui doit servir à l'établissement d'un aqueduc, si les terrains immédiatement adjacents des deux côtés doivent être irrigués par le dit aqueduc, et qu'ils sont aussi la propriété de la personne qui possède le terrain devant être occupé en vue de cet établissement.

2° Si un officier de canal ou une autre personne, dans l'exercice des fonctions conférées par l'article 13 ou l'article 14, se propose d'entrer dans un bâtiment, une cour ou un jardin clôturés, reliés à une habitation non

(1) Loi C. et D a. 14.

---

such canal and align and construct such water-courses thereon as he may deem necessary (1).

(15). (1) In every case of entry under section 13 or section 14, the Canal-officer or other person making such entry shall at the time of such entry tender compensation for any damage which may be occasioned by any proceeding under such section : and in case of dispute as to the sufficiency of the amount so tendered, he shall forthwith refer the same for decision by the Collector, and such decision shall be final (2) ;

Provided that no compensation other than that for damage to trees or standing crops shall be payable in respect of any land to be occupied by a water-course, if the land immediately adjacent thereto on either side will be entitled to irrigation from the said water-course and is also the property of the owner of the land to be so occupied.

(1) New.
(2) C. and D. Act, s. 14.

alimentée par l'eau provenant d'un canal, il devra préalablement donner par écrit avis à l'occupant de ce bâtiment, de cette cour ou de ce jardin, au moins sept jours à l'avance, de son intention d'agir ainsi (1).

16. Le coût (y compris le montant de la compensation à payer ou qui pourrait avoir été payée) des aqueducs construits en vertu de l'article 14 et de ceux construits ou en voie de construction avant que la présente loi entre en vigueur, sera imputable aux propriétaires ou aux occupants des terrains auxquels de l'eau est fournie par ces aqueducs, dans la proportion de l'étendue des terrains ainsi alimentés — et à la date ou aux dates qui seront fixées par l'officier de canal divisionnaire (2).

Toute partie de ces frais qui est due et n'est pas payée à l'officier de canal divisionnaire, sera recouvrable comme si c'était un arriéré d'impôt foncier.

(1) Loi C. et D. a. 14.
(2) Nouveau.

---

(2) If any Canal-officer or other person, in exercise of powers conferred by section 13 or section 14, proposes to enter into any building or enclosed court or garden attached to a dwelling-house not supplied with water flowing from any canal, he shall previously give the occupier of such building, court or garden at least seven day's notice in writing of his intention to do so (1).

16. The cost (including the amount of compensation payable or that may have been paid) of any water-courses constructed under section 14 and of any water-courses constructed or in the course of being constructed before this Act comes into force, shall be chargeable to the owners or occupiers of lands to which water is supplied from such water-courses in such proportion according to the area of land so supplied and on such date or dates as the Divisional Canal-officer may determine (2).

(1) C. and D. Act, s. 14.
(2) New

Tout ordre donné en vertu du présent article par un officier de canal divisionnaire sera susceptible d'appel auprès de l'officier de canal intendant en chef, dont la décision sera définitive ;

Sous réserve que cet article s'appliquera aux aqueducs construits ou en voie de construction avant que cette loi n'entre en vigueur uniquement au cas où ces conduites d'eau auraient été construites conformément aux dispositions de l'article 14, si la présente loi avait été en vigueur.

17. Aucune conduite d'eau à laquelle s'appliquent les dispositions de l'article 16, ne peut être modifiée sans le consentement de l'officier de canal divisionnaire (1).

18. Si un accident à un canal arrive ou est redouté, ou en cas d'urgence, lorsqu'un nouvel ouvrage est immédiatement nécessaire pour prévenir un sérieux préjudice au bon fonctionnement d'un canal, ou chaque fois que c'est

(1) Nouveau.

Any portion of such cost becoming due and not paid to the Divisional Canal-officer *shall* be recoverable as if it were an arrear of land-revenue.

Any order passed by a Divisional Canal-officer under this section shall be subject to appeal to the Superintending Canal-officer, whose decision shall be final :

Provided that this section shall apply to water-courses constructed or in the course of being constructed before this Act comes into force only if such water-courses might have been constructed under the provisions of section 14 if this Act had been in force.

17. No water-course to which the provisions of section 16 applies may be altered without the consent of the Divisional Canal-officer (1).

18. In case of any accident happening or being apprehended to a canal, or in case of urgency when any new work is immediately

(1) New.

nécessaire au bon entretien d'un canal (1), tout officier de canal divisionnaire ou toute personne agissant sous ses ordres généraux ou spéciaux dans cette circonstance, peut se rendre sur tous les terrains adjacents à ce canal ou à proximité, et y exécuter tous les travaux qui seraient nécessaires en vue de réparer ou de prévenir cet accident, ou bien pour construire un nouvel ouvrage en cas d'urgence ou en vue du bon entretien du canal.

Dans tous les cas, cet officier de canal ou cette personne devra présenter une compensation aux propriétaires ou occupants des dits terrains pour tout dommage y causé. Si cette offre n'est pas acceptée, l'officier de canal en référera au Percepteur, qui procédera à l'allocation d'une compensation pour le dommage causé, comme si le Gouvernement local avait ordonné l'occupation des terrains en vertu de l'article 35 de la loi sur les expropriations immobilières de 1894 (2).

(1) Loi C. et D. a. 15 modifié.
(2) I de 1894.

---

required to prevent serious detriment to the efficiency of a canal, or whenever necessary for the proper maintenance of a canal (1), any Divisional Canal-officer or any person acting under his general or special orders in this behalf may enter upon any lands adjacent to, or in the neighbourhood of, such canal, and may execute all works which may be necessary for the purpose of repairing or preventing such accident or for constructing any new work in case of urgency or for the proper maintenance of the canal.

In every such case such Canal-officer or person shall tender compensation to the proprietors or occupiers of the said lands for all damage done to the same. If such tender is not accepted, the Canal-officer shall refer the matter to the Collector, who shall proceed to award compensation for the damage as though the

(1) C. and D. Act, s. 15 modified.

19. L'officier de canal divisionnaire, ou toute personne agissant d'après ses ordres généraux ou spéciaux dans cette circonstance peut, jusqu'à la distance du canal que le Gouvernement local peut déterminer par règlement (fait en concordance avec les dispositions de l'article 79), se rendre sur les terrains et :

(*i*) Y déposer les terres extraites du canal ; ou

(*ii*) En extraire de la terre pour réparer les digues d'un canal (1).

Une compensation sera offerte ou allouée dans ce cas de la manière prescrite par l'article 18 :

Sous réserve qu'aucune indemnité ne sera accordée pour l'excavation du sol à une profondeur ne dépassant pas un pied, dans le but de réparer la digue d'un canal ; à moins que cette excavation ne soit faite à un endroit où l'on a déjà creusé antérieurement, ou qu'elle ne cause des dégâts à des récoltes ou à des objets appartenant au terrain, qu'elle ne mette hors d'usage ce terrain, ou ne le

(1) Nouveau.

Local Government had directed the occupation of the land under section 35 of the Land Acquisition Act, 1894 (1).

19. The Divisional Canal-officer, or any person acting under his general or special orders in this behalf, may, within such distance from the canal as the Local Government may by rule (made in accordance with the provisions of section 79) determine, *enter upon* land *and* (2) :

(*i*) deposit upon it soit excavated from the canal; or

(*ii*) *excavate* from it earth for repairs to the banks of a canal.

Compensation shall, in such cases, be tendered or awarded in the manner provided by section 18 :

Provided that no compensation shall be payable on account of the excavation of land to a depth of not more than one foot for the

(1) I of 1894.
(2) New.

rende moins propre à l'usage auquel il était destiné avant cette excavation.

20. 1° Lorsqu'un terrain ou l'usage d'un terrain est requis pour servir à l'usage d'un canal, soit temporairement, soit d'une manière permanente, l'officier chargé d'allouer les compensations de ce chef aura, en dehors des pouvoirs exercés par lui en vertu de présente loi (1) ou en vertu de la loi sur les expropriations immobilières de 1894 (2), le droit moyennant la sanction générale ou spéciale du Gouvernement local et le consentement de la personne qui a des titres à une compensation :

a) de décider que les droits au terrain et à l'usage de celui-ci devront persister en faveur de cette personne, sous réserve du droit de l'employer aussi longtemps que ceci est nécessaire à l'usage du canal ou de la conduite d'eau, moyennant paiement de la compensation allouée pour ce seul droit d'usage ;

(1) Nouveau.
(2) I de 1894.

---

purpose of repairs to the bank of any canal, unless such excavation is made on the site of a previous excavation, or causes damage to crops or things attached to the land, or unfits the land, or renders it less fit, for the purpose to which it was applied before the excavation.

20. (1) When any land or the use thereof is required for canal purposes either temporarily or permanently, the officer assessing compensation therefor shall, in addition to any powers held by him under this Act (1) or under the Land Acquisition Act, 1894 (2) have power, subject to the general or special sanction of the Local Government and the consent of the person entitled to compensation ;

a) to direct that the rights to the land and the use thereof shall continue in such claimant, subject to a right of user, so long as it

(1) New.
(2) I of 1894.

b) de conférer à cette personne, au lieu de ou comme partie de compensation, le droit d'avoir une alimentation d'eau du canal.

2° Sous réserve des conditions dans lesquelles une allocation a été faite ou un ordre donné en vertu du sous-article 1°, clause a) ou b), la personne qui a des droits sur le terrain peut, si ce terrain a servi à l'usage d'un canal pendant une période de plus de trois ans, requérir le Percepteur de faire une acquisition complète du terrain conformément à la loi sur les expropriations immobilières de 1894 (1), et le terrain sera acquis en conséquence.

21. Toutes personnes désireuses d'employer l'eau d'un canal, peuvent s'adresser par écrit à l'officier de canal divisionnaire ou subdivisionnaire de la division ou de la subdivision du canal qui devra alimenter l'aqueduc, afin

(1) I de 1894.

---

may be required, for the purposes of the canal or water-course on payment of the compensation awarded for such right of user only;

b) to confer on the claimant, in lieu of or as part of any compensation, a right to a supply of water from the canal.

(2) Subject to the conditions of any award or order made under sub-section (1), clause (a) or (b), the person entitled to the land, may, if the land has been occupied for canal purposes for a period exceeding three years, request the Collector to make a complete acquisition of the land under the Land Acquisition Act, 1894 (1), and the land shall be acquired accordingly.

21. Any persons desiring to use the water of any canal may apply in writing to the Divisional or Subdivisional Canal-officer of the division or subdivision of the canal from which the water-

(1) I of 1894.

de demander à ce fonctionnaire de construire ou d'améliorer un aqueduc aux frais des requérants (1).

La requête stipulera les travaux à exécuter, l'estimation approximative des frais, ou le montant que les postulants sont disposés à payer pour ces travaux, ou bien s'ils s'engagent à payer le coût réel déterminé par l'officier de canal divisionnaire, et comment le paiement sera effectué.

Si l'approbation de l'officier de canal intendant en chef est donnée à cette requête, tous les postulants seront rendus solidairement responsables du paiement des frais de ces travaux, dans les limites mentionnées dans la requête en question, ou à payer le coût réel, si les requérants s'y sont engagés.

Tout montant devant être acquitté ainsi aux termes de cette requête, et qui n'a pas été payé à l'officier de canal divisionnaire ou à la personne autorisée par lui à le rece-

(1) Loi C. et D. a. 16.

---

course is to be supplied, requesting such officer to construct or improve a water-course at the cost of the applicants (1).

The application shall state the works to be undertaken, their approximate estimated cost, or the amount which the applicants are willing to pay for the same, or whether they engage to pay the actual cost as settled by the Divisional Canal-officer, and how the payment is to be made.

When the assent of the Superintending Canal-officer is given to such application, all the applicants *shall* be jointly and severally liable for the cost of such works to the extent mentioned therein, or if the applicants have engaged to pay the actual cost, for such actual cost.

Any amount *so* becoming due under the terms of such application, and not paid to the Divisional Canal-officer, or the person authorized by him to receive the same, on or before the date on

(1) C. and D. Act, s. 16.

voir, à la date ou avant la date à laquelle il doit être acquitté, sera recouvrable comme si c'était un arriéré d'impôt foncier.

22. Les mesures nécessaires seront prises, aux frais du Gouvernement, pour traverser des canaux construits ou entretenus aux frais du Gouvernement, aux endroits où le Gouvernement local l'estimera nécessaire, eu égard aux convenances raisonnables des habitants des terrains adjacents (1).

A la réception d'une plainte écrite, signée par au moins cinq des propriétaires de ces terrains, signalant qu'il n'a pas été soigné pour des croisements convenables à un canal, le Percepteur ordonnera de faire une enquête sur les circonstances du cas, et s'il estime que la plainte est fondée, il soumettra son avis ce concernant à l'examen du Gouvernement local, qui prendra à ce sujet telles mesures qu'il jugera opportunes.

(1) Loi C. et D. a. 17.

---

which it becomes due *shall* be recoverable as if it were an arrear of land-revenue.

22. There shall be provided, at the cost of Government, suitable means of crossing canals constructed or maintained at the cost Government at such places as the Local Government thinks necessary for the reasonable convenience of the inhabitants of the adjacent lands (1).

On receiving a statement in writing signed by not less than five of the owners of such lands to the effect that suitable crossings have not been provided on any canal, the Collector shall cause enquiry to be made into the circumstances of the case, and if he thinks that the statement is established, he shall report his opinion thereon for the consideration of the Local Government, and the Local Government shall cause such measures in reference hereto to be taken as it thinks proper.

(1) C. and D. Act, s. 17.

23. L'officier de canal divisionnaire peut donner aux personnes se servant d'un aqueduc l'ordre de construire des ponts, des aqueducs ou d'autres travaux convenables en vue du passage de l'eau de cette conduite à travers une route publique, un canal ou un chenal de drainage en usage avant que la dite conduite d'eau fût établie, ou de réparer un travail de ce genre (1).

Un tel ordre devra spécifier un laps de temps raisonnable pour l'achèvement ou la réparation de ces ouvrages, et si, après la réception de cet ordre, les personnes auxquelles il est adressé ne construisent pas, endéans la dite période, ces travaux à la satisfaction de l'officier de canal précité, celui-ci peut, moyennant l'autorisation préalable de l'officier de canal intendant en chef, faire ces constructions ou ces réparations d'office ;

Et si ces personnes ne paient pas, quand elles en sont requises, le coût de ces constructions ou de ces répara-

(1) Loi C. et D. a. 18.

---

23. The Divisional Canal-officer may issue an order to the persons using any water-course to construct suitable bridges, culverts or other works for the passage of the water of such water-course across any public road, canal or drainage-channel in use before the said water-course was made, or to repair any such works (1).

Such order shall specify a reasonable period within which such construction or repairs shall be completed ;

and if, after the receipt of such order, the persons to whom it is addressed do not, within the said period, construct or repair such works to the satisfaction of the said Canal-officer, he may with the previous approval of the Superintending Canal-officer himself construct or repair the same ;

and if the said persons do not, when so required, pay the cost of such construction or repairs as declared by the Divisional Canal-

(1) C. and D. Act, s. 18.

tions tel qu'il est établi par l'officier de canal divisionnaire, le montant sera recouvrable à leur charge comme si c'était un arriéré d'impôt foncier.

24. Si une personne, responsable solidairement avec d'autres de la construction ou de l'entretien d'un aqueduc, ou qui se sert d'un aqueduc conjointement avec d'autres, néglige ou refuse de payer sa part du coût des constructions ou de l'entretien en question, ou d'exécuter sa part de travail nécessaire à cette construction ou à cet entretien (1), l'officier de canal divisionnaire ou subdivisionnaire, à la réception d'une plainte écrite d'une personne lésée par cette négligence ou ce refus, informera toutes les parties intéressées que, à l'expiration de la quinzaine suivant la signification de cet avis, il examinera le cas en litige et prendra à ce propos telle décision qui lui semblera opportune.

Pareil ordre sera susceptible d'appel auprès de l'officier

(1) Loi B. et D. a. 19.

---

officer, the amount *shall* be recoverable from them as if it were an arrear of land-revenue.

24. If any person, jointly responsible with others for the construction or maintenance of a water-course, or jointly making use of a water-course with others, neglects or refuses to pay his share of the cost of such construction or maintenance, or to execute his share of any work necessary for such construction or maintenance (1), the Divisional or Subdivisional Canal-officer, on receiving an application in writing from any person injured by such neglect or refusal, shall serve notice on all parties concerned that, on the expiration of fifteen days from the service, he will investigate the case; and shall, on the expiration of that period, investigate the case accordingly, and make such order thereon as to him seems fit.

(1) C. and D. Act, s. 19.

de canal intendant en chef, dont la décision relative au cas sera définitive.

Toute somme qui doit être payée en vertu d'un tel ordre endéans une période déterminée, peut, si elle n'est pas payée après la période prescrite et si l'ordre reste en vigueur, être recouvrée à charge de la personne qui a reçu l'ordre de la payer, comme s'il s'agissait d'un arriéré d'impôt foncier.

25. Toutes les fois qu'une demande est faite à un officier de canal divisionnaire pour la fourniture de l'eau d'un canal et qu'à son avis il convient d'accorder cette alimentation et d'amener l'eau par une conduite déjà existante, il invitera les personnes responsables de l'entretien de cette conduite d'eau à lui exposer, après un délai qui ne pourra être inférieur à quatorze jours après la notification, les raisons qu'elles auront à invoquer pour que la fourniture d'eau ne se fasse pas de cette manière; et l'officier de canal divisionnaire, après avoir fait une enquête au jour fixé, décidera si la dite fourniture sera

---

Such order shall be appealable to the Superintending Canal-officer, whose order thereon shall be final.

Any sum directed by such order to be paid within a specified period may, if not paid within such period and if the order remains in force, be recovered from the person directed to pay the same, as if it were an arrear of land-revenue.

25. Whenever application is made to a Divisional Canal-officer for a supply of water from a canal and it appears to him expedient that such supply should be given and that it should be conveyed through some existing water-course, he shall give notice to the persons responsible for the maintenance of such water-course to show cause, on a day not less than fourteen days from the date of such notice, why the said supply should not be se conveyed; and, after making enquiry on such day, the Divisional

faite, et dans quelles conditions, par l'intermédiaire de cette conduite d'eau (1).

Si ce fonctionnaire décide qu'une fourniture d'eau de canal peut être faite par l'intermédiaire d'une conduite d'eau, comme il est dit plus haut, sa décision, si elle est confirmée ou modifiée par l'officier de canal intendant en chef, rendra le postulant et également les autres personnes responsables de l'entretien de la dite conduite d'eau.

Ce postulant n'aura pas le droit de se servir de cette conduite d'eau aussi longtemps qu'il n'aura pas payé les frais de toute modification nécessaire à cette conduite aux fins de l'approvisionner par son intermédiaire, comme aussi telle part dans le coût de premier établissement de cette conduite que l'officier de canal divisionnaire ou intendant en chef fixera.

Ce postulant sera aussi tenu de payer sa part des frais d'entretien de cette conduite d'eau aussi longtemps qu'il s'en servira (2).

(1) Loi C. et D. a. 20.
(2) Loi C. et D. a. 21.

Canal-officer shall determine whether and on what conditions the said supply shall be conveyed through such water-course (1).

When such officer determines that a supply of canal-water may be conveyed through any water-course as aforesaid, his decision shall, when confirmed or modified by the Superintending Canal-officer, be binding on the applicant and also on the persons responsible for the maintenance of the said water-course.

Such applicant shall not be entitled to use such water-course until he has paid the expense of any alteration of such water-course necessary in order to his being supplied through it, and also such share of the first cost of such water-course as the Divisional or Superintending Canal-officer may determine.

(1) C. and D. Act, s. 20.

26. Toute personne désirant la construction d'un nouvel aqueduc, peut en faire la demande par écrit à l'officier de canal divisionnaire, en stipulant :

(*i*) qu'elle a essayé sans succès d'obtenir, des propriétaires des terrains à travers lesquels elle veut faire passer cet aqueduc, le droit d'occuper autant de terrain que l'établissement de la conduite nécessitera ;

(*ii*) qu'elle désire que le dit officier de canal fasse, en son nom et à ses frais, tout le nécessaire en vue d'obtenir ce droit ; et

(*iii*) qu'elle est en état de supporter tous les frais qu'entraînera l'acquisition de ce droit et la construction de cet aqueduc.

27. Si l'officier de canal divisionnaire considère (1) :

(*i*) que la construction de cet aqueduc est utile, et

(1) Loi C. et D. a. 22.

Such applicant shall also be liable for his share of the cost of the maintenance of such water-course so long as he uses it (1).

26. Any person desiring the construction of a new water-course may apply in writing to the Divisional Canal-officer, stating—

(*i*) that he has endeavoured unsuccessfully to acquire, from the owners of the land through which he desires such water-course to pass, a right to occupy so much of the land as will be needed for such water-course ;

(*ii*) that he desires the said Canal-officer, in his behalf and at his cost, to do all things necessary for acquiring such right, and

(*iii*) that he is able to defray all cost involved in acquiring such right and constructing such water-course.

27. If the Divisional Canal-officer consider (2) :

(*i*) that the construction of such water-course is expedient, and

(1) C. and D. Act, s. 21.
(2) C. and D. Act, s. 22.

(*ii*) que les stipulations de la requête sont exactes,

il convoquera le postulant pour lui faire faire tel dépôt qu'il jugera nécessaire pour défrayer le coût des démarches préliminaires et le montant de toute compensation qui, à son avis, devra probablement être payée en vertu de l'article 33 ; quand ce dépôt sera fait, il fera déterminer l'alignement le plus favorable pour cet aqueduc, délimitera le terrain qui, d'après lui, sera nécessaire à sa construction, et publiera aussitôt, dans tous les village par lesquels il se propose de faire passer l'aqueduc, un avis portant que telle partie de tel terrain, appartenant à un tel village, a été délimitée ainsi, et il enverra une copie de cet avis au Percepteur de chaque district dans lequel une partie de ces terrains est située.

28. Toute personne désirant qu'un aqueduc existant soit transféré du nom de son propriétaire actuel en son

---

(*ii*) that the statements in the application are true,

he shall call upon the applicant to make such deposit as the Divisional Canal-officer considers necessary to defray the cost of the preliminary proceedings, and the amount of any compensation which he considers likely to become due under section 33;

and, upon such deposit being made, he shall cause enquiry to be made into the most suitable alignment for the said water-course, and shall mark out the land which, in his opinion, it will be necessary to occupy for the construction thereof, and shall forthwith publish a notice in every village through which the water-course is proposed to be taken that so much of such land as belongs to such village has been so marked out, and shall send a copy of such notice to the Collector of every district in which any part of such land is situate.

28. Any person desiring that an existing water-course should be transferred from its present owner to himself may apply in writing to the Divisional Canal-officer, stating (1) :

(1) C. and D. Act, s. 23.

nom, peut s'adresser par écrit à l'officier de canal divisionnaire, en stipulant (1) :

(*i*) qu'elle a essayé sans succès d'obtenir ce transfert du propriétaire de cet aqueduc ;

(*ii*) qu'elle désire que le dit officier de canal fasse, en son nom et à ses frais, toutes les démarches nécessaires en vue d'obtenir ce transfert ;

(*iii*) qu'elle est en état de supporter les frais de ce transfert.

Si l'officier de canal divisionnaire estime :

a) que le dit transfert est nécessaire en vue d'une meilleure administration de l'irrigation au moyen de cet aqueduc, et

b) que les stipulations de la requête sont exactes,

il convoquera le postulant pour lui faire faire tel dépôt qu'il estimera nécessaire pour défrayer le coût des démarches préliminaires, et le montant de telle compensation qui, de son avis, pourrait être à payer, d'après les dispositions de l'article 33, pour ce transfert ; lorsque ce

(1) Loi C. et D. a. 23.

(*i*) that he has endeavoured unsuccessfully to procure such transfer from the owner of such water-course ;

(*ii*) that he desires the said Canal-officer, in his behalf and at his cost, to do all things necessary for procuring such transfer;

(*iii*) that he is able to defray the cost of such transfer.

If the Divisional Canal-officer considers :

a) that the said transfer is necessary for the better management of the irrigation from such water-course, and

b) that the statements in the application are true,

he shall call upon the applicant to make such deposit as the Divisional Canal-officer considers necessary to defray the cost of the preliminary proceedings, and the amount of any compensation that may become due under the provisions of section 33 in respect of such transfer ;

dépôt sera effectué, il publiera une notification de la requête dans tous les villages et enverra une copie de la notification au Percepteur de tous les districts par lesquels passe cet aqueduc.

29. Endéans les trente jours à partir de la publication d'un avis conformément à l'article 27 ou à l'article 28, suivant le cas, toute personne intéressée dans le terrain ou l'aqueduc auquel l'avis se rapporte, peut s'adresser au Percepteur par une pétition justifiant ses objections à la construction ou au transfert sollicité.

Le Percepteur peut ou rejeter la pétition ou faire procéder à une enquête au sujet de la validité des objections, en donnant préalablement avis à l'officier de canal divisionnaire de l'endroit et de la date auxquels cette enquête aura lieu.

Le percepteur tiendra note par écrit de tous les ordres donnés par lui en vertu du présent article et de leur motif.

30. S'il n'est pas fait d'objection pareille, ou (lorsque cette objection est faite), si le Percepteur la rejette, il en infor-

---

and, upon such deposit being made, he shall publish a notice of the application in every village, and shall send a copy of the notice to the Collector of every district through which such water-course passes.

29. Within thirty days from the publication of a notice under section 27 or section 28, as the case may be, any person interested in the land or water-course to which the notice refers may apply to the Collector by petition, stating his objection to the construction or transfer for which application has been made.

The Collector may either reject the petition or may proceed to enquire into the validity of the objection, giving previous notice to the Divisional Canal-officer of the place and time at which such enquiry will be held.

mera l'officier de canal divisionnaire et s'occupera sur-le-champ de mettre le postulant en possession du terrain délimité, ou de l'aqueduc à transférer, suivant le cas (1).

31. Si le Percepteur admet la validité d'une objection faite comme il est dit ci-dessus, il donnera à l'officier de canal divisionnaire une information en conséquence ; et si ce fonctionnaire le juge opportun, il peut, dans le cas d'une requête faite conformément à l'article 26, modifier les bornes du terrain ainsi délimité et donner un nouvel avis d'après l'article 27 ; la procédure suivie précédemment par lui dans ce cas sera applicable à cet avis, et le Percepteur procédera ensuite comme il est dit ci-dessus(2).

32. Si l'officier de canal est en désaccord avec le Percepteur, l'affaire sera soumise pour décision au commissaire (3).

(1) Loi C. et D. a. 25.
(2) Loi C. et D. a. 26.
(3) Loi C. et D. a. 27.

The Collector shall record in writing all orders passed by him under this section and the grounds thereof.

30. If no such objection is made, or (where such objection is made) if the Collector overrules it, he shall give notice to the Divisional Canal-officer to that effect, and shall proceed forthwith to place the said applicant in occupation of the land marked out or of the water-course to be transferred, as the case may be (1).

31. If the Collector considers any objection made as aforesaid to be valid, he shall inform the Divisional Canal-officer accordingly; and if such officer sees fit, he may, in the case of an application under section 26, alter the boundaries of the land so marked out, and may give fresh notice under section 27 (2); and the procedure hereinbefore provided shall be applicable to such notice, and the Collector shall thereupon proceed as before provided.

(1) C. and D. Act, s. 25.
(2) C. and D. Act, s. 26.

Cette décision sera définitive, et le Percepteur, s'il en a reçu l'ordre par cette décision, tiendra la main, sous réserve des dispositions de l'article 33, que le dit postulant soit mis en possession du terrain ainsi délimité ou de l'aqueduc qui est à transférer, suivant le cas.

33. Aucun de ces postulants ne sera mis en possession de ce terrain ou de cet aqueduc aussi longtemps qu'il n'aura pas payé à la personne désignée par le Percepteur le montant que celui-ci fixera comme étant dû, à cette personne, en guise de compensation pour cette occupation ou pour le transfert du terrain ou de l'aqueduc, et pour le dommage causé par la délimitation ou l'occupation de ce terrain, y compris toutes les dépenses inhérentes à cette occupation ou à ce transfert (1).

Dans la détermination de la compensation à payer en vertu de cet article, le Percepteur procédera conformé-

(1) Loi C. et D. a. 28.

---

32. If the Canal-officer disagrees with the Collector, the matter shall be referred for decision to the Commissioner (1).

Such decision shall be final, and the Collector, if he is so directed by such decision, shall, subject to the provisions of section 33, cause the said applicant to be placed in occupation of the land so marked out or the water-course to be transfered, as the case may be.

33. No such applicant shall be placed in occupation of such land or water-course until he has paid to the person named by the Collector such amount as the Collector determines to be due as compensation for the land or water-course so occupied or transferred, and for any damage caused by the marking out or occupation of such land, together with all expenses incidental to such occupation or transfer (2).

In determining the compensation to be made under this section, the Collector shall proceed under the provisions of the Land

(1) C. and D. Act, s. 27.
(2) C. and D. Act, s. 28.

ment aux dispositions de la loi de 1894 sur les expropriations immobilières, mais il pourra, si la personne qui doit être dédommagée le désire, allouer cette compensation sous la forme d'une rente payable à raison du terrain occupé ou de l'aqueduc transféré (1).

Si cette compensation et ces dépenses ne sont pas payées lorsque la personne qui a le droit de les recevoir en fait la demande, ce montant peut être recouvré par le Percepteur comme s'il s'agissait d'un arriéré d'impôt foncier, et lorsqu'il sera recouvré, il sera payé par son intermédiaire à la personne qui est qualifiée pour les toucher.

34. Lorsqu'un postulant pareil est mis en possession d'un terrain ou d'un aqueduc, comme il est dit ci-dessus, les règles et conditions suivantes seront applicables à lui ou à son fondé de pouvoirs (2) :

Primo. — Tous les travaux nécessaires en vue du pas-

(1) I de 1894.
(2) Loi de C. et D. a. 20.

Acquisition Act, 1894, but he may, if the person to be compensated so desire, award such compensation in the form of a rent-charge payable in respect of the land or water-course occupied or transferred (1).

If such compensation and expenses are not paid when demanded by the person entitled to receive the same, the amount may be recovered as if it were an arrear of land-revenue, and shall, when recovered, be paid to the person entitled to receive the same.

34. When any such applicant is placed in occupation of land or of a water-course as aforesaid, the following rules and conditions shall be binding on him and his representatives in interest (2) :

First. — All works necessary for the passage, across such water-course, of water-courses existing previous to its construction and of the drainage intercepted by it, and for affording proper

(1) I of 1894.
(2) C. and D. Act, s. 20.

sage à travers cet aqueduc des conduites qui existaient avant celui-ci, et des drainages interceptés par lui, et en vue d'aménager de bonnes communications au-dessus de cet aqueduc pour les convenances des terrains avoisinants, seront exécutés par le postulant et entretenus par lui ou par son fondé de pouvoirs, à la satisfaction de l'officier de canal divisionnaire.

Secundo. — Le terrain occupé par un aqueduc aux termes des dispositions de l'article 27, sera utilisé uniquement aux fins de l'établissement de cet aqueduc.

Tertio. — L'aqueduc projeté sera achevé à la satisfaction de l'officier de canal divisionnaire endéans l'espace d'une année à partir de la date à laquelle le postulant a été mis en possession du terrain.

Dans le cas où un terrain est occupé ou un aqueduc transféré moyennant le paiement d'une rente :

Quarto. — Le postulant ou son fondé de pouvoirs devra payer, aussi longtemps qu'il occupera ce terrain ou

---

communications across it for convenience of the neighbouring lands, shall be constructed by the applicant, and be maintained by him or his representative in interest to the satisfaction of the Divisional Canal officer.

Second. — Land occupied for a water-course under the provisions of section 27 shall be used only for the purpose of such water course.

Third. — The proposed water-course shall be completed to the satisfaction of the Divisional Canal-officer within one year after the applicant is placed in occupation of the land.

In cases in which land is occupied or a water-course is transferred on the terms of a rent-charge :

Fourth. — The applicant or his representative in interest shall, so long as he occupies such land or water-course, pay rent for the same at such rate and on such days as are determined by the Collector when the applicant is placed in occupation.

exploitera cet aqueduc, la rente qui y est relative, au taux et aux dates fixés par le Percepteur lorsque le postulant a été mis en possession.

Quinto. — Si le droit d'occuper le terrain cesse par suite d'une infraction à une de ces règles, l'obligation de payer la dite rente perdurera jusqu'à ce que le postulant ou son fondé de pouvoirs ait remis le terrain dans son état primitif, ou jusqu'à ce qu'il ait payé, en guise de compensation pour tout dommage causé au dit terrain, tel montant et à telles personnes que le Percepteur déterminera.

Sexto. — Le Percepteur peut, à la requête de la personne qui a des titres pour recevoir cette rente ou compensation, déterminer le taux de la rente due ou fixer le montant de cette compensation, et si cette rente ou compensation n'est pas payée par le postulant ou son fondé de pouvoirs, le montant, majoré d'un intérêt calculé au taux de six pour cent par an à partir de la date depuis laquelle il est dû, peut être recouvré comme si c'était un arriéré d'impôt foncier; et ce montant, lorsqu'il aura été recouvré, sera payé à la personne à laquelle il est dû.

Fifth. — If the right to occupy the land cease owing to a breach of any of these rules, the liability to pay the said rent shall continue until the applicant or his representative in interest has restored the land to its original condition, or until he has paid, by way of compensation for any injury done to the said land, such amount and to such person as the Collector determines.

Sixth. — The Collector may, on the application of the person entitled to receive such rent or compensation, determine the amount of rent due or assess the amount of such compensation ; and, if any such rent or compensation be not paid by the applicant or his representative in interest, the amount, with interest thereon at the rate of six per cent. per annum from the date on which it became due, may be recovered as if it were an arrear

Si quelques-unes des dispositions et conditions prescrites par le présent article ne sont pas observées, ou si un aqueduc construit ou transféré en vertu de la présente loi n'est plus employé pendant trois années consécutives, le droit pour le postulant ou son fondé de pouvoirs, de se servir de ce terrain ou de cet aqueduc cessera d'une manière absolue.

35. La marche à suivre, préconisée ci-dessus pour l'occupation de terrains en vue de la construction d'un aqueduc, sera applicable à l'occupation de terrains pour toute extension ou modification d'un aqueduc et pour le dépôt des terres provenant des nettoyages de conduites (1).

36. Dans le cas d'un dégât volontaire à une voie d'écoulement ou de son élargissement, le coût de la réparation pourra être recouvré à charge des personnes autorisées à se servir de l'aqueduc, comme s'il s'agissait d'un arriéré d'impôt foncier, et l'alimentation d'eau peut être interrompue, comme il est prévu dans l'article 39, clause *a*), subdivision (*ii*) (2).

(1) Loi C. et D. a. 31.
(2) Nouveau.

---

of land-revenue, and the same, whenrecovered, shall be paid to the persom to whom it is due.

If any of the rules and conditions prescribed by this section are not complied with, or if any water-course constructed or transferred under this Act is disused for three years continuously, the right of the applicant, or of hisrepresentative in interest, to occupy such land or water-course shall cease absolutely.

35. The procedure hereinbefore provided for the occupation of land for the construction of a water-course shall be applicable to the occupation of land for any extension or alteration of a water-course, and for the deposit of soil from water-course clearances (1).

(1) C. and D. Act, s. 31.

37. Dans les cas où de nombreux aqueducs parallèles sur une longue distance, et si près l'un de l'autre qu'il est difficile et onéreux pour les propriétaires de les nettoyer, parce que la place manque pour le dépôt des vases (1), l'officier de canal divisionnaire, s'il a reçu une requête à ce sujet, ou sinon de sa propre initiative, pourra, moyennant la sanction de l'officier de canal intendant en chef, après avoir donné tel avis que le Gouvernement local ordonnera — par règlement rédigé conformément à l'article 79 — couper la distribution de l'une ou de toutes ces conduites d'eau, jusqu'à ce que les propriétaires aient conclu un arrangement satisfaisant en vue de réunir en un seul les différents aqueducs ou d'y substituer un système qui ait reçu l'approbation de l'officier de canal intendant en chef, sous réserve que cette conversion ne sera

(1) Nouveau.

---

36. In case of wilful damage to or enlargement of an outlet, the cost of repairs may be recovered as an arrear of land-revenue from the persons entitled to use the water-course, and the supply of water to the water-course may be stopped, as provided in section 39, clause (*a*), subdivision (*ii*) (1).

37. In cases where there are numerous water-courses running for a long distance side by side and so close together that it is difficult or expensive for the owners to clear them owing to there being no room for the deposit of the silt (2), the Divisional Canal-officer, if applied to for that purpose or on his own motion, may, with the sanction of the Superintending Canal-officer, after such notice as the Local Government may by rule made in accordance with section 79 direct, shut off the supplies of any or all such water-courses until the owners have made arrangements to his satisfaction to unite the water courses or to substitute for them

(1) New.
(2) New.

pas effectuée, si elle doit diminuer la quantité d'eau à laquelle a droit un propriétaire quelconque d'une voie d'eau.

Chapitre IV.

De la fourniture de l'eau.

38. A défaut de contrat écrit, ou dans les cas non visés par le contrat, toute fourniture d'eau de canal sera jugée devoir être accordée au taux prévu et être soumise aux conditions prescrites par le règlement à édicter par le Gouvernement local à ce sujet, conformément aux dispositions de l'article 79 (1).

39. *Les dispositions suivantes s'appliqueront à toute distribution d'eau d'un canal, à savoir* (2) :

a) L'officier de canal divisionnaire *n'arrêtera pas* la

(1) Loi C. et D. a. 31.
(2) Loi C. et D. a. 32.

---

such system as may have beenap proved by the Superintending Canal-officer :

Provided that such conversion shall not be made, if it shall diminish the amount of water to which any owner of a water-course is entitled.

Chapter IV.

Of the Supply of Water.

38 In the absence of a written contract, or so far as any such contract does not extend, every supply of canal-water shall be deemed to be given at the rates and subject to the conditions prescribed by the rules to be made by the Local Government in accordance with the provisions of section 79 in respect thereof (1).

39. *The following provisions shall apply to every supply of canal-water, namely* (2) :

a) The Divisional Canal-officer *shall* not stop the supply of water

(1) C. and D. Act, s. 31.
(2) C. and D. Act, S.-32.

fourniture d'eau à un aqueduc ou à une personne quelconque, si ce n'est dans les cas suivants :

(*i*) Toutes les fois et aussi longtemps qu'il est nécessaire d'arrêter cette fourniture dans le but de pouvoir exécuter un travail ordonné par l'autorité compétente, et moyennant sanction préalable du Gouvernement local ;

(*ii*) Toutes les fois et aussi longtemps qu'un aqueduc n'est pas entretenu dans un état satisfaisant par des réparations habituelles, pour prévenir le gaspillage de l'eau ;

(*iii*) A des périodes fixées de temps en temps par l'officier de canal divisionnaire.

b) *Le Gouvernement ne sera pas responsable* des pertes causées par le manque d'eau ou l'arrêt de l'alimentation dans un canal, par suite d'une cause indépendante du contrôle du Gouvernement, ou par suite de toutes réparations, modifications ou additions au canal, ou par

---

to any water-course, or to any person, except in the following cases :

(*i*) whenever and so long as it is necessary to stop such supply for the purpose of executing any work ordered by competent authority, and with the previous sanction of the Local Government ;

(*ii*) wenever and so long as any water-course is not maintained in such proper customary repair as to prevent the wasteful escape of water therefrom ;

(*iii*) within periods fixed from time to time by the Divisional Canal-officer :

b) *Government shall not be liable for* loss caused by the failure or stoppage of the water in a canal, by reason of any cause beyond the control of the Government, or of any repairs, alterations or additions to the canal, or of any measures taken for regulating the proper flow of water therein, or for maintaining the established course of irrigation which the Divisional Canal-officer

suite de mesures prises pour régler le cours convenable de l'eau dans la conduite, ou pour maintenir le fonctionnement existant de l'irrigation que l'officier de canal estime nécessaire; mais *les dispositions précédentes ne défendent pas* à la personne qui supporte un tel dommage *de demander* telle diminution des contributions ordinaires payables pour l'emploi de l'eau, que le Gouvernement autorise d'accorder :

c) Si la fourniture d'eau à un terrain irrigué par un canal est interrompue autrement que pour les motifs décrits dans la clause précédente, *le* Percepteur peut allouer à *l'occupant ou au propriétaire de ce terrain* une compensation équitable pour *la* perte *résultée de cette interruption* ;

d) Si l'eau d'un canal est fournie pour l'irrigation d'une seule récolte, la permission d'employer cette eau devra durer simplement jusqu'à ce que cette récolte soit par-

---

considers necessary ; but *the foregoing provisions shall not prevent* the person suffering such loss *from claiming* such remission of the ordinary charges payable for the use of water as is authorized by the Local Government :

c) If the supply of water to any land irrigated from a canal be interrupted otherwise than in the manner described in the last preceding clause, *the* Collector may award to the *occupier or owner of such land* reasonable compensation for *the* loss *arising from such interruption* :

d) When the water of a canal is supplied for the irrigation of a Single crop, the permission to use such water shall be held to continue only until that crop comes to maturity, and to apply only to that crop ; but if it be supplied for irrigating two or more crops to be raised on the same land within the year, such permission shall be held to continue for one year from the commencement of the irrigation, and to apply to such crops only as are matured within that year ;

venue à maturité, et doit s'appliquer uniquement à cette récolte ; mais si elle est fournie pour l'irrigation de deux ou plusieurs récoltes à produire sur un même terrain endéans l'année, cette permission devra durer toute une année depuis le commencement de l'irrigation, et devra s'appliquer uniquement aux récoltes qui parviennent à maturité endéans cette année ;

e) A moins que l'officier de canal intendant en chef n'en ait accordé la permission, aucune personne qui a le droit d'employer l'eau d'un canal, un ouvrage, une construction ou un terrain appartenant à un canal, ne pourra vendre, sous-louer ou transférer d'une autre manière son droit à cet emploi, sous réserve que la première partie de cette clause ne s'appliquera pas à l'emploi, par un locataire cultivateur, de l'eau lui fournie par son propriétaire pour l'irrigation du terrain occupé par ce locataire.

Mais tous les contrats passés entre le Gouvernement et le propriétaire ou le locataire d'un immeuble, relatifs à la fourniture d'eau de canal à cette propriété, seront transférables avec celle-ci, et seront supposés avoir été transférés ainsi chaque fois qu'un transfert de pareille propriété aura eu lieu ;

---

e) Unless with the permission of the Superintending Canal-officer, no person entitled to use the water of any canal, or any work, building or land appertaining to any canal, shall sell or sub-let or otherwise transfer his right to such use :

Provided that the former part of this clause shall not apply to the use by a cultivating tenant of water supplied to him by his landlord for the irrigation of the land held by such tenant :

But all contracts made between Government and the owner or occupier of any immoveable property, as to the supply of canal-water to such property, shall be transferable therewith, and shall be presumed to have been so transferred whenever a transfer of such property takes place;

f) Aucun droit à l'emploi de l'eau d'un canal ne sera acquis ni ne sera jugé l'avoir été en vertu de la loi de l'Inde de 1877, chapitre IV, sur la Prescription (1), et le Gouvernement ne sera pas tenu de fournir de l'eau à quelqu'un, si ce n'est conformément aux termes d'un contrat écrit.

Chapitre V.

Des taxes d'eau.

40. Si de l'eau a été prise à un canal d'une manière non autorisée, la personne sur le terrain de laquelle cette eau a coulé — si ce terrain en a tiré un avantage — sera tenue de payer les contributions fixées pour cet emploi, à *moins que et jusqu'à ce que*, après enquête faite par l'officier de canal divisionnaire, la personne par la faute ou la négligence de laquelle l'eau a été prise, *soit identifiée* (2).

41. Si de l'eau fournie par un aqueduc a été utilisée d'une manière non autorisée, la personne sur le terrain de laquelle cette eau s'est écoulée, si ce terrain en a tiré un

(1) XV de 1877.
(2) Nouveau.

---

f) No right to the use of the water of a canal shall be or be deemed to have been, acquired under the Indian Limitation Act, 1877, Part IV, nor shall Government be bound to supply any person with water, except in accordance with the terms of a contract in writing (1).

Chapter V.

Of water-rates

40. If water is taken from a canal in an unauthorized manner, the person on whose land such water has flowed, if such land has derived benefit therefrom, shall be liable to the charges made

(1) XV of 1877.

avantage (1), ou si cette personne *n'est pas identifiée* ou si ce terrain n'en a pas bénéficié, toutes les personnes contribuables du fait de l'usage de l'eau fournie par cette conduite, sera rendue responsable, ou seront rendues solidairement responsables, suivant le cas, des frais résultés de cet emploi, *à moins que et jusqu'à ce que* la personne par la faute ou la négligence de laquelle cet usage a pu se faire, *soit identifiée.*

42. Si l'on a laissé s'écouler en pure perte l'eau fournie par un aqueduc, toutes les personnes imposables du chef de l'alimentation d'eau faite par cet aqueduc seront solidairement responsables du paiement des frais résultés de ce gaspillage, *à moins que et jusqu'à ce que*, après enquête faite par l'officier de canal divisionnaire, la personne par la faute ou la négligence de laquelle cette eau a pu s'écouler inutilement, *soit identifiée* (2).

(1) Loi C. et D. a. 33.
(2) Loi C. et D. a. 34.

---

for such use, *unless and until* the person by whose act or neglect the water has been so taken *is ascertained* (1).

41. If water supplied through a water-course be used in an unauthorized manner, the person on whose land such water has flowed, if such land has derived benefit therefrom (2),

or if such person *is not ascertained*, or if such land has not derived benefit therefrom, all the persons chargeable in respect of the water supplied through such water-course,

shall be liable, or jointly liable, as the case may be, to the charges made for such use, *unless and until* the person by whose act or neglect such use occurred *is ascertained.*

42. If water supplied through a water-course be suffered to run to waste, all the persons chargeable in respect of the water supplied through such water-course shall be jointly liable for the charges made in respect of the water so wasted, *unless and until,*

(1) New.
(2) C. and D. Act, s. 33.

43. Tous les frais résultés de l'usage non autorisé ou du gaspillage de l'eau peuvent être recouvrés en dehors des pénalités encourues du chef de cet usage ou de ce gaspillage (1).

Toutes les questions comprises sous les articles 40, 41 et 42 seront tranchées par l'officier de canal divisionnaire ; toutefois, elles seront susceptibles d'appel auprès du Percepteur, ou de tout autre appel prévu dans les réglements rédigés d'après l'article 79, sous-article.

44. Les taxes à imposer aux occupants des terrains pour l'usage d'eau de canal aux fins d'irrigation, seront déterminées par des règlements à édicter par le Gouvernement local en concordance avec les dispositions de l'article 79, et les occupants qui acceptent l'eau devront payer pour celle-ci en conséquence (2).

Les règlements auxquels il est fait allusion précé-

(1) Loi C. et D. a. 35.
(2) Loi C. et D. a. 36 (comme amendé par la loi XVI de 1889 a. 2).

---

after enquiry by the Divisional Canal-officer, the person through whose act or neglect such water was suffered to run to waste *is ascertained* (1).

43. All charges for the unauthorized use or for waste of water may be recovered in addition to any penalties incurred on account of such use or waste (2).

All questions under section 40, 41 or 42 shall be decided by the Divisional Canal-officer, subject to an appeal to the Collector, or such other appeal as may be provided by rules framed under section 79, sub-section (2).

44. The rates to be charged for canal-water supplied for purposes of irrigation to the occupiers of land shall be determined by the rules to be made by the Local Government in accordance

(1) C. and D. Act, s. 34.
(2) C. and D. Act, s. 35.

demment dans la présente loi, peuvent prescrire et déterminer quelles personnes ou classes de personnes doivent être considérées comme occupants au point de vue de cet article, et peuvent aussi déterminer les différentes responsabilités, en ce qui concerne le paiement de la taxe d'occupant, des locataires ou des personnes auxquelles des locataires ont sous-loué leurs terrains, ou des propriétaires et des personnes auxquelles des propriétaires ont loué des terrains qu'ils avaient en culture eux-mêmes.

Recouvrement des contributions.

45. Toute somme due d'après la loi en vertu de ce chapitre, et qui reste non acquittée après la date à laquelle le paiement échoit, sera recouvrable à charge de la personne responsable comme si c'était un arriéré d'impôt foncier (1).

(1) Loi C. et D. a. 45.

---

with the provisions of section 79, and such occupiers as accept the water shall pay for it accordingly (1).

The rules hereinbefore referred to may prescribe and determine what persons or classes of persons are to be deemed to be occupiers for the purposes of this section, and may also determine the several liabilities in respect of the payment of the occupier's rate, of tenants and of persons to whom tenants may have sub-let their lands, or of proprietors and of persons to whom proprietors may have let the lands held by them in cultivating occupancy.

Recovery of charges.

45. Any sum lawfully due under this Chapter, which remains unpaid after the day on which it becomes due, shall be recoverable from the person liable for the same as if it were an arrear of land-revenue (2).

(1) C. and D. Act. s. 36, as amended by Act XVI, 1899, s. 2.
(2) C. and D. Act, s, 45.

CHAPITRE VI

Canaux secondaires.

46. Ce chapitre s'appliquera uniquement aux canaux secondaires (1).

47. 1° En ce qui concerne tous les canaux secondaires de chaque district, que ces canaux aient été ou non entretenus jusqu'à présent par le Gouvernement, le Percepteur peut vérifier et enregistrer dans la forme que prescrira le Gouvernement local (2) :

a) La nature du canal et de tous les terrassements, chenaux, barrages et autres ouvrages en dépendant ;

b) Les terrains irrigables par le canal ;

c) Les taxes d'eau, s'il y a lieu, qui sont imposables du chef des terrains irrigués par le canal ;

d) Les coutumes en vigueur en ce qui concerne la levée

(1) Nouveau.
(2) Règl. III de 1889, a. 36.

CHAPTER VI.

Minor Canals.

46. This Chapter shall apply only to minor canals (1).

47. (*1*) With respect to every minor canal in each district, whether such canal has hitherto been maintained by the Government or not, the Collector may ascertain and record in such form as the Local Government may direct (2) :

a) the nature of the canal and of all embankments, channels, weirs and other works subsidiary thereto ;

b) the lands irrigable from the canal ;

c) the water-rate, if any, chargeable on the lands irrigable, from the canal ;

d) the customs relating to the raising of funds for the maintenance, repair and efficient working of the canal and the liabilities

(1) New.
(2) Reg. III of 1889, s. 36.

des fonds pour l'entretien, la réparation et le fonctionnement efficace du canal et les responsabilités solidaires ou particulières des villages ou personnes quant à la contribution à ces fonds ;

e) L'obligation pesant sur les villages ou les personnes, solidairement ou individuellement, de travailler ou de fournir des ouvriers ou de rendre un service quelconque en rapport avec l'entretien ou la réparation du canal, ou en ce qui concerne les curages annuels nécessaires à faire en vue du bon fonctionnement du canal ;

f) Les privilèges et les exemptions dont jouissent les villages ou les personnes sur lesquels pèsent les responsabilités et les obligations visées dans les clauses *d*) et *e*) ;

g) *Toutes dispositions auxquelles se sont ralliées des personnes spécifiées, et qui lient ces personnes ou leurs fondés de pouvoirs.*

2° Tout procès-verbal rédigé en vertu des sous-articles précédents, sera soumis pour examen au Gouvernement

---

of villages or persons jointly or severally to contribute to those funds ;

e) the obligations resting on villages or persons jointly or severally to labour or provide labourers or render any service in connection with the maintenance or repair of the canal or for the purpose of effecting annual silt-clearances necessary for the efficient working of the canal ;

f) the privileges or exemptions enjoyed by the villages or persons on whom the liabilities and obligations referred to in clauses (*d*) and (*e*) rest ; *and*

g) *any provisions agreed to by specified persons as binding on such persons and their representatives in interest.*

(2) Every record prepared under the preceding sub-sections shall be submitted for the consideration of the Local Government, and if the same is confirmed by the Local Government, the record

local, et s'il est confirmé par celui-ci le procès-verbal ainsi confirmé sera publié de la manière prescrite par le Gouvernement local (1).

3° Un procès-verbal dressé conformément à cet article peut de temps en temps être corrigé par la main du Percepteur, si cette correction a été préalablement sanctionnée par le Gouvernement local ; cette correction sera publiée de la manière prescrite par le Gouvernement local (2).

48. 1° *Chaque fois que des personnes désirent que les termes auxquels ils ont convenu entre eux de construire un travail de drainage projeté soient stipulés par écrit, par le Percepteur, dans le but de les faire consigner ultérieurement dans un procès-verbal en vertu de l'article 47, sous-article* 1°, *clause (g), peut préparer un exposé de ces conditions en spécifiant les personnes et les fondés de pouvoirs que ces conditions lieront dans*

(1) Nouveau.
(2) Règl. III de 1889, a. 36 (3).

---

as so confirmed shall be published in such manner as the Local Government may direct (1).

(3) A record prepared under this section may, from time to time, be corrected under the hand of the Collector, if such correction has been previously sanctioned by the Local Government; and such correction shall be published in such manner as the Local Government may direct (2).

48, (1) *In any case in which persons desire that the terms, on which they have agreed amongst themselves to construct a projected irrigation-work, may be reduced to writing by the Collector for the purpose of having the same subsequently entered in a record under section 47, sub-section (1), clause (g).*

the Collector may prepare a statement of such terms, specifying the persons on whom and whose representatives in interest such

(1) New.
(2) Reg. III of 1889, s. 36 (3).

le cas où elles seraient ultérieurement insérées dans un procès-verbal en vertu de cette section.

2° Dans le cas où ce travail de drainage est déclaré être un canal secondaire, en vertu de l'article 3, sous-article 2°, le Percepteur peut insérer cette décision dans le procès-verbal dressé en vertu de l'article 47, sous-section 1°.

49. Le Gouvernement peut faire des règlements d'accord avec les dispositions de l'article 79 en vue de donner force de loi à toutes ou à quelques-unes des coutumes, responsabilités et obligations enregistrées dans un rapport confirmé et publié conformément à l'article 47 (1).

50. Lorsqu'un procès-verbal a été confirmé et publié, conformément à l'article 47, concernant un canal secondaire (2) :

(*i*) celles des dispositions de la présente loi qui ont été déclarées, par un ordre général du Gouvernement local,

(1) Règl. III de 1889, a. 36, (2).
(2) Nouveau.

---

terms will be binding in the event of the same being subsequently embodied in a record under that section.

(2) In the event of such irrigation-work being notified as a minor canal under section 3, sub-section (2), the Collector may embody such statement in the record prepared under section 47, sub-section (1).

49. The local Government may make rules in accordance with the provisions of section 79 for the enforcement of all or any of the customs, liabilities and obligations recorded in a record confirmed and published under section 47 (1).

50. When a record has been confirmed and published under section 47 in respect of any minor canal (2) :

(*i*) such of the provisions of this Act as have been declared by

(1) Reg. III of 1889, s. 36, (2).
(2) New.

être applicables aux canaux secondaires en général ou aux canaux secondaires dans la zone dans laquelle ce canal secondaire est situé, s'appliqueront à ces canaux secondaires, mais en restant soumises aux restrictions, modifications et conditions qui ont été stipulées dans l'ordre général précité, et aussi longtemps qu'elles ne sont pas en contradiction avec les coutumes, privilèges, responsabilités et obligations exprimées dans le procès-verbal ;

(*ii*) celles des dispositions de la présente loi qui ont été déclarées, par un ordre spécial du Gouvernement local, être applicables à ce canal secondaire, s'y appliqueront, nonobstant toute déclaration contraire du procès-verbal, mais en restant soumises aux restrictions, modifications et conditions qui ont été stipulées dans l'ordre spécial précité, sous réserve que chacun des ordres généraux ou spéciaux précités soit donné par notification dans la *Gazette*.

51. Toutes les fois que la chose paraît nécessaire dans

---

any general order of the Local Government to be applicable to minor canals generally or to the minor canals in the local area in which such minor canal is situate, shall apply to such minor canal, but subject to such limitations, modifications and conditions as may have been expressed in the general order aforesaid, and only in so far as they are not inconsistent with the customs, privileges, liabilities and obligations set forth in the record :

(*ii*) such of the provisions of this Act as may have been declared by any special order of the Local Government to be applicable to such minor canal shall apply to it, notwithstanding any entries to the contrary in the record, but subject to such limitations, modifications and conditions as may be expressed in the special order aforesaid :

Provided that every such general or special order as aforesaid shall be made by notification in the Gazette.

l'intérêt public, le Gouvernement peut, moyennant l'octroi éventuel des compensations qui lui semblent équitables, assumer le contrôle et entreprendre en tout ou en partie l'entretien de tout canal secondaire, et aura ensuite de cette décision le droit de lever des taxes d'eau pour tous les terrains irrigués par ce canal (1).

CHAPITRE VII.

De la navigation par canal.

52. Les droits que le Gouvernement local fixera de temps en temps, par notification, seront perçus à charge de tous les navires qui entrent dans ou naviguent sur un canal (2).

53. Tout navire entrant dans ou naviguant sur un canal contrairement aux règlements édictés sur la matière, en vertu des dispositions de l'article 79, par le

(1) Règl. de 1889, a. 34, (3).
(2) Loi P. et S. a. 4.

---

51. The Local Government, whenever it appears to be necessary in the public interests, may, upon such terms (if any) as to compensation as it deems just, assume the control and undertake in whole or in part the maintenance of any minor canal, and shall thereupon be entitled to levy a water-rate on all lands irrigated from such canal (1).

CHAPTER VII.

Of canal Navigation.

52. Such tolls as the Local Government may, from time to time by notification, direct, shall be levied from all vessels entering or navigating any canal (2).

53. Any vessel entering or navigating any canal, contrary to the rules made in that behalf under the provisions of section 79 by the Local Government, or so as to cause danger to the canal or to

(1) Reg. III of 1889, s. 34 (3).
(2) P. and S. Act, s. 4.

Gouvernement local, ou de façon à causer un danger au canal ou aux autres navires qui s'y trouvent, peut être déplacé ou retenu par un officier de canal divisionnaire ou par toute autre personne dûment autorisée en cette qualité (1).

Le propriétaire de tout navire qui a causé des avaries à un canal ou qui a été déplacé ou retenu en vertu de cet article sera tenu de payer au Gouvernement la somme que l'officier de canal divisionnaire, avec l'approbation de l'officier de canal intendant chef, estimera nécessaire pour couvrir les frais de réparation de cette avarie ou ceux occasionnés par ce déplacement ou cette saisie, suivant le cas.

54. Si une contribution ou une taxe due en vertu de la présente loi pour un navire n'est pas, sur demande, payée à la personne autorisée à la percevoir, l'officier

(1) Loi C. et D. a. 49.

---

the other vessels therein, may be removed or detained by a a Canal-officer, or by any other person duly authorized in this behalf (1).

The owner of any vessel causing damage to a canal, or removed or detained under this section, shall be liable to pay to the Government such sum as the Divisional Canal-officer, with the approval of the Superintending Canal-officer, determines to be necessary to defray the cost of repairing such damage, or of such removal or detention, as the case may be.

54. If any toll or charge due under this Act in respect of any vessel is not paid on demand to the person authorized to collect the same, the Divisional Canal-officer may seize and detain such vessel and the furniture thereof, until such toll or charge, together with all expenses arising from such seizure and detention, is paid in full (2).

(1) C. and D. Act, s. 49.
(2) P. and S. Act, s. 6.

de canal divisionnaire peut saisir et retenir ce navire et son inventaire, jusqu'à ce que cette contribution ou cette taxe, de même que tous les autres frais résultant de la saisie et de la détention, soient payés totalement (1).

55. Si une taxe due au Gouvernement pour une cargaison ou des marchandises chargées dans un navire du Gouvernement sur un canal, ou emmagasinées sur ou dans un terrain ou des entrepôts exploités à l'usage d'un canal, n'est pas payée sur demande à la personne dûment autorisée à la percevoir, l'officier de canal divisionnaire peut saisir cette cargaison ou ces marchandises et les retenir jusqu'à ce que la taxe ainsi due, de même que tous les frais résultant de cette saisie et de cette détention, soient totalement payés (2).

56. Au bout d'un laps de temps raisonnable après la saisie faite en vertu de l'article 54 ou 55, ledit officier de canal donnera avis au propriétaire ou à la personne qui a charge de la propriété saisie, que, à un jour à fixer dans la notification mais qui ne peut pas être antérieur à quinze

(1) Loi P. et S. a. 6.
(2) Loi C. et D. a. 52.

---

55. If any charge due to the Government in respect of any cargo or goods carried in a Government vessel on a canal, or stored on or in lands or ware-houses occupied for the purposes of a canal, is not paid on demand to the person authorized to collect the same, the Divisional Canal-officer may seize such cargo or goods, and detain it or them until the charge so due, together with all expenses arising from such seizure and detention, is paid in full (1).

56. Within a reasonable time after any seizure under section 54 or section 55, the said Canal-officer shall give notice to the owner or person in charge of the property seized, that it or such portion of it as may be necessary, will, on a day to be named in the notice

(1) C. and D. Act. s. 52.

jours à partir de la date de l'avis, cette propriété ou la partie de celle-ci qui sera jugée nécessaire, sera vendue en acquittement du droit pour le paiement duquel cette propriété a été saisie, à moins que le droit ne soit acquitté avant le jour ainsi fixé (1) ; si ce droit n'est pas acquitté ainsi, le dit officier de canal peut, au jour fixé, vendre la propriété saisie ou la partie de celle-ci qu'il jugera nécessaire pour payer le montant dû, en même temps que les dépenses occasionnées par cette saisie et cette vente.

Éventuellement, le reste de l'inventaire, de la cargaison ou des marchandises en question, ainsi que l'excédent du produit de la vente, seront remis au propriétaire ou à la personne qui a charge de la propriété saisie.

57. Si un navire est trouvé abandonné sur un canal, ou si une cargaison ou des marchandises chargées dans un navire du Gouvernement sur un canal, ou emmagasinées sur ou dans un terrain ou un entrepôt exploité à l'usage d'un canal, ne sont pas réclamés après un délai de deux

(1) Loi C. et D. a. 53.

---

but not sooner than fifteen days from the date of the notice, be sold in satisfaction of the claim on account of which such property was seized, unless the claim is discharged before the day so named (1); and, if such claim be not so discharged, the said Canal-officer, may, on such day, sell the property seized, or such part thereof as may be necessary to yield the amount due, together with the expenses of such seizure and sale.

The residue (if any) of such property and of the proceeds of the sale shall be made over to the owner or person in charge of the property seized.

57. If any vessel be found abandoned in a canal, or any cargo or goods carried in a Government vessel on a canal, or stored on

(1) C. and D. Act, s. 53.

mois, l'officier de canal divisionnaire peut en prendre possession (1).

Le fonctionnaire prenant ainsi possession peut, par un règlement fait en concordance avec les dispositions de l'article 79, publier un avis que si ce navire et son contenu, ou cette cargaison ou ces marchandises ne sont pas réclamés avant une date à fixer dans l'avis, mais qui ne peut échoir avant trente jours à partir de la date de cet avis, il les vendra ; et si ce navire, ce contenu, cette cargaison ou ces marchandises ne sont pas réclamés endéans ce laps de temps, il peut, à n'importe quelle date après le jour fixé dans l'avis, procéder à la vente.

Le dit navire avec son contenu et les dites cargaison et marchandises, s'ils ne sont pas vendus, ou bien, si la vente a eu lieu, le produit de celle-ci, après paiement de tous droits et taxes dus pour le navire, la cargaison ou les

(1) Loi C. et D. a. 54.

---

or in lands or ware-houses occupied for the purposes of a canal, be left unclaimed for a period of two months, the Divisional Canal-officer may take possession of the same (1).

The officer so taking possession shall publish a notice, in such manner as the Local Government may by rule made in accordance with the provisions of section 79 direct, that if such vessel and its contents, or such cargo or goods, is or are not claimed previou-ly to a day to be named in the notice, not sooner than thirty days from the date of such notice, he will sell the same; and if such vessel, contents, cargo or goods, is or are not so claimed he may, at any time after the day, named in the notice, proceed to sell the same.

The said vessel and its contents, and the said cargo or goods, if unsold, or, if a sale has taken place, the proceeds of the sale, after paying all tolls and charges due in respect of the vessel, cargo or goods and all expenses incurred by the Divisional Canal-officer

(1) C. and D. Act, s. 54.

marchandises, et de toutes les dépenses encourues par l'officier de canal divisionnaire au cours de la prise de possession et de la vente, seront remis au propriétaire, si les droits de propriété de celui-ci sont établis à la satisfaction de l'officier de canal divisionnaire.

Si l'officier de canal a des doutes quant à la personne à laquelle cette propriété ou ce produit devrait être remis, il peut ordonner de vendre la propriété comme dit ci-dessus, et de verser le produit de la vente à la Trésorerie du district, afin qu'il y soit conservé jusqu'à ce que les droits sur cette somme soient fixés par une Cour de juridiction compétente.

58. *Si des marchandises que l'officier de canal divisionnaire a saisies en vertu de l'article 55, ou dont il a pris possession en vertu de l'article 57, sont tellement sujettes à s'avarier que, dans l'opinion de ce fonctionnaire, cette circonstance rend leur vente à bref délai ou*

---

on account of the taking possession and sale, shall be made over to the owner of the same, when his ownership is established to the satisfaction of the Divisional Canal-officer.

If the Divisional Canal-officer is doubtful to whom such property or proceeds should be made over, he may direct the property to be sold as aforesaid and the proceeds to be paid into the district-treasury, there to be held until the right thereto be decided by a Court of competent jurisdiction.

58. *If any goods which the Divisional Canal-officer has seized under section 55 or taken possession of under section 57, are of so perishable a nature as, in the opinion of that officer, to render an early or immediate sale necessary or advisable, that officer may within such period as he thinks fit sell by public auction the said goods, in which event such notice shall be given to the owner of the goods, (if known), as the urgency of the case will permit of, and the proceeds shall be applied in the manner provided in section 56 or 57, as the case may be.*

immédiatement nécessaire ou prudente, ce fonctionnaire peut, au bout de telle période qu'il juge convenir, vendre les dites marchandises aux enchères publiques, et dans ce cas l'avis que l'urgence du cas permettra de donner sera notifié au propriétaire des marchandises (s'il est connu), et il sera disposé du produit de la vente comme il est prévu dans l'article 56 ou l'article 57, suivant le cas.

CHAPITRE VIII.

Du drainage.

59. Chaque fois qu'il semble au Gouvernement local qu'un préjudice est causé ou peut être causé à un terrain, à la santé publique ou aux convenances publiques par suite de l'obstruction d'une rivière, d'un fleuve ou d'un canal de drainage, ce Gouvernement peut, par notification, défendre à l'intérieur de limites à définir dans cette notification, la formation de toute obstruction, ou peut, dans ces limites, ordonner l'enlèvement ou une autre modification de cet obstacle (1).

(1) Loi C. et D. a. 55.

CHAPTER VIII.

Of Drainage.

59. Wenever it appears to the Local Gouvernment that injury to any land or the public health or public convenience has arisen or may arise from the obstruction of any river, stream or drainage-channel, such Government may, by notification, prohibit, within limits to be defined in such notification, the formation of any obstruction, or may, within such limits, order the removal or other modification of such obstruction (1).

Thereupon so much of the said river, stream or drainage-

(1) C. and D Act, s. 55.

60. L'officier de canal divisionnaire ou toute autre personne autorisée par le Gouvernement en cette qualité, peut, après *notification*, donner l'ordre à la personne qui a établi une telle obstruction, ou qui en a le contrôle, d'enlever ou de modifier celle-ci endéans un délai à fixer dans l'ordre (1).

Si, à l'expiration du délai ainsi fixé, cette personne ne s'est pas conformée à cet ordre, le dit officier de canal peut enlever ou modifier l'obstacle d'office, et si la personne à laquelle l'ordre a été donné ne paye pas, quand elle en est sommée, les dépenses résultées de cet enlèvement ou de cette modification, ces frais seront recouvrables par le Percepteur à charge de cette personne ou de son fondé de pouvoirs, comme s'il s'agissait d'un arriéré d'impôt foncier.

61. Toutes les fois qu'il semble au Gouvernement local que des travaux de drainage sont nécessaires à l'amélioration de terrains, ou à leur bonne culture ou irrigation (2), ou qu'il est nécessaire de protéger des terrains contre les courants ou d'autres accumulations d'eau, ou

(1) Loi C. et D. a. 56.
(2) Loi C. et D. a. 57.

---

channel as is comprised within such limits shall be held to be a drainage-work.

60. The divisional Canal-officer, or other person authorized by the Local Government in that behalf, may, after such *notification*, issue an order to the person causing or having control over any such obstruction to remove or modify the same within a time to be fixed in the order (1).

If, within the time so fixed, such person does not comply with the order, the said Canal-officer may himself remove or modify the obstruction; and, if the person to whom the order was issued does not, when called upon, pay the expenses involved in such

(1) C. and D. Act, s. 56.

contre l'érosion par une rivière, ce Gouvernement peut faire dresser et publier un plan des travaux de drainage à effectuer en même temps qu'une estimation des frais et un état fixant la part de ces dépenses que le Gouvernement consent à supporter, ainsi qu'une liste des terrains qu'il projette de rendre imposables d'après les indications de ce plan.

62. Les personnes autorisées par le Gouvernement local à dresser ce plan peuvent exercer tous ou quelques-uns des pouvoirs conférés aux officiers de canal par l'article 13 (1).

63. Une taxe annuelle, en rapport avec le plan, peut être imposée conformément au règlement à édicter par le Gouvernement local en vertu des dispositions de l'article 79, aux propriétaires de tous terrains qui seront, de la

(1) Loi C, et D. a. 58.

---

removal or modification, such expenses shall be recoverable from him or his representative in interest as an arrear of land-revenue.

61. Whenever it appears to the Local Government that any drainage-works are necessary for the improvement of any lands, or for the proper cultivation or irrigation thereof (1),

or that protection from floods or other accumulations of water, or from erosion by a river, is required for any lands,

the Local Government may cause a scheme for such drainage-works to be drawn up and published, together with an estimate of its cost and a statement of the proportion of such cost which the Government proposes to defray, and a schedule of the lands which it is proposed to make chargeable in respect of the scheme.

62. The persons authorized by the Local Government to draw up such scheme may exercise all or any of the powers conferred on a Canal-officer by section 13 (2).

63. An annual rate, in respect of such scheme, may be charged

(1) C. and D. Act, s. 57.
(2) C. and D. Act, s. 58.

manière prescrite par ce règlement, désignés comme étant imposables de ce chef (1).

Cette taxe sera fixée aussi approximativement que possible de façon à ne dépasser aucune des limites suivantes :

(*i*) Six pour cent par an des frais de premier établissement des dits travaux, auquel montant s'ajoute le coût annuel présumé de leur entretien et de leur surveillance, et dont il faut retrancher le revenu présumé, s'il y a lieu, qui sera rapporté par ces travaux, à l'exception de la dite contribution ;

(*ii*) Dans le cas d'un terrain arable, la somme qui, en vertu du règlement alors en vigueur pour la fixation de l'impôt foncier, pourrait être imposée à ce terrain du chef de l'augmentation de sa valeur ou de sa production annuelle résultant de ce travail de drainage.

(1) Loi C. et D. a. 59.

---

according to rules to be made by the Local Government under the provisions of section 79, on the owners af all lands which shall, in the manner prescribed by such rules, be determined to be so chargeable (1).

Such rate shall be fixed as nearly as possible so as not to exceed either of the following limits :—

(*i*) six per cent. per annum on the first cost of the works, adding thereto the estimated yearly cost of the maintenance and supervision of the same, and deducting therefrom the estimated income, if any, derived from the works, excluding the said rate ;

(*ii*) in the case of agricultural land, the sum which, under the rules then in force for the assessment of land-revenue, might be assessed on such land on account of the increase of the annual value or produce thereof caused by the drainage-work.

So far as any defect to be remedied is due to any canal, watercourse, road or other work or obstruction, constructed or caused by the Local Government or by any person, a proportionate share

(1) C. and D. Act, s. 59.

Pour autant que quelque défaut, auquel il doit être remédié, soit dû à quelque canal, conduite d'eau, route ou autre ouvrage ou obstruction, construits ou ordonnés par le Gouvernement local ou par une personne quelconque, une part proportionnée du coût des travaux de drainage nécessaires pour remédier à ce défaut, devra être supportée par ce Gouvernement ou cette personne, suivant le cas.

64. Toutes ces taxes de drainage peuvent être perçues et recouvrées de la manière préconisée dans l'article 45 sur la perception et le recouvrement des taxes d'eau (1).

65. 1° Chaque fois qu'en vertu d'une notification faite en vertu de l'article 59 un obstacle est enlevé ou modifié, ou chaque fois qu'un travail de drainage est effectué en vertu de l'article 61 (2),

toutes les demandes de compensation pour la modification où l'enlèvement du dit obstacle ou la construction de cet ouvrage peuvent être formulées devant le Percepteur,

(1) Loi C. et D. a. 60.
(2) Loi C. et D. a. 61.

---

of the cost of the drainage-works required for the remedy of the said defect shall be borne by such Government or such person, as the case may be.

64. Any such drainage-rate may be collected and recovered in manner provided by section 45 for the collection and recovery of water-rates (1).

65. (1) Whenever, in pursuance of a notification made under section 59, any obstruction is removed or modified (2),

or whenever any drainage-work is carried out under section 61,

all claims for compensation on account of any loss consequent on the removal or modification of the said obstruction or the construction of such work may be made before the Collector, and he

(1) C. and D. Act, s. 60.
(2) C. and D. Act, s. 61.

et celui-ci les tranchera de la manière préconisée dans la loi de 1894 sur les expropriations immobilières.

2° Aucune de ces plaintes ne sera admise après le délai d'une année à partir de la date à laquelle la perte visée par la plainte a été encourue, à moins que le Percepteur n'admette que le plaignant avait des raisons suffisantes pour ne pas introduire sa plainte endéans cette période (1).

Chapitre IX.

De l'obtention de la main-d'œuvre pour les canaux et les travaux de drainage.

66. Dans tout district où un canal ou un travail de drainage est construit, entretenu ou projeté par le Gouvernement, le Gouvernement local peut, s'il le juge opportun, ordonner au Percepteur (2) :

a) de déterminer les villages dont les terrains bénéficient ou bénéficieront, dans l'opinion du Percepteur, d'un canal ou d'un travail de drainage situé dans leur voisinage;

(1) I de 1894, loi C. et D. a. 62.
(2) Loi C. et D. a. 64.

---

shall deal with the same in the manner provided in the Land Acquisition Act, 1894.

(2) No such claim shall be entertained after the expiration of one year from the occurence of the loss complained of, unless the Collector is satisfied that the claimant had sufficient cause for not making the claim within such period (1).

Chapter IX.

Of obtaining Labour for Canals and Drainage-works.

66. In any district in which a canal or drainage-work is constructed, maintained or projected by Government, the Local Government may, if it thinks fit, direct the Collector (2) :

(1) I of 1894. C. and D. Act, . 62.
(2) C. and D. Act, s. 64.

b) de consigner sur une liste, en prenant soigneusement en considération les coutumes locales, le nombre des ouvriers que le chef de ce village sera tenu de fournir pour être employés à n'importe lequel des canaux ou travaux de drainage quand ils en seront requis comme il est prévu ci-après.

Le percepteur peut, de temps en temps, compléter ou modifier la liste précitée ou une partie de celle-ci.

67. Chaque fois qu'un officier de canal divisionnaire estime que, à moins qu'un travail ne soit immédiatement exécuté, une avarie si grave va survenir à un canal ou à un travail de drainage qu'elle causera un préjudice public subit et important (1), et que les ouvriers ou les matériaux nécessaires à la bonne exécution de ce travail ne peuvent être obtenus par la voie ordinaire dans le délai qui peut être accordé pour son achèvement de façon à prévenir ce préjudice, ce fonctionnaire peut, par un ordre

(1) Loi P. et S. a. 14 et C. et D. a. 65.

---

a) to ascertain the villages whose lands are or will be, in the judgment of the Collector, benefited by such canal or drainage-work or, in the case of a navigation-canal, which are situate in the neighbourhood thereof; and

b) to set down in a list, having due regard to local customs, the number of labourers which the headman of each such village shall be liable to furnish for employment on an-y such canal or drainage work when required as hereinafter provided.

The Collector may, from time to time, and to or alter such list or any part thereof.

67. Whenever it appears to a Divisional Canal-officer that, unless some work is immediately executed, such serious damage will happen to any canal or drainage-work as will cause sudden and extensive public injury (1), and that the labourers or mate-

(1) P. and S. Act, s. 14 and C. and D. Act, s. 65.

signé de sa main, ordonner que les dispositions de cet article soient mises en vigueur pour l'exécution de ce travail, et ensuite de cet ordre :

a) le chef de tout village cité dans la liste prémentionnée sera tenu, s'il est requis d'agir ainsi par ce fonctionnaire ou toute personne autorisée en cette qualité par ce dernier, de fournir tel nombre d'ouvriers, ne dépassant pas le nombre fixé dans la dite liste, que ce fonctionnaire ou cette personne requerra de lui, et tous les ouvriers *convoqués par le chef de leur village* seront obligés de prêter leur concours au travail en y coopérant comme ce fonctionnaire l'ordonnera;

b) ce fonctionnaire ou toute personne autorisée par lui en cette circonstance peut se rendre dans ou sur n'importe quel immeuble dans les environs de tel canal ou travail de drainage, et en prendre possession, ou approprier et enlever des arbres ou des bambous, qu'ils soient encore plantés ou non, et tout le bois, les nattes, cordages et autres

---

rials necessary for the proper execution of such work cannot be obtained in the ordinary manner within the time that can be allowed for the execution of such work so as to prevent such damage, such officer may, by an order under his hand, direct that the provisions of this section shall be put into operation for the execution of such work, and thereupon :

a) the headman of any village named in the afore-mentioned list shall, if required so to do by such officer or by any person authorized by him in this behalf, be bound to furnish such number of labourers, not being in excess of the number mentioned in the said list, as such officer or person may require of him : and all labourers *called upon by the headman of their village* shall be bound to assist in the work by labouring thereon as such officer or person directs ;

b) such officer or any person authorized by him in this behalf may enter into and upon any immoveable property in the neigh-

matériaux trouvés dans ou sur cette propriété, et les employer à l'usage de ce travail.

Toute personne autorisée comme il est dit dans cet article sera supposée être un agent public dans les termes prévus par le code pénal de l'Inde (1).

68. Toutes les personnes travaillant ou engagées pour travailler en exécution d'une réquisition faite en vertu de l'article 67, ou dont les matériaux ont été pris en vertu de ce même article, seront, aussitôt que ce sera raisonnablement possible, payés par l'officier de canal divisionnaire pour leur travail ou leur engagement, ou pour ces matériaux (suivant le cas) à un taux qui ne pourra être inférieur au prix le plus élevé qui a cours dans les environs à ce moment pour un travail pareil ou pour de telles marchandises (2).

(1) XLV de 1860.
(2) Loi P. et S, a. 16 et C. et D. a. 65.

---

bourhood of any such canal or drainage-work, and take possession of, appropriate and remove any trees or bamboos, whether standing or not, and any timber, mats, ropes or other materials found in or upon such property, and use the same for the purposes of such work.

Every person authorized as mentioned in this section shall be deemed to be a public servant within the meaning of the Indian Penal Code (1).

68. All persons labouring or detained for the purpose af labouring in compliance with a requisition made under section 67 or whose materials may be taken under that section, shall, as soon as may be reasonably practicable, be paid by the Divisional Canal-officer for their labour and detention, or for such materials (as the case may be), at a rate not being less than the highest market-rates for similar labour or materials for the time being prevailing in the neighbourhood (2).

(1) XLV of 1860.
(2) P. and S. Act, s. 16 and C. and D. Act. s. 65.

Tout différend surgissant entre l'officier de canal et une personne concernant le montant à payer à cette personne, pourra être soumis par chaque partie au Percepteur, dont la décision à ce sujet sera définitive.

69. Si, par suite de l'enlèvement, en vertu de l'article 67, d'arbres, de bambous ou d'autres matériaux, un dommage plus élevé que le prix payable pour ces marchandises en résulte directement pour une personne, l'officier de canal divisionnaire peut payer à cette personne, en guise de compensation pour ce dommage, la somme fixée de commun accord. Dans le cas d'un différend quant au montant à payer ainsi, chaque partie pourra soumettre ce différend au Percepteur, dont la décision ce concernant sera définitive (1).

70. Le Gouvernement local peut déclarer, par notifi-

(1) Loi P. et S. a. 17.

Any dispute arising between the Canal-officer and any person as to the amount to be paid to such person under this section may be referred by either party to the Collector, whose decision thereon shall be final.

69. Whenever, from the removal under section 67 of any trees. bamboos or other materials, any damage over and above the price payable for such materials results directly to any person, the Divisional Canal-officer shall pay to such person such sum as may be agreed upon as compensation for such damage. In case of dispute as to the amount so to be paid either party may refer such dispute to the Collector, whose decision thereon shall be final (1).

70. The Local Government may, by notification, declare that the provisions of the preceding sections of this Chapter shall apply to any district or part of a district for the purpose of constructing water-courses under the provisions of section 14 (2).

(1) P. and S. Act, s. 17.
(2) New.

cation, que les dispositions précédentes de ce chapitre seront applicables à n'importe quel district ou à n'importe quelle partie de district pour ce qui concerne la construction de voies d'eau en vertu de l'article 14 (1).

71. Le Gouvernement local peut ordonner que les dispositions de ce chapitre seront applicables, d'une manière soit permanente, soit temporaire (suivant le cas), à n'importe quel district ou partie de district quand il s'agira d'effectuer les enlèvements annuels de vase, ou de prévenir que le bon fonctionnement d'un canal ou d'un travail de drainage ne soit arrêté ou entravé au point d'interrompre le cours existant des irrigations ou des drainages (2).

Sous réserve que, lorsque des curages annuels d'une rivière sont effectués ou un travail nécessaire à son bon fonctionnement, rien ne sera payé pour le travail ou les matériaux fournis par les villages qui s'alimentent d'eau à cette conduite.

(1) Nouveau.
(2) Loi C. et D. a. 65, dernier paragraphe.

---

71. The Local Government may direct that the provisions of this Chapter shall apply, either permanently or temporarily (as the case may be), to any district or part of a district for the purpose of effecting necessary annual silt-clearances, or to prevent the proper operation of a canal or drainage-work being stopped or so much interfered with as to stop the established course of irrigation or drainage (1).

Provided that, where annual silt-clearances are effected or any work necessary for its efficient working is done on a water-course, no payment shall be made for labour or for materials supplied by villages which are supplied with water from the water-course.

(1) C. and D. Act, s. 65, last paragraph.

Chapitre X.

De la juridiction.

72. A l'exception des cas dans lesquels la présente loi prévoit une autre solution, toutes les plaintes à l'adresse du Gouvernement, relatives à un acte posé en vertu de la présente loi, peuvent être jugées par les tribunaux civils ; mais aucun de ces tribunaux ne donnera en aucun cas un ordre quant à la fourniture d'eau de canal à une récolte semée ou croissant à l'époque où cet ordre est donné (1).

73. Toutes les fois qu'un différend s'élève entre deux ou plusieurs personnes concernant leurs droits ou devoirs mutuels relativement à l'emploi, la construction ou l'entretien d'un aqueduc, chacune de ces personnes peut s'adresser par écrit à l'officier de canal divisionnaire pour exposer l'objet du litige. A la réception de cet écrit, ce fonctionnaire donnera avis aux autres personnes intéressées que, à une date à fixer dans cet avis, il procédera à une enquête à ce sujet. Et, après cette enquête, il prendra

(1) Loi C. et D. a. 67.

Chapter X.

Of Jurisdiction.

72. Except where herein otherwise provided, all claims against Government in respect of anything done under this Act may be tried by the Civil Courts; but no such Court shall in any case pass an order as to the supply of canal-water to any crop sown or growing at the time of such order (1).

73. Whenever a difference arises between two or more persons in regard to their mutual rights or liabilities in respect of the use, construction or maintenance of a water-course, any such person may apply in writing to the Divisional Canal-officer stating the matter in dispute. Such officer shall thereupon give notice to

(1) C. and D. Act, s. 67.

une décision en conséquence, à moins qu'il ne transmette (comme il est autorisé à le faire) la question au Percepteur, qui à son tour fera une enquête et prendra une décision au sujet de la dite affaire (1).

Cette dernière décision réglera d'une manière définitive l'emploi ou la distribution de l'eau pour toute récolte semée ou croissant à l'époque à laquelle elle est prise, et restera subsidiairement en vigueur jusqu'à ce qu'elle soit infirmée par le décret d'une cour civile.

74. Tout fonctionnaire qui a reçu des pouvoirs en vertu de la présente loi pour procéder à des enquêtes, peut exercer, en ce qui concerne la convocation et l'interrogatoire de témoins, tous les pouvoirs conférés aux tribunaux civils par le Code de procédure civile (2); chacune de ces enquêtes sera considérée comme une procédure juridique (3).

(1) Loi C. et D. a. 68.
(2) XIV de 1882.
(3) Loi C. et D. a. 69.

---

the other persons interested that, on a day to be named in such notice, he will proceed to inquire into the said matter. And, after such inquiry, he shall pass his order thereon, unless he transfers (as he is hereby empowered to do) the matter to the Collector, who shall thereupon inquire into and pass his order on the said matter (1).

Such order shall be final as to the use or distribution of water for any crop sown or growing at the time when such order is made, and shall thereafter remain in force until set aside by the decree of a Civil Court.

74. Any officer empowered under this Act (2) to conduct any inquiry may exercise all such powers connected with the summoning and examining of witnesses as are conferred on Civil Courts by the Code of Civil Procedure (3) : and every such inquiry shall be deemed a judicial proceeding.

(1) C. and D. Act, s. 68.
(2) C. and D. Act, s. 69.
(3) XIV of 1882.

Chapitre XI.

Des délits et pénalités.

75. Toute personne qui accomplit, sans être investie de l'autorité nécessaire, et volontairement un des actes suivants, c'est-à-dire (1) :

1° endommage, modifie, agrandit ou obstrue un canal ou un travail de drainage;

2° entrave, augmente ou diminue le débit de l'eau dans, ou le cours de l'eau provenant de, au travers, au-dessus ou en-dessous d'un canal ou d'un travail de drainage ;

3° entrave ou modifie le cours de l'eau dans quelque rivière ou fleuve, de façon à mettre en danger, endommager ou rendre moins utile un canal ou un travail de drainage ;

(1) Loi C. et D. a. 70.

Chapter XI.

Of Offences and Penalties.

75. Whoever, without proper authority and voluntarily, does any of the following acts, that is to say (1) :

(1) damages, alters, enlarges or obstructs any canal or drainage-work ;

(2) interferes with, increases or diminishes the supply of water in, or the flow of water from, through, over or under any canal or drainage-work ;

(3) interferes with or alters the flow of water in any river or stream, so as to endanger, damage or render less useful any canal or drainage-work ;

(4) being responsible for the maintenance of a water-course, or using a water-course, neglects to take proper precautions for the

(1) C. and D. Act, s. 70.

4° étant responsable de l'entretien d'une conduite d'eau, ou s'en servant, néglige de prendre les précautions voulues pour prévenir le gaspillage de l'eau de cette conduite ou entrave la distribution autorisée de cette eau, ou emploie l'eau d'une manière non autorisée ;

5° corrompt ou souille l'eau d'un canal de façon à la rendre moins propre aux usages auxquels elle est ordinairement employée ;

6° ordonne à un navire d'entrer dans, ou de naviguer sur, ou de séjourner à un endroit dans un canal, contrairement aux règlements prescrits pour l'époque par le Gouvernement local en vue de l'entrée, de la navigation ou du séjour dans ce canal (1) ;

7° Pendant qu'elle navigue sur un canal, néglige de prendre les précautions voulues pour la sécurité du canal et des navires qui y séjournent (2) ;

(1) Loi P. et S. a. 18, (e).
(2) Loi C. et D. a. 70 (7).

Act, fails, without reasonable cause, to *furnish* or to assist in *furnishing* the labourers required of him;

prevention of waste of water therefrom, or interferes with the authorized distribution of water therefrom, or uses such water in an unauthorized manner;

(5) corrupts or fouls the water of any canal so as to render it less fit for the purposes for which it is ordinarily used;

(6) causes any vessel to enter or navigate, or to remain at any place in, any canal contrary to the rules for the time being prescribed by the Local Government for entering, navigating or remaining in such canal (1);

(7) while navigating on any canal, neglects to take proper precautions for the safety of the canal and of vessels therein (2);

(8) being liable to furnish labourers under Chapter IX of this

(1) P. and S. Act, s. 18, (e).
(2) C. and D. Act, s. 70, (7).

8° Étant tenu de fournir des ouvriers en vertu du chapitre IX de la présente loi, néglige, sans motif plausible, de *fournir* ou d'aider *à fournir* des ouvriers requis d'elle ;

9° Étant ouvrier tenu de prêter son concours en vertu du chapitre IX de la présente loi, refuse ou néglige, sans motif plausible, de travailler comme elle est tenue de le faire (1);

10° Détruit au déplace un repère ou un tube de niveau placé par l'autorité ou par un agent public (2) ;

11° Passe ou fait passer des animaux ou des véhicules sur ou à travers des ouvrages, terrassements ou chenaux d'un canal ou d'un travail de drainage, contrairement aux règlements édictés en concordance avec l'article 79, après qu'elle a été invitée à s'en abstenir ;

12° Mène paître des bestiaux sur les digues d'un canal

(1) Loi P. et S. a. 18 (g).
(2) Loi C. et D. a. 70 (10).

---

(9) being a person liable to labour under Chapter IX of this Act, refuses or neglects, without reasonable cause, so to labour (1);

(10) destroys or moves any level-mark or water-gauge fixed by the authority of a public servant (2);

(11) passes or causes animals or vehicles to pass on or across any of the works, banks or channels of a canal or drainage-work contrary to rules made in accordance with the provisions of section 79 after he has been desired to desist therefrom,

(12) pastures any animals on the banks of the canal, or *allows* any animals belonging to him or under his charge to graze on such banks (3);

(13) violates any rule made in accordance with the provisions of

(1) P. and S. Act, s. 18, (*g*).
(2) C. and D. Act, s. 70, (*10*).
(3) P. and S. Act, s. 18, (*j*).

ou *laisse* des bestiaux lui appartenant, ou dont elle a la surveillance, paître sur ces digues (1);

13° Viole quelque règlement édicté en vertu de l'article 79, *et pour la violation duquel une pénalité a été fixée conformément à cet article* (2);

Sera passible, en cas de culpabilité reconnue devant un magistrat, d'une amende n'excédant pas cinquante roupies, ou d'un emprisonnement ne dépassant pas un mois, ou de ces deux pénalités cumulées.

76. Si une personne est punie d'amende pour un délit visé par la loi, le juge peut ordonner que la totalité ou une partie quelconque de cette amende soit payée sous forme de compensation à la personne lésée par ce délit (3).

77. Toute amende infligée en vertu de la présente loi (4) au propriétaire d'un navire, à son employé ou son

(1) Loi P. et S. a. 18 (j).
(2) Loi C et D. a. 70 (12).
(3) Loi C. et D. a. 72.
(4) Loi P. et S. a. 19.

---

section 79 *to which a penalty has been attached by a rule made under that section* (1).

shall be liable, on conviction before a Magistrate, to a fine not exceeding fifty rupees, or to imprisonment for a term not exceeding one month, or to both.

76. Whenever any person is fined for an offence under this Act, the Magistrate may direct that the whole or any part of such fine may be paid by way of compensation to the person injured by such offence (2).

77. Any fine imposed under this Act (3) upon the owner of any vessel, or the servant or agent of such owner, or any other person in charge of a vessel, for any offence in respect of the navigation

(1) C. and D. Act, s. 70, (). (12)
(2) C. and D. Act, s. 72.
(3) P. and S. Act, s. 19.

agent, ou à toute autre personne qui a charge d'un navire, pour un délit commis en ce qui concerne la navigation de ce navire, peut être recouvrée, soit de la manière prescrite par le Code de Procédure criminelle de 1898 (1) soit, si le magistrat infligeant l'amende l'ordonne comme si c'était un droit dû par rapport à ce navire, en vertu de cette loi (2).

78. Toute personne ayant la direction d'un canal ou d'un travail de drainage, ou y étant employée, peut donner l'ordre de quitter les terrains ou bâtiments y attenant, ou peut arrêter sans mandat et conduire immédiatement devant un juge ou au bureau de police le plus proche, pour être traitée selon la loi, toute personne qui, sous ses yeux, commet un des délits mentionnés dans les sous-articles 1°, 2° et 3° de l'article 75 (3).

(1) V de 1898.
(2) Loi P. et C. a. 19.
(3) Loi C. et D. a. 73.

---

of such vessel, may be recovered either in the manner prescribed by the Code of Criminal Procedure, 1898 (1), or, if the Magistrate imposing the fine so directs, as though it were a charge under this Act due in respect of such vessel (2).

78. Any person in charge of or employed upon any canal or drainage-work may remove from the lands or buildings belonging thereto, or may arrest without a warrant and take forthwith before a Magistrate or to the nearest police-station, to be dealt with according to law (2), any person who, within his view, commits any of the offences mentioned in sub-sections (1), (2) and (3) of section 75.

(1) V of 1898.
(2) P. and C. Act, s. 19.
(3) C. and D. Act, s. 73.

Chapitre XII.

Dispositions supplémentaires.

Règlements.

79. Le Gouvernement local peut faire des règlements en vue de régler les questions suivantes (1) :

1° La marche à suivre par tout fonctionnaire qui, en vertu d'une disposition de la présente loi, est requis ou a le pouvoir voulu aux fins d'intenter une action pour l'un ou l'autre motif ;

2° Les cas et les conditions où les fonctionnaires auprès desquels seront susceptibles d'appel des ordres donnés et des décisions prises en vertu d'une disposition de la présente loi, et qui n'ont pas fait l'objet de dispositions expresses relativement à l'appel ;

3° Les personnes, l'heure, la place ou la manière dont

(1) Loi C. et D. a. 75.

Chapter XII.

Supplementary Provisions.

Rules.

79. The Local Government may make rules to regulate the following matters (1) :

(1) the proceedings of any officer who, under any provision of this Act, is required or empowered to take action in any matter;

(2) the cases in which, and the officers to whon, and the conditions subject to which, orders and decisions given under any provision of this Act, and not expressly provided for as regards appeal, shall be appealable;

(3) the persons by whom, and the time, place or manner at or

(1) C. and D. Act, s. 75.

un acte, pour l'exécution duquel des dispositions ont été prises dans cette loi, sera accompli ;

4° Le montant de tout impôt créé en vertu de la présente loi;

5° Et généralement en vue de l'exécution des dispositions de la présente loi.

Le Gouvernement peut, en édictant un règlement en exécution de la présente loi, attacher à la violation de celui-ci la pénalité prévue dans l'article 75.

Tous les règlements élaborés par le Gouvernement local en vertu de la présente loi seront publiés dans la *Gazette*, et auront ensuite de cette publication la même force que s'ils avaient été décrétés par cette loi.

80. *Le Gouvernement local peut, par notification, prescrire par l'ordre et à la requête de qui toute somme recouvrable en vertu de la présente loi, comme un arriéré d'impôt foncier, peut être recouvrée.*

---

in which, anything for the doing of which provision is made in this Act shall be done;

(4) the amount of any charge made under this Act; and

(5) generally to carry out the provisions of this Act.

The Local Government may, in making any rule under this Act, attach to the breach of it the penalty specified in section 75.

All rules made by the Local Government under this Act shall be published in the Gazette, and shall thereupon have the same effect as if enacted by this Act.

80. *The Local Government may, by notification, prescribe by whose order and on whose application any sum recoverable under this Act as arrears of land-revenue may be recovered.*

Annexe.

Lois abrogées.

(Voir section 2).

1	2	3	4
Année.	**N°**	**Titre ou objet.**	**Étendue de l'abrogation.**
		1re Partie. — *Lois du Gouverneur Général en Conseil.*	
1881	II	Loi sur le Canal de Pegu et de Sittang, de 1881.	En entier.
1898	XIII	L'acte sur les Lois de la Birmanie de 1898.	La partie de la troisième annexe, laquelle se réfère à la Loi de 1881 et la section 36, du Règlement III de 1889.
		2e Partie — *Règlement édicté en vertu de la Loi 33, Vic. Chapitre III (Statut 33 Vic., Chapitre III).*	
1889	III	La Loi sur les impôts de la Haute Birmanie, 1889.	Section 34, 35 et 36.

THE SCHEDULE.

Enactments Repealed

(See Section 2.)

1	2	3	4
Year.	**N°**	**Short title or subject.**	**Extent of repeal.**

PART I. — *Acts of the Governor-General-in-Council.*

1881	II	Pegu and Sittang Canal Act, 1881.	The whole.
1898	XIII	The Burma Laws Act, 1898.	So much of the Third Schedule as refers to Act II of 1881 and section 36 of Regulation III of 1889.

PART II. — *Regulation made under Statute 33 Vic., Chapter III.*

1889	III	The Upper Burma Land and Revenue Regulation, 1889.	Sections 34, 35 and 36.

BOMBAY.

Bombay.

LOI de 1879 sur les irrigations dans la Présidence de Bombay.

EXPOSÉ DES MOTIFS.

Ce projet de loi a pour but d'établir la législation sur l'irrigation et les travaux d'irrigation dans la Présidence de Bombay.

2. Des règlements sur les canaux furent arrêtés en 1873, revisés en 1876 et appliqués dans une certaine étendue ; mais ces règlements n'ayant pas force de loi, le dépôt du présent projet de loi est devenu d'une nécessité urgente à cause de l'extension de l'irrigation et de la distribution d'eau.

Bombay.

BOMBAY IRRIGATION ACT, 1879.

STATEMENT OF OBJECTS AND REASONS.

The object of this Bill is to establish the law relating to irrigation and irrigational works in the Bombay Presidency.

2. In 1873 Canal Rules were framed, and revised in 1876, and to some extent acted on; but not having the force of law, the introduction of this Bill has now become, owing to the expansion of irrigation and water supply, a matter of urgent necessity.

3. Le projet de loi est basé sur la loi de 1873 concernant les canaux et le drainage de l'Inde septentrionale et sur celle de 1876 sur les irrigations au Bengale, où des canaux ont fonctionné depuis longtemps. Les nécessités de telles entreprises sont donc basées sur l'expérience pratique dans ces provinces.

4. Le projet de loi est exclusivement administratif ; il indique et définit les pouvoirs que les fonctionnaires du Gouvernement peuvent exercer pour l'exécution et l'administration des travaux d'irrigation et de drainage; il règle en même temps les intérêts de la population et lui assure une compensation pour toutes les pertes qu'elle peut subir.

5. Les articles du projet de loi relatifs aux pouvoirs des officiers de canal sont basés sur la coutume existante. Les pouvoirs se rapportent principalement à l'exécution de travaux, à l'administration d'aqueducs et à tout ce qui est nécessaire pour le développement et la bonne réglementation de l'irrigation.

---

3. The Bill is based upon the Northern India Canal and Drainage Bill, 1873, and the Bengal Irrigation Act, 1876, in which provinces canals have long been in operation, and, therefore, advantage is taken of the practical experience in those provinces of the requirements of such undertakings.

4. The Bill is mainly administrative, and declares and defines the powers which the Government and its officers may exercise in carrying out and managing works of irrigation and drainage; while at the same time it provides for the interests of the people and secures compensation to them for any loss they may sustain.

5. The sections of the Bill that treat of the powers of Canal Officers are based on existing custom. The powers chiefly refer to the execution of works and management of water-courses, and all matters required for the extension and proper regulation of irrigation.

6. La décision sur les demandes de compensation, le recouvrement des taxes d'eau et d'autres charges, ainsi que des pénalités prescrites pour les infractions aux règlements appartiennent aux Percepteurs, les ordonnances des officiers de canal sont également susceptibles d'appel, dans certains cas, auprès de ces fonctionnaires.

7. Des dispositions sont également prises pour prévenir la dérivation subreptice d'eau de canaux, après leur construction, au moyen de puits creusés dans leur voisinage, par lesquels l'irrigation se fait et se développe sans payement d'aucune taxe d'eau.

Cette mesure est considérée comme étant absolument nécessaire au Deccan, où le sol est souvent de nature très poreuse.

8. Le projet de loi part de cette supposition que la fourniture d'eau ne sera donnée qu'aux personnes qui désirent volontairement y participer, et que les taxes d'eau ordinaires ne seront imposées qu'aux personnes profitant directement de l'usage de l'eau. Mais le Gouver-

---

6. The decision on claims for compensation, the collection of water-rates and other charges, including penalties prescribed for breaches of rules, are vested in Collectors, to whom also lie appeals from the orders of Canal Officers in certains cases.

7. Provision is made to guard against the surreptitious abstraction of water from canals, by means of wells sunk in their vicinity after their construction, from which irrigation is improved, and extended without any payment of water-rate.

This measure is considered absolutely necessary in the Deccan, where the soil is often of a very porous nature.

8. The Bill proceeds upon the supposition that the supply of water will be given only to persons who voluntarily desire to participate in it, and that the ordinary water-rates will only be charged upon persons who directly benefit by the use of the water. But Government has been led to the conclusion that it is necessary

nement a pensé qu'il est nécessaire, pour des motifs d'ordre financier, de s'arroger un pouvoir plus étendu, et il admettra l'imposition d'une taxe sur tout terrain cultivable qui peut être irrigué par un canal, mais ne payant aucune taxe d'eau de ce chef.

Si après l'ouverture d'un canal pendant deux ans, l'eau n'est pas employée en quantité suffisante pour couvrir les charges provenant du montant du revenu du travail, le Gouvernement propose l'imposition d'une taxe générale, n'excédant pas huit annas par acre, sur toute terre cultivable qui peut être irriguée par un canal, mais ne payant pas de taxe d'eau de ce chef. Les avantages des travaux d'irrigation, quoique se faisant sentir généralement dans toute l'étendue des districts où ils sont établis, sont beaucoup plus considérables pour la communauté agricole située dans le voisinage immédiat de ces travaux.

Dans le premier cas, les avantages sont indirects, tandis que dans le dernier cas ils sont directs, et il est évident que si la population de tous les terrains irrigables ne veut

---

on financial grounds to take a power which will extend beyond this, and will admit of a rate being placed on all cultivable land that is irrigable from any canal, but is not paying any water-rate therefor.

The Government proposes that if, after a canal has been opened for two years, the water is not being used in sufficient quantity to cover the charges properly debitable to the revenue account of the work, a general rate not exceeding eight annas per acre may be charged on all cultivable land that is irrigable from the canal but not paying any water-rate therefor. The benefits of irrigation works, though doubtless generally feltt hroughout the districts in which they exist, are vastly greater to the agricultural community in the immediate vicinity of such works. In the former case the benefits are indirect, whereas in the latter case they are direct, and it is obvious that unless the people whose lands are under command will use the water, the country generally will

pas faire usage de l'eau, la contrée en général ne profitera guère des travaux qui resteront ainsi improductifs. Il semble donc raisonnable d'imposer la charge principale là où le plus grand avantage est obtenu.

9. Le projet de loi prévoit aussi les conditions relatives à l'obtention de la main-d'œuvre, en cas d'urgence, pour prévenir des calamités ou un grand dommage public, en imposant l'obligation légale à tous les villages et à toutes les personnes dans le voisinage des travaux ou en profitant, de fournir, sous peine d'amende, de la main-d'œuvre à rémunérer convenablement. Il serait à peine utile de construire des travaux d'irrigation sans imposer une mesure de ce genre.

10. Les dispositions générales du projet de loi sont complétées par le pouvoir accordé au Gouvernement d'arrêter des règlements détaillés pour la direction des officiers de canal et pour l'exercice de tous les pouvoirs spéciaux conférés en vertu de la loi.

---

derive little benefit from the works, which will thus remain un productive. It, therefore, appears but fair and reasonable that where the principal advantage is obtained, there should the principal burden be placed.

9. Provision is made for obtaining labour in cases of great emergency to avert calamity or extensive public loss by placing a legal obligation on all villages and persons deriving benefit from, or who are in the vicinity of, the works, to supply labour, which shall be adequately paid for, under suitable penalties. It would scarcely be safe to construct irrigation works on a large scale without a provision of this kind.

10. The general provisions of the Bill are supplemented by a power given to the Government to make rules in detail for the guidance of the Canal Officers and the exercise of all special powers given under the law.

GOUVERNEMENT DE BOMBAY.

DÉPARTEMENT LÉGISLATIF.

LOI de 1879 *sur les irrigations dans la Présidence de Bombay, telle qu'elle est amendée jusqu'au* 1er *avril* 1902.

Voir aussi le Code de Bombay sur l'impôt foncier (*Loi V de Bombay de* 1879) *article* 37.

PRÉFACE.

La loi de 1879 sur les irrigations dans la présidence de Bombay a été abrogée partiellement par le Gouvernement de l'Inde (Loi XVI de 1895) et par les lois III de Bombay de 1880 et de 1886. Les modifications suivantes ont été apportées à la réimpression de la loi :

1. Les notes marginales ont été modifiées dans certains cas.

GOVERNMENT OF BOMBAY.

LEGISLATIVE DEPARTMENT.

The Bombay Irrigation Act, 1879, as modified up to 1st april 1902.

See also Bombay Land Revenue Code (Bombay Act V, p. 79) sect. 37.

PREFACE.

The Bombay Irrigation Act, 1879, has been repealed in part by the Government of India Act XVI of 1895 and by Bombay Acts III of 1880 and 1886. The following changes have been made in reprinting the Act :

1. The marginal notes have in some cases been revised.

2. Le numéro et l'année des lois auxquelles renvoie le texte ont été indiqués au bas des pages.

3. Les dispositions abrogées ont été omises et des notes explicatives ont été insérées au bas des pages.

4. Les renvois à la loi de 1870 (Loi X de 1870) sur les expropriations immobilières ont été modifiés conformément à l'article 2 de la loi I de 1894 (Loi sur les expropriations immobilières), et des notes explicatives ont été insérées au bas des pages.

---

2. The number and year of Acts referred to in the text have been noted in foot-notes.

3. Repealed matter has been omitted, explanatory foot-notes being inserted.

4. The references to the Land Acquisition Act, 1870 (Act X of 1870), have been altered as directed by Section 2 of Act I of 1894 (Land Acquisition Act), explanatory foot-notes being added.

Loi de 1879 sur les irrigations dans la Présidence de Bombay.

TABLE DES MATIÈRES

THE BOMBAY IRRIGATION ACT, 1879.

CONTENTS

CHAPITRE II.

De la construction et de l'entretien des canaux.

Alimentation des canaux.

5. Notification en cas d'emploi d'eau pour l'alimentation d'un canal.

Droits d'accès aux terrains, etc.

6. Pouvoirs des officiers de canal de faire usage de l'eau.
7. Accès pour enquêtes.
8. Pouvoir d'inspécter et de régler la distribution d'eau.
9. Droit d'accès pour faire des réparations et pour prévenir des accidents.
10. Avertissement à l'occupant d'un immeuble, etc.

Passages de canaux.

11. Moyens de traverser des canaux et des drainages.

Enlèvement d'obstacles au drainage.

12. Le Gouvernement peut interdire, dans certaines limites, la formation d'obstacles dans les rivières, etc.

PART II.

Of the Construction and Maintenance of Canals,

Application of Water for purposes of Canals.

Sections.

5. Notification when water-supply to be applied for purposes of canal.

Powers of Entry on Land, etc.

6. Powers of Canal-officers for purpose of so applying water-supply.
7. Entry for enquiry.
8. Power to inspect and regulate water-supply.
9. Power to enter for repairs, and to prevent accidents.
10. Notice to occupier of building, etc.

Canal Crossings.

11. Means of crossing canals and of drainage to be provided.

Removal of obstructions to Drainage.

12. Government may prohibit formation of obstructions of rivers, etc., within certain limits.

Articles.

13. L'officier de canal peut adresser un ordre à la personne causant l'obstruction.
14. L'officier de canal peut ordonner l'enlèvement de l'obstacle.

Construction de travaux de drainage.

15. Lorsque des travaux de drainage sont nécessaires, le Gouvernement peut ordonner la confection et l'exécution d'un plan.

CHAPITRE III.

Des aqueducs.

Construction de nouveaux aqueducs.

16. Construction de nouveaux aqueducs par un arrangement privé.
17. Requête à adresser à l'officier de canal pour la construction d'un nouvel aqueduc.
18. Procédure à suivre lorsque l'officier de canal juge utile la construction de nouveaux aqueducs.

 Requête par la personne qui désire devenir co-propriétaire.

 Si la requête est admise, le requérant est responsable d'une partie des frais.

Sections.

13. Canal-officer may issue order to person causing obstruction.
14. Canal-officer may cause obstruction to be removed.

Construction of Drainage-works.

15. When drainage works are necessary, Government may order scheme to be carried out.

PART III.

Of Water-Courses.

Construction of new Water-courses.

16. Construction of new water-courses by private arrangement.
17. Application for construction by Canal-officer of new water-course.
18. Procedure when Canal-officer considers construction of water-course expedient.

 Application by person wishing to be joint owner.

 If application admitted, applicant liable for share of cost.

Chapitre IV.

De la fourniture d'eau.

Requêtes pour alimentation d'eau.

Articles.

27. Eau à fournir sur demande écrite ;
    L'eau peut être demandée pour d'autres usages que ceux d'irrigation.

Conditions concernant la distribution.

28. Droit d'arrêter la distribution de l'eau.
29. Durée de la distribution.
30. Arrangements pour la distribution d'eau transférable avec la propriété pour laquelle elle est accordée.
    Droit d'usage de l'eau non transférable dans d'autres cas sans la permission de l'officier de canal.

Part IV.

Of the Supply of Water.

Applications for Supply.

Sections.

27. Water to be supplied on written application ;
    and water may be supplied for purposes other than those of irrigation.

Provisions as to supply.

28. Power to stop water-supply.
29. Duration of supply.
30. Agreements for supply for water transferable with property in respect of which supply given.
    Right to use of water not transferable in other case without permission of Canal-officer.

Chapitre V.

De l'octroi de compensation.

Demandes de compensation.

Articles.

31. Compensation en cas de dommage matériel certain.
    Exceptions.
    Remise de taxes d'eau dans des cas motivés.
32. Limite à l'introduction de requêtes.
33. (*Abrogé*).

Décisions sommaires.

24. Compensation pour dommage causé par l'accès à un terrain, etc.
35. Compensation pour interruption de la distribution d'eau.
36. Décision définitive concernant le montant de la compensation en vertu de l'un ou de l'autre des deux derniers articles.

Procédure.

37. Notification concernant les demandes de compensation dans certains cas.

Part V.

Of the Award of Compensation.

Compensation when claimable.

Sections.

31. Compensation in cases of ascertainable substantial damage.
    Exceptions.
    Remission of water-rates when allowable.
32. Limitation of claims.
33. (*Repealed.*)

Summary Decisions.

34. Compensation for damage caused by entry on land, etc.
35. Compensation on account of interruption of water-supply.
36. Decision as to amount of compensation under either of last two sections conclusive.

Formal Adjudications.

37. Notice as to claims for compensation in certain cases.
38. Claims to be preferred to Collector.

Articles.

38. Demandes à soumettre au Percepteur.

39. Le Percepteur doit se conduire d'après les dispositions de la loi de 1870 sur les expropriations immobilières.

40. Diminution de la valeur commerciale à considérer en fixant la compensation.

41. Quand la compensation est due.
Intérêt.

Diminutions de l'impôt foncier et du fermage.

42. Diminution de l'impôt foncier à la suite de l'interruption de la distribution d'eau.

43. Diminution du fermage du sous-occupant pour cause d'interruption de la distribution d'eau.

Augmentation du fermage du sous-occupant à la suite du rétablissement de la distribution d'eau.

Sections.

39. Collector to be guided by provisions of Land Acquisition Act, 1870.

40. Diminution in market-value to be considered in fixing compensation.

41. Compensation when due.
Interest.

Abatements of Land-revenue and Rent.

42. Abatement of revenue-demand on interruption of water-supply.

43. Abatement of inferior holder's rent on interruption of water-supply.

Enhancement of inferior holders's rent on restoration of water-supply.

Chapitre VI.

Des taxes deau.

Taxes de distribution.

Articles.

44. Détermination de taxes pour la distribution d'eau de canal. Condition pour le cas où une distribution d'eau existante est améliorée.

Taxes accidentelles.

45. Responsabilité lorsqu'il est impossible d'établir l'identité de la personne faisant usage de l'eau sans autorisation.
46. Responsabilité en cas de gaspillage de l'eau.
47. Amendes à recouvrer en dehors des pénalités.

Taxes pour filtration et fuite.

48. Un terrain profitant de la filtration doit payer une taxe d'eau.

Taxes de protection.

49 à 56. (*Abrogés*).

Part VI.

Of Water-rates.

Supply Rates.

Sections.

44. Determination of rates for supply of canal-water. Provision for cases in which existing water-supply is improved.

Occasional Rates.

45. Liability when person using water unauthorizedly cannot be identified.
46. Liability when water runs to waste.
47. Charges recoverable in addition to penalties.

Percolation and Leakage Rates.

48. Land deriving benefit from percolation liable to water-rate.

Protection-rate.

49 to 56. (*Repealed.*)

Recouvrement de taxes d'eau et d'autres dettes arriérées.

Articles.

57. A qui et quand les taxes d'eau doivent être payées.
Arrérages recouvrables comme impôt foncier.
Fermage dû aux propriétaires d'aqueducs recouvrable comme arriéré d'impôt foncier.

CHAPITRE VII.

Main-d'œuvre aux canaux en cas d'urgence.

58. Procédure à suivre pour obtenir de la main-d'œuvre pour des travaux ou réparations urgents.
59. Liste d'ouvriers.
60. Rapports à faire par l'officier de canal.

CHAPITRE VIII.

Des pénalités.

61. Pour endommager le canal, etc.
62. Pour compromettre la stabilité du canal, etc.
63. Obstacles à enlever et dommages à réparer.

Recovery of Water-rates and other Dues in Arrears.

Sections.

57. Water-rates when and to whom to be paid.
Arrears to be recoverable as land-revenue.
Rent due to owners of water-courses to be recoverable as arrears of land-revenue.

PART VII.

Of obtaining Labour for Canals on Emergencies.

58. Procedure for obtaining labour for works or repairs urgently required.
59. List of labourers.
60. Reports to be made by Canal-officer.

PART VIII.

Of Penalties.

61. For damaging canal, etc.
62. For endangering stability of canal, etc.
63. Obstruction to be removed and damage repaired.

CHAPITRE IX.

Divers.

PART IX.

Miscellaneous.

LOI nº VII de 1879 de Bombay.

(L'assentiment du Gouverneur général de l'Inde à cette loi fut d'abord publié par le Gouverneur de Bombay, à la date du 2 octobre 1879).

Loi pour régler l'irrigation dans la Présidence de Bombay.

Attendu qu'il est nécessaire de légiférer pour la construction, la réparation et la réglementation des canaux, pour la distribution de l'eau et pour la perception de taxes sur l'eau ainsi fournie dans la Présidence de Bombay ;

Il est décrété ce qui suit :

Chapitre I.

Préliminaire.

1. La présente loi sera appelée « loi de 1879 sur les irrigations dans la Présidence de Bombay ».

BOMBAY ACT nº VII of 1879.

(The assent of the Governor Genoal of India to this Act was first published by the Governor of Bombay on the 2nd October, 1879.)

An Act to provide for Irrigation in the Bombay Presidency.

Whereas it is necessary to make provision for the construction, maintenance and regulation of canals, for the supply of water therefrom and for the levy of rates for water so supplied, in the Bombay Presidency; It is enacted as follows :

Part I.

Preliminary.

1. This Act may be called the Bombay Irrigation Act, 1879.

It extends to the whole of the Presidency of Bombay, except the City of Bombay.

2. (1) In section 55 of the Bombay Land-revenue Code, 1879,

(1) Bom. V of 1879.

Elle s'applique à toute la Présidence de Bombay, à l'exception de la ville de ce nom.

2. (1) Les mots « et du chef duquel aucune taxe n'est imposable en vertu de la loi de 1879 sur les irrigations dans la Présidence de Bombay » sont substitués, dans l'article 55 du code de 1879 sur l'impôt foncier de Bombay, aux mots « ou qui a été fait valable comme conséquence de la construction, amélioration ou réparation par le Gouvernement ou à la suite de sa demande, de tout travail d'irrigation ou autre ;

dans l'article 101 du même code, le mot « imposé » sera substitué au mot « imposable », et les mots « ou en vertu de la loi de 1879 sur les irrigations dans la Présidence de Bombay » seront insérés après le chiffre « 55 » ;

et à l'article 105 du dit code seront ajoutés les mots « ou de la loi de 1879 sur les irrigations dans la Présidence de Bombay ».

3. Dans la présente loi, à moins de disposition contraire dans le sujet ou dans le contexte,

(1) Bombay. V de 1879.

---

for the words « or which has been made available in consequence of the construction, improvement or repair of any irrigational or other work by, or at the instance of, Government, » the words « and in respect of which no rate is leviable under the Bombay Irrigation Act, 1879, » shall be substituted;

and in section 101 of the said Code, for the word « leviable » the word « levied » shall be substituted, and the words « or under the Bombay Irrigation Act, 1879, » shall be inserted after the figures « 55 »;

and to section 105 of the said Code, the words « or of the Bombay Irrigation Act, 1879, » shall be added.

3. In this Act, unless there be something repugnant in the subject or context,

(1) « canal » includes :

1° le mot « canal » comprend :

a) les canaux, chenaux, conduites et réservoirs construits, réparés ou contrôlés par le Gouvernement pour la distribution ou l'emmagasinage de l'eau ;

b) tous les travaux, terrassements, constructions, aqueducs et canaux d'alimentation se rattachant à ces canaux, chenaux, conduites ou réservoirs, et tous les chemins établis pour faciliter la construction ou l'entretien de ces ouvrages ;

c) tous les aqueducs, travaux de drainage et toutes les digues d'inondation tels qu'ils sont définis respectivement ci-après ;

d) toute partie d'une rivière, d'un fleuve, d'un lac, d'un réservoir d'eau ou d'un chenal de drainage naturel à laquelle le Gouverneur en conseil peut rendre applicables les dispositions de l'article 5, ou dont l'eau a été demandée ou employée avant l'élaboration de la présente loi en vue de tout canal existant ;

e) tout terrain appartenant au Gouvernement, situé

---

a) all canals, channels, pipes and reservoirs constructed, maintained or controlled by Government for the supply or storage of water;

b) all works, embankments, structures and supply and escape channels connected with such canals, channels, pipes or reservoirs, and all roads constructed for the purpose of facilitating the construction or maintenance of such canals, channels pipes, or reservoirs;

c) all water-courses, drainage-works and flood-embankments as hereinafter respectively defined;

d) any part of a river, stream, lake, natural collection of a water or natural drainage-channel, to which the Governor in Council may apply the provisions of section 5, or of which the water has been applied or used before the passing of this Act for the purpose of any existing canal ;

sur la rive d'un canal tel qu'il est défini ci-dessus et qui a été affecté, en vertu des ordres du Gouvernement, aux besoins de ce canal;

2° L'expression « aqueduc » signifie tout chenal ou aqueduc, non entretenu aux frais du Gouvernement, qui est alimenté par un canal, et comprend tous les travaux subsidiaires se rapportant à tout chenal ou aqueduc semblable, à l'exception de l'écluse d'alimentation par laquelle ce chenal ou aqueduc est alimenté par un canal;

3° Par « travaux de drainage » on entend tout ouvrage se rapportant à un système d'irrigation ou d'amélioration établi ou amélioré par le Gouvernement en vue du drainage de la contrée, soit en vertu des stipulations de l'article 15, soit autrement; les travaux de drainage comprennent les chenaux d'alimentation d'un canal, barrages, digues, terrassements, écluses, épis ou autres travaux y relatifs; il est entendu que les travaux pour l'écoulement des eaux d'égout des villes ne font pas partie des travaux de drainage;

---

e) all land belonging to Government which is situate on a bank of any canal as hereinbefore defined, and which has been appropriated, under the orders of Government, for the purposes of such canal;

(2) « water-course » means any channel or pipe not maintained at the cost of Government, which is supplied with water from a canal, and includes all subsidiary works connected with any such channel or pipe, except the sluice or outlet through which water is supplied from a canal to such channel or pipe;

(3) « drainage-work » means any work in connection with a system of irrigation or reclamation made or improved by the Government for the purpose of the drainage of the country, whether under the provisions of section 15 or otherwise, and includes escape-channels from a canal, dams, weirs, embankments,

4° L'expression « digue d'inondation » comprend toute digue construite ou entretenue par le Gouvernement, se rapportant à tout systéme d'irrigation ou de travaux d'amélioration pour la protection de terrains contre les inondations ou que le Gouverneur en conseil déclare devoir être maintenue par rapport à tout système semblable ; elle comprend aussi tous les épis, éperons, barrages et autres travaux de défense dépendant de ces digues ;

5° Par « Percepteur » (1) on entend tout fonctionnaire désigné par le Gouverneur en conseil pour exercer tous ou quelques-uns des pouvoirs d'un Percepteur en vertu de la présente loi ;

6° « Officier de canal » signifie tout fonctionnaire désigné légalement ou investi de pouvoirs en vertu de l'art. 4 ;

7° Par « propriétaire » on entend toute personne ayant un intérêt commun dans la propriété de l'objet spécifié ; et tous les droits dont jouit un propriétaire et toutes les

(1) Les mots abrogés par la loi III de 1886 de Bombay sont omis.

---

sluices, groins and other works connected therewith, but does not include works for the removal of sewage from towns ;

(4) « flood-embankment » means any embankment constructed or maintained by Government in connection with any system of irrigation or reclamation-works for the protection of lands from inundation or which may be declared by the Governor in Council to be maintained in connection with any such system, and includes all groins, spurs, dams and other protective works connected with such embankments ;

(5) « Collector » (1) includes any officer appointed by the Governor in Council to exercise all or any of the powers of a Collector under this Act ;

(6) « Canal-officer » means any officer lawfully appointed or invested with powers under section 4 ;

(1) Words repealed by Bom. Act III of 1886 are omitted.

obligations lui incombant, en vertu des stipulations de la présente loi, s'étendent solidairement à toute personne ayant un intérêt commun dans la propriété.

4. Le Gouvernement, ou en se soumettant aux ordres que celui-ci donnera de temps en temps, tout fonctionnaire du Gouvernement que le Gouverneur en conseil autorise à cette fin, peut :

a) charger tels fonctionnaires de telles missions et leur assigner respectivement, en vertu de la présente loi tels pouvoirs et devoirs que le Gouvernement ou ce fonctionnaire jugera convenir ;

b) investir tout fonctionnaire du Gouvernement dans tout département, soit personnellement, soit à cause de ses fonctions, ou toute autre personne, de tels pouvoirs et lui imposer, en vertu de la présente loi, de tels devoirs que le Gouvernement ou ce fonctionnaire jugera convenir.

Il est entendu que toute imposition ou attribution de pouvoirs ou devoirs, faite en vertu du présent article, peut en

---

(7) « owner » includes every person having a joint interest in the ownership of the thing specified, and all rights and obligations which attach to an owner under the provisions of this Act shall attach jointly and severally to every person having such joint interest in the ownership.

4. Government or, subject to such orders as may from time to time be passed by Government, any officer of Government whom the Governor in Council empowers in this behalf, may :

a) appoint such officers with such designations, and assign to them respectively such powers and duties, under this Act, as Government or such officer may deem fit;

b) invest any Government officer, in any department, either personally, or in right of his office, or any other person, with such powers, and impose upon him such duties, under this Act, as Government or such officer may deem fit.

Provided that any assignment of, or investment with, powers or

tout temps être annulée ou modifiée par l'autorité de qui elle émane.

Chapitre II.

De la construction et de la réparation des canaux.

Alimentation des canaux.

5. Toutes les fois que le Gouverneur en conseil estime que l'eau d'une rivière ou d'un fleuve coulant dans un chenal naturel, d'un lac ou d'un autre réservoir naturel d'eau stagnante devrait être employée par le Gouvernement pour l'alimentation d'un canal existant ou projeté, il peut, par notification dans la *Gazette gouvernementale de Bombay*, déclarer que la dite eau sera ainsi employée à partir d'une date à indiquer dans la dite notification ; un délai de trois mois doit s'écouler entre cette date et celle de la notification.

---

duties made under this section may at any time be cancelled or varied by the authority who made it.

Part II.

Of the Construction and Maintenance of Canals.

Application of Water for purposes of Canals

5. Whenever it appears expedient to the Governor in Council that the water of any river or stream flowing in a natural channel, or of any lake or any other natural collection of still water, should be applied or used by the Government for the purpose of any existing or projected canal, the Governor in Council may, by notification in the Bombay Government Gazette, declare that the said water will be so applied or used after a day to be named in the said notification, not being earlier tan three months from the date thereof.

Droits d'accès aux terrains, etc.

6. En tout temps, après le jour ainsi fixé, tout officier de canal, dûment autorisé à cette fin, peut se rendre sur les terrains, enlever les obstacles, fermer les chenaux et faire toutes autres choses nécessaires pour l'emploi ou l'usage de la dite eau ; à cet effet, il peut se faire accompagner par tels subordonnés qu'il juge convenir, ou les employer ou déléguer à cette fin.

7. Toutes les fois qu'il sera nécessaire de procéder à une enquête ou à un examen au sujet d'un canal projeté ou de l'entretien d'un canal existant, tout officier de canal, dûment autorisé à cette fin, ou toute personne agissant en vertu d'un ordre général ou spécial de ce fonctionnaire, peut :

a) Se rendre sur le terrain quand il le juge nécessaire pour l'objet en vue, et

b) Exercer tous pouvoirs et faire toutes choses concernant ce terrain qu'il peut exercer et faire si le Gou-

---

Powers of entry on Land, etc.

6. At any time after the day so named, any Canal-officer duly empowered in this behalf may enter on any land, remove any obstruction, close any channel and do any other thing necessary for such application or use of the said water, and for such purpose may take with him, or depute or employ, such subordinates and other persons as he deems fit.

7. Whenever it shall be necessary to make any enquiry or examination in connection with a projected canal, or with the maintenance of an existing canal, any Canal-officer duly empowered in this behalf, and any person acting under the general or special order of any such Canal-officer, may :

a) enter upon such land as he may think necessary for the purpose, and

b) excercise all powers and do all things in respect of such land as he might exercise and do if the Government had issued a notifi-

vernement a publié une notification en vertu des dispositions de l'article 4 de la loi de 1894 (1) (2) sur les expropriations immobilières portant que tel terrain, dans telle localité, sera probablement nécessaire pour un travail d'utilité publique, et

c) Placer et entretenir des tubes de niveau et faire toutes autres choses nécessaires pour la poursuite de l'enquête et de l'examen.

8. Tout officier de canal, dûment autorisé à cette fin, ou toute personne agissant en vertu d'un ordre général ou spécial de ce fonctionnaire peut se rendre sur tout terrain, entrer dans tout bâtiment ou examiner sur place tout aqueduc, imposables d'une taxe d'eau, à l'effet d'inspecter ou de régler l'usage de l'eau fournie, ou de mesurer le terrain irrigué par cette eau ou imposable d'une

(1) Le renvoi à la loi X de 1870 est modifié conformément à la loi I de 1894, a. 2.
(2) I de 1894.

---

cation under the provisions of section 4 of the Land Acquisition Act, 1894 (1) (2) to the effect that land in that locality is likely to be needed for a public purpose, and

c) set up and maintain water-gauges and do all other things necessary for the prosecution of such enquiry and examination.

8. Any Officer-Canal duly empowered in this behalf, and any person acting under the general or special order of any such Canal-officer, may enter upon any land, building or water-course, on account of wich any water-rate is chargeable, for the purpose of inspecting or regulating the use of the water supplied, or of measuring the land irrigated thereby or chargeable with a water-rate, and of doing all things necessary for the proper regulation and management of the canal from which such water is supplied.

(1) The reference to Act X of 1870 is altered in accordance with Act I of 1894, s. 2.
(2) I of 1894.

taxe d'eau, et pour faire toutes choses nécessaires pour la réglementation et la bonne administration du canal auquel l'eau est empruntée.

En cas d'avarie à craindre ou survenant à un canal, tout officier de canal dûment autorisé à cette fin, ou toute personne agissant en vertu d'un ordre général ou spécial de ce fonctionnaire, peut se rendre sur tout terrain adjacent à ce canal, couper des arbres et prendre d'autres matériaux et exécuter tous les travaux éventuellement nécessaires pour prévenir cette avarie ou pour réparer tout dommage causé.

10. Lorsqu'un officier de canal ou une autre personne se propose, en vertu des dispositions d'un des trois derniers articles précédents, d'entrer dans un bâtiment, dans une cour ou dans un jardin clôturé attenants à une maison habitée non alimentée d'eau par un canal et ne touchant pas à une digue d'inondation, il en informera préalablement, en tenant compte de l'urgence du cas, l'occupant de la maison, de la cour ou du jardin.

---

9. In case of any accident being apprehended or happening to a canal, any Canal-officer duly empowered in this behalf, and any person acting under the general or special order of any such Canal-officer, may enter upon any land adjacent to such canal, and may take trees and other materials and execute all works which may be necessary for the purpose of preventing such accident or repairing any damage done.

10. When a Canal-officer or other person proposes, under the provisions of any of the three last preceding sections, to enter into any building or enclosed court of garden attached to a dwelling-house, not supplied with water from a canal, and not adjacent to a flood-embankment, he shall previously give to the occupier of such bruilding; court or garden such reasonable notice as the umgency of the case may allow.

Passages de canaux.

11. Les mesures nécessaires seront prises afin de permettre le passage des canaux aux endroits que le Gouverneur en Conseil juge utiles pour la commodité des habitants des terrains adjacents ; et des ponts, conduites souterraines ou d'autres travaux convenables seront construits pour prévenir l'obstruction, par un canal quelconque, du drainage de ces terrains.

Enlèvement d'obstacles au drainage.

12. Toutes les fois que le Gouverneur en Conseil estime que l'obstruction d'une rivière, d'un fleuve ou d'un chenal de drainage naturel cause ou pourrait causer un préjudice à la santé ou à la commodité publiques, à un canal ou à un terrain pour lequel l'irrigation au moyen d'un canal est utile, il peut interdire, par notification dans la *Gazette gouvernementale de Bombay*, dans un rayon à indiquer dans cette notification, la formation de toute obstruction, ou en ordonner, dans ce rayon, l'enlèvement ou toute autre modification.

Canal Crossings.

11. Suitable means of crossing canals shall be provided at such places as the Governor in Council thinks necessary for the reasonable convenience of the inhabitants of the adjacent land; and suitable bridges, culverts or other works shall be constructed to prevent the drainage of the adjacent land being obstructed by any canal.

Removal of Obstructions to Drainage.

12. Wenever it appears to the Governor in Council that injury to the public health, or public convenience, or to any canal or to any land for which irrigation from a canal is available, has arisen or may arise from the obstruction of any river, stream or natural drainage-course, the Governor in Council may, by notification published in the Bombay Government Gazette, prohibit, within

Comme conséquence de cette interdiction, toute la partie des rivière, fleuve ou chenal de drainage naturel comprise dans ce rayon sera considérée comme un travail de drainage conformément à la définition de l'article 3.

13. Tout officier de canal, dûment autorisé à cette fin, peut, après cette publication, ordonner à toute personne causant ou surveillant l'obstruction, de la faire disparaître ou de la modifier dans un délai à fixer dans cet ordre.

14. Si, dans le délai fixé, cette personne ne donne pas suite à l'ordre, l'officier de canal peut ordonner l'enlèvement ou la modification de l'obstacle ; et si, après sommation, la personne à qui l'ordre a été donné ne paye pas les frais de cet enlèvement ou de cette modification, ils seront recouvrables par le Percepteur comme un arriéré d'impôt foncier.

---

limits to be defined in such notification, the formation of any such obstruction, or may, within such limits, order the removal or other modification of such obstruction.

Thereupon so much of the said river, stream or natural drainage-channel, as is comprised within such limits, shall be held to be a drainage work as defined in section 3.

13. Any Canal-officer duly empowered in this behalf may, after such publication, issue an order to any person causing or having control over any such obstruction to remove or modify the same within a time to be fixed in such order.

14. If, within the time so fixed, such person does not comply with the order, the Canal-officer may cause the obstruction to be removed or modified ; and if the person to whom the order was issued does not, when called upon, pay the expenses of such removal or modification, such expenses shall be recoverable by the Collector as an arrear of land-revenue.

Construction de travaux de drainage.

15. Toutes les fois qu'il paraît au Gouverneur en Conseil qu'un travail de drainage est nécessaire pour la santé publique, pour la bonne amélioration de la culture ou de l'irrigation d'un terrain, ou que la protection contre l'inondation, contre d'autres accumulations d'eau ou contre l'érosion par une rivière est exigée pour un terrain, ce Gouverneur en Conseil peut ordonner l'élaboration et l'exécution d'un projet, et la personne autorisée par le Gouverneur en Conseil à élaborer et à exécuter le projet exercera à cet effet tous les pouvoirs conférés aux officiers de canal par les articles 7, 8 et 9 et sera soumise aux obligations imposées à ces fonctionnaires par les articles 10 et 34.

Construction of Drainage-works.

15. Whenever it appears to the Governor in Council that any drainage-work is necessary for the public health or for the improvement of the proper cultivation or irrigation of any land, or that protection from floods or other accumulations of water, or from erosion by a river, is required for any land, the Governor in Council may cause a scheme for such work to be drawn up and carried into execution,

and the person authorized by the Governor in Council to draw up and execute such scheme may exercise in connection therewith the powers conferred on Canal-officers by sections 7, 8 and 9, and shall be liable to the obligations imposed upon Canal-officers by sections 10 and 34.

CHAPITRE III.

Des aqueducs.

Construction de nouveaux aqueducs.

16. Toute personne peut, moyennant la permission d'un officier de canal dûment autorisé à cette fin, construire un nouvel aqueduc si elle a obtenu le consentement de l'occupant du terrain nécessaire à cette fin.

17. Toute personne désirant construire un nouvel aqueduc, mais étant incapable de le faire ou ne voulant pas l'établir à la suite d'un arrangement privé conclu avec l'occupant du terrain, peut s'adresser par écrit à l'officier de canal dûment autorisé à recevoir ces demandes, en stipulant :

1° Qu'elle consent à supporter tous les frais nécessaires pour acquérir le terrain et construire l'aqueduc ;

2° Qu'elle désire que l'officier de canal fasse pour son

PART III.

Of Water-courses.

Construction of new Water-courses.

16. Any person may, with the permission of a Canal-officer duly empowered to grant such permission, construct a new water-course if he has obtained the consent of the holder of the land required therefor.

17. Any person desiring to construct a new water-course, but being unable or unwilling to construct it under a private arrangement with the holder of the land required for the same, may apply, in writing, to any Canal-officer duly empowered to receive such applications, stating —

(1) that he is ready to defray all the expenses necessary for acquiring the land and constructing such water-course ;

(2) that he desires the said Canal-officer in his behalf and at his

compte et à ses frais tout ce qui est nécessaire pour la construction de cet aqueduc.

18. Si l'officier de canal estime que la construction de cet aqueduc est utile, il invitera le requérant à déposer la partie de la dépense qu'il juge nécessaire, et, ce dépôt étant fait, il instituera une enquête au sujet du meilleur alignement à suivre par le dit aqueduc, délimitera le terrain qui, à son avis, devra être occupé pour la construction de l'aqueduc publiera immédiatement une notification dans chaque village par lequel il se propose de faire passer l'aqueduc, que telle partie de tel terrain situé dans le village a été ainsi délimitée, et il transmettra une copie de cette notification au Percepteur de chaque district où le terrain est situé, afin de publication sur ce terrain même.

La dite notification invitera également toute personne qui désire prendre part à la propriété de cet aqueduc à

---

cost to do all things necessary for constructing such water-course.

18. If the Canal-officer considers the construction of such water-course expedient, he may call upon the applicant to deposit any part of the expense such officer may consider necessary,

and, upon such deposit being made, shall cause enquiry to be made into the most suitable alignment for the said water-course,

and shall mark out the land which, in his opinion, it will be necessary to occupy for the construction thereof,

and shall forthwith publish a notification in every village through which the water-course is proposed to be taken, that so much of such land as is situated within such village has been so marked out,

and shall send a copy of such notification to the Collector of every district in which such land is situated, for publication on such land.

The said notification shall also call upon any person who wishes to share in the ownership of such water-course to make his appli-

faire sa demande à cette fin à l'officier de canal, endéans les trente jours de la publication de cette notification.

Si un requérant se présente et si sa demande est admise, il aura à payer sa part dans la construction de l'aqueduc et dans les frais d'acquisition du terrain; il sera alors copropriétaire de l'aqueduc lorsque celui-ci sera construit.

19. A la réception de la copie de cette notification, le Percepteur procédera à l'expropriation du terrain en vertu des dispositions de la loi de 1894 sur les expropriations immobilières (1) (2), comme si une déclaration avait été faite par le Gouvernement pour l'expropriation, en vertu de l'article 6 de cette loi, et comme si le Gouvernement avait chargé le Percepteur de procéder à l'expropriation de ce terrain en vertu de l'article 7 de la dite loi et, le cas échéant, comme si le Gouvernement avait ordonné la saisie sommaire en vertu de l'article 17 de la loi précitée.

(1) Le renvoi à la loi X de 1870 est modifié conformément à la loi I de 1894, a. 2.
(2) I de 1894.

---

cation in that respect to the Canal-officer within thirty days of the publication of such notification.

If any such applicant appears, and his application is admitted, he shall be liable to pay his share in the construction of such water-course, and in the cost of acquiring the land for the same, and shall be an owner of such water-course when constructed.

19. On receipt of copy of such notification, the Collector shall proceed to acquire such land under the provisions of the Land Acquisition Act, 1894 (1) (2) as if a declaration had been issued by the Government for the acquisition thereof under section 6 of that Act, and as if the Government had thereupon directed the Collector to take order for the acquisition of such land under section 7 of the

(1) The reference to Act X of 1870 is altered in accordance with Act I of 1894, s. 2.
(2) I of 1894.

20. Étant mis en possession du terrain, l'officier de canal construira l'aqueduc ; celui-ci étant achevé, il en informera le propriétaire et lui fera connaître en même temps la somme à payer du chef des frais d'expropriation du terrain et de construction de l'aqueduc. La notification étant faite, la somme sera due par le propriétaire à l'officier de canal. A la réception du payement total de toutes les dépenses faites, l'officier de canal transférera la propriété de l'aqueduc au propriétaire.

Droits et obligations des propriétaires d'aqueducs.

21. Tout propriétaire d'un aqueduc sera tenu :

a) de construire et d'entretenir tous les ouvrages nécessaires pour le passage, au-dessus ou en dessous de cet aqueduc, de canaux, conduites, chenaux de drainage ou chemins publics existant au moment de sa construction, et pour le drainage interrompu par cet aqueduc; il sera également tenu de maintenir une communication convenable à travers l'aqueduc pour la commodité des occupants des terrains voisins ;

---

said Act, and (if necessary) as if the Government had issued orders for summary possession being taken under section 17 of the said Act.

20. On being put in possession of the land, the Canal-officer shall construct the required water-course ; and on its completion shall give to the owner notice thereof, and of any sum payable by him on account of the cost of acquiring the land and constructing the water-course. On such notice being given, such sum shall be due from the owner to the Canal-officer. On receipt of payment in full of all expenses incurred, the Canal-officer shall make over possession of such water-course to such owner.

Rights and Obligations of owners of Water-courses.

21. Every owner of a water-course shall be bound —

a) to construct and maintain all works necessary for the

b) d'entretenir l'aqueduc dans un état convenable pour l'écoulement de l'eau ;

c) d'en permettre l'usage à d'autres ou d'admettre d'autres personnes comme co-propriétaires dans des limites à prescrire en vertu des dispositions de l'article 23 ;

et tout propriétaire d'un aqueduc et toute personne dûment autorisée en vertu des dispositions ci-après à en faire usage auront le droit :

d) de recevoir de l'eau par cet aqueduc, moyennant les taxes et dans les limites à prescrire de temps en temps en vertu de l'article 44 et par les règlements arrêtés par le Gouverneur en conseil en vertu de l'article 70.

Il reste entendu que tout propriétaire d'un aqueduc et, sans préjudice des dispositions de tout arrangement entre parties ou à toute condition imposée en vertu de l'art. 33, que toute personne, comme il est dit ci-dessus, peuvent

---

passage across such water-course, of canals, water-courses, drainage-channels and public roads existing at the time of its construction, and of the drainage intercepted by it, and for affording proper communications across it for the convenience of the occupants of neighbouring lands ;

b) to maintain such water-course in a fit state of repair for the conveyance of water ;

c) to allow the use of it to others or to admit other persons as joint owners thereof on such terms as may be prescribed under the provisions of section 23 ;

and every owner of a water-course and every person duly authorized under the provisions hereinafter contained to use a water-course shall be entitled —

d) to have a supply of water by such water-course, at such rates and on such terms, as may from time to time be prescribed under section 44 and by the rules made by the Governor in Council under section 70.

Provided always that any owner of a water-course and subject

toujours résilier leurs intérêts dans cet aqueduc en en informant par écrit, trois mois d'avance, l'officier de canal dûment autorisé à recevoir ces notifications.

22. Toute personne désirant obtenir de l'eau par un aqueduc dont elle n'est pas propriétaire, peut conclure un accord privé avec le propriétaire pour autoriser le transport de l'eau par cet aqueduc ; elle peut aussi s'adresser à l'officier de canal dûment autorisé à recevoir ces demandes, à l'effet de pouvoir faire usage de cet aqueduc ou d'en être déclaré copropriétaire.

23. A la réception d'une telle requête, l'officier de canal invitera le propriétaire à faire connaître, le cas échéant, les motifs pour lesquels une telle autorisation ne pourrait être accordée et une telle déclaration ne pourrait être faite ; si aucune objection n'est faite, ou si une objection présentée est trouvée non fondée ou insuffisante,

---

to the terms of any agreement between the parties, or to any condition imposed under section 23, any such person as aforesaid may at any time, by giving three months' previous notice in writing in this behalf to a Canal-officer duly empowered to receive such notices, resign his interest in such water-course.

22. Any person desiring to have a supply of water through a water-course of which he is not an owner may make a private arrangement with the owner for permitting the conveyance of water thereby, or may apply to a Canal-officer duly empowered to receive such applications for authority to use such water-course or to be declared a joint owner thereof.

23. On receipt of any such application, the Canal-officer shall serve notice on the owner to show cause why such authority should not be granted, or such declaration should not be made, and, if no objection be raised, or if any objection be raised and be found insufficient or invalid, shall, subject to the approval of the Collector, either authorize the applicant to use the water-course, or declare him to be a joint owner thereof on such conditions as to

l'officier de canal autorisera le requérant, moyennant l'approbation du Percepteur, à faire usage de l'aqueduc, ou le déclarera copropriétaire de celui-ci dans des conditions qui lui paraîtront équitables par rapport au payement d'une compensation, d'une rente ou autrement.

24. Aucun terrain acquis pour un aqueduc, en vertu de cette partie de la loi, ne pourra servir à autre chose sans le consentement préalable d'un officier de canal dûment autorisé à cette fin.

25. Si un propriétaire d'un aqueduc ne remplit pas l'une ou l'autre des obligations qui lui sont imposées par la clause (*a*) ou (*b*) de l'article 21, tout officier de canal dûment autorisé à cette fin, peut le requérir, par lettre, d'exécuter le travail ou la réparation nécessaire dans un délai de quinze jours au moins, fixé dans cette lettre ; et s'il n'est pas donné suite à cette réquisition, ce fonctionnaire peut exécuter le travail au nom de ce propriétaire, et, sauf ce qui est prévu ci-après dans cet article, toutes les dépenses faites pour l'exécution du travail ou de la

---

the payment of compensation or rent or otherwise as may appear to him equitable.

24. No land acquired under this Part for a water-course shall be used for any other purpose without the previous consent of a Canal-officer duly empowered to grant such permission.

25. If any owner of a water-course fails to fulfil any obligation imposed upon him by clause (*a*) or (*b*) of section 21, any Canal-officer duly empowered in this behalf may require him by notice to execute the necessary work or repair within a period, to be prescribed in such notice, of not less than fifteen days, and, in the event of failure, may execute the same on his behalf, and, except as hereinafter provided in this section, all expenses incurred in the execution of such work or repair shall be a sum due by such owner to Government.

réparation seront dues par ce propriétaire au Gouvernement.

Toute personne autre qu'un propriétaire qui fait usage d'un aqueduc auquel une réparation a été faite par un officier de canal, sera tenue, en vertu de cet article, à défaut d'accord entre les parties ou d'une condition imposée en vertu de l'article 23, au moment où cette personne était autorisée à faire usage de l'aqueduc, de payer au Gouvernement telle partie de la dépense faite pour cette réparation qui sera déterminée par le dit officier de canal.

Arrangement de litiges concernant les aqueducs.

26. Toutes les fois qu'une contestation s'élève entre deux ou plusieurs personnes quant à leurs droits ou responsabilités respectifs concernant l'usage, la construction ou la réparation d'un aqueduc, ou entre les co-propriétaires d'un aqueduc, quant à leurs parts respectives dans les dépenses de construction ou de réparation de celui-ci, ou concernant les montants dus solidairement par eux dans ces dépenses, ou par rapport au défaut d'un proprié-

---

Every person other than an owner who uses any water-course in respect of which any repair has been executed by a Canal-officer under this section shall, in the absence of any agreement between the parties or of any condition imposed under section 23 at the time such person was authorized to use such water-course to the contrary, be liable to pay to Government such proportion of the expenses incurred in the execution of such repairs as shall be determined by the said Canal-officer.

Settlement of Disputes concerning Water-courses.

26. Whenever a dispute arises between two or more persons in regard to their mutual rights or liabilities in respect of the use, construction or maintenance of a water-course, or among joint owners of a water-course, as to their respective shares of the expense of constructing or maintaining such water-course, or as to

taire de contribuer pour sa part, toute personne intéressée dans cette contestation peut en référer par écrit à l'officier de canal dûment autorisé à recevoir ces demandes, en indiquant l'objet de la contestation.

Ce fonctionnaire informera ensuite les autres personnes intéressées qu'il procèdera à l'enquête sur l'objet dont il s'agit, au jour fixé dans la notification, et si toutes les personnes intéressées consentent, par écrit, à l'accepter comme arbitre, il peut prendre un arrêté en conséquence; si ce consentement fait défaut, il transmettra le dossier au Percepteur qui fera l'enquête et prendra un arrêté en conséquence.

Tout arrêté pris par le Percepteur en vertu de cet article restera en vigueur jusqu'à ce qu'il soit rejeté par un tribunal civil.

---

the amounts severally contributed by them towards such expense, or as to failure on the part of any owner to contribute his share,

any person interested in the matter of such dispute may apply, in writing, to any Canal-officer duly empowered to receive such applications, stating the matter in dispute.

Such officer shall thereupon give notice to the other persons interested that, on a day to be named in such notice, he will proceed to enquire into the said matter,

and if all the persons interested consent, in writing, to his being arbitrator, he may pass his order thereon ;

failing such consent, he shall transfer the matter to the Collector, who shall enquire into and pass his order thereon.

Any order passed by the Collector under this section shall remain in force until set aside by a decree of a Civil Court.

Chapitre IV.

De la distribution d'eau.

Demandes pour fourniture d'eau.

27. Toute personne désirant obtenir une distribution d'eau de canal soumettra à cet effet une demande écrite à un officier de canal dûment autorisé à recevoir de telles demandes, dans la forme qui sera de temps en temps prescrite à cette fin par le Gouvernement.

Si la demande est faite pour une distribution d'eau à employer à d'autres fins que celles de l'irrigation, l'officier de canal peut, avec la sanction du Gouvernement, autoriser la prise d'eau pour ces fins et dans telles conditions spéciales et restrictions quant à la limitation, au contrôle et au jaugeage de la distribution que le Gouvernement permettra d'imposer dans chaque cas.

Part IV.

Of the Supply of Water.

Applications for Supply.

27. Every person desiring to have a supply of water from a canal shall submit a written application to that effect to a Canal-officer duly empowered to receive such applications, in such form as shall from time to time be prescribed by Government in this behalf.

If the application be for a supply of water to be used for purposes other than those of irrigation, the Canal-officer may, with the sanction of Government, give permission for water to be taken for such purposes under such special conditions and restrictions as to the limitation, control and measurement of the supply as he shall be empowered by Government to impose in each case.

Conditions concernant la distribution.

28. La fourniture d'eau à un aqueduc ou à une personne y ayant droit ne sera arrêtée que dans les cas suivants :

a) toutes les fois et aussi longtemps qu'il sera nécessaire d'arrêter cette fourniture dans le but d'exécuter un travail ordonné par l'autorité compétente ;

b) toutes les fois et aussi longtemps que l'aqueduc ainsi alimenté n'est pas entretenu et réparé de manière à prévenir l'écoulement de l'eau en pure perte ;

c) toutes les fois et aussi longtemps qu'il est nécessaire de le faire pour satisfaire à tour de rôle les demandes légitimes d'autres personnes ayant droit à l'eau ;

d) toutes les fois et aussi longtemps qu'il sera nécessaire de le faire pour prévenir le gaspillage et le mauvais usage de l'eau ;

e) pendant des périodes fixées de temps en temps et portées à la connaissance du public par un officier de canal dûment autorisé à cette fin.

Provisions as to Supply.

28. The supply of water to any water-course or to any person who is entitled to such supply shall not be stopped except :

a) whenever and so long as it is necessary to stop such supply for the purpose of executing any work ordered by competent authority ;

b) whenever and so long as any water-course by which such supply is received is not maintained in such repair as to prevent the wasteful escape of water therefrom ;

c) whenever and so long as it is necessary to do so in order to supply in rotation the legitimate demands of other persons entitled to water ;

d) whenever and so long as it may be necessary to do so in order to prevent the wastage or misuse of water ;

29. Lorsque l'eau de canal est fournie pour l'irrigation d'une ou de plusieurs récoltes seulement, la permission d'employer cette eau subsistera jusqu'à ce que cette ou ces récoltes sera ou seront arrivées à maturité et s'appliquera seulement à cette ou ces récoltes.

30. Tout arrangement pour la fourniture d'eau de canal à une terre, à un bâtiment ou à une autre propriété immobilière sera transférable en même temps que cette fourniture, et sera présumé avoir été ainsi transféré toutes les fois qu'un transfert de cette terre, de ce bâtiment et de cette propriété immobilière a lieu.

Nulle personne ayant droit d'user d'un travail ou d'un terrain appartenant à un canal, et excepté dans le cas d'un arrangement comme il est dit ci-dessus, nulle personne ayant droit d'user de l'eau d'un canal, ne pourra vendre, sous-louer ou transférer autrement son droit à cet usage, sans la permission d'un officier de canal dûment autorisé à cette fin.

---

e) within periods fixed from time to time by a Canal-officer duly empowered in this behalf, of which due notice shall be given.

29. When canal-water is supplied for the irrigation of one or more crops only, the permission to use such water shall be held to continue only until such crop or crops shall come to maturity, and to apply only to such crop or crops.

30. Every agreement for the supply of canal-water to any land, building or other immoveable property shall be transferable therewith, and shall be presumed to have been so transferred whenever a transfer of such land, building or other immoveable property takes place.

No person entitled to the use of any work or land appertaining to any canal, and, except in the case of any such agreement as aforesaid, no person entitled to use the water of any canal, shall sell or sub-let, or otherwise transfer, his right to such use without

Chapitre V.

De l'octroi de compensations.

Com, ensation quand elle est revendiquée.

31. Une compensation peut être octroyée pour tout dommage causé par l'exercice d'un des pouvoirs conférés par la présente loi, appréciable et évaluable au moment de l'octroi de la compensation :

Il est entendu qu'aucune compensation ne sera octroyée du chef d'un dommage résultant de :

a) perturbation climatérique ;

b) arrêt de navigation, des moyens de transport par eau de bois flottant ou d'abreuvage de bétail;

c) arrêt ou diminution d'une distribution d'eau en conséquence de l'exercice du pouvoir conféré par l'article 5, si aucun usage n'a été fait de cette distribution dans les

---

the permission of a Canal-officer duly empowered to grant such permission.

Part V.

Of the Award of Compensation.

Compensation when claimable.

31. Compensation may be awarded in respect of any substantial damage caused by the exercise of any of the powers conferred by this Act, which is capable of being ascertained and estimated at the time of awarding such compensation :

Provided that no compensation shall be so awarded in respect of any damage arising from :

a) deterioration of climate, or

b) stoppage of navigation, or the means of rafting timber or of watering cattle, or

c) stoppage or diminution of any supply of water in consequence of the exercise of the power conferred by section 5, if no use have

cinq dernières années avant la date de la publication de la notification en vertu de la section 37, ou

d) manque ou arrêt de l'eau dans un canal quand ce manque ou cet arrêt est dû :

1° à une cause sur laquelle le Gouvernement n'a pas de contrôle ;

2° à l'exécution de réparations, de modifications ou d'ajoutes au canal, ou

3° à des mesures considérées comme nécessaires par un officier de canal dûment autorisé à cette fin pour régler l'écoulement convenable de l'eau dans le canal ou pour maintenir le cours établi de l'irrigation ; mais toute personne qui subit un dommage du chef d'un arrêt ou d'une diminution dans la distribution d'eau dû à l'une des causes dénommées dans la clause *d*) de cet article, aura droit à telle remise de la taxe d'eau payable par lui que le Gouverneur en Conseil accordera.

---

been made of such supply within the five years next before the date of the issue of the notification under section 37, or

d) failure or stoppage of the water in a canal, when such failure or stoppage is due to :

(1) any cause beyond the control of Government,

(2) the execution of any repairs, alterations or additions to the canal, or

(3) any measures considered necessary by any Canal-officer duly empowered in this behalf for regulating the proper flow of water in the canal, or for maintaining the established course of irrigation ;

but any person who suffers loss from any stoppage or diminution of his water-supply due to any of the causes named in clause (*d*) of this section shall be entitled to such remission of the water-rate payable by him as may be authorized by the Governor in Council.

32. No claim for compensation under this Act shall be entertained after the expiration of twelve months from the time when

32. Aucune demande de compensation en vertu de la présente loi ne sera accueillie après l'expiration de douze mois à partir du moment où le dommage dont on se plaint a commencé, à moins que le Percepteur n'admette que le réclamant ait des motifs suffisants pour ne pas faire sa demande endéans cette période.

33. (*La compensation ne peut être revendiquée du chef de travaux exécutés antérieurement à la loi*). Abrogé par la loi XVI de 1895.

Décisions sommaires.

34. En cas d'accès sur un terrain ou dans un bâtiment en vertu des articles 6, 7, 8 ou 9, l'officier de canal ou la personne se rendant sur ce terrain ou entrant dans ce bâtiment appréciera et estimera l'étendue du dommage causé, le cas échéant, par l'entrée ou par l'exécution d'un travail, à une récolte, à un arbre, à une maison ou à une autre propriété, et dans le mois à partir de la date de cette entrée, une compensation sera offerte par un offi-

---

the damage complained of commenced, unless the Collector is satisfied that the claimant had sufficient cause for not making the claim within such period.

33. [*Compensation not claimable in respect of works executed prior to, Act.*] *Repealed by Act XVI of 1895.*

Summary Decisions.

34. In every case of entry upon any land or building under section 6, section 7, section 8 or section 9, the Canal-officer or person making the entry shall ascertain and record the extent of the damage, if any, caused by the entry, or in the execution of any work, to any crop, tree, building or other property,

and within one month from the date of such entry compensation shall be tendered by a Canal-officer duly empowered in this behalf to the landholder or owner of the property damaged.

cier de canal, dûment autorisé à cette fin, au propriétaire foncier ou à l'occupant de la propriété endommagée.

Si cette offre n'est pas acceptée, l'officier de canal en référera immédiatement au Percepteur afin de faire procéder à une enquête relativement au montant de la compensation et à sa fixation.

35. Si la distribution d'eau à une terre irriguée par un canal est interrompue autrement que de la manière décrite dans la clause *d*) de l'article 31, l'occupant de cette terre peut adresser une requête au Percepteur pour obtenir une compensation pour tout dommage provenant de cette interruption ; après avoir consulté l'officier de canal, le Percepteur accordera au requérant une compensation raisonnable pour le dommage.

36. La décision du percepteur en vertu des deux derniers articles, relative au montant de la compensation à octroyer, ou, si un règlement est arrêté en vertu de l'article 80, cette décision sera déclarée susceptible d'ap-

---

If such tender is not accepted, the Canal-officer shall forthwith refer the matter to the Collector for the purpose of making enquiry as to the amount of compensation and deciding the same.

35. If the supply of water to any land irrigated from a canal be interrupted otherwise than in the manner described in clause (*d*) of section 31, the holder of such land may present a petition for compensation to the Collector for any loss arising from such interruption, and the Collector, after consulting the Canal-officer, shall award to the petitioner reasonable compensation for such loss.

36. The decision of the Collector under either of the last two preceding sections as to the amount of compensation to be awarded, or, if any rule framed under section 70, such decision shall be declared to be appealable, then the decision of the authority to whom the appeal lies, shall be conclusive.

pel et la sentence de l'autorité auprès de laquelle l'appel est admis sera définitive.

Procédure.

37. Aussitôt que la chose est pratiquement possible, après la publication d'une notification en vertu de l'article 5, le Percepteur fera connaître publiquement, aux endroits opportuns, que le Gouvernement a l'intention d'affecter ou d'utiliser la dite eau comme il est dit ci-dessus, et que des demandes de compensation peuvent lui être adressées.

Une copie des articles 31 et 32 sera annexée à chacune de ces informations.

38. Toutes les demandes de compensation faites en vertu de la présente loi, autres que celles de la nature dont il s'agit dans les articles 34 et 35, doivent être adressées au Percepteur du district où les revendications se produisent.

39. Le Percepteur procèdera à une enquête sur chaque demande et fixera, s'il y a lieu, le montant de la com-

---

Formal Adjudications.

37. As soon as practicable after the issue of a notification under section 5, the Collector shall cause public notice to be given at convenient places, stating that the Government intend to apply or use the water as aforesaid, and that claims for compensation may be made before him.

A copy of section 31 and 32 shall be annexed to every such notice.

38. All claims for compensation under this Act, other than claims of the nature provided for in sections 34 and 35, must be made before the Collector of the district in which such claim arises.

39. The Collector shall enquire into every such claim and determine the amount of compensation, if any, which should in his

pensation à accorder, selon lui, au réclamant ; et les articles 11, 12, 14, 15, 18 à 23 (inclusivement), 26 à 40 (inclusivement), 51 et 58 de la loi de 1870 (1) (2) sur les expropriations immobilières, seront applicables à ces enquêtes :

Sous réserve que, au lieu de la dernière clause du dit article 26, il faut lire la suivante :

« Les dispositions de cet article et des articles 31 et 40 de la loi de 1879 sur l'irrigation dans la Présidence de Bombay seront lues à chaque assesseur, dans une langue qu'il comprend, avant qu'il ne donne son opinion sur le montant de la compensation à allouer. »

40. En fixant le montant de la compensation, en vertu du dernier article précédent, il sera tenu compte, au moment de l'allouer, de la diminution de la valeur commerciale de la propriété pour laquelle la compensation est demandée ; et là où cette valeur commerciale ne peut être évaluée

(1) La loi de 1870 a été abrogée par la loi I de 1894 ; voir l'exception dans l'article 2, 3° de la dernière loi.
(2) X de 1870.

---

opinion be given to the claimant ; and sections 11, 12, 14, 15, 18 to 23 (inclusive), 26 to 40 (inclusive), 51 and 58 of the Land Acquisition Act, 1870 (1) (2), shall apply to such enquiries :

Provided that instead of the last clause of the said section 26, the following shall be read :

« The provisions of this section and of sections 31 and 40 of the Bombay Irrigation Act, 1879, shall be read to every assessor in a language which he understands before he gives his opinion as to the amount of compensation to be awarded. »

40. In determining the amount of compensation under the last preceding section, regard shall be had to the diminution in the

(1) Act X of 1870 has been repealed by Act I of 1894, but see saving in s. 2 (3) of the latter Act.
(2) X of 1870.

avec certitude, le montant sera calculé à raison de douze fois le montant de la diminution des bénéfices nets annuels de cette propriété, causée par l'exercice des pouvoirs conférés par la présente loi.

41. Toutes les sommes payables pour compensation accordée en vertu de l'article 39 seront dues trois mois après que la demande de compensation a été faite ; et il sera accordé des intérêts simples au taux de 6 p. c. l'an pour toute somme restant due après les dits trois mois, excepté lorsque le non payement en est dû à la négligence ou au refus du postulant de la réclamer ou de la recevoir.

Diminutions de l'impôt foncier et du fermage.

42. Si une compensation est accordée en vertu de l'article 39 du chef de l'interruption ou de la diminution dans la fourniture d'eau à une terre payant un impôt au Gouvernement, et si le montant de cet impôt payable du

---

market-value, at the time of awarding compensation, of the property in respect of which compensation is claimed;

and, where such market value is not ascertainable, the amount shall be reckoned at twelve times the amount of the diminution of the annual net profits of such property, caused by the exercise of the powers conferred by this Act.

41. All sums of money payable for compensation awarded under section 39, shall become due three months after the claim for such compensation was made;

and simple interest at the rate of six per centum per annum shall be allowed on any such sum remaining unpaid after the said three months, except when the non-payment of such sum in caused by the neglect or refusal of the claimant to apply for or receive the same.

Abatements of Land-revenue and Rent.

42. If compensation is awarded under section 39 on account of a

chef de cette terre a été fixé en tenant compte des avantages produits par l'irrigation, l'occupant de cette terre aura droit à une diminution du montant de l'impôt dans la proportion à déterminer par le Percepteur.

43. Tout sous-occupant d'une terre pour laquelle une compensation a éte payée, aura droit, s'il n'en reçoit pas une part, à une diminution du fermage payé par lui antérieurement à l'occupant principal, proportionnée à la valeur réduite de la propriété.

Toutefois, si une distribution d'eau qui augmente la valeur de la propriété est rétablie plus tard pour la dite terre, autrement qu'aux frais du sous-occupant, l'occupant principal aura le droit d'augmenter le fermage dans la proportion de la valeur accrue ; il est entendu toutefois que le fermage ainsi augmenté ne dépassera pas, dans aucun cas, celui payé par le sous-occupant avant la diminution, à moins que l'occupant principal n'ait le

---

stoppage or diminution of supply of water to any land paying revenue to Government, and the amount of the revenue payable on account of such land has been fixed with reference to the water-advantages appertaining thereto, the holder of the said land shall be entitled to an abatement of the amount of revenue payable to such extent as shall be determined by the Collector.

43. Every inferior holder of any land in respect of which such compensation has been paid shall, if he receives no part of the said compensation, be entitled to an abatement of the rent previously payable by him to the superior holder thereof in proportion to the reduced value of the holding;

but, if a water-supply which increases the value of the holding is afterwards restored to the said land otherwise than at the cost of the inferior holder, the superior holder shall be entitled to enhance the rent in proportion to such increased value: provided that the enhanced rent shall not in any case exceed the rent payable by the inferior holder before the abatement, unless the

droit, en dehors des dispositions de cet article, d'augmenter le fermage antérieur.

CHAPITRE VI.

Des taxes d'eau.

Taxes de distribution.

44. Ces taxes seront imposables pour l'eau de canal fournie pour l'irrigation ou pour tout autre but, de la manière à déterminer de temps en temps par le Gouverneur en Conseil.

Si, à cause de la construction d'un nouveau canal, de l'amélioration ou de l'extension d'un canal existant, on augmente le volume ou la durée d'une alimentation d'eau pour laquelle jusqu'à ce jour il n'a pas été payé au Gouvernement ni impôt, ni un montant fixe d'impôt, des taxes ne seront imposables en vertu de cet article, que du chef seulement de la plus grande fourniture d'eau.

---

superior holder shall, indepedently of the provisions of this section, be entitled so to enhance the previous rent.

PART VI.

Of Water-rates.

Supply Rates.

44. Such rates shall be leviable for canal-water supplied for purposes of irrigation, or for any other purpose, as shall from time to time be determined by the Governor in Council.

If, owing to the construction of a new canal or to the improvement or extension of an existing canal, the amount or duration of any water-supply, in respect of which either no revenue or a fixed amount of revenue has hitherto been paid to Government, is increased, rates shall be leviable under this section in respect of the increased water-supply only.

Ces taxes seront payables par la personne à la demande de laquelle la distribution a été accordée, ou par toute personne qui fait usage de l'eau ainsi fournie.

Taxes accidentelles.

45. Si l'eau fournie par un aqueduc a été utilisée d'une manière non autorisée, et si l'identité ne peut être établie de la personne par la faute ou la négligence de laquelle cet usage en a été fait, la personne ou toutes les personnes sur le terrain de laquelle ou desquelles cette eau s'est écoulée, si ce terrain en a profité,

ou, si aucun terrain n'en a profité, la personne ou toutes les personnes imposables du fait de l'usage de l'eau fournie par cet aqueduc,

sera responsable ou seront solidairement responsables, suivant le cas, des charges à imposer du chef de cet usage en vertu des règles prescrites par le Gouverneur en Conseil, conformément à l'article 70.

The said rates shall be payable by the person on whose application the supply was granted, or by any person who uses the water so supplied.

Occasional Rates.

45. If water supplied through a water-course be used in an unauthorized manner, and if the person by whose act or neglect such use has occurred cannot be identified, the person or all the persons on whose land such water has flowed, if such land has derived benefit therefrom,

or, if no land has derived benefit therefrom, the person, or all the persons chargeable in respect of the water supplied through such water-course,

shall be liable, or jointly liable, as the case may be, for the charges which shall be made for such use under the rules prescribed by the Governor in Council under section 70.

46. Si l'eau fournie par un aqueduc s'écoule en pure perte et si, après enquête, la personne par la faute ou la négligence de laquelle ce gaspillage a pu se produire, ne peut être découverte, la personne ou toutes les personnes imposables du chef de l'eau fournie par cet aqueduc sera responsable ou seront solidairement responsables, suivant le cas, des charges à imposer du chef de ce gaspillage d'eau, en vertu de la règle prescrite par le Gouverneur en Conseil, conformément à l'article 70.

Toutes les questions surgissant en vertu de cet article et du précédent seront tranchées, conformément aux dispositions de l'article 67, par un officier de canal dûment autorisé à cette fin.

47. Tous les frais résultant de l'usage non autorisé ou du gaspillage d'eau peuvent être recouvrés, comme des taxes d'eau, sans préjudice des pénalités encourues du chef de cet usage ou de ce gaspillage.

Taxes de filtration et de fuite d'eau.

48. Si un officier de canal, dûment autorisé à renforcer

---

46. If water supplied through a water-course be suffered to run to waste, and if, after enquiry, the person through whose act or neglect such water was suffered to run to waste cannot be discovered,

the person or all the persons chargeable in respect of the water supplied through such water-course shall be liable or jointly liable, as the case may be, for the charges wich shall be made in respect of the water so wasted, under the rule prescribed by the Governor in Council under sections 70.

All questions arising under this and the last preceding section shall, subject to the provisions of section 67, be decided by a Canal-officer duly empowered in this behalf.

47. All charges for the unauthorized use or for waste of water may be recovered, as water-rates, in addition to any penalties incurred on account of such use or waste.

les dispositions de cet article, suppose qu'une terre cultivée, située dans un rayon de 200 yards d'un canal, reçoive par suite de filtration ou de fuite de celui-ci un avantage équivalent à celui que fournirait une alimentation directe d'eau de canal pour l'irrigation,

ou qu'une terre cultivée, située n'importe où, enlève par un courant superficiel ou par un puits creusé dans un rayon de 200 yards d'un canal, après introduction de l'eau dans le canal, une quantité d'eau qui a filtré ou coulé de ce canal,

il peut imposer à cette terre une taxe d'eau n'excédant pas celle qui aurait été normalement imposée pour une alimentation directe semblable à une terre cultivée de la même façon.

Aux fins de cette loi, une terre imposée en vertu de cet article, sera considérée comme une terre irriguée par un canal.

49 à 56. (*Taxe de protection*). — Abrogé par la loi de 1880 de Bombay.

Percolation and Leakage-rates.

48. If it shall appear to a Canal-officer duly empowered to enforce the provisions of this section, that any cultivated land within two hundred yards of any canal receives, by percolation or leakage from such canal, an advantage equivalent to that which whould be given by a direct supply of canal-water for irrigation,

or that any cultivated land, wherever situate, derives by a surface-flow, or by means of a well sunk within two hundred yards of any canal after the admission of water into such canal, a supply of water which has percolated or leaked from such canal,

he may charge on such land a water-rate not exceeding that which would ordinarily have been charged for a similar direct supply to land similarly cultivated.

For the purposes of this Act, land charged under this section shall be deemed to the land irrigated from a canal.

Recouvrement de taxes d'eau et d'autres dettes arriérées.

57. Toute taxe d'eau imposable en vertu de la présente loi sera payable par tels acomptes, à telles dates et à tels fonctionnaires déterminés de temps en temps en vertu des ordres du Gouverneur en Conseil.

Toute taxe, ou tout acompte de celle-ci, non payée au jour où elle est due, et toute somme due au Gouvernement ou à un officier de canal, soit pour le compte du Gouvernement ou de toute autre personne, en vertu du chapitre III (1), qui n'est pas payée à la demande qui en est faite, sera recouvrable conformément à la loi et en vertu des réglements à ce moment en vigueur pour le recouvrement des arriérés de l'impôt foncier.

Le fermage payable au propriétaire d'un aqueduc par une personne autorisée à en faire usage, sera payable par tels acomptes et à telles dates que fixera l'officier de

(1) Les mots abrogés par la loi III de 1886 de Bombay sont omis.

---

49 to 56. [*Protection-rate.*] *Repealed by Bom. Act. III of 1880.*

Recovery of Water-rates and other Dues in Arrears.

57. Every water-rate leviable under this Act shall be payable in such instalments and on such dates and to such officers as shall from time to time be determined under the orders of the Governor in Council.

Any such rate, or instalment of the same, which is not paid on the day when it becomes due, and any sum due to Government or to a Canal-officer, whether on behalf of Government or of any other person, under Part III (1), which is not paid when demanded, shall be recoverable according to the law and under the rules for the time being in force for the recovery of arrears of land-revenue.

Rent payable to the owner of a water-course by a person authorized to use such water-course shall be payable in such instalments

(1) Works repealed by Bom. Act. III of 1886 are omitted.

canal, dûment autorisé à cette fin en vertu de l'article 23; ces acomptes peuvent être recouvrés au profit du propriétaire conformément à la loi et aux règlements précités. Il reste toujours entendu qu'il ne sera, en aucun temps, payé davantage au propriétaire, que ce qui est effectivement recouvré de la dite personne.

Chapitre VII.

De l'obtention de la main-d'œuvre pour les canaux en cas d'urgence.

58. Toutes les fois qu'un officier de canal, dûment autorisé à cette fin en vertu de cet article, estime que sans l'exécution immédiate d'un travail ou d'une réparation, une avarie sérieuse se produira à un canal de façon à causer soudainement un grand dommage public,

ou, qu'à moins de l'exécution immédiate du curage d'un canal ou d'un autre travail nécessaire pour maintenir le

---

and on such dates as the Canal-officer duly empowered to act under section 23 shall direct, and may be recovered on behalf of the owner according to the law and rules aforesaid : Provided always that no more shall at any time be payable to the owner than is actually recovered from the said person.

Part VII.

Of obtaining Labour for Canals on emergencies.

58. Whenever it appears to a Canal-officer duly empowered to act under this section, that unless some work or repair is immediately executed, such serious damage will happen to any canal as to cause sudden and extensive public injury,

or, that unless some clearance of a canal or other work which is necessary in order to maintain the established course of irrigation is immediately executed, serious public loss will occur,

cours établi de l'irrigation, un dommage public sérieux se produira,

et que les ouvriers nécessaires à la bonne exécution de de cette réparation, de ce curage ou travail ne peuvent être trouvés par la voie ordinaire, dans le délai qui peut être accordé pour l'exécution des travaux de manière à prévenir ce dommage,

le dit fonctionnaire peut ordonner, de sa propre autorité, que les dispositions de cet article seront mises en vigueur pour l'exécution de cette réparation, de ce curage ou travail ; à la suite de cet ordre, toute personne valide résidant ou occupant une terre dans le voisinage de la localité où cette réparation, ce curage ou travail doivent être exécutés et dont le nom figure sur la liste mentionnée ci-après, sera tenue, si elle en est requise par un tel fonctionnaire ou par toute personne autorisée à cette fin, de concourir à l'exécution de ces réparations, curage ou travail en y travaillant suivant les indications à donner par ce fonctionnaire ou par toute personne autorisée à cette fin.

---

and that the labourers necessary for the proper execution of such repair, clearance or work cannot be obtained in the ordinary manner within the time that can be allowed for the execution of the same so as to prevent such injury or loss,

the said officer may, by order under his hand, direct that the provisions of this section shall be put into operation for the execution of such repair, clearance or work; and thereupon every able-bodied person who resides or holds land in the vicinity of the locality where such repair, clearance or work has to be executed, and whose name appears in the list hereinafter mentioned, shall, if required to do so by such officer or by any person authorized by him in this behalf, be bound to assist in the execution of such repair, clearance or work by labouring thereat as such officer or any person authorized by him in this behalf may direct.

Toutes les personnes travaillant ainsi auront droit à recevoir des salaires qui ne seront pas inférieurs aux plus hauts salaires payés en ce moment dans le voisinage pour un travail semblable.

59. Conformément aux règles à prescrire de temps en temps à cet effet en vertu de l'article 70, le Percepteur dressera une liste des personnes pouvant être requises pour fournir leur travail, comme il est dit ci-dessus; il peut aussi, de temps en temps, faire des ajoutes ou apporter des modifications à tout ou partie de cette liste.

60. Tous les ordres donnés en vertu de l'article 58 seront immédiatement portés à la connaissance : 1° du Percepteur pour l'information du Commissaire de la division; 2° de l'Ingénieur en chef de l'irrigation, pour l'information du Gouvernement.

All persons so labouring shall be entitled to payment at rates which shall not be less than the highest rates for the time being paid in the neighbourhood for similar labour.

59. Subject to such rules as may from time to time be prescribed under section 70 in this behalf, the Collector shall prepare a list of the persons liable to be required to assist as aforesaid, and may from time to time add to or alter such list or any part thereof.

60. All orders made under section 58 shall be immediately reported to the Collector for the information of the Commissioner of the division, and likewise to the Chief Engineer for Irrigation, for the information of Government.

CHAPITRE VIII.

Des pénalités.

61. Celui qui volontairement et sans y être dûment autorisé :

1° endommage, modifie, élargit ou obstrue un canal ;

2° entrave, augmente ou diminue la fourniture de l'eau dans un canal, l'alimentation de l'eau par un canal, ou le cours de l'eau au travers, au-dessous ou en dessous d'un canal, ou fait hausser ou baisser, par un moyen quelconque, le niveau de l'eau d'un canal ;

3° corrompt ou souille l'eau d'un canal de façon à la rendre moins propre aux usages pour lesquels elle est ordinairement employée ;

4° détruit, dégrade ou déplace un point de répère ou un tube de niveau placé par l'autorité ou un fonctionnaire public ;

5° détruit, touche à ou déplace un appareil, ou une

PART VIII.

Of Penalties.

61. Whoever voluntarily and without proper authority :

(1) damages, alters, enlarges or obstructs any canal ;

(2) interferes with, or increases or diminishes the supply of water in, or the flow of water from, through, over or under any canal, or by any means raises or lowers the level of the water in any canal ;

(3) corrupts or fouls the water of any canal so as to render it less fit for the purposes for which it is ordinarily used ;

(4) destroys, defaces or moves any land or level mark or water-gauge fixed by the authority of a public servant ;

(5) destroys, tampers with, or removes, any apparatus, or part of any apparatus, for controlling, regulating or measuring the flow of water in any canal ;

partie de celui-ci, installé pour contrôler, régler ou mesurer l'écoulement de l'eau dans un canal ;

6° passe, ou fait passer des animaux ou des véhicules sur ou à travers des ouvrages, terrassements ou chenaux d'un canal, contrairement aux règlements édictés en vertu de l'article 70 et après qu'il a été invité à s'en abstenir ;

7° fait paître du bétail ou permet volontairement et en connaissance de cause au bétail de paître sur les berges d'un canal ou sur une digue d'inondation, attache, fait attacher du bétail ou permet volontairement et en connaissance de cause d'attacher du bétail sur les berges d'un canal ou sur une digue, ou arrache de l'herbe ou d'autres plantes y croissant, y déplace, coupe ou endommage d'une façon quelconque, ou ordonne de déplacer, de couper ou d'endommager de toute manière des arbres, broussailles, herbes ou haies plantés pour la protection de ce canal ou de cette digue ;

---

(6) passes, or causes animals or vehicles to pass, in or across any of the works, banks or channels of a canal contrary to rules made under section 70, after he has been desired to desist therefrom;

(7) causes or knowingly and wilfully permits cattle to graze upon any canal or flood-embankment, or tethers or causes or knowingly and wilfully permits cattle to be tethered, upon any such canal or embankment, or roots up any grass or other vegetation growing on any such canal or embankment, or removes, cuts or in any way injures, or causes to be removed, cut or otherwise injured, any tree, bush, grass or hedge intended for the protection of such canal or embankment;

(8) neglects, without reasonable cause, to assist or to continue to assist in the execution of any repair, clearance or work, when lawfully bound so to do under section 58;

8° néglige, sans raison plausible, de concourir ou de continuer à concourir à l'exécution d'une réparation, d'un curage ou d'un travail quelconque, en cas d'obligation légale en vertu de l'article 58 ;

9° viole un règlement arrêté en vertu de l'article 70 pour l'infraction duquel le Gouverneur en conseil ordonnera, dans les règlements, l'application d'une pénalité ; et celui qui

10° étant responsable de l'entretien ou se servant d'un aqueduc, néglige de prendre les précautions voulues pour en prévenir la fuite de l'eau, entrave la distribution autorisée de cette eau, emploie celle-ci d'une manière non autorisée, empêche ou entrave l'usage légal de cet aqueduc par toute personne autorisée à en user ou déclarée en être co-propriétaire en vertu de l'article 23.

Sera puni, pour chacune de ces contraventions, en cas de culpabilité reconnue devant un magistrat, lorsqu'un tel acte ne revêtira pas le caractère d'un délit aux termes

---

(9) violates any rule made under section 70 for breach whereof the Governor in Council shall, in such rules, direct that a penalty may be incurred ;

and whoever :

(10) being responsible for the maintenance of a water-course, or using a water-course, neglects to take proper precautions for the prevention of waste of the water thereof, or interferes with the authorized distribution of the water therefrom, or uses such water in an unauthorized manner or prevents or interferes with the lawful use of such water-course by any person authorized to use the samel or declared to be a joint owner thereof under section 23;

shall, when such act shall not amount to the offence of committing mischief within the meaning of the Indian Penal Code, on conviction before a Magistrate, be punished for each such offence with fine which may extend to fifty rupees, or with imprison-

du Code pénal de l'Inde (1), d'une amende ou d'un emprisonnement, ou des deux peines à la fois. Cette amende peut atteindre cinquante roupies, et l'emprisonnement (2) peut être d'un mois.

62. Celui qui, sans y être dûment autorisé :

1° perce, coupe ou essaye de percer, de couper ou d'endommager, de détruire ou de compromettre autrement la stabilité d'un canal ;

2° ouvre, ferme ou obstrue, ou essaye d'ouvrir, de fermer ou d'obstruer une écluse d'un canal ;

3° établit un barrage ou une obstruction pour détourner ou arrêter le courant d'une rivière ou d'un canal sur les bords desquels existent des digues d'inondation, ou refuse, ou néglige de déplacer ce barrage ou cet obstacle en cas de réquisition légale,

Sera puni pour chacune de ces contraventions, en cas

(1) Les mots abrogés par la loi III de Bombay sont omis.
(2) XLV de 1860.

---

ment (1) (2) for a term which may extend to one month, or with both.

62. Whoever without proper authority :

(1) pierces or cuts through, or attempts to pierce or cut through, or otherwise to damage, destroy or endanger the stability of any canal ;

(2) opens, shuts or obstructs, or attempts to open, shut or obstruct, any sluice in any canal ;

(3) makes any dam or obstruction for the purpose of diverting or opposing the current of a river or canal on the bank whereof there is a flood-embankment, or refuses or neglects to remove any such dam or obstruction when lawfully required so to do ;

shall, when such act shall not amount to the offence of commit-

(1) Words repealed by Bom. Act III of 1886 are omitted.
(2) XLV of 1860.

de culpabilité reconnue devant un magistrat de première ou de seconde classe, d'une amende ou d'un emprisonnement, ou des deux peines à la fois, lorsqu'un tel acte ne revêt pas le caractère d'un délit, aux termes du Code pénal de l'Inde (1) ; cette amende peut atteindre 200 roupies et l'emprisonnement (2) peut être de six mois.

63. Toutes les fois qu'une personne est condamnée en vertu de l'un ou de l'autre des deux articles précédents, le magistrat qui a prononcé la condamnation peut lui ordonner d'enlever l'obstacle ou de réparer le dommage du chef desquels la condamnation a été encourue ; un délai est fixé à cette fin dans l'ordonnance. Si cette personne néglige ou refuse d'obtempérer à cet ordre, dans le délai fixé, tout officier de canal, dûment autorisé à cette fin, peut enlever l'obstacle ou réparer le dommage, et les frais, tels qu'ils sont certifiés par ce fonctionnaire, seront recouvrables par le Percepteur, à charge de cette per-

(1) Les mots abrogés par la loi III de Bombay sont omis.
(2) XLV de 1860.

---

ting mischief within the meaning of the Indian Penal Code, on conviction before a Magistrate of the first or second class, be punished for each such offence with fine which may extend to two hundred rupees, or with imprisonment (1) (2) for a term which may extend to six months, or with both.

63. Whenever any person is convicted under either of the last two preceding sections, the convicting Magistrate may order that he shall remove the obstruction or repair the damage in respect of which the conviction is held within a period to be fixed in such order. If such person neglects or refuses to obey such order within the period so fixed, any Canal-officer duly empowered in this behalf may remove such obstruction or repair such damage, and the cost of such removal or repair, as certified by the said officer,

(1) Words repealed by Bom. Act III of 1886 are omitted.
(2) XLV of 1860.

sonne, comme s'il s'agissait d'un arriéré d'impôt foncier.

64. Toute personne ayant la direction d'un canal ou y étant employée, peut expulser des terrains et des bâtiments y attenant, ou arrêter sans mandat et conduire immédiatement devant un magistrat ou un bureau de police le plus proche, pour être jugé conformément à la loi, celui qui, sous les yeux de ce fonctionnaire :

1° endommage, obstrue ou souille volontairement un canal, ou

2° entrave, sans être investi de l'autorité voulue, la fourniture de l'eau par un canal ou fleuve, ou le cours de l'eau dans un canal ou fleuve, de manière à mettre en péril, endommager ou rendre un canal moins utile.

65. Aucune disposition de la présente loi n'empêchera la poursuite de quelqu'un, conformément à une autre loi, pour un acte ou omission punissable en vertu de cette autre loi ; il est entendu toutefois que personne ne peut être

---

shall be leviable from such person by the Collector as an arrear of land-revenue.

64. Any person in charge of, or employed upon, any canal may remove from the lands or buildings belonging thereto, or may take into custody without a warrant, and take forth with before a Magistrate or to the nearest Police-station, to be dealt with according to law, any person who within his view :

(1) wilfully damages, obstructs or fouls any canal, or

(2) without proper authority interferes with the supply or flow of water, in or from any canal, or in any river or stream so as to endanger, damage, make dangerous or render less useful any canal.

65. Nothing herein contained shall prevent any person from being prosecuted under any other law for any act or omission

puni deux fois pour le même acte ou la même omission.

66. Chaque fois qu'une personne est punie d'une amende, pour infraction à la présente loi, le tribunal qui inflige l'amende ou qui confirme, en appel ou en revision, une sentence concernant cette amende, ou une sentence dont cette amende fait partie, peut ordonner que tout ou partie de cette amende sera payée, sous forme de récompense, à la personne qui a fourni les renseignements qui ont amené la découverte de la contravention ou la condamnation du contrevenant.

Si l'amende est infligée par un tribunal dont l'arrêt est sujet à appel ou revision, la récompense accordée ne sera payée qu'après l'expiration du délai prescrit pour le pourvoi en appel, ou, si un appel est interjeté, ce payement n'aura lieu qu'après le jugement d'appel.

Chapitre IX.

Divers.

67. Toute ordonnance émise par l'officier de canal, en vertu des articles 13, 18, 25, 30, 45, 46 et 48, sera

---

made punishable by this Act: Provided that no person shall be punished twice in respect of one and the same act or omission.

66. Whenever any person is fined for an offence under this Act, the Court which imposes such fine, or which confirms in appeal or revision a sentence of such fine, or a sentence of which such fine forms part, may direct that this whole or any part of such fine may be paid by way of award to any person who gave information leading to the detection of such offence or to the conviction of the offender.

If the fine be awarded by a Court whose decision is subject to appeal or revision, the amount awarded shall not be paid until the period prescribed for presentation of the appeal has elapsed, or, if an appeal be presented, till after the decision of the appeal.

susceptible d'appel auprès du Percepteur. Il est entendu que l'appel doit être interjeté endéans les trente jours de la date à laquelle l'ordonnance attaquée a été communiquée à l'appelant.

Toutes les ordonnances et procédures d'un Percepteur en vertu de la présente loi seront soumises à la revision et au contrôle du commissaire (1).

68. Tout fonctionnaire autorisé, en vertu de la présente loi, à conduire une enquête, exercera les pouvoirs se rattachant à la convocation et à l'interrogatoire des témoins conférés à des tribunaux civils par le code de procédure civile (2); toute enquête semblable sera considérée comme une procédure judiciaire (3).

69. La notification sera faite de tout avis publié en vertu de la présente loi, en en délivrant ou en en présentant une copie signée par le fonctionnaire y mentionné. Toutes les fois qu'il sera possible, la notification de l'avis

(1) Les mots abrogés par la loi III de 1886 de Bombay sont omis.
(2) Ce renvoi doit maintenant être lu comme se rapportant à la loi XIV de 1882. Voir article 3 de cette loi.
(3) XIV de 1882.

PART IX.

Miscellaneous.

67. Every order passed by a Canal-officer under sections 13, 18, 25, 30, 45, 46 and 48 shall be appealable to the Collector. Provided that the appeal be presented within thirty days of the date on which the order appealed against was communicated to the appellant.

All orders and proceedings of a Collector under this Act shall be subject to the supervision and control of the Commissioner (1).

68. Any officer empowered under this Act to conduct any enquiry, may exercise all such powers connected with the summoning and examining of witnesses and the production of documents

(1) Words repealed by Bom. Act III of 1886 are omitted.

sera faite à la personne y dénommée. Si cette personne ne peut être découverte, la signification peut être faite à tout adulte mâle, membre de sa famille habitant avec elle ; et si cet adulte mâle ne peut être trouvé, l'avis peut être signifié en attachant la copie à la porte extérieure de la maison dans laquelle la personne y dénommée réside habituellement ou vaque à ses occupations ; et si cette personne n'a pas de résidence habituelle dans le district, la notification peut être faite en envoyant une copie par la poste, sous pli recommandé, à la personne en son lieu habituel de résidence.

70. Le Gouverneur en Conseil peut, de temps en temps, arrêter des règlements, non contraires à la présente loi, pour régler les matières suivantes :

a) La marche à suivre par tout fonctionnaire qui, en vertu d'une disposition quelconque de la présente loi, est

---

as are conferred on Civil Courts by the Code of Civil Procedure (1); and every such enquiry shall be deemed a judicial proceeding (2).

69. Service of any notice under this Act shall be made by delivering or tendering a copy thereof signed by the officer therein mentioned. Whenever it may be practicable, the service of the notice shall be made on the person therein named. When such person cannot be found, the service may be made on any adult male member of his family residing with him ; and, if no such adult male member can be found, the notice may be served by fixing the copy on the outer door of the house in which the person therein named ordinarily dwells or carries on business ; and, if such person has no ordinary place of residence within the district, service of any notice may be made by sending copy of such notice by post in a registered cover addressed to such person at his usual place of residence.

(1) This reference should now be read as applying to Act XIV of 1882 — see s. 3 of that Act.

(2) XIV of 1882.

requis ou a le pouvoir d'intenter une action pour l'un ou l'autre motif;

b) Les cas et les conditions dans lesquels seront susceptibles d'appel des ordres donnés aux fonctionnaires et des décisions prises en vertu d'une disposition de la présente loi, qui ne font pas l'objet de stipulations précises relativement à l'appel;

c) La personne par laquelle, le temps auquel, la place à laquelle ou la manière dont une chose sera faite pour l'exécution de laquelle des dispositions ont été arrêtées par la présente loi;

d) Le montant de toute contribution créée en vertu de la présente loi;

e) Et généralement l'exécution des dispositions de la présente loi.

Le Gouverneur en Conseil peut, de temps en temps, modifier ou annuler tout règlement ainsi édicté.

---

70. The Governor in Council may from time to tim makeru les not inconsistent with this Act to regulate the following matters :

a) the proceedings of any officer who, under any provision of this Act, is required or empowered to take action in any matter;

b) the cases in which, the officers to whom and the conditions subject to which, orders and decisions given under any provision of this Act, and not expressly provided for as regards appeal, shall be appealable;

c) the person by whom, the time, place or manner at or in which, anything for the doing of which provision is made in this Act, shall be done;

d) the amount of any charge to be made under this Act;

e) and generally to carry out the provisions of this Act.

The Governor in Council may, from time to time, alter or cancel any rules so made.

Such rules, alterations and cancelments shall be published in

Ces règlements, modifications et annulations seront publiés dans la *Gazette officielle de Bombay* et auront force de loi à partir de cette publication.

71. Aucune disposition de la présente loi ne sera considérée comme applicable à un canal, chenal, réservoir, lac ou autre bassin d'eau, appartenant à une municipalité.

---

the Bombay Government Gazette, and shall thereupon have the force of law.

71. Nothing in this Act shall be deemed to apply to any canal, channel, reservoir, lake or other collection of water vesting in any municipality.

MADRAS.

Madras.

EXPOSÉ DES MOTIFS

du projet de loi tendant à amender la loi VII de 1865, de Madras.

1. Si on veut arriver à un grand développement de la culture au moyen de l'eau, sous les grands systèmes d'irrigation de cette Présidence, il est indispensable de ne pas autoriser chaque cultivateur individuellement à admettre ou à refuser l'accès de l'eau du Gouvernement sur ses terrains. Pour assurer le drainage, l'eau doit passer des champs en amont sur les champs en aval, et là où il y a un champ au milieu d'une culture humide, toute tentative pour en exclure l'eau est rendue inefficace par l'infiltration. Il est donc nécessaire que les cultivateurs ne puissent

---

Madras.

STATEMENT OF OBJECTS AND REASONS.

Of Bill to amend Madras Act VII of 1865.

1. In wide expanses of wet cultivation under the great irrigation systems of this Presidency, it becomes impossible for each individual cultivator to exercise an option as to whether he will or will not admit the Government water on to his lands. To secure drainage, the water must be passed from the higher fields to the lower, and where a field is in the midst of wet cultivation any attempt to exclude the water is frustrated by percolation. It is thus necessary that individual cultivators should not be able to

pas individuellement demander l'exemption de la taxe (lorsque l'alimentation est avantageuse et suffisante) pour le motif qu'ils sont forcés d'admettre l'eau.

2. Jusqu'en 1889, la coutume uniforme concernant la taxe dans cette Présidence était généralement admise. D'après cette coutume, la taxe d'eau était imposée, sans égard à la volonté du cultivateur, pour l'eau du Gouvernement employée pour l'irrigation du terrain. La même année, un cas (XII, R. F. I., Madras, 407-411), fut cependant l'objet d'un appel devant la Haute-Cour à Madras, et les juges expérimentés soutinrent que la loi VII de 1865 de Madras « présupposait la liberté ou de prendre ou de refuser l'eau ». Cette décision était basée partiellement sur le préambule considéré comme « exposant seulement l'intention que ceux qui obtiennent une fourniture d'eau ou qui en font usage, en vue d'en retirer de plus grands bénéfices, seraient obligés de payer une taxe d'eau », et partiellement sur *l'interprétation raisonnable* du terme

---

claim exemption from water-rate (when the supply is beneficial and sufficient) on the plea that the water is forced upon them.

2. Until 1889 there was a general acquiescence in the uniform revenue custom of this Presidency under which water-rate was charged for water used, without regard to the volition of the cultivator on land irrigated with Government water. In that year, however, a case (XII. I. L. R., Madras, 407-411) went on appeal before the High Court at Madras, in which the learned Judges held that Madras Act VII of 1865 « presupposed a freedom either to take or refuse the water ». This decision was based partly on the preamble which was held to « disclose only an intention that those who obtain a supply, or use the water, in view to deriving increased profits should be under an obligation to pay the water-cess » and partly on the « reasonable construction » of the term « use », which, it was said, ordinarily implies freedom to use or to abstain from using.

usent qui, disait-on, implique ordinairement la liberté d'user ou de s'abstenir d'user.

3. En 1895, un autre procès contestant l'obligation du plaignant de payer la taxe d'eau (XIX, R. F. I., Madras, 24-29) fut soumis à la Haute-Cour. La cause fut renvoyée à la cour inférieure. Celle-ci fut d'avis que le plaignant n'aurait pas pu empêcher l'eau de couler sur son terrain, et qu'aucun accroissement de bénéfice n'en était résulté. A la suite de ce jugement, la Haute-Cour admit l'appel suivant la décision dans XII, R. F. I., Madras, 407-411, mais laissa encore non tranchée la question de savoir si la taxe était imposable en fournissant la preuve que l'eau était avantageuse pour le cultivateur.

4. Dans des appels subséquents, 973-977 de 1895, jugés en novembre 1896, deux juges de la Haute-Cour ont soutenu « ainsi qu'il fut montré par Stephard, J., dans XIX, R. F. I., Madras, 24, que le simple fait que le plaignant retire un bénéfice de l'eau ne doit pas le

---

3. In 1895, another suit contesting te plaintiff's liability to pay water-rate (XIX. I. L. R., Madras, 24-29) came before the High Court. The case was referred back to the lower Court which found that the plaintiff could not have prevented the water from coming on to his land, and that no increased benefit had been derived from it. On these findings the High Court allowed the appeal following the decision in XII. I. L. R., Madras, 407-411, but leaving still unsettled the question as to whether the cess was leviable on proof that the water was beneficial to the cultivator.

4. In second appeals 973-977 of 1895 decided in November 1896, it has been held by two Judges of the High Court that « as pointed out by Shephard, J., in XIX. I. L. R., Madras, 24, the mere fact that the plaintiff derives a benefit from the water does not render him liable if he had no option in the matter ». The judgment continues : « The facts found in this case show that the plaintiffs had no option, and the finding of the district Court that they may have

rendre responsable, s'il n'avait pas d'option en la matière ».

Le jugement continue : « Les faits relevés dans ce cas montrent que les plaignants n'avaient pas d'option et le verdict du tribunal de district portant qu'ils pouvaient avoir retiré quelque profit de l'eau n'est pas suffisant pour justifier le jugement en faveur du défendeur. »

5. Cette interprétation de la loi met en péril une grande partie des revenus publics du chef de l'irrigation. Tout cultivateur occupant des champs, non imposés d'une taxe d'eau consolidée et situés au milieu d'une étendue de culture irriguée dont l'eau ne peut pas être exclue dans l'intérêt de la majorité, peut alléguer tout simplement qu'il n'á pas besoin de l'eau ; dès ce moment, il serait illégal de l'imposer de ce chef.

6. Il est donc nécessaire d'amender la loi VII de 1865 de Madras. D'abord, il est nécessaire d'arrêter des dispositions pour l'imposition de taxes d'eau dans des cas où l'eau du Gouvernement atteint un champ cultivé et procure à celui-ci des avantages, sans que le cultivateur l'ait

---

derived some benefit from the water is not sufficient to justify the judgment in favour of the defendant ».

5. The construction thus put on the Act places in jeopardy a large portion of the public revenue from irrigation. Any cultivator holding fields not asses·ed with a consolidated wet rate in the midst of an expanse of wet cultivation from which, in the interests of the majority, water cannot be excluded, has merely to allege that he does not want the water and it thereupon becomes illegal to charge him for it.

6. It is therefore necessary to amend Madras Act VII of 1865. First, it is necessary to provide for the levy of water-cess in cases where Government wa'er reaches a cultivated field with beneficial effect otherwise than atter application by the cultivator. Clause 1,

demandé. La clause 1, clause subsidiaire 1 du projet de loi a pour but de régler cet objet. Comme il est proposé de donner à cet amendement un effet rétroactif, la clause subsidiaire (2) de l'article 1 du projet de loi prescrit une période de limitation pour les demandes d'arriérés.

En second lieu, la partie substantielle de l'article 4 de la loi VII de 1865 de Madras semble superflue. L'article 2 du projet de loi abroge, par conséquent, cet article et la clause subsidiaire (3) de la clause 1 remet en vigueur la disposition existante dans cet article.

En dernier lieu, il semble utile d'empêcher la juridiction des tribunaux civils de donner suite à des procès introduits pour écarter ou modifier des impositions de taxes d'eau faites par le Percepteur en vertu de la présente loi. L'article 2 de ce projet de loi introduit une disposition à cette fin.

H. M. Winterbotham.

---

sub-clause (1) of the Bill is intended to effect this object. As it is proposed to give this amendment retrospective effect, sub-clause (2) of clause 1 of the Bill provides a period of limitation for claims for arrears. Secondly, the substantive part of section 4 of Madras Act VII of 1865 seems superfluous. Clause 2 of the Bill therefore repeals this section, and sub-clause (3) of clause 1 re-enacts the existing proviso in the section. In the last place, it is deemed expedient to bar the jurisdiction of the Civil Courts to entertain suits brought to set aside or modify assessments of water-cess made by the Collector under this Act. Clause 2 of the Bill therefore introduces a provision to this effect.

H. M. Winterbotham.

Ministère de l'Inde.
Londres, le 6 décembre 1900.

Législation,
n° 43.

A Son Excellence le Très Honoré Gouverneur Général de l'Inde en Conseil.

MILORD,

Comme suite à ma dépêche du 22 novembre, n° 39, laissant sortir ses effets à la loi ayant pour objet d'amender la loi VII de 1865 de la Présidence de Madras, je désire soumettre les observations suivantes à l'examen du Gouvernement de Votre Excellence.

2. Ceux qui ont arrêté cette loi étaient évidemment d'avis que, dans certains cas, l'eau des travaux d'irrigation du Gouvernement passerait ou pourrait couler sur le terrain d'un propriétaire, non seulement sans que celui-ci l'eût demandé, mais même contrairement à sa volonté et

---

India Office,
London, 6th December 1900.

Legislative,
No. 43.

To His Excellency the Right Honourable the Governor General of India in Council.

MY LORD,

In continuation of my Despatch, No. 39 of the 22nd November, which left to its operation the Act to amend Madras Act VII. of 1865, I desire to make the following observations for the consideration of your Excellency's Government.

2. It is clearly within the contemplation of those who framed this Act that water from Government irrigation works will in some cases be passed on to, or allowed to flow on to, the land of a landholder, not only without any application for it being made by

à une objection faite par lui de bonne foi; d'autre part, le premier article stipule, en effet, que si même, dans ces cas, l'eau passant ainsi sur les terres arrose un terrain cultivé quelconque et que si, dans l'opinion des autorités du Trésor, une telle irrigation est avantageuse et suffisante pour la récolte, le Gouvernement peut imposer une taxe d'eau au taux qu'il juge convenir.

3. Au cours des discussions sur le projet de loi, des objections ont été faites contre cette manière de voir qui, prétendait-on, est contraire au principe important affirmé dans les communications mentionnées ci-dessous, à savoir qu'un propriétaire de terrain ne devrait pas être obligé d'accepter ou de payer l'eau fournie par un travail public d'irrigation qu'il n'est pas disposé à prendre (1).

(1) La dépêche de sir Wood du 24 novembre 1863, nº 81, au Gouvernement de Madras, relative à l'irrigation dans le district de Kurnool.

La dépêche du Gouvernement de l'Inde au Gouvernement de Madras, du 7 septembre 1865, nº 1757, transmettant l'assentiment à la loi de Madras, nº VIII de 1865.

La dépêche du duc d'Argyll au Gouvernement de l'Inde, du 14 mars

---

him, but even against his will and in the face of a *bonâ fide* objection made by him, and the first section in effect provides that even in such cases if the water so going on to the land irrigates any of it that is under cultivation, and, in the opinion of the revenue authorities, such irrigation is beneficial to and sufficient for the requirements of the crop, the Government may levy a water rate at such rate as it thinks fit.

3. This has been objected to, in the course of the discussions on the Bill, on the ground that it is opposed to the important principle that a landholder should not be compelled to accept or pay for water from a public irrigation work which he is not willing to take, a principle which, as is pointed out, has heen affirmed in the communications mentioned hereafter magin (1).

(1) Sir C. Wood's Despatch to the Government of Madras, No. 81, dated 24 th. November 1863, relating to irrigation in the Kurnool district.

Despach of Government of India to Government of Madras, No. 1757,

4. En réponse à cette objection, je crois pouvoir dire : 1° que la dernière de ces communications, combinée avec la dépêche du Gouvernement de Madras à laquelle elle répondait, ne peut, ainsi qu'il est dit au paragraphe 19 de la lettre de M. Arundel, du 20 août 1889, n° 220, être considérée autrement que comme consacrant un principe général soumis à une exception pour ces cas dans lesquels « le terrain, par sa situation, ne peut que retirer un bénéfice de l'irrigation voisine », et 2° que, eu égard à la façon dont les travaux d'irrigation du Gouvernement sont établis et dont l'irrigation est pratiquée par ceux-ci dans la présidence de Madras, cette exception s'y applique à de grandes étendues de terrains. On dit que tout ce que le Gouvernement peut en général entreprendre en Madras, consiste à répandre une quantité d'eau considérable sur

1872, n° 9, critiquant certains articles de la loi de 1871 sur les canaux et drainages du Punjab.

La dépêche du duc d'Argyll au Gouvernement de Madras, du 7 janvier 1873, n° 1, relative à l'irrigation dans le district de Kistna.

---

4. The answer to this objection is, as I understand, that the last of these communications, when read with the Madras Government's Despatch to which it was a reply, cannot, as pointed out in paragraph 19 of Mr. Arundel's letter No, 220, dated 20th August 1889, be taken to lay down the general principle otherwise than as subject to an exception of those cases in which « from the « position of the land it cannot but derive benefit from the surroun- « ding irrigation », and that having regard tot the manner in which Government irrigation works are constructed and irrigation from them is carried on in the Madras Presidency, vast areas there fall under this exception. It is said that in Madras all that the

dated 7th. September 1865, conveying assent to Madras Act N. VIII. of 1865.

The Duke of Argyll's Despatch to the Government of India, No. 9, dated 14th March 1872, disapproving of certain section of the Punjab Canal and Drainage Act, 1871.

The Duke of Argyll's Despatch to the Government of Madras. No. 1, dated 7th Januari 1873, relating to irrigation in the Kistna district.

une grande plaine, et que pour obtenir les plus grands résultats, il est nécessaire, avant d'entreprendre un projet, de s'assurer que l'irrigation est vivement désirée par une majorité considérable de personnes cultivant des terres dans cette plaine, abandonnant à la petite minorité dissidente le soin de se conformer elle-même aux intérêts du plus grand nombre. En admettant que telle soit la situation dans la Présidence de Madras, il paraît en résulter que si néanmoins de grands travaux d'irrigation doivent être entrepris, il est nécessaire que le Gouvernement ait le pouvoir d'imposer des taxes d'eau à toutes les personnes, même à celles ne voulant pas prendre de l'eau, dont les récoltes retirent un avantage de l'irrigation ; s'il n'en était pas ainsi, il serait possible à quiconque, en déclarant ne pas vouloir prendre de l'eau, d'en obtenir tout l'avantage sans devoir payer quelque chose. J'ai donc décidé de laisser la loi sortir ses effets.

Au cours des discussions, un point a cependant été sou-

Government can in general undertake is to pour a large volume of water over some great plain, and that the most that can be expected of them is that before undertaking their irrigation project they should make sure that irrigation is keenly desired by an overwhelming majority of the persons cultivating land in that plain, any small dissentient minority being left to accomodate themselves to the interests of the greater number. Assuming this to be the position in Madras, it seems to follow that if great works of irrigation are to be undertaken at all, it is necessary that the Government should have the power to levy its water rate from all persons, however unwilling to take the water, whose crops are benefited by it; at otherwise it would be open to anyone, by professing himself unwilling to take water, to obtain all the benefit of it without paying for it, and I have accordingly determined to leave this Act to its operation. But there is one point raised in the course of the discussion on which I desire to have further infor-

levé sur lequel je désire avoir des renseignements complémentaires. L'un des opposants au projet de loi a soutenu que le Gouvernement de Madras pourrait accorder des exemptions, moyennant une mesure de ce genre, si dans la construction et dans l'administration des travaux on suivait la méthode adoptée dans les grands systèmes d'irrigation de l'Inde septentrionale, où des arrangements semblables sont faits pour la distribution en détail de l'eau, et où, par conséquent, il n'y a aucune difficulté pour la fournir en toute saison à un champ et la refuser à des champs adjacents. La réponse à cette idée avait pour objet de montrer que les frais de l'adoption de ce système en Madras seraient prohibitifs. Cette réplique paraît indiquer quelques différences importantes entre les conditions en vigueur dans la Présidence de Madras et celles en vigueur dans l'Inde septentrionale, et je serais heureux

---

mation. It was suggested by one of the opponents of the Bill that the Government of Madras whould be able to dispense, with a measure of this kind, if in the construction and management of their works they followed the system adopted on the great irrigation systems of Northern India, where such arrangements are made for the detailed distribution of the water that there is no difficulty in supplying it in any season to one field and withholding it from adjoining fields. The reply to this suggestion was to the effect that the cost of adopting it in Madras whould be prohibitive. This reply seems to point to some important difference between the conditions prevailing in Madras and those prevailing in Northern India, and I should be glad to be informed whether that is the case, and if so what these differences are.

I have the honour to be, My Lord,
Your Lordship's most obedient humble Servant,

(Signed) GEORGE HAMILTON.

de savoir si tel est le cas, et dans l'affirmative, quelles sont ces différences.

J'ai l'honneur d'être, de Votre Seigneurie, le très humble et très obéissant serviteur.

GEORGES HAMILTON.

LOI DE MADRAS n° V de 1900.

DÉCRÉTÉE PAR LE GOUVERNEUR DE FORT SAINT-GEORGES EN CONSEIL,

(a reçu la sanction de son Excellence le Gouverneur, le 10 mai 1900 et celle de son Excellence le Vice-Roi et Gouverneur Général, le 10 août 1900 ; la sanction du Gouverneur Général fut d'abord publiée dans la *Gazette de Fort-Saint-Georges*, à la date du 4 septembre 1900).

MADRAS ACT no. V of 1900.

PASSED BY THE GOVERNOR OF FORT ST. GEORGE IN COUNCIL.

[Receveid the assent of His Excellency the Governor on the 10th May 1900, and that of His Excellency the Viceroy and Governor General on the 10th August 1900; the Governor General's assent was first published in the Fort St. George Gazette of the 4th September 1900.]

An Act to amend Madras Act VII of 1865.

WHEREAS it is expedient to amend Madras Act VII of 1865; it is hereby enacted as follows :

1. Sections 1 and 4 of Madras Act VII of 1865 hereinafter referred to as the said Act shall be read and construed as if at the time of the passing of the said Act there were and had been inserted in lieu of the said sections the following, viz. :

Loi amendant celle de Madras n° VII de 1865.

Considérant qu'il est utile d'amender la loi VII de 1865, de Madras ; il est décrété ce qui suit :

1. Les articles 1 et 4 de la loi VII de 1865 de Madras seront arrêtés et lus comme si, au moment de l'élaboration de cette loi, les articles suivants avaient été adoptés, savoir :

a) Toutes les fois qu'il est fait usage, pour l'irrigation, d'eau fournie par une rivière, un fleuve, chenal, réservoir ou travail y relatif, ou construit par le Gouvernement, et aussi,

b) Toutes les fois que par écoulement direct ou indirect, par filtration ou drainage d'une rivière, d'un fleuve, chenal, réservoir ou travail par, ou à travers un terrain adjacent, l'eau arrose une terre cultivée ou coule dans un réservoir pour être employée ensuite à l'irrigation d'un terrain cultivé, et que, d'après l'avis du Percepteur, subordonné au contrôle du Département du trésor et du Gouvernement, cette irrigation procure des avantages et est suffisante pour les nécessités de la récolte sur ce

---

« *a*) Whenever water is supplied or used for purposes of irrigation from any river, stream, channel, tank or work belonging to, or constructed by Government, and also,

b) whenever water by direct or indirect flow or by percolation or drainage from any such river, stream, channel, tank or work from or through adjoining land irrigates any land under cultivation or flows into a reservoir and is thereafter used for irrigating any land under cultivation, and, in the opinion of the Collector, subject to the control of the Board of Revenue of the Government, such irrigation is beneficial to, and sufficient for the requirements of, the crop on such land,

it shall be lawful for the Government to levy at pleasure on the land so irrigated a separate cess for such water, and the Govern-

terrain, — le Gouvernement aura le droit d'imposer, à son gré, sur le terrain ainsi irrigué, une taxe spéciale pour cette eau et d'arrêter les prescriptions pour régler l'imposition et le montant de cette taxe ; il pourra également modifier ou amender ces prescriptions de temps en temps.

« Il est entendu que là ou un *Zamindar* ou un *Inamdar* ou toute autre classe de propriétaires, ne possédant pas en vertu d'une organisation agricole (*Ryotwari Settlement*), a droit, ensuite de conventions avec le Gouvernement, à l'irrigation exempte de charges, aucune taxe ne sera imposée en vertu de la présente loi, du chef de l'eau fournie exclusivement pour l'extension de ce droit.

Il est entendu également qu'aucune taxe ne sera imposable en vertu de la présente loi sur des terrains occupés à la suite d'une organisation agricole (*Ryotwari Settlement*) et classés comme humides, à moins qu'ils ne soient irrigués en employant, sans autorisation, de l'eau d'une source mentionnée ci-dessus et que cette source ne soit différente ou ne constitue une ajoute à celle qui a été

---

ment may prescribe the rules under which, and the rates at which, such water-cess as aforesaid shall be levied and alter or amend the same from time to time.

« Provided that where a zamindar or inamdar or any other description of land-holder not holding under ryotwari settlement is by virtue of engagements with the Government entitled to irrigation free of separate charge, no cess under this Act shall be imposed for water supplied to the extent of this right and no more.

« Provided also that no cess shall be leviable under this Act in respect of land held under ryotwari settlement which is classified and assessed as wet, unless the same be irrigated by using without due authority water from any source hereinbefore mentioned and source is different from or in addition to that which has been

assignée par les autorités du Trésor ou déterminée par un tribunal civil compétent comme étant la source d'irrigation de ces terrains. »

2. Aucune taxe qui n'aurait pas été imposable si la présente loi n'avait pas été décrétée ne sera pas imposée ultérieurement pour aucune période antérieure au 1er juillet 1899.

3. La publication préalable est requise pour tous les règlements que le Gouvernement arrêtera ultérieurement en vertu du 1er article de la dite loi et pour tous les changements et amendements qui seront apportés, le cas échéant, aux règlements passés en vertu de cet article qui sont actuellement en vigueur.

Loi n° VII de 1865.

DÉCRÉTÉE PAR LE GOUVERNEUR DE FORT SAINT-GEORGES EN CONSEIL.

(A reçu la sanction du Gouverneur, le 29 juillet 1865, et celle du Gouverneur Général, le 7 septembre suivant.)

---

assigned by the Revenue authorities or adjudged by a competent Civil Court as the source of irrigation of such land ».

2. No water-cess which would not have been leviable if this Act had not been passed shall be hereafter levied for any period prior to the 1st July 1899.

3. All rules that may hereafter be prescribed by Government under section 1 of the said Act and any alterations or amendments that may hereafter be made in the rules made under that section which are now in force shall be made after previous publication.

Act No. VII of 1865.

PASSED BY THE GOVERNOR OF FORT ST. GEORGE IN COUNCIL.

(Received the assent of the Governor on the 29th July 1865, and of the Governor General on the 7th September 1865.)

Loi autorisant le Gouvernement à imposer une taxe spéciale du chef de l'usage d'eau fournie pour l'irrigation dans certains cas.

Attendu que dans plusieurs districts de la Présidence de Madras, le Gouvernement a fait et est encore exposé à faire des dépenses considérables pour la construction et l'amélioration de travaux d'irrigation et de drainage, au grand avantage de la contrée et des propriétaires et occupants de terrains ; et attendu qu'il est équitable et utile, dans tous les cas semblables, que des remboursements convenables soient faits au Gouvernement du chef des bénéfices accrus provenant de terrains irrigués par des travaux de cette nature :

Il est décrété ce qui suit :

1. Toutes les fois qu'il est fait usage, pour l'irrigation, d'eau fournie par une rivière, un fleuve, chenal, réservoir ou travail y relatif, ou construit par le Gouvernement, celui-ci aura le droit d'imposer, à son gré, sur le terrain ainsi irrigué, une taxe spéciale pour l'usage de l'eau ; cette taxe s'ajoutera à toute imposition foncière

---

An Act to enable the Government to levy a separate cess for the use of water supplied for irrigation purposes in certain cases.

Whereas in several Districts of the Madras Presidency, large expenditure out of Government Funds has been and is still being incurred in the construction and improvement of works of Irrigation and Drainage, to the great advantage of the country and of proprietors and tenants of land : and whereas it is right and proper that a fit return should, in all cases alike, be made to Government on account of the increased profits derivable from lands irrigated by such works :

It is enacted as follows :

1. Whenever water is supplied or used for purposes of irrigation from any river, stream, channel, tank, or work belonging to, or

imposable au dit terrain comme terrain non irrigable au Punjab ; le Gouvernement pourra également arrêter les prescriptions pour régler l'imposition et le montant de cette taxe et les modifier ou amender de temps en temps.

2. Les arriérés de taxes d'eau dus en vertu de la présente loi seront recouvrés comme arriérés d'impôt foncier; dans la Présidence de Madras, ils pourront aussi être recouvrés en vertu d'une loi.

3. Aucune action ou autre procès ne pourra être intenté à ou soutenu contre un fonctionnaire pour un acte posé par lui avant la mise en vigueur de la présente loi et relatif à l'imposition ou au recouvrement de taxes d'eau antérieurement imposées ou recouvrées avec la sanction du Gouvernement local.

4. La présente loi sera applicable à tous les terrains occupés par des *Zemindars*, *Inamdars* ou toute autre classe de propriétaires pour l'irrigation desquels il sera

---

constructed by Government, it shall be lawful for the Government to levy, at pleasure, on the land so irrigated, a separate cess for the use of the water, which cess shall be additional to any land assessment that may be leviable on the said land as unirrigated or Punjab ; and the Government may prescribe the Rules under which, and the rates at which, such water-cess as aforesaid shall be levied, and alter or amend the same from time to time.

2. Arrears of water-cess payable under this Act shall be realized in the same manner as arrears of Land Revenue are, or may be realized by Law in the Madras Presidency.

3. No action or other proceeding shall be had, or taken, or be sustainable against any Officer for any thing done by him previous to the passing of this Act in, or relating to, the imposition, or levying of any such water-rates heretofore imposed or levied with the sanction of the Local Government.

4. This Act shall extend to all lands held by Zemindars, Inam-

fait usage d'eau fournie par une rivière, un fleuve, chenal, réservoir ou ouvrage conformément à la définition du premier article ; il reste entendu que là où un *Zemindar* ou un *Inamdar* a le droit, ensuite de conventions avec le Gouvernement, à l'irrigation exempte de charges, aucune taxe ne sera imposée en vertu de la présente loi, du chef de l'eau fournie exclusivement pour l'extension de ce droit.

---

dars, or any other description of land-holders, for the irrigation of which water may be supplied or used from any such river, stream, channel, tank or work, as is specified in Section I; provided always, that where a Zemindar or Inamdar, by virtue of engagements with the Government, is entitled to irrigation free of separate charge, no cess under this Act shall be imposed for water supplied to the extent of such right and no more.

EXTRÊME-ORIENT

LE RÉGIME DES IRRIGATIONS

EN EXTRÊME-ORIENT

Il est tout à fait superflu d'insister sur l'importance des travaux d'endiguement et d'irrigation qui, depuis le commencement des temps historiques, ont fait l'objet des préoccupations de l'Empire chinois. On sait comment la culture intensive du riz réclame des séries de drainages et d'irrigations souvent répétées, et portées à des niveaux différents suivant les époques de culture. On sait aussi que le riz est la nourriture première et fondamentale de la race jaune. Il était donc naturel et obligatoire que le régime des fleuves chinois, dès qu'ils commencent à rouler dans les plaines, fût soumis à un système raisonné d'irrigation conduisant à un système d'endiguement complet.

En réalité, les digues qui canalisent les cours d'eau de la Chine, avec leurs saignées de drainage, mathématiquement calculées, constituent peut-être le plus long, le plus permanent et le plus considérable des travaux qui soient sortis de la main des hommes.

Il est donc intéressant de connaître comment le Céleste Empire a établi ce vaste système d'irrigation, comment il le maintient en bon état, et comment il en distribue le contrôle et la responsabilité.

Cela peut être d'autant plus intéressant que la question des irrigations en Chine donne la solution des espaces

cultivables en riz (car le riz de montagne, dit riz gluant, qui n'a que de médiocres irrigations, est considéré comme bon pour offrir aux dieux, plutôt que pour nourrir le peuple, et le Chinois des plaines ne s'en accommode pas).

Or, il y a corrélation parfaite entre trois éléments : la surface cultivable en rizières,la surpopulation continuelle de la Chine, et l'émigration du trop plein de la race jaune hors des frontières.

Depuis longtemps déjà la Chine fait appel, pour ses réserves de riz, à l'Indo-Chine française, aux îles de la Malaisie, à tous les pays producteurs de riz. Mais cette ressource n'est pas indéfinie. L'Empire est obligé d'augmenter ses rizières ; il ne pourra le faire qu'autant que le nivellement de son sol lui permettra l'établissement de digues, de saignées et autres travaux d'irrigation. Le jour, très prochain d'ailleurs, où ces travaux seront faits partout où la nature permet de le faire, et où on ne pourra plus faire de nouvelles rizières, il n'y aura plus moyen d'arrêter l'émigration jaune, victorieuse déjà sur tant de points des efforts qu'on fait pour l'entraver et pour la contraindre.

Les lois, les coutumes qui président à la construction et à l'entretien des digues, les procédés de drainage et d'irrigation qui sont en honneur dans l'Empire du Milieu, ne découlent pas de textes généraux — du moins au point de vue des travaux publics. Le système communiste, que la politique Confucéenne fit adopter en Chine, et qui y subsiste toujours, fait que les règlements sont particuliers à chaque cas, et s'adaptent, dans chaque région, et dans chaque thalweg, aux besoins des populations agricoles et à la configuration immédiate des vallées et des terrains de cultures. Une monographie sur cette matière, si touffue qu'elle soit, serait donc forcément incomplète, et nous

n'avons d'ailleurs pas les moyens d'informations nécessaires.

Mais, en Indo-Chine, la présence des puissances européennes, en centralisant les efforts, en unifiant le service des arrêtés, en coordonnant les résultats, facilite un tel travail ; et il peut être d'autant plus fructueux que précisément l'Indo-Chine présente, tant au point de vue de la valeur agricole des terres qu'au point de vue du régime des eaux, les diverses classes de terrains à irriguer et à assécher.

Chapitre I.

TONKIN

Les pays producteurs de riz peuvent, d'après leur nivellement, être rangés en deux catégories, les uns, ceux voisins des montagnes, possèdent une pente générale encore appréciable, et subissent un régime des eaux et des saisons climatériques se rapprochant du régime et du climat des montagnes moyennes. La sécheresse ou la forte humidité — suivant les cas et les époques — des régions montagneuses s'y font sentir directement, sans intermédiaire adoucissant; et la pente appréciable du sol précipite les eaux assez violemment pour causer des crues subites et extraordinaires, lesquelles sont au contraire suivies de périodes sèches.

La production de ce terrain est donc soumise à des aléas, et peut varier indéfiniment entre la récolte excellente et la disette absolue.

L'établissement des irrigations normales y assure la normalité constante de la récolte. Et ce cas se présente au Tonkin, pour le delta du Fleuve Rouge presque entier.

La seconde catégorie comprend les pays producteurs de riz, dont le régime hydrologique et climatérique est presque absolument constant, et dont le sol est assez nivelé et plat pour que les eaux ne s'écoulent que d'après leur propre masse, sans que des pentes sensibles ou variables puissent amener des crues ou des inondations partielles. Dans ces pays, la récolte est toujours normale ; le système des irrigations y est établi pour y rechercher une plus

grande richesse et pour augmenter la surface des terrains de culture. Ce cas se présente pour les trois provinces basses du delta tonkinois et pour le delta de la Cochinchine.

Évidemment, tant au point de vue physique qu'au point de vue économique, les travaux, en ces deux catégories, diffèrent de physionomie générale et d'urgence.

Au Tonkin, les terres en rizières comprennent : les hauts terrains, arrosés seulement par les eaux de pluie, et qui ne donnent qu'une seule récolte, après le dixième mois, l'été étant la saison pluvieuse ;

Les terrains bas, qui donnent une seule récolte, après le cinquième mois, dite récolte d'hiver ;

Les terrains intermédiaires, qui donnent deux récoltes.

Ces terrains sont inscrits en trois classes au cadastre, et donnent lieu à trois impôts fonciers différents.

Le service hydrographique du Tonkin, reconstitué par décret le 5 juillet 1899, faisait correspondre, à ces trois classes de terrains, trois séries de travaux :

A. Dessécher les terrains bas, c'est-à-dire consolider les anciennes digues royales ; construire des digues nouvelles et un système de contre-digues pour les plus grands cours d'eau. Installation de coupures de déversement. Création de canaux de dérivation. Installations de *vannes maritimes*, à ouvrir pendant la marée montante, de façon à ce que le flux refoule, dans l'intérieur des terres, l'eau douce, sans s'y mélanger ;

B. Irriguer les hauts terrains : c'est-à-dire construire des barrages pour arrêter les eaux sur leur pente naturelle. Installer des machines élévatoires, fixes ou mobiles, pour faire remonter artificiellement les niveaux ;

C. Tantôt irriguer, tantôt dessécher les terrains moyens, suivant les altitudes et les époques de l'année.

Au Tonkin, et dès le règne des rois Lê (XVIe siècle), des travaux correspondants ont été entrepris, suivis avec soin et catalogués. Le sol du delta du Fleuve Rouge a été *machiné* dans toutes ses parties. Le terrain est semblable, suivant l'originale et frappante expression de M. Pierre Mille, à une série de vasques, aux degrés larges et espacés, d'une cascade Louis XIV tarie ; des diguettes de ceinture forment les bords de ces vasques et y retiennent les eaux. Pendant les hautes eaux et les époques d'inondation, on fait descendre l'eau de vasque en vasque, par des saignées faites dans les petites digues. Pendant les autres saisons, on y déverse l'eau des fleuves par des méthodes artificielles (norias perpendiculaires, roues à augets, système des siphons).

Les Français ont trouvé, dans le delta inférieur du Fleuve Rouge, long de 150 kilomètres à vol d'oiseau pour une pente de 8 mètres, des canaux de dérivation construits par les autochtones, notamment le canal du Songcau, le canal des Rapides, le canal de Phuly, qui sont des régulateurs du Fleuve Rouge. Ils ont continué ce système par les canaux de la province de Haidzuoog, et par l'installation des vannes de l'île des Deux Songs.

Ils sont en train d'établir, pour irriguer d'une façon continue les plaines de Kep et de Noï, les barrages du Songtuong.

Il faut remarquer que, au Tonkin, malgré la tradition qui veut que le système des digues soit de toute antiquité, et qu'en réalité, dans l'Empire du Milieu, ce système ait été construit et utilisé dès la première dynastie, il faut remarquer que, avant la dynastie des rois Lê (milieu du XVIIe siècle) le système des digues était tout à fait rudimentaire, et ne servait que de préservatif aux inondations estivales. Ce n'est que vers le milieu du XVIIIe siècle

(règlements impériaux de 1750 à 1758) que l'on songea à utiliser, aux irrigations par niveaux successifs, les barrages parallèles aux rivières débordées. A cette époque il fut construit un double système de digues, parallèles les unes aux autres, dont les premières aveuglaient les crues les plus violentes, et dont les deuxièmes, par des saignées sagement pratiquées, aménageaient les drainages successifs.

L'habitude de ces saignées temporaires subsiste encore dans les coutumes qu'ont certains villages — qui jouissent d'ailleurs d'une position légèrement surélevée dans la plaine — d'écrêter les digues, ou même de les éventrer partiellement, lorsqu'on préjuge que les crues n'arriveront pas suffisamment haut pour irriguer les terres qui ont besoin d'inondations. Cette destruction partielle et volontaire est très sévèrement punie par la loi ; mais on n'a pu arriver à extirper cette coutume dangereuse, que les riverains considèrent comme traditionnelle.

Mais il est bon de savoir que, avant l'établissement du système des digues, le Tonkin ne s'en portait pas plus mal, grâce à toute une série de petits canaux de dérivation, qui égalisaient les eaux des deltas, et qui ont été perdus, ensablés et comblés par les inondations trop fortes et l'incurie des habitants.

Les inondations de cette époque, pour désagréables qu'elles fussent, et considérables (tous les étés, un grand lac confondait, sur le Fleuve Rouge, les confluents de la rivière Noire et de la rivière Claire, et occupait, dans la vallée du grand Fleuve, une longueur de quinze lieues, sur la largeur totale de la vallée), ne semblaient pas compromettre la sécurité des populations, qui, après leur départ, retrouvaient leurs terres recouvertes et fécondées par un limon fertilisant.

L'inondation s'étendait doucement et progressivement par les canaux d'écoulement qui existaient alors.

L'un de nos meilleurs agriculteurs du Tonkin, et des plus anciens, M. Constant Morice, ajoute qu'un précieux enseignement serait acquis si, en consultant les archives de Hué et les traditions locales, on parvenait à connaître la façon dont se conduisaient les fleuves avant d'être endigués, la manière dont s'opérait le colmatage de la plaine tonkinoise, et si l'on parvenait à démontrer la possibilité d'en revenir à l'ancienne période, en détruisant peu à peu les digues, et en comblant, avec leur foisonnement, les parties trop basses du pays.

Cet avis motivé, M. Morice l'avait recueilli dans les archives des villages et dans toute la tradition indigène. La *Commission supérieure des digues*, créée en Indo-Chine par l'administration française, non pas pour élaborer de nouvelles lois, mais pour veiller à l'exécution des lois anciennes, en avait été saisie dès 1896 ; et, à cette époque, M. le Gouverneur général de l'Indo-Chine avait demandé une étude sur la question à M. le Résident de la province de Hung-yen, la terre classique des digues et des inondations. Sur cette étude fut fait une sorte de referendum parmi les autorités françaises et indigènes. Nous donnons ici le rapport officiel du Résident de Hung-yen et les résultats du referendum qui le suivit.

La question était dès lors posée, et la *Commission supérieure des digues* devenait, d'une commission de contrôle, une commission de réformes. On avait d'abord pris le système des digues comme un antique héritage de l'expérience jaune, et on n'y voulait rien changer. On s'apercevait, à la lecture des archives, que, *dans le delta tonkinois*, le système des digues, dans l'esprit des souverains d'Annam,

ne constituait qu'un essai, et cela depuis cent ans à peine.

On fit alors une série de projets ; le travail qui suit le rapport officiel du Résident de Hung-yen est le résumé le plus parfait que l'on puisse faire sur les arguments pour ou contre l'hydraulique agricole actuelle en Indo-Chine ; il est dû à un de nos meilleurs ingénieurs. On y verra, outre l'historique du passé, les controverses du présent et les projets pour l'avenir. Là se trouve déterminée la question des irrigations en Indo-Chine, de telle sorte qu'il n'y a, pour l'heure, rien à y ajouter.

I

De la suppression des digues

Rapport officiel de M. le Résident de Hung-yen.

« ... Le principal inconvénient du système actuel réside, à mon avis, dans l'existence même des digues, et leur suppression me paraît être le plus sûr moyen de mettre, d'ici à peu d'années, le pays à l'abri des inondations.

« J'essaierai de faire ressortir les inconvénients et les avantages de l'un et l'autre système, du moins tels que je les comprends :

« 1° *Des observations faites montrent que le niveau des hautes eaux s'élève chaque année. et cette progression constatée en 1892, 1893 et 1894, n'est pas purement accidentelle et ne peut être attribuée uniquement à l'abondance des pluies tombées dans les hautes régions du Tonkin.*

« Au dire des Annamites, les pluies étaient autrefois

plus fréquentes et plus abondantes qu'elles ne le sont aujourd'hui et je crois leur remarque exacte.

« La véritable cause doit plutôt être l'exhaussement du lit du fleuve par suite du dépôt successif des sables et des terres entraînées par la masse des eaux et qui, enserrées entre les digues, ne peuvent s'épandre au dehors.

» D'après les pilotes des chaloupes, la navigation dans le fleuve Rouge et le canal des Bambous devient de plus en plus difficile par suite de l'exhaussement des barres. Les échouages sont d'année en année plus fréquents, et si rien ne vient arrêter cet ensablement continu, on peut prévoir dès maintenant le moment relativement prochain où la navigation dans le canal des Bambous et dans le fleuve Rouge, entre Nam-Dinh et Hanoi, sera interdite aux chaloupes même de très faible tonnage.

« D'autres observations confirment la précédente. Toutes les pagodes ont été construites autrefois sur de vastes remblais dont le niveau était toujours tenu plus haut que le sommet des digues. Aujourd'hui le sommet des digues est plus haut que le toit de la plupart de ces pagodes.

« Il existe dans la province un canal, creusé il y a une trentaine d'années, qui mettait en communication le fleuve Rouge avec la rivière de Késat et qui a été bouché depuis pour éviter son endiguement devenu nécessaire. Aujourd'hui, à l'époque des plus basses eaux, le canal est en contre-bas du fleuve.

« Cet exhaussement du lit des cours d'eau peut être constaté plus aisément que partout ailleurs, dans le canal des Rapides. En certains endroits, le fond même du canal est plus élevé que les rizières. Il n'en était certainement pas ainsi il y a dix ans.

« Ces diverses observations peuvent suffire, je crois, à

faire admettre l'exhaussement progressif et continu du lit du fleuve Rouge; et si l'on accepte ce principe, il faut admettre aussi la nécessité d'élever chaque année le niveau des digues. Or, je ne pense pas que cet exhaussement puisse dépasser sans danger certaines limites, et quand bien même on se résignerait à entasser sur les berges de véritables montagnes, le lit du fleuve s'élevant chaque jour il arrivera fatalement un moment où nous nous trouverons impuissants;

« 2° *Le système de l'endiguement des cours d'eau empêche tout travail d'irrigation, et pendant les années de sécheresse, les rizières restent improductives, alors qu'à quelques centaines de mètres coule un fleuve qui pourrait bien fournir l'eau en abondance* : on a bien ménagé dans les digues des écluses pour permettre d'amener l'eau dans les rizières en cas de sécheresses prolongées, mais le moment où ces écluses pourraient avoir quelque utilité est précisément celui où se produisent les crues, et l'on hésite à les ouvrir par crainte d'une hausse subite des eaux qui ne laisserait pas le temps de rapporter la masse de terre nécessaire pour les fermer hermétiquement et prévenir tout danger de rupture.

« En revanche, durant les années pluvieuses, l'endiguement empêche l'écoulement des eaux de pluie et, dans certaines régions basses, ces eaux s'amassent et forment d'immenses nappes de profondeur variable, qui empêchent toute préparation du terrain en vue de la récolte du dixième mois. Tel est le cas d'une partie des huyen de Tien-lu et de Phu-lien.

Dans ce dernier, le creusement d'un canal qui permettrait l'écoulement des eaux de pluie rendrait à la culture 500 ou 600 hectares, où l'on ne peut actuellement faire de récolte au dixième mois. Le canal ne peut être creusé

aujourd'hui, puisque le canal des Bambous dans lequel il devrait se déverser est endigué;

« 3° *La construction et l'entretien des digues coûtent chaque année à la population des sommes énormes et nécessite des travaux considérables, sans utilité aucune pour le développement économique du pays.* Les dépenses qui résultent de ces travaux représentent au minimum la moitié du montant total de l'impôt, et s'élèvent quelquefois même au double de l'impôt. C'est ainsi que la province de Hung-yen a dépensé 300,000 piastres en 1892-1893 et 220,000 piastres en 1893-1894. Que de travaux utiles n'eût-on pas fait avec ces sommes énormes !

« 4° *Avec le régime actuel, le pays demeure constamment exposé aux inondations et aux ruines qu'elles entraînent.*

Examinons maintenant les diverses objections qui peuvent être faites contre la suppression des digues :

« 1° *La suppression des digues mettra le pays à la merci d'une inondation hâtive, comme il s'en est produit qui, survenant en mai ou au commencement de juin, au moment de la récolte du cinquième mois, emportera toutes les cultures.*

« Cette objection est la plus forte de toutes celles que l'on puisse faire, et le danger qu'elle signale ne peut être écarté.

« Il convient toutefois de remarquer que des crues hâtives sont rares et toujours très faibles, et que la suppression des digues devant entraîner le colmatage rapide du delta, le niveau général des terres se trouvera, dans peu d'années, assez élevé pour qu'on n'ait plus à redouter les effets de ces crues. D'ici là, et si une catastrophe

venait à se produire, on pourrait accorder aux provinces éprouvées des dégrèvements d'impôts proportionnels aux pertes subies ;

« 5° *La suppression des digues entraînera la ruine complète du pays pendant un certain nombre d'années.*

« Cette objection, qui a souvent été répétée, n'a pas, à mon avis, grande valeur.

« Depuis plus de vingt ans, les provinces de Bac-Ninh, de Hung-yen, de Phu-ly, Hai-duong, etc..., et une partie de celles de Hanoi et de Sontay, sont régulièrement inondées chaque année à la suite de rupture des digues.

« Ces mêmes provinces auront-elles plus à souffrir d'une inondation due à la suppression des digues? Je ne le pense pas. Je crois au contraire que les pertes seront moins grandes.

« Une inondation par suite de rupture n'est jamais attendue. Elle se produit à l'improviste et les habitants confiants dans la solidité de leurs digues ne préparent rien pour en atténuer les effets. Les réserves de riz et de paddy sont invariablement perdues. Une partie des animaux de labour est noyée ; on meurt de faim. De plus les eaux contenues, sans aucun écoulement possible, entre plusieurs lignes de digues, couvrent les terres pendant plusieurs semaines, jusqu'à ce que le fleuve étant enfin entré dans son lit, il devienne possible de couper certaines digues pour leur ménager un écoulement.

« Si au contraire l'inondation se produit à la suite de la suppression des digues, les eaux ayant un libre écoulement vers la mer et pouvant s'étendre sur toute la surface du Delta, atteindront une hauteur moyenne beaucoup moins grande et ne recouvriront les terres que pendant quelques jours à peine. Les habitants se sachant exposés à une inondation certaine, prendront les mesures

nécessaires pour mettre à l'abri leur riz, leur paddy, leurs bestiaux, et construiront à cet effet des aires suffisamment élevées pour ne jamais être submergées au moment des hautes eaux. Les mesures prises actuellement dans les cantons de Ninh-Thap et de Dong-Ket, et dont j'ai parlé dans une autre partie de ce rapport, seraient étendues à tout le Delta, et j'ai la conviction que les pertes subies par les habitants seraient infiniment moindres que celles causées par les inondations actuelles.

« Dans la province de Phu-Ly où les digues sont en partie abandonnées, la population a su se mettre à l'abri des inondations en prenant des mesures de précaution analogues.

« 3° *La suppression des digues, en rendant impossible toute culture, exposera le pays à une famine prolongée.*

« Cette objection qui se lie intimement à la précédente n'est pas plus fondée. Malgré les inondations actuelles, les habitants peuvent encore, dans la plupart des circonscriptions, repiquer le riz en temps utile pour faire une récolte au dixième mois.

« A plus forte raison pourront-ils le faire dans le cas d'une inondation provoquée par la suppression des digues, inondation qui ne durera que quelques jours au plus, les eaux devant trouver un écoulement facile qu'elles n'ont pas aujourd'hui. Les habitants n'auront plus de peine, il est vrai, à semer les *ma* en temps utile, puisque l'inondation s'étendra partout, mais ils s'ingénieront à trouver des emplacements naturellement assez élevés pour pouvoir y faire leur semis en toute sécurité et au besoin même sauront en créer.

« Dans certaines parties basses formant cuvette, qui resteront couvertes par les eaux, on ne pourra, les pre-

mières années, faire de récolte au 10e mois; mais ce sont précisément ces parties où les eaux de pluie, s'amassant actuellement sans écoulement possible, empêchent toute culture; la situation ne se trouvera pas, en réalité, changée. Il sera d'ailleurs aisé de remédier à l'état de choses, en creusant des canaux de drainage qui assureront l'écoulement des eaux, travail que l'on n'a pas pu entreprendre jusqu'à ce jour, en raison de l'existence des digues.

« 4° *Il a été souvent répété par les adversaires du système du colmatage, que la suppression des digues aurait pour premier effet de couvrir les terres d'une épaisse couche de sable et de les rendre ainsi impropres à toute culture. On a cité à l'appui de cette objection le cas des rizières qui s'étendent le long du canal des Rapides, et qui sont en grande partie ensablées.*

« Les endroits où l'on a pu constater ces apports de sable considérables, sont toujours situés auprès du point de rupture d'une digue. Le fleuve se précipitant ou plutôt tombant dans la plaine avec une extrême violence (car en certains endroits, la différence du niveau entre celle-ci et la surface de la nappe d'eau est souvent de 5 ou 6 mètres) entraîne avec lui d'énormes quantités de sables et de terres qui sont emportées à des distances plus ou moins considérables.

« Il est certain que dans le voisinage même du point de rupture et la partie où se produit un remous des eaux, ce sol sera recouvert d'une épaisse couche de sable, mais cet apport ne s'étendra pas au delà d'un rayon assez peu étendu et qui variera avec la hauteur de la chute d'eau la violence du courant et la largeur de la coupure. La densité du sable étant supérieure à celle de la terre, celui-là se déposera bien avant celle-ci; et hors d'un cer-

tain rayon qui, je le répète, est peu étendu, l'apport sera constitué uniquement par de la terre.

« J'ai pu me rendre exactement compte de la façon dont s'effectue le colmatage en examinant la nature du terrain auprès des points de rupture des digues, et notamment à Hoang-xa, à quelques kilomètres en amont de Hung-Yen. Dans une première zone large de 7 à 800 mètres, les rizières ont été ensevelies sous une couche de sable presque pur qui atteint une épaisseur moyenne de deux mètres, dans la seconde zone, un peu plus large que la première, l'apport se compose d'un mélange de terre et de sable, la proportion de ces derniers diminuant à mesure que l'on s'éloigne de la coupure.

« Enfin à un kilomètre et demi environ du point de rupture, le sable a complètement disparu, et les eaux n'ont plus déposé que de l'excellente terre. Je dois ajouter que la coupure de Hoang-Xa avait plusieurs centaines de mètres de longueur, et n'a pu être fermée qu'après plus d'un mois et demi. Le volume d'eau qui a passé en cet endroit a été énorme, et la rupture s'étant produite en un point situé sur le prolongement de l'axe même du fleuve, le courant ne s'est trouvé détourné par aucun obstacle, et les sables en suspension dans la masse des eaux ont pu se précipiter dans la plaine.

« A la suite de cette inondation, le niveau des terres, dans les cantons de Can-Hoach, Dy-Cho, Ha-hien-Caocuong, Anthi, s'est exhaussé de $0^{m}50$ à $0^{m}60$ en moyenne, et dans les rizières qui ne donnaient que 60 paniers de riz par mau, on a récolté jusqu'à 100 paniers.

« Les Annamites distinguent les apports du fleuve suivant leur nature, par les dénominations cat-gia et catnon. Le cat-gia, composé de sable pur ou à peu près pur, est impropre à toute culture pendant au moins deux ans;

après trois années, on peut y cultiver des patates, puis plus tard, de la canne à sucre et du maïs. Le cat-non, composé au contraire de terres exemptes de sable, est supérieur au meilleur terrain et donne, dès la première année, des rizières excellentes. Dans les régions ainsi colmatées on a pu faire trois récoltes dans une même année : récolte du riz après l'inondation, au 10e mois, de patates au 2e mois; de maïs au 5e mois.

« Donc, en prenant même l'hypothèse d'une inondation par rupture de digue, on voit que la crainte d'un ensablement général du Delta est purement chimérique, et qu'au delà d'une zone peu étendue, le colmatage se fait normalement, et loin d'appauvrir les terres, les enrichit et les améliore.

« Dans le cas d'une suppression de digues, le danger serait moindre encore et le colmatage se produirait comme il se produit actuellement sur toutes les parties situées entre les digues et le fleuve. Le sable ne se rencontrerait qu'en très petite quantité et seulement sur une étroite bande de terre parallèle aux deux rives.

« De toutes les objections qui, à ma connaissance, ont été faites contre la suppression des digues, la seule à retenir est celle qui prévoit le cas d'une crue hâtive coïncident avec la récolte du 5me mois et contre laquelle le pays se trouverait sans défense.

« Comme je l'ai exposé, cette objection perdra de sa valeur avec le temps, et le danger qu'elle signale ne peut, à mon avis, être mis en parallèle avec les avantages : suppression des dépenses énormes qu'entraîne la conservation des digues, amélioration des terres, sécurité donnée à la population, possibilité de rendre à la culture, par des travaux de drainage, d'immenses étendues de terrains aujourd'hui incultes ; possibilité d'irriguer les terres

en cas de sécheresse prolongée ; multiplication des canaux et, par suite, des moyens de communication économiques. »

En somme, le système préconisé par M. le Résident de Hùeng-yen consiste dans la suppression totale de toutes les digues du Delta. Il ne s'agit pas d'une suppression locale et partielle, qui aurait pour effet d'emmagasiner dans une province une fraction des eaux de crues et d'en abaisser par suite le niveau.

Lors de ce referundum de 1896, au sujet des digues du Tonkin, plusieurs collègues du Résident de Hung-yen partagèrent son avis.

Province de Hung-hoa. — Le Résident de la province est partisan de la suppression immédiate des digues. Il produit, à l'appui de son rapport, un projet de M. Babonneau, conducteur des Travaux Publics, relatif au colmatage du phu de Lamtaao, au moyen de digues perpendiculaires au fleuve Rouge.

Province de Son-tay. — Le Résident propose la solution suivante : Suppression des digues de la province qui deviendrait ainsi un immense réservoir régulateur d'un milliard de mètres cubes, ce qui permettrait d'abaisser le niveau des crues de 1m50.

Pour éviter les divagations du chenal dans cet immense réservoir, il faudrait procéder symétriquement et enlever simultanément les digues des deux rives du fleuve Rouge. Les populations consultées ont, à l'unanimité, demandé la suppression de la digue de la rive gauche du fleuve Rouge, et, à une grande majorité, la suppression de celle de la rive droite.

Province de Thai-binh. — Le Résident de cette province est partisan, en principe, de la suppression des digues, sauf des digues maritimes, mais il croit qu'il n'y

aurait pas lieu de passer à la réalisation immédiate du projet. Il demanderait qu'on s'y préparât par diverses mesures : dragage de l'embouchure du fleuve ; régularisation du cours des rivières, pour faciliter l'écoulement des eaux ; construction de tuyaux d'écoulement dans les digues maritimes conservées ; aménagement de canaux d'assèchement des terrains bas, etc., etc.....

Provisoirement, l'auteur du rapport propose :

1° De reculer de 500 mètres au minimum pour les grands fleuves, et de 150 mètres pour les cours d'eau secondaires, de toutes les digues neuves à exécuter ;

2° De ne pas permettre la construction de nouvelles digues partout où il n'en existe pas encore, et même de supprimer les digues entre les cours d'eau ;

3° De favoriser les travaux d'irrigation au moyen de canalisations éclusées, ces irrigations étant faites avec de l'eau boueuse pour faciliter le colmatage, comme cela a été pratiqué, paraît-il, à Kim-son.

M. Colomer, évêque du Tonkin septentrional, dit que dans l'hypothèse de la suppression des digues, qu'il ne désapprouve pas, il faut améliorer les cours des fleuves et draguer les embouchures des fleuves.

Le *Tong-doc de Hanoi* conseille, si on supprime les digues, de commencer par celles des provinces du Bas-Delta, Thai-Binh et Nam-Dinh.

II

Du maintien des digues.

Parmi les adversaires de la suppression des digues, nous devons citer une notabilité appartenant à la Direction des Travaux Publics, M. l'Ingénieur Godard, qui a fait à

ce sujet, en 1898, si nos souvenirs sont exacts, un remarquable travail.

D'aprés ce spécialiste, les partisans de la suppression des digues ont mis en avant un argument très spécieux : le colmatage. Or, avec le régime actuel des digues, disent ces derniers, on oblige le fleuve Rouge à retenir le limon de ses eaux et à porter l'excédent à la mer. Ainsi le lit du fleuve s'exhausse d'année en année, et pour conjurer la menace des inondations, on est obligé de surélever constamment les digues, sans espoir de cesser un jour cette lutte disproportionnée contre le formidable élément.

Sans infirmer cet argument qui a une valeur réelle, répondent les partisans du maintien des digues et avec eux M. Godard et les adversaires de la suppression des digues, eux-mêmes cherchent à présenter un système de défense contre les crues, qui permettrait au fleuve de répandre, sans danger, son limon fertilisant dans les plaines du Delta, tout en ménageant et les besoins de l'agriculture et ceux de la navigation ; sans infirmer cet argument, disent-ils, on peut répondre aux défenseurs du premier système qu'il est absolument inexact que le lit du fleuve, en un point quelconque de son parcours, soit, aux basses eaux, au dessus des rizières ; que son exhaussement ne s'effectue pas aussi rapidement qu'on l'affirme, et enfin qu'aucune donnée ne nous permet d'évaluer ce travail des eaux dont on ne remarque que certains phénomènes locaux qui ne pourraient fournir une conclusion.

Quant à la constance de l'élévation des crues, et à la nécessité de surélever sans cesse les digues, là encore les données manquent et les quelques années de notre établissement dans le Delta ne sauraient suffire à nous donner

tous les éléments d'appréciation indispensables en si importante matière.

Nous ferons d'abord remarquer que cette partie de l'argumentation des partisans du maintien des digues, ne fait que réfuter *gratuitement* les arguments de leurs adversaires, arguments qui sont corroborés par des preuves.

D'autre part, continuent les adversaires de la suppression des digues, est-il certain que, les digues supprimées, le colmatage se ferait uniformément dans le Delta, que, grâce aux apports du limon, le sol s'exhausserait ra: idement et atteindrait à hauteur des berges? Ne s'exagère-t-on pas les effets du colmatage? Et n'est-il pas à redouter, au contraire, que le Delta, si irrégulièrement nivelé, se transforme à brève échéance en un vaste marécage?

D'autre part, en admettant que, par la suppression des digues, l'épandage des eaux, devenu facile, retarde un peu la récolte du 10e mois, sans la compromettre, on doit craindre avec juste raison que la petite crue de mi-juin ne vienne menacer sérieusement celle du 5e mois. C'est pour conjurer ce péril, que Monseigneur Puginier, lors de la réunion de la commission supérieure des digues en 1896, avait proposé un moyen terme, la réduction de la hauteur des digues (de 2 à 3 mètres).

En outre, dans cette question d'aménagement des eaux du fleuve Rouge, il ne faut pas perdre de vue les intérêts de la navigation qui ont aussi leur importance. Et il est à craindre que la suppression, soit totale, soit partielle des digues, n'amène de nombreuses dérivations du fleuve et une diminution notable dans la profondeur du chenal.

Des quelques observations qui précèdent découle, d'après les partisans du maintien des digues, une première conclusion : il faut améliorer les digues. La première opé-

ration qui s'impose dans ce travail, c'est le relevé de tous ces ouvrages, tant au point de vue planimétrie qu'au point de vue nivellement.

Cette étude topographique achevée, on pourra commencer l'œuvre d'amélioration du réseau. Personne, en effet, n'ignore que la construction des digues dans le Delta a été faite sans idée directrice. Ici la superstition, ailleurs l'intérêt personnel, presque nulle part la science, ont fait de ce gigantesque travail un inextricable réseau aux sinuosités nombreuses et irrationnelles, qui est loin d'avoir donné au Delta tout ce que ce peuple annamite a dépensé en efforts pour sa confection : réseau qu'on ne laissera subsister, sans doute, dans ses grandes lignes, qu'en raison des sommes considérables qui seraient nécessaires pour sa complète réfection.

Le 25 février 1887, M. Bouchet, alors résident de France à Bac-Ninh, écrivait ce qui suit à M. le Résident Supérieur, au sujet du percement du canal des Rapides et de ses digues : « Après vous avoir exposé succinctement les travaux à exécuter pour réparer les digues de la province, laissez-moi vous transmettre, M. le Résident Supérieur, les vœux de toutes les populations de la province de Bac-Ninh au sujet du canal des Rapides, vœux qui méritent réellement d'être pris en considération. Le canal des Rapides, m'ont-elles dit, a été commencé la 4e année du règne de Tu-Duc et terminé la 10e : voilà donc trente ans. Il est l'œuvre du Tong-doc actuel de Bac-Ninh qui était alors ministre de l'intérieur. *Quand il fit cette demande au roi, ce ne fut pas dans l'intérêt des populations, mais bien dans son propre intérêt, parce qu'il faisait passer le canal dans son village, c'est-à-dire à Danh-Lam qui se trouve à l'embouchure du canal.* (J'ai vu, en effet, les propriétés de ce mandarin ; aujour-

d'hui, nous sommes obligés de faire passer la nouvelle digue au milieu même du village.)

Pendant le creusement, les populations adressèrent plaintes sur plaintes à la Cour, mais ces doléances ne parvinrent pas jusqu'au roi. Le canal achevé, de nouvelles plaintes furent adressées, et le roi ordonna une enquête à la suite de laquelle le Tong-doc fut condamné à payer les travaux, soit plus de 100,000 ligatures, amende qu'il n'a, du reste, pas encore payée.

On constate trois causes principales dans la rupture des digues :

La première cause et la plus grave est la rupture par corrosion : elle résulte du mauvais tracé des digues. Pour y remédier, il faut déplacer les digues, ou donner une nouvelle direction au chenal au moyen d'épis.

La deuxième est la rupture par submersion. Cette rupture provient de la négligence qui laisse les digues se tasser sans les recharger. Ces tassements sont généralement produits par le travail des rats et des fourmis.

Enfin la rupture par désagrégation (filtration et suintement). Cette rupture peut provenir du travail des rongeurs et de la mauvaise construction.

Parmi les partisans du maintien des digues, il faut distinguer les partisans du maintien pur et simple des ouvrages actuellement existants qui seraient ou réfectionnés ou renforcés, et les partisans d'un système mixte qui serait une combinaison d'un jeu de digues et d'un autre jeu de travaux d'hydrauliques.

Nous allons énumérer les partisans du premier de ces deux systèmes et les raisons invoquées à l'appui de leur système.

Lors du referendum de 1896, quelques chefs de province opinèrent dans ce sens, tel le *Résident chef de la*

province de Bac-Ninh. Cette province a constamment été éprouvée par les ruptures de digues.

Les inondations y sont devenues périodiques depuis l'ouverture du canal des Rapides ; elles ont été la cause de l'appauvrissement de cette province et ont donné naissance à la piraterie qui a désolé cette région de 1885 à 1890.

Cinq cours d'eau traversent cette province : le fleuve Rouge, le canal des Rapides, le Song-Alô, le Song-Câu et le Song-Thuong. Une digue de 5 mètres la protège du côté du fleuve Rouge. Le déplacement fréquent du lit du fleuve y a souvent occasionné des ruptures. Le canal des Rapides traverse entièrement la province : il fut créé dans le but avoué d'abaisser les eaux du fleuve Rouge ; mais il fallut bientôt établir des digues le long de ce canal. C'est de cette époque que datent les désastres qui ont désolé cette province. Dès 1885, on proposait déjà la fermeture de ce canal. En 1892, une commission concluait encore à sa fermeture. Les travaux furent mal exécutés et emportés à la première crue.

Deux solutions se présentaient alors :

1° établir un 2e canal dégageant celui des Rapides et défluant dans l'arroyo de Luc-Liên et de là dans le canal des Bambous. Ce 2e canal eût présenté les mêmes inconvénients que le premier ; de plus, il eût été une menace d'inondation pour la province de Thai-binh ;

2° élargir la distance des digues de façon à augmenter la section et diminuer par suite la hauteur. Ce fut le système préconisé par le Résident de cette province dans son rapport qui demandait, en outre, ou la fermeture du canal des Rapides ou, du moins, le pavage de son sol pour éviter les affouillements des eaux.

M. le Résident de la Province de Hanoi demande

qu'on maintienne le *statu quo ;* il faut veiller à la conservation du réseau actuel, doubler aux points faibles les digues existantes par des contre-digues, et faire en d'autres points des travaux de consolidation.

Les ruptures de 1891, 1893 et 1894 sont dues au déplacement du lit du fleuve; il y a donc lieu d'y remédier en fixant les chenaux.

Dans la province de Nam-Dinh les digues sont peu élevées (maximum 4m70) (moyenne 2m80). De ce fait il y a peu de ruptures. L'inondation de 1893 était due à des ruptures survenues dans la province de Hanam. Le chef de cette province, d'accord avec les autorités indigènes, propose donc le maintien des digues. D'après ce Résident, les habitants ne peuvent pas concevoir un autre système hydraulique.

Le premier territoire militaire demande le maintien de la digue des environs de Sept Pagodes, la seule qui existe dans le territoire.

L'Evêque du Tonkin central est aussi partisan du maintien des digues : il demande une surveillance active d'agents européens et le maintien des corvées.

Le Tong-doc d'Haï-duong est aussi partisan du *statu quo ;* on devra draguer les embouchures des fleuves et faire exercer une surveillance sérieuse par des agents techniques.

III.

Solution intermédiaire.

Il nous reste à parler du système mixte, préconisé par les partisans de la théorie intermédiaire, c'est-à-dire par ceux qui demandent que, sans adopter un moyen radical, on modifie le régime actuellement existant.

Les projets mis en avant sont très variés. Nous allons les examiner successivement, par ordre de dates.

M. Elie Alavaill, dans une étude fort documentée sur les *Richesses agricoles et forestières du Tonkin*, a abordé, un des premiers, cette intéressante question des digues du Tonkin.

Le Tonkin, dit cet hydrographe, se divise en deux parties bien distinctes ; le Delta et la région haute. Le Delta est fermé par les alluvions les plus récentes du Song-Koi, que l'on appelle le fleuve Rouge à cause de la couleur des limons que traîne ce cours d'eau en quantité considérable. La région haute se subdivise en deux parties : la partie Nord, formée de plateaux, la partie Sud-Ouest, couverte entièrement de forêts.

Le Delta, disons nous, est récent : Hanoi, s'il faut en croire les annales chinoises, était un port de mer vers l'an 600 de notre ère. Il y a deux siècles à peine, le golfe du Tonkin, beaucoup plus rétréci, présentait, sur le littoral, la ville de Hung-yen, où les Hollandais avaient établi des comptoirs. Puis, successivement, grâce aux apports du Song-Koi, émergèrent des eaux les vastes territoires de Nam-Dinh, de Ninh-Binh, de Hai-duong, de Haiphong, de Quang-yen. Le littoral du Day qui n'est qu'un défluent du fleuve Rouge, vient, sous nos yeux, de s'accroître de trois cantons. La population industrieuse de cette région suit l'émergement des apports du fleuve, le fixe et s'y installe, et, de jour en jour, ainsi, gagne constamment sur la mer.

On peut citer comme exemple le canton de Kim-son depuis 1831. En 1853, on y comptait près de 20,000 habitants ; il ne cesse de s'agrandir avec rapidité ; sa population est évaluée à 50,000 âmes.

Après ces indications, on ne s'étonnera pas du chiffre

énorme des dépôts qui, chaque année, s'enfouissent dans l'Océan.

La plus petite section de l'ensemble des branchements du fleuve Rouge, pendant les hautes eaux, est de deux kilomètres sur dix mètres de profondeur. A Hanoï cette section est de 1,600 mètres; en aval de cette ville, la section varie de 2 à 5 kilomètres, soit, pour le parcours minimum de un mètre, 20,000 mètres cubes par seconde.

Pour les cent jours des hautes eaux, soit pendant 8,640,000 secondes, le volume des eaux se jetant dans le golfe du Tonkin, après avoir traversé le Delta, est au minimum de 172,800 millions de mètres cubes. Le fleuve Rouge est formé à ces moments de véritables bras de mer de vase.

Le centième de ce volume que, après des expériences successives, on doit aussi prendre pour minimum des dépôts limoneux, continue M. Alavaill, serait de 1,728 millions de mètres cubes.

Nous devons faire remarquer que l'évaluation de la quantité de limon charrié par les eaux du fleuve Rouge, faite le 21 mai 1886 (cote 2m10) par M. le pharmacien chef de l'hôpital d'Hanoi, ne concorde pas avec les expériences indiquées par M. Alavaill. Cette évaluation a donné les résultats suivants :

Un mètre cube d'eau limoneuse, prise devant Hanoi, dépose 555 grammes de limon desséché à 100 degrés. Passé au tamis de 1 m/m de maille, ce limon a laissé 0 gr. 76.

Les résultats de l'analyse de la terre fixe sont :

Matière organique, eau, acide carbonique	5 gr. 53
Anhydride phosphoriquée	0 gr. 11
Chaux	1 gr. 64

Magnésie		0 gr. 64
Potasse		1 gr. 34
Soude		9 gr. 64
Alumine, oxyde de fer (par différence).	1,277	
Silice.	7,733	

Réparti par le colmatage sur la surface des marais du Delta, comprenant au moins 400,000 hectares, ce volume de limon, continue M. Alavaill, donne la hauteur des dépôts de 0m432.

Il faudrait ajouter environ la même quantité pour les autres 265 jours de l'année, ce qui donnerait, un colmatage de près de un mètre de hauteur par mètre carré de surface de marais.

Ces chiffres peuvent paraître forcés, mais en admettant même qu'ils soient de beaucoup majorés, il est facile de voir l'immense quantité de limon fertilisant que chaque année la main de l'homme s'ingénie à envoyer à la mer.

Si l'on veut se représenter exactement le Bas-Tonkin, qu'on se figure un immense pays plat, en pente vers la mer, couvert de minces couches d'eau stagnantes, retenues de loin en loin par des barrages en terre.

Du milieu de cette plaine aqueuse surgissent quelques groupe de terres verdoyantes; les archipels de l'ancien golfe du Tonkin, avant l'envahissement progressif des limons. Dans tous les sens une centaine de cours d'eau, bordés de la végétation la plus luxuriante et la plus admirable, coulent dans un lit formé par leurs dépôts audessus des marais. Sur ces longs plateaux longitudinaux, flanqués de digues s'étagent en se touchant, tellement ils sont nombreux, des chapelets de villages accumulés, où, sur un petit espace relatif, vivent quinze millions d'habitants.

Le reste, la terre basse, est occupé par la terre vaseuse et déserte, sauf dans les parties les plus voisines de la mer où il n'a pas été établi de digues.

Là aussi le fleuve Rouge se contente de couler à la surface de ses alluvions. Il est à remarquer que la profondeur des mares n'atteint généralement pas un mètre.

La ligne de la mer est très incertaine. Si l'on considère les reliefs du terrain sous-marin, on pourrait voir au devant des dix-neuf embouchures du fleuve Rouge, dix-neuf immenses mamelons dont le sommet est formé par le banc de sable obstruant chaque embouchure, et dont les talus, du côté de la mer, s'étendent au large.

A mesure, en effet, que la mer se retire sous ses alluvions constantes accumulées, elle découvre des terrains s'avançant en dentelures, formés par les apports du fleuve. Ces dentelures tendent à s'effacer plus tard sous les mouvements de la mer et les inondations, possibles seulement d'une manière régulière sur les abords du golfe. Après les hautes eaux, ces découpures changent d'aspect.

Regardons maintenant plus attentivement le fleuve ; considérons sa tendance, sa constitution, ce qu'on a fait de lui et ce qu'on doit en faire pour qu'il rende la contrée qu'il arrose plus saine et plus fertile.

Le fleuve Rouge part du Yunnan, des chaînes de montagnes qui séparent son bassin de celui du Mékong. Sa direction générale est Nord-Ouest Sud-Est.

A Long-Po, il pénètre au Tonkin, déjà navigable à Manhao (Chine), il présente dès son entrée dans notre territoire la largeur de 100 mètres. Sa longueur, dans la colonie, dépasse 600 kilomètres. Il est encaissé entre Manhao et Lao-Kay. A Hung-Hoa, sa largeur est de

500 mètres. Avant de rencontrer la rivière Noire et la rivière Claire il a déjà reçu plusieurs affluents; a un mille et demi de Hung-Hoa, il reçoit la rivière Noire qui a 800 mètres de largeur en cet endroit. A Viétri, il reçoit la rivière Claire, grossie également de nombreux affluents.

Il serait nécessaire d'établir à Son-Tay, qui se trouve un peu en aval des confluents de la rivière Claire et de la rivière Noire, une station où l'on enregistrerait les hauteurs du fleuve.

Ces données fourniraient d'utiles renseignements sur le régime des crues. Pendant quelque temps, un agent des travaux publics, chef de service dans cette province, fit de lui-même cet intéressant travail, qui fut abandonné à son départ. Une station analogue devrait être installée à Viétri, en amont du confluent du fleuve Rouge et de la rivière Claire. Malheureusement, là encore nous constatons semblable incurie? Seul, l'agent des services administratifs de cette place envoie à Hanoï, au bureau central, chaque jour, les hauteurs du fleuve. C'est ainsi que nous avons pu reconstituer le graphique des hauteurs du fleuve à la station de Viétri.

Voilà le fleuve Rouge avant d'entrer dans le Delta. Il est énorme en toutes saisons. Pendant les cent jours de l'été, depuis le commencement de juillet jusqu'à la mi-octobre, il est devenu formidable ; aussi entasse-t-il sur son passage des montagnes de terres créatrices de cette plaine immense qui s'étend sur une base de 650 kilomètres et tend à faire disparaître le golfe du Tonkin. En vain on a élevé des digues devant ces masses envahissantes, le fleuve s'est créé au lieu d'un thalweg, des plateaux sablonneux d'où il envoie, comme d'une ligne de partage, de chaque côté de son cours, des plaines d'alluvions. Vainement pendant la

saison sèche, on a élevé des digues entassées les unes sur les autres; le fleuve rompt facilement ces entraves et continue dans le Delta son œuvre de superpositions d'argiles fécondantes. Deux brèches principales, ou plutôt deux plateaux se sont formés au-dessus des marais. Après avoir reçu la rivière Noire à droite et la rivière Claire à gauche, le fleuve Rouge a triplé son volume ; il se divise de nouveau au sommet du Delta en trois parties : le Day à droite, le Song Ca-Lo à gauche, et le Song-koi proprement dit au milieu. Ces trois cours sont reliés entre eux par des arroyos très larges qui, enserrés eux-mêmes entre les digues, peuvent servir tant bien que mal à la navigation. Ces arroyos le font communiquer avec les grandes rivières venues des vastes régions de Cao-bang de Lang-son et de Thai-Binh.

Examinons maintenant le fonctionnement des digues.

Le sol du Delta est en amphithéâtre. Le fleuve qui l'a formé est comparable, si l'on veut, à une mère de famille. Les provinces du Nord sont les premiers enfants. Pendant que ceux-ci grandissaient, nourris pendant plus de vingt siècles par la mère commune, les enfants moins âgés se sont développés pendant moins de siècles.

Enfin, au bord de la mer, sont les puînés dont la taille formée depuis très peu de temps, émerge à peine du sol marin, on voit dès lors les diverses croissances : la province de Sontay domine celle de Hanoi et de Bac-Ninh qui sont plus hautes que celles de Hung-yen, de Quang-yen, de Nam-Dinh et de Ninh-Binh, lesquelles s'inclinent vers la mer.

Les digues fonctionnent, pour continuer la comparaison, de façon à empêcher la mère de nourrir ses petits comme elle l'entendrait.

Elles l'obligent à porter dans l'Océan, en pure perte, les éléments vitaux de son sein, au lieu qu'ils servent d'aliment à ces belles provinces. Si les milliards de mètres cubes de limon se déposaient selon les lois de la nature, par le colmatage, sur le demi-million d'hectares du Delta, tous les marais disparaîtraient par enchantement ; la santé reviendrait dans ces provinces vouées aux fièvres et à toutes les épidémies, la culture la plus opulente remplacerait l'immensité malsaine des marais ; les inondations violentes, dévastatrices, seraient remplacées par la visite inoffensive et maternelle, chaque année, d'une nappe d'eau bienfaisante qui, léchant les basses terres sans les emporter, les exhausserait au contraire régulièrement, les engraissant de ses dépôts, et dépouillée par la pesanteur de ses matières organiques, suivant la ligne droite de pentes indiquées par les gradins des couches séculaires, s'écoulerait sans arrêt dans la mer.

Les apports d'alluvions dans la région du Bay-Say, écrivait en 1886 M. Bouchet, résident de Bac-ninh, ont été tels depuis seize ans, que le sol s'est surélevé au niveau des digues du fleuve Rouge. Je citerai comme preuve de ce que j'avance ce fait que les portes de l'ancienne citadelle de Van-gian, devant lesquelles passe le canal, sont enfouies dans le sol; or ces portes ont trois mètres de haut, il a donc fallu que les dépôts d'alluvions en ce point atteignent ce niveau.

Avec le libre cours donné au fleuve on obtiendrait les résultats suivants : Le Delta serait assaini, le colmatage serait effectué et remplacerait l'immensité des mares, le cours du fleuve serait réglé ; les inondations particulières et terribles, saccageant les hautes terres, causant la ruine de villages entiers et provenant chaque année de la rupture des digues, seraient désormais impossibles.

Le 1er décembre 1886, M. A. Adamolle, résident de Haiduong, écrivait : « D'après divers renseignements, le fleuve a crevé la digue à sept ou huit reprises depuis 16 à 18 ans. Si la digue est réparée, il est presque certain que le fleuve Rouge la brisera de nouveau et fera encore des ravages nombreux. » Le 31 du même mois, M. Bouchet résident de Bac-Ninh, ajoutait à ce premier rapport : « Je me suis rendu à Van-gian, en suivant depuis Gialam, la digue du fleuve Rouge, afin de constater de « visu » le nombre et l'importance des coupures qui se sont produites sur ce trajet, à la suite des dernières inondations. Sur dix points, la grande digue était rompue. Il y a huit coupures d'une longueur totale de 720 mètres dans la partie de la digue qui est comprise dans le huyen de Gialam ; deux coupures d'une longueur totale de 414 mètres dans la partie qui est comprise dans la préfecture de Van-gian. »

La petite digue (huyên de Don-Giam) est, en outre, rompue sur deux points et sur une longueur de 360 mètres, elle est dégradée légèrement sur une longueur de 200 mètres. Ces coupures diverses représentent une brèche de près de 1,500 mètres. Le vide à combler nécessitera au moins 80,000 mètres cubes de terre et l'achèvement de ce travail considérable exigera la main-d'œuvre, pendant trois mois, de mille coolies.

Les digues du canal des Rapides sont encore plus fortement éprouvées que celles du fleuve Rouge; il n'y a pas moins de huit coupures énormes, et les travaux de réfection seront considérables.

Sur la rive droite du canal, nous trouvons encore la coupure de Gia-Tuong, 350 mètres ; sur la rive gauche nous avons : 1° celle de Dong-Vien, près du poste de Phu-Dong, 313 mètres. A ce point, le fleuve a rongé la berge

d'une façon telle que la digue qui se trouvait à 10 mètres du village, a glissé dans le fleuve ; 2° rupture de Trung-Mau, 967 mètres ; 3° celle de Quang-Hang, 1,414 mètres ; 4° celle de Quang-Hang et de Dzu-Lam, 1,160 mètres ; 5° celle de Thin-Quan et de Nha-Dzuong, près du lac du canal, 1,136 mètres ; ce qui représente au total 7,550 mètres de digues à refaire.

Depuis plus de vingt ans, écrivait en 1896 M. le Résident de Hung-Yen, les provinces de Bac-Ninh, de Hung-Yen, de Phu-Ly, et une partie de celles de Hanoï, Sontay, Haiduong, etc., etc., sont régulièrement inondées, chaque année, à la suite de la rupture des digues.

Il faut rendre le Delta au fleuve ou plutôt aux bienfaits de ses alluvions, c'est-à-dire suivre les conseils de la science agricole, absolument conformes.

La théorie est simple, dit M. A'availl ; il s'agit de l'appliquer sans perturbation ni secousses.

A ces fins, il faut raser toutes les digues perpendiculaires à la ligne de la plus grande pente du Delta allant du Nord-Ouest vers le Sud-Est. On doit couper, suivant une inclinaison régulière et calculée, de façon à ne laisser passer partout au-dessus du barrage qu'une très mince couche d'eau, depuis le haut du Delta jusqu'à la mer, toutes les digues *sur tous les points où le fleuve et ses branchements traversent des marais.* D'après ce système d'aménagement des eaux, le Song-Koi ou cours central du fleuve Rouge, le Day ou cours occidental et le Song-Calo ou cours oriental, plus haut que le reste des terres, mais encaissés dans leurs digues réduites et coupées suivant la pente calculée, constitueraient en toutes saisons de vastes canaux d'arrosage, des flancs desquels sortiraient en aussi grand nombre qu'il serait nécessaire, des œils de prise semblables à ceux d'Europe, à ceux du

Roussillon en particulier, où le génie de nos pères a établi des milliers de dérivations, des flancs de l'Agly au Nord, de la Têt au centre, et du Tech, le long de la chaîne des Pyrénées. Ces prises d'eau se subdivisent en une quantité innombrable de branchements qui eux-mêmes se partagent à l'infini, de façon à ne pas laisser un centiare de la plaine arrosable en dehors de l'action bienfaisante de l'eau ; car, comme le dit le docteur Anderson, et cet aphorisme est surtout vrai pour le fleuve Rouge : « Laisser couler une goutte d'eau sans l'avoir répandue à plusieurs reprises sur le sol, c'est gaspiller un précieux engrais. »

Comme il faut toujours, dans une certaine mesure, tenir compte des faits, on doit admettre que les digues ne peuvent être rasées partout et doivent même être bien conservées sur tous les points utiles, soit le long du Day, du Song-Koi, du Song-Calo et du Thai-Binh, où les œils doivent être établis. Aujourd'hui, la dépense occasionnée par l'entretien de toutes les digues est effrayante. La construction et l'entretien des digues de la province de Hueng-Yen, écrivait il y a quelques années M. le Résident de cette province, coûte chaque année à la population des sommes énormes, et nécessite des travaux considérables, sans utilité aucune pour le développement du pays.

Les dépenses qui résultent de ces travaux représentent au minimum la moitié du montant total de l'impôt. C'est ainsi que la province de Hun-Yen a dépensé 300,000 piastres en 1892-93 et 220,000 en 1893-94. Que de travaux utiles n'eut-on pas fait avec ces sommes énormes ! Devons-nous essayer de retenir par des murailles de terre ce limon qui créa nos provinces, sans nous apercevoir aussi que ces murailles sont minées par les fourmis blanches et les crevasses profondes du soleil ?

Le fleuve les renverse tous les ans à sa guise et porte partout la mort, alors qu'il aurait donné la vie s'il n'avait pas été muré. Les inondations causées par ces ruptures inévitables font quelquefois changer le cours du fleuve. Les digues des anciens lits subsistent et maintiennent de nouveaux marais.

D'autres barrages sont élevés sur les bords des nouveaux cours. C'est la perpétuation de l'état actuel.

Considérons maintenant l'aspect du Delta du Tonkin colmaté régulièrement. La carte du relief se modifie chaque année ; les terres basses s'exhaussent rapidement. Quatre canaux principaux, immenses à l'origine et asséchés au bord de la mer, le Day, le Song-Koi, le Song-Calo et le Thai-binh, coulant entre leurs digues, en général parallèles entre elles et perpendiculaires à la mer, déverseront par des milliers d'œils, sur tous les points et en toute saison, l'énorme quantité de leurs boues limoneuses. Les digues sont réglées désormais suivant les pentes du terrain et du fleuve. Les hautes eaux ne les dépassent que sur les points déterminés d'avance, mais ils ne peuvent jamais pénétrer, dans les terres disposées pour les recevoir et les laisser écouler jusqu'à la mer, que par une très mince mais très longue couche dont le passage inoffensif ne fait que continuer l'exhaussement, en arrosant des pays sains et cultivés.

Au lieu des doubles lignes de verdure que nous remarquons aujourd'hui seulement le long d'une centaine de cours d'eau, très espacées entre elles, nous aurons sur tous les points près de cent mille petits ruisseaux apportant dans chaque parcelle du sol la végétation et la vie.

Le Delta du Tonkin, comme tous les deltas, aura bientôt trouvé ses thalwegs naturels et l'arrosage s'y pratiquera de même que dans tous les pays où la science agri-

cole n'est pas un vain mot. Le golfe du Tonkin, comme les autres golfes, ne continuera plus à se combler au détriment des terres auxquelles le limon du fleuve apportera une inépuisable fertilité.

Parmi les partisans de modifications à apporter au régime actuel des digues, notons M. le Résident de Hanam qui présenta un rapport à ce sujet à la Commission supérieure des digues en 1896. Ce fonctionnaire n'émet pas d'opinion générale, il ne demande de transformation que dans sa province.

Le Résident de Hanam partage cette province en trois régions :

1° La région au Nord du canal de Phu-ly ;

2° La région au Sud du dit et à l'Ouest du Song-Lep ;

3° La région au Sud du même canal et à l'Est ;

En ce qui concerne la 1re région, des essais de colmatage ont été entrepris, en réduisant la hauteur des digues et du canal de Phu-ly, de façon à protéger les terrains contre la crue du cinquième mois. Ces essais ont été satisfaisants. Le dépôt annuel de limon a varié de 4 à 20 centimètres. Le Résident de cette province demande que ces essais soient continués. Il propose la suppression de la digue de Thanh-Day et de celle du Song-dang-giang, la conservation de la digue du fleuve Rouge et de la route digue de Hanoi à Phu-ly pour protéger le Huyen de Duy-Tien contre les inondations du fleuve Rouge et du Day.

Pour la 2e région, le résident demande la suppression de la digue de Phu-ly à Yên-minh; Nam-dinh, dans ce cas, se protégerait en consolidant la digue du Cua-lat. L'auteur du rapport demande pour la 3e région la transformation des digues établies le long du canal de Phu-ly et du Song-lap et le maintien de celle du fleuve Rouge ; il demande la dérivation de la route de Phu-ly à Ninh-Binh,

entre That-ké et Doan-Vi. Ce travail peut avoir une certaine importance au point de vue général du Delta.

L'ex-An-Sat de Thai-Nguyen propose d'interrompre tous les 500 mètres environ, par des coupures de 5 mètres de largeur, toutes les digues du Tonkin, à l'exception des digues maritimes. Elles devraient être écrêtées de façon à réduire leur hauteur à 3 mètres ou 3^{m}50.

Résumant dans son travail d'arrondissement les différentes opinions émises par les partisans des divers systèmes, la commission supérieure des digues, réunie en 1896, indiquait les moyens auxquels on peut avoir recours pour résoudre la question.

Les moyens étaient les suivants :

1° Dragage du lit des fleuves ;

2° Dragage des terres ;

3° Élargissement des eaux de crue dans de vastes réservoirs ;

4° Création de nouveaux canaux emmenant une partie des eaux du Delta du fleuve Rouge dans celui du Thai-Binh;

5° Exécution d'ouvrages de prise d'eau mettant à la surface du sol une certaine partie des eaux décrues qui seraient conduites dans une zone limitée, pour rejoindre les eaux du Thai-Binh.

Examinons maintenant les avantages et les inconvénients de ces divers systèmes, ce pendant que nous examinerons le travail présenté en 1898 par un ingénieur des travaux publics, travail qui s'est inspiré de l'étude faite par la Commission des digues.

Les travaux les plus urgents à exécuter, d'après ce haut fonctionnaire des travaux publics, pour parer aux inondations, sont :

1° Création de réservoirs dans la partie haute du Delta;

2° Élargissement du lit majeur dans le haut Delta, où la plaine submersible n'est pas très étendue ;

3° Déversoirs le long des digues du Delta ;

4° Création de nouveaux canaux dans le Delta, débouchant ou non à la mer.

Dragage du lit des fleuves — Ces travaux auraient pour but d'augmenter la section d'écoulement et de réduire, par suite, la hauteur des eaux. Ce moyen serait très coûteux. Si, par exemple, on veut réduire la crue d'un mètre en face de Hanoi, la vitesse du courant étant de $0^{m}60$, il faudrait enlever par mètre courant près de 1,100 mètres cubes. Sur 100 kilomètres, il faudrait exécuter environ 110 millions de mètres cubes de dragage.

L'effet d'ailleurs ne serait que momentané.

L'augmentation de section diminuant la vitesse du courant, les apports se formeraient plus facilement. Ce procédé ne peut être employé que sur certains points qu'il y a intérêt urgent à protéger.

Dragage des barres aux embouchures des fleuves. — Ce travail ne peut être exécuté que sur un sol dur non affouillé ; dans tous les autres cas, les inconvénients signalés contre le système du dragage du lit des fleuves se retrouvent les mêmes.

Élargissement du lit majeur par l'éloignement des digues. — Cette solution présente, à vrai dire, un avantage spécieux : elle a un effet immédiat, mais hélas ! provisoire.

La hauteur des crues se trouve réduite par l'élargissement du lit, mais la vitesse du courant est diminuée, et le colmatage s'opère rapidement à l'intérieur des nouvelles digues Peu à peu donc, la section d'écoulement se rétrécit. Cette solution conduirait à un travail considérable ; il faudrait faire, en quelques années, un nouveau

réseau qui doublerait l'ancien dont l'exécution a exigé plusieurs siècles.

Quant à l'auteur du mémoire de 1898, il est d'avis que l'élargissement du lit majeur du fleuve doit être commencé dans la province de Hung-Hoa, où l'état actuel des digues cause à ce territoire d'énormes dommages.

Ces digues sont, en effet, un obstacle à l'écoulement des eaux claires descendant des vallées secondaires et qui, retenues par les digues, forment des marécages qui deviennent chaque année de plus en plus nombreux. On ne peut songer à diriger ces eaux dans le fleuve au moyen de coupures ; car le colmatage du lit majeur en empêcherait l'écoulement.

Le remède consiste donc à faire des coupures dans les digues, mais de façon à permettre au fleuve d'épandre ses eaux dans la plaine et de la colmater. On formerait ainsi, avec l'aide des digues transversales, une série de bassins d'inondation qui auraient le double avantage, et d'atténuer les crues du fleuve, sans danger pour la province, et de rendre à la culture par le colmatage une grande étendue de terrains marécageux.

Création de réservoirs dans la partie haute du Delta. — M. l'ingénieur Godard n'est pas partisan de cette solution ; d'après lui, la création de réservoirs dans le haut Delta présente une utilité très discutable au point de vue des crues ; car ces réservoirs atténueraient très faiblement les crues du Delta. Ils serviraient surtout aux irrigations. C'était l'avis de la commission supérieure des digues qui motivait ainsi son opinion. La création de réservoirs n'aura de raison d'être que si on les exécute soit dans la région montagneuse, soit tout au moins dans le haut Delta. Il semble difficile, pour le moment du moins, de songer à faire de semblables travaux dans la région montagneuse,

aujourd'hui encore si peu connue. Ils devraient offrir des surfaces considérables. Nous avons dit précédemment que pour abaisser la crue de 1 mètre à Hanoi il faudrait réduire le débit de 700 mètres par seconde; supposons une crue de 24 heures seulement, devant atteindre la cote 9 à Hanoi; pour la ramener à la cote 8, il faudrait emmaganiser 61 millions de mètres cubes. Les terrains du Delta sont assez plats, et si nous admettons un réservoir de 2 mètres de hauteur moyenne, il lui faudrait une surface de 3,000 hectares. Si la crue devait durer 48 heures, il faudrait le doubler, et ainsi de suite. Créer de toutes pièces un semblable réservoir constituerait une dépense considérable

On atteindrait le même résultat, disait la commission, si, comme le propose M. le Résident de Sontay, on venait à transformer tout ou partie de cette province en un réservoir d'emmagasinement. La dépense serait alors loin d'être aussi importante. Cette solution ne serait toutefois pas sans danger ni sans exiger quelques travaux préparatoires. A supposer que dans la province de Sontay on supprime la digue gauche du fleuve Rouge, il se formera, lors des crues, un vaste réservoir compris entre le fleuve Rouge, le Song-ca-lo, les montagnes qui bordent le Vinh-yen et une ligne à déterminer du côté du Song-cau. Le danger d'un semblable réservoir consistera à placer au-dessus de la province de Bac-Ninh une telle masse d'eau, dont elle ne sera protégée que par la digue rive droite du Song-ca-lo.

Actuellement quand les digues du Song-ca-lo viennent à se rompre, la province de Bac-Ninh ne reçoit qu'une partie des eaux de ce cours d'eau ; mais qu'elles viennent à se rompre une fois ce vaste réservoir constitué et rempli, la province aura à supporter le passage de l'immense masse d'eau qui y sera contenue..

Le réservoir ainsi constitué devra être strictement limité, sinon du côté de la province de Hung-Hoa, tout au moins de celui du Song-cau, de façon à ne pas créer d'inondation dans la région traversée par ce cours d'eau. La construction d'un ouvrage régulateur sur le Song-ca-lo sera donc nécessaire ; cet ouvrage empêcherait le débouché de s'accroître sous l'influence des eaux du réservoir. Cette suppression des digues sur la rive gauche du fleuve Rouge ne pourra se faire qu'avec certaines précautions prises au point de vue du maintien du chenal du fleuve, dans la traversée des provinces de Sontay et, sans doute, de Hung-Hoa.

Si la même solution était adoptée sur la rive droite, les mêmes précautions seraient à prendre ; car le même danger existerait pour la province d'Hanoi et pourrait causer un désastre à Hanoi même.

Il est assez difficile, étant donné le peu d'éléments que nous avons entre les mains de se rendre compte de l'effet qu'un pareil emmagasinement d'eau pourrait produire sur les crues.

Faisons un simple calcul qui n'aura la valeur que d'une approximation ;

Nous supposons, à un moment donné, un régime permanent de crues établi tel que la hauteur à Hanoi soit de 7 mètres et que les eaux continuent à monter ; admettons en outre que lorsqu'il se produit à Sontay une certaine élévation du plan d'eau, il se produit à Hanoi, quelques heures après, une surélévation réduite dans la proportion de 5,500 à 8,000, représentant le rapport entre les débits du fleuve Rouge, à Hanoi et à Sontay.

Si la crue s'accentue et amène un supplément d'eau d'environ 1,000 mètres cubes par seconde, il se produira à Sontay une surélévation de 2^{m}40 environ; et quelques

heures après, il passera à Hanoi un cube supplémentaire de 1,400 mètres cubes et il se produira un exhaussement de 2 mètres.

Au lieu de cela, le réservoir une fois créé, l'eau se répandra en face de Sontay sur la plaine déjà inondée. Autant qu'il est facile de l'apprécier sur les cartes, la surface d'inondation serait d'environ et très approximativement de 300 kilomètres carrés.

Le débit supplémentaire de 2,600 mètres cubes ne s'emmagasinera pas entièrement dans ce réservoir, car au fur et à mesure que les eaux monteront, le débit à l'aval ira en croissant et les eaux, par suite, en s'exhaussant; mais admettons-le pour plus de simplification et nous arriverons à trouver les hauteurs des crues quand le régime sera établi.

Pour que, dans le réservoir, le niveau des eaux monte de 2m40, il faudra que la quantité d'eau emmagasinée soit de 2m40 × 30 kil. carrés, soit 680 millions de mètres cubes. Il faudrait donc le débit supplémentaire de cinq jours pour qu'à Hanoi la crue atteigne 9 mètres. C'est là un cas qui ne nous paraît pas se produire généralement dans le fleuve Rouge qui est soumis à un régime torrentiel et où les grandes crues ont peu de durée.

En ce qui concerne la rive gauche, la suppression des digues est réclamée unanimement par la population. C'est de ce côté qu'à notre avis un premier essai devrait être fait, sauf dans l'avenir à l'étendre à la rive droite. La commission supérieure des digues de 1896 décida, d'ailleurs, que cette solution était une de celles qui doit être prise en considération, et dont les études devaient être poursuivies dans le plus bref délai possible.

Exécution de nouveaux canaux conduisant dans le Thai-Binh ou ses affluents une partie des eaux de crue. — M. l'ingénieur Godard n'est pas très partisan de ce système. D'après ce spécialiste, la création de canaux de décharge semble de prime abord très efficace ; mais il aura entre autres inconvénients celui de coûter fort cher. Des canaux ont déjà été ouverts, qui par leur ensablement ont perdu toute efficacité. Sans doute on peut les remettre en état par des dragages sérieux; on peut même, suivant les indications que nous donne le fleuve, en ouvrir d'autres, soit à Phu-liet, comme le demandait M. le Résident de Bac-ninh; soit à Palan, un peu en amont de Hanoi. Mais ces canaux exigeront la construction de nouvelles digues et un entretien minutieux, sous peine de les voir devenir, en peu de temps, dangereux comme ceux du Day et des Rapides, dont plusieurs personnes compétentes demandent la fermeture.

Dans un rapport du 15 février 1887, M. Bouchet, Résident de Bac-ninh, demandait la fermeture du canal des Rapides. « Nous demandons, écrivait ce haut fonctionnaire, que l'on comble le canal des Rapides qui n'a, du reste, aucune utilité ; en effet, pendant les basses eaux, la navigation n'y est pas possible ; dans certains endroits, il n'y a que vingt centimètres d'eau. Aux hautes eaux, le courant est tel que les jonques n'osent s'y aventurer.

« Au point de vue commercial, il est tout à fait inutile. Nous vous prions, en conséquence, de soumettre nos vœux au Gouvernement du protectorat. »

Ce ne sont pas seulement les populations de Bac-ninh qui réclament le comblement du canal, mais même celles de Haiduong, qui subissent le contre-coup des inondations de ce canal; car c'est, en effet, par la rupture des digues de ce dernier et non du fleuve Rouge que la grande inon

dation de l'année dernière s'est produite et a ravagé une partie des provinces de Bac-ninh et Haiduong.

Quant au Day, il est bouché à son point de départ. On a demandé, en 1896, que des études soient faites pour désobstruer cette entrée ; malheureusement les sondages opérés, depuis cette époque, par le service compétent, ont démontré que cette obstruction s'étend sur des kilomètres et que le travail de désobstruction est pratiquement irréalisable.

La commission supérieure des digues avait, en 1896, exprimé à peu près la même opinion, au sujet de la création de nouveaux canaux de décharge. Pour cette commission, ce système paraissait rationnel, sans doute. Au moment des hautes eaux, il existe une assez grande différence de niveau entre le fleuve Rouge et le Thai-Binh. Une partie des eaux de crue peut donc y être déversée et ce, sans grand inconvénient, puisque le Thai-Binh est sur la plus grande partie de sa longueur, tout au moins jusqu'aux Sept Pagodes, soumis à la marée et, par suite, sans grande crue. Cette idée est celle qui a conduit à exécuter le canal des Rapides. Elle est depuis longtemps à l'ordre du jour, car, dès 1886, on étudiait un nouveau canal allant de Phu-Liet à Haiduong ; mais ce système conduirait à des travaux coûteux et longs et enlèverait à l'agriculture une certaine quantité de terrain. Il présente de plus un aléa considérable. Il n'est pas possible de se rendre compte *à priori* de la quantité d'eau que sera susceptible de débiter un nouveau canal, même en lui donnant lors de la construction un débouché connu.

Deux éventualités peuvent se produire : ou bien l'embouchure du canal peut venir à s'obstruer comme s'obstruent actuellement l'embouchure du Day et, partiellement, celle du canal des Bambous, ou bien les berges et le fond

peuvent s'affouiller comme on le redoute dans le canal des Rapides. Dans le premier cas, le canal devient, soit en totalité, soit en partie, inutile ; dans le second cas, il est une cause de désastre et de ruine pour la province qu'il traverse, et entraîne avec lui la construction de digues qui peuvent devenir très élevées.

Il faudrait donc, si ce système était adopté, prévoir en tête du canal l'établissement d'un ouvrage régulateur de débit, qui constituerait un travail coûteux et d'une exécution difficile dans les terrains du Delta.

Cette solution aurait donc un effet problématique.

Nous venons d'examiner les avantages et les inconvénients des divers systèmes proposés par les partisans de modification du régime actuel des digues. Quel est celui de ces deux systèmes qui devra être adopté ? D'après M. Godard, ce serait le système qui préconise l'élargissement du lit majeur dans le haut Delta où la plaine submersible n'est pas très étendue.

Mais, si dans ce problème du régime à adopter pour les eaux du fleuve Rouge, on considère la question des irrigations, d'été en hiver, deux autres solutions se présentent, continue cet ingénieur :

1° La construction d'un grand barrage au sommet du Delta ;

2° L'établissement en divers points du delta d'usines élévatoires hydrauliques.

Examinons d'abord la question des irrigations et de l'assèchement dans le Delta.

Le réseau des digues, tel qu'il existe actuellement, présente un double inconvénient au point de vue de l'irrigation des terres. Au Tonkin, où, pendant l'été, les pluies sont très irrégulières, l'eau tombée s'accumule dans ces

sortes de casiers formés par les digues, et l'écoulement devenant impossible, elle forme dans le bas des provinces d'immenses marécages qui sont un obstacle à la récolte du dixième mois. C'est ce qui se produit à deux pas de Hanoi, dans le huyen de Than-tri où d'immenses espaces sont noyés pendant une grande partie de l'année, les eaux de pluie retenues par la digue du fleuve Rouge n'ayant aucun écoulement.

Le deuxième inconvénient, encore plus grave que le premier, est la sécheresse qui cause ici d'épouvantables famines; car, grâce aux digues, le paysan ne doit compter que sur l'eau de pluie, et si cette dernière lui manque, il est obligé d'assister impuissant à la perte de ses récoltes, alors que souvent l'eau coule à pleins bords dans le fleuve qui est tout près, enserré dans ses digues.

La province de Hung-yen — et le fait peut paraître surprenant — ne reçoit pas d'eau du fleuve Rouge, et le canal des Bambous lui est aussi devenu inutile. En effet, la seule voie d'écoulement sérieuse qu'elle avait sur cette artère, à l'embouchure du Cua-ien, a été fermée par la digue de la rive gauche de ce canal. Il n'y existe plus qu'une rivière amenant l'eau dans la province, c'est celle de Késat, ce qui est absolument insuffisant et, de plus, présente un certain danger.

Ne voit-on pas de suite l'importance, au point de vue de l'agriculture, d'un système d'irrigation et d'assèchement qui permettrait d'amener toute l'année dans les rizières l'eau limoneuse du fleuve Rouge, et d'assécher les marécages qui, dans le Delta surtout, enlèvent à l'agriculture tant de terrains ?.

Pour les travaux d'assèchement, deux systèmes sont proposés qui évacueraient l'excédent des eaux fluviales.

1° Creusement de canaux passant en siphon sous les rizières et amenant l'eau à la mer ;

2° Établissement de machines élévatoires hydrauliques puisant l'eau des rizières et la déversant dans les canaux.

Le premier de ces projets, bien que fort coûteux, doit avec quelques modifications être préféré à celui de machines élévatoires, peu pratiques au Tonkin où les pluies sont abondantes.

Pour les travaux d'irrigation, il y a lieu de tenir compte des deux saisons.

Pendant la saison sèche, on peut admettre, par analogie avec les systèmes adoptés dans l'Inde anglaise, un débit d'un mètre cube par seconde et par hectare; pour l'autre saison où les pluies apportent leur contingent, ce débit peut être réduit de moitié. D'autre part, la cote moyenne du fleuve, en été, étant d'environ 6 mètres, c'est à cette graduation que devront être établies les prises d'eau.

En hiver, ces prises devront être calculées d'après la cote indiquée par la hauteur moyenne des eaux en cette saison.

Dans le système des prises d'eau à adopter, le siphon devra être préféré à la vanne pour les raisons suivantes:

1° Le siphon maintient l'homogénéité de la digue, étant établi en superstructure;

2° Il empêche toute filtration dans les digues, lorsqu'il ne fonctionne pas. Nous ne nous appesantirons pas sur la théorie du siphon que tout le monde connaît, non plus que sur l'amorçage automatique de ce dernier au moyen de l'eau entraînant l'air.

Les terrains à irriguer dans le Delta peuvent se diviser en trois régions bien distinctes :

1° La région comprise entre le Day et le Cua-bat-Lat ;

2° La région comprise entre le Cua-ba-Lat et le Thai-binh ;

3° La région au nord de Myduc et celle située au sud de ce même point.

Ces trois grandes divisions comportent des subdivisions pour chacune desquelles nous allons indiquer le système d'irrigations à adopter.

La première région se divise en trois parties, l'une comprise entre le fleuve Rouge et le canal de Phu-ly. La pente de ce terrain ayant une direction sensiblement nord-Sud, il y aurait lieu d'établir une prise d'eau à Palan, au moyen d'une batterie de six siphons qui débiteraient, pour une surface d'irrigation de 10,000 hectares, quarante mètres cubes à la seconde.

La deuxième, comprise entre le canal de Phu-ly et celui de Nam-dinh est couverte pendant l'été d'eau de pluies. Malgré les essais de suppression des digues faits dans cet endroit, il semble rationnel de conserver ces ouvrages d'art et d'établir, sous réserve naturellement des études plus complètes du nivellement à intervenir, un siphon sous le canal de Phu-ly, près du débouché du Song-thien et qui déverserait ses eaux dans le Song-dang-giang ou dans le Lisien-siang. Il y aurait une deuxième solution qui consisterait en l'établissement d'une usine élévatoire hydraulique sur la digue nord du canal de Phu-Ly ; nous reviendrons plus loin sur l'inconvénient de ce deuxième système.

La troisième partie comprise entre le Day et le fleuve Rouge, au sud du canal de Nam-dinh, ne laisse rien à désirer au point de vue de l'irrigation. M. Lomet, résident de cette province, a indiqué, dans un remarquable rapport, à la commission supérieure des digues, les quelques améliorations qu'il y aurait lieu d'apporter, telles que

creusements de petits canaux, construction d'ouvrages, de prises d'eau sous faible charge, etc.

La deuxième région se subdivise également en deux parties : la première correspond à la partie de la province de Bac-Ninh située au nord du canal des Rapides. La pente du terrain se dirigeant vers le Song-Cau, on pourrait établir vers le point de séparation des digues du Song-ca-lo une batterie de siphons analogue à celle indiquée pour Palan, et qui aurait à irriguer environ 80,000 hectares.

La deuxième partie, qui comprend la région de la province de Bac-Ninh située au Sud du canal des Rapides toute la province de Hung-Yen et une partie de celle de Haiduong, présente deux pentes générales : l'une allant vers le Thai-binh et l'autre vers le canal des Bambous. Une batterie de six siphons établie à Phu-liet assurerait l'irrigation de ces terrains.

La troisième partie, située entre le fleuve Rouge et le Thai-binh au sud du canal des Bambous, est admirablement irriguée. Il suffira de procéder au curage des cours d'eau et à l'exécution de quelques travaux indiqués par M. le Résident Minault.

La troisième région comprend deux parties : l'une située au Nord, l'autre au Sud du Myduc.

Pour la première partie il sera nécessaire d'établir une batterie de six siphons sur la digue de la rive droite du fleuve Rouge, près de l'arroyo de Sontay.

Quant à la deuxième partie qui ne comprend aucune digue, il faudra créer des canaux d'asséchement et d'irrigation.

Il ne suffit pas de prendre l'eau au fleuve, soit pour l'atténuation des crues, soit pour l'irrigation ; il est une autre question qui se pose : celle de la distribution des

eaux et du tracé des canaux, question très complexe et que l'on ne pourra résoudre que lorsqu'on sera fixé sur le nivellement du Delta, travail sur l'utilité duquel nous ne reviendrons pas.

Néanmoins il y a un intérêt immédiat et économique à établir les prises d'eau et à les utiliser, malgré les difficultés nombreuses qu'elles feront ressortir. D'autre part, les irrigations d'été, pour être effectives, devraient se répandre sur toutes les rizières, de juin à octobre. Or, si l'on consulte les crues du fleuve Rouge, ce résultat ne pourra être atteint que par la construction d'un grand barrage dont nous allons parler.

Pour les irrigations d'hiver, l'examen attentif des besoins de l'agriculture nous amène à conclure qu'il faudra assurer l'eau en quantité suffisante dans les rizières, de janvier à mai.

Cette quantité d'eau à fournir, nous l'avons indiquée plus haut, sera de 1 mètre cube par hectare.

Ce qui nous donnera pour les différentes régions :

	Superficie à irriguer.	Cube d'eau par seconde.
1re Région. *Entre le Day et le fleuve Rouge (Cua-ba-lat).*		
Il n'y a à irriguer que la partie au nord du canal de Phu-ly	100,000 h.	100mc env.
2me Région. *Entre le fleuve Rouge et le Thai-Binh.*		
Région entre le Song-ca-lo et le canal des Rapides. . .	80,000 h.	80mc
Région entre le Canal des Rapides et le canal des Bambous. (Il n'y a à irriguer que la moitié de la surface). .	100,000 h.	100mc

3me Région. *Rive droite du Day.*	Superficie à irriguer	Cube d'eau par seconde.
Il n'y a à irriguer que la partie nord jusqu'à My-Duc . .	600,000 h.	60mc
Total. .		340mc

Comme nous l'avons déjà indiqué, deux solutions se présentent pour assurer les irrigations d'hiver :

1° La construction d'un grand barrage au sommet du Delta ;

2° L'établissement en divers points d'usines élévatoires hydrauliques.

Nous allons examiner sommairement les deux solutions de cet intéressant problème.

L'emplacement à choisir pour la construction d'un grand barrage sur le fleuve Rouge est Palan, village situé un peu en aval du point de séparation du fleuve et de ses deux défluents, le Day et le Son-ca-lo.

La construction de cet ouvrage doit répondre aux trois desirata suivants :

1° Élever le plan d'eau du fleuve de 4 mètres au-dessus du niveau d'étiage, de façon à amener en hiver l'eau au niveau des rizières ;

2° Être disposé de telle façon que le lit du fleuve ne se surhausse pas à l'amont ;

3° Ne pas interrompre la navigation.

Il se composera donc d'un barrage mobile et d'une écluse à ras. Le barrage fixe aura 800 mètres, le barrage mobile 200 mètres ; l'écluse à ras, qui aura 60 mètres de longueur, sera établie sur la rive droite du fleuve ; près d'elle sera aménagée une prise d'eau pour l'irrigation de la région comprise entre le Day et le fleuve ; une deuxième prise d'eau établie sur la rive gauche sera éclusée à Kinh-hoai.

Ce barrage doit être construit en vue des irrigations d'été et de celles d'hiver. Les prises d'eau à établir seront placées à une cote telle qu'elles puissent fonctionner pendant les deux saisons. En été, où le débit d'eau à fournir sera considérable, on devra renforcer ces prises d'eau par l'adjonction de gros siphons. A Palan, par exemple, où la prise d'eau devra débiter 100 mètres cubes à la seconde, il sera nécessaire d'ajouter 20 siphons de 1m30.

Ce barrage sera complété par des travaux de fixation du lit mineur et du chenal, à l'amont et à l'aval, sur une étendue de 3 kilomètres, par des travaux de défense aux extrémités du barrage, pour que ce dernier ne soit pas tourné.

Outre l'ouvrage de Palan, il y aurait lieu encore de barrer le Day et le Song-ca-lo, un peu au-dessous du sommet du Delta.

Sur le Day, on construirait un barrage mobile de 50 mètres, situé au milieu du premier. Sur le Song-ca-lo qui est très encaissé, un barrage mobile de 80 mètres de longueur suffirait.

Les prises d'eau établies en ces trois points devraient débiter :

Prise de Palan . . . . 100 m. cubes.
Prise d'eau de Sontay . . . . . 60 m. cubes.
Prise d'eau de la rive gauche du fleuve Rouge . . . . 180 m. cubes.

Soit un total de 340 mètres cubes qui représente la moitié du débit minimum du fleuve Rouge à Sontay.

La deuxième solution pour assurer les irrigations est l'établissement en divers points du Delta d'usines élévatoires hydrauliques.

Leur répartition dans le Delta peut se faire de deux

façons : ou établir de puissantes usines en des points déterminés, ou disséminer de nombreuses petites usines sur divers points.

Ces deux systèmes ont leurs avantages et leurs inconvénients.

Quoi qu'il en soit, l'emplacement de ces usines est tout indiqué par l'endroit des trois prises d'eau précitées. On pourrait en établir une quatrième à Phu-liet, sur la rive gauche du fleuve Rouge, un peu au sud du point de départ du canal des Rapides. Cette usine servirait à l'irrigation de la région comprise entre le canal des Bambous et le Thai-binh.

Une cinquième usine trouverait peut-être aussi sa place à Nghé-xuyen.

Nous ne faisons qu'indiquer ce deuxième procédé des usines élévatoires, qui est très inférieur à la solution par barrage. Cette dernière solution, en effet, tout en assurant les irrigations pendant les deux saisons, facilite l'aménagement des canaux de navigation intérieure.

Cette question de la navigation dans le Delta a aussi son importance ; et il est indispensable d'en tenir un sérieux compte dans les divers projets à examiner sur l'aménagement des eaux du fleuve Rouge.

Deux solutions se présentent pour résoudre ce nouveau problème :

1° Régulariser et fixer le lit et les rives des rivières à fond mobile ;

2° Créer des canaux artificiels à niveau fixe avec écluses.

Le premier procédé est délicat, difficile, coûteux; ses résultats sont incertains.

Le deuxième, au contraire, si nous considérons les travaux à entreprendre ou à exécuter dans les autres

Deltas, celui du Rhône, par exemple, en Égypte et aux Indes, semble recueillir tous les suffrages. Il est actuellement difficile de se prononcer sur le réseau des canaux à établir, le régime des eaux du Delta étant encore insuffisamment connu. Néanmoins, on peut déjà indiquer l'utilité de deux principaux canaux, partant tous les deux du sommet du Delta, l'un sur la rive droite, passant à Hanoï, et desservant le bas de la province, le second sur la rive gauche, allant à Dap-Cau. De cette façon, on assure de suite des communications directes entre le fleuve Rouge et Haiphong. Peut-être même, et les études à faire sur le Delta et le régime de ses eaux l'indiqueront, ne serait-il pas nécessaire de creuser ces canaux; et les canaux d'irrigation, bien aménagés, munis d'écluses à ras, de barrages, déversoirs, prises d'eau, etc.., pourront servir à un double usage.

Nous n'insistons pas sur les canaux d'assèchement ou drains qu'il y aura lieu d'établir concurremment avec les autres canaux.

Le devis total des dépenses à engager pour l'exécution des travaux d'aménagement des eaux du fleuve Rouge, d'après les deux systèmes, grand barrage et usine élévatoire, indique les charges annuelles suivantes :

Première solution : *Barrage.*

Intérêt et amortissement du capital de premier établissement, 10 p. c. sur :

fr. 20,520,000 2,052,000

2me solution : *Usines élévatoires.*

Intérêt et amortissement du capital de premier établissement, 10 p. c. sur :

fr. 17,000,000	1,700,000	3,700,000
Coût annuel du fonctionnement.	2,000,000	

En dehors des avantages que présente la solution par grand barrage, on voit encore quel intérêt économique il y a à adopter ce système.

Donc, et nous concluons, l'établissement d'un grand barrage, au sommet du Delta, avec un réseau de canaux en éventail servant à la navigation et à l'irrigation, peut résoudre le problème des digues, le barrage fonctionnant comme ouvrage répartiteur; il assure d'une façon complète les irrigations d'été et d'hiver; il résout enfin le problème de la navigation intérieure qui, dans le système d'usines élévatoires, est complètement sacrifié.

Si nous avons donné un tel développement aux considérations qui précèdent, c'est qu'elles étudient toutes les solutions du problème, les irrigations dans les Deltas fluviaux et qu'elles analysent et apprécient tous les moyens pratiques comme pour l'amélioration du régime des eaux.

Cette étude constitue d'ailleurs, pour l'Indo-Chine française, une véritable doctrine, et c'est sur les propositions qu'elle renferme que le Gouvernement général de la possession vient de prendre récemment un arrêté dont voici la teneur, et qui constituera le premier acte d'une législation spéciale inexistante, et d'une tradition éparpillée aujourd'hui au travers de mille arrêtés particuliers, dont aucun principe général ne pouvait se dégager.

Article premier.

Il est institué à Hanoi une commission chargée :

1° D'étudier les défectuosités du système actuel de défense contre les inondations provenant des crues annuelles des différents cours d'eau du Tonkin ;

2° De proposer toutes modifications, mesures et pro-

grammes de travaux susceptibles d'empêcher le retour de ces inondations;

3° De soumettre à cet effet, à l'autorité compétente, tous les projets de règlements techniques et administratifs qui paraîtront utiles.

ARTICLE 2.

Cette commission qui se réunira à Hanoi, sur la convocation de son Président, est composée ainsi qu'il suit :

MM. Le Résident supérieur au Tonkin, *Président;*

L'Ingénieur en chef, chef de la 1re circonscription du service ordinaire;

L'Administrateur chef de la province de Hung-yên;

L'Administrateur, chef de la province de Ha-dong;

Le Lieutenant-colonel, chef du Service géographique;

Le Chef du service de l'Agriculture du Tonkin;

Un membre de la Chambre d'agriculture du Tonkin, à la désignation du Président de cette assemblée;

Un ingénieur des Travaux publics, à la désignation du Directeur général des Travaux publics;

Un lieutenant de vaisseau désigné par le commandant de la station locale de l'Annam et du Tonkin;

Le tong-doc de la province de Hung-yên;

Le tong-doc de la province de Bac-ninh;

Le tong-doc de la province de Ha-dong;

Un fonctionnaire de la Résidence supérieure, *secrétaire.*

ARTICLE 3.

La commission pourra entendre, à titre consultatif, toutes personnes qui lui paraîtront susceptibles de lui donner d'utiles renseignements.

CHAPITRE II.

ANNAM.

En Annam, il n'y a pas lieu de procéder à de grands systèmes d'irrigations. La chaîne annamitique, parallèle aux rizières de la mer, ne laisse pas de place à de larges deltas comme ceux du Fleuve Rouge, du Mékong, ou de la Ménam. La régime des eaux est donc plutôt dans les préoccupations du propriétaire que dans celles de l'administration. Chaque cultivateur de rizière s'ingénue à drainer et à irriguer le mieux qu'il peut et par ses propres moyens. C'est donc là que l'on trouve la plus grande variété de norias, roues à augets, moyens de transport de l'eau par main-d'œuvre humaine, traction mécanique, etc. Le meilleur de ces systèmes, tous très simples, paraît être la machine élévatoire à traction animale, inventée par M. le capitaine Fesch, du 1er régiment étranger, et qui fut récompensée à l'Exposition de Hanoi.

Le gouvernement local se désintéressant de cette question, et les initiatives privées paraissant impuissantes à la résoudre d'une façon convenable et certaine, une Société s'est fondée en Annam pour l'irrigation des rizières, sous le titre de *Société de reconstitution agricole de l'Annam*. Cette Société utilisait la captation des eaux fluviales, leur conservation dans des biefs naturels étranglés à leur sortie, et leur répartition pendant la saison sèche. A cette irrigation de la région montagneuse, la Société joignait, sur le territoire avoisinant le littoral, l'élévation des cours d'eau navigables par des appareils élévatoires

La Société prévoyait que les terrains qui donnent

actuellement une récolte seraient susceptibles d'en donner deux, et que les terrains en friche pourraient rapidement en donner une.

Mais la principale cause de la stérilisation de l'Annam étant l'émigration de ses cultivateurs vers des pays plus riches, et les exigences de la Société étant jugées excessives, les expériences tentées en mai 1897 n'ont pas été continuées, et la question est demeurée pendante.

Il y aurait un grand intérêt à connaître, en ce qui concerne surtout l'établissement des digues et leur entretien — puis en ce qui concerne les moyens d'irrigation dans les terrains au dessus du niveau moyen des eaux fluviales (appareils à traction élévatoire) — le rendement moyen des terres améliorées et les avantages financiers qu'en retirent les États et les particuliers.

La bonne fortune nous est échue de recevoir de M. Marquetty, ingénieur des travaux publics de l'Indo-Chine, une *Note sur l'hydraulique agricole en Annam*, dans laquelle on pourra trouver les meilleurs et les plus encourageants éléments d'appréciation, quant aux travaux d'irrigations et à leurs résultats financiers tant pour l'État que pour les individus.

On remarquera que M. Marquetty, se basant sur diverses expériences et sur l'étude du caractère des indigènes, préconise, dans de grandes entreprises de ce genre, la seule intervention du Gouvernement local.

Il serait intéressant de rapprocher les calculs faits par M. Marquetty sur l'Annam, des calculs faits par M. Van der Heyde, conseiller hollandais du Gouvernement siamois, sur le Delta de la Ménam. On verrait la généralité des règles pratiques présentées par tous les ingénieurs européens, et l'optimisme de leurs prévisions.

NOTE SUR L'HYDRAULIQUE AGRICOLE en Annam.

La prospérité d'un pays est liée en général à celle de l'agriculture. Un adage populaire dit : « Quand le bâtiment va, tout va.» C'est exact ; mais il serait plus exact de dire: « Quand l'agriculture va, tout va.» En effet, s'il n'y a pas de récoltes, il n'y pas d'argent, et il en faut pour payer le maçon.

L'un des facteurs susceptibles au plus haut degré de donner à l'agriculture la prospérité que nous devons désirer tous est, à mon avis, l'hydraulique agricole. Un gouvernement doit y apporter la plus grande part de ses soins parce qu'il assure ainsi une bonne rentrée de l'impôt, une richesse durable des populations appelées à profiter de ses efforts, et une amélioration sensible de la richesse publique.

Ces vérités se constatent en Provence, dont le sol calcaire ne produisait que fort peu de chose comparativement à ce qu'il produit à l'heure actuelle. C'est l'irrigation qui est la base de la richesse de la Provence. Supprimez cette eau que la science de l'ingénieur a su distribuer d'une manière admirable, la valeur du sol diminuera des trois quarts. Le paupérisme et toutes ses calamités en résulteraient.

L'hydraulique agricole se divise en trois parties bien distinctes, savoir : l'irrigation, le desséchement et la protection des terres basses contre l'envahissement des eaux salées.

En Annam, l'irrigation et la protection des terres basses

constituent les deux points intéressants. Le dessèchement ne présente qu'un champ d'action très restreint dont je ne crois pas utile de parler dans le cours de cette note succincte. Cependant les personnes qui connaissent l'Annam ne devront pas confondre le dessèchement avec les immenses apports d'eau résultant des inondations qui désolent périodiquement le pays. Autre chose est d'effectuer un dessèchement, autre chose est d'atténuer ou d'empêcher l'effet désastreux des inondations. Je n'insiste pas sur ce point.

La protection des terres basses contre l'envahissement des eaux salées en Annam offre ceci de particulier qu'il suffit d'effectuer des travaux insignifiants, et par suite peu onéreux, pour restituer à l'agriculture des surfaces importantes.

Le principe de ces travaux est celui-ci : un cours d'eau se jette à la mer ; à droite et à gauche les terres sont basses, plus basses que le niveau moyen de la mer ; il en résulte que par le jeu des marées, elles sont dans une même journée tantôt recouvertes par l'eau de mer, tantôt découvertes. Mais l'eau de mer y dépose son sel qui rend la terre impropre à la culture.

Le but à atteindre est donc d'opposer un obstacle à l'envahissement des eaux salées, puis de construire des vannes, ou écluses, dans le lit du cours d'eau. On ferme les vannes à marée haute, et on les ouvre à marée basse pour permettre aux eaux de la rivière de s'écouler librement à la mer.

Les ouvrages de protection sont de simples digues, ou levées de terre, que les indigènes construisent sous la direction technique des agents du service des travaux publics. Cette main-d'œuvre est généralement constituée par des corvées levées par les résidents des provinces

intéressées, ou bien payée, mais moyennant une rémunération très faible.

Je connais plusieurs exemples au Tonkin où on a pu gagner des surfaces variant de 1,500 à 3,000 hectares, pour une dépense effective de 7 à 8,000 piastres (la piastre à 2 fr. 45).

La classification des terres en Annam au point de vue de l'impôt est faite par catégorie. La première catégorie comprend les rizières à deux récoltes annuelles et paye 1 p. 50 par maù (le maù varie suivant les contrées, mais sa valeur officielle comparée à l'hectare est de 36 ares). La deuxième catégorie comprend les rizières à une récolte annuelle et paye 1 p. 20. Les 3e et 4e catégories ne payent que 0 p. 80 et 0.60.

Si l'on pouvait atteindre la perfection, on devrait tendre dans la mesure du possible à faire passer la plus grande partie des terres à la première catégorie. C'est-à-dire qu'on devrait tendre à obtenir les deux récoltes annuelles de paddy.

Je crois qu'on aurait pu faire un peu plus en Annam en faveur de l'hydraulique agricole, et si le vent est aujourd'hui dirigé du côté des chemins de fer, j'estime cependant qu'une conception ne peut en empêcher une autre. A cette opinion on pourrait opposer l'obstacle financier, mais si dès les premières études d'une voie ferrée les discussions les plus passionnées se font jour, il n'en est plus de même lorsqu'il s'agit d'irrigation. L'irrigation porte en soi, sinon la richesse, du moins l'aisance, et tel terrain aujourd'hui improductif, devient une source de revenus pour son propriétaire, lorsqu'une irrigation bien comprise y apporte l'eau qui le féconde.

C'est pourquoi les indigènes en Annam se plient très facilement aux efforts qu'on leur demande dans ce sens;

ces sortes de travaux sont en effet tangibles pour eux; ils se rendent parfaitement compte que l'eau conduite en tête de leur propriété représente des piastres pour eux.

C'est pourquoi aussi l'irrigation par elle-même apporte le revenu immédiat assuré et l'annuité nécessaire à l'amortissement en tant d'années du capital nécessaire à l'exécution des travaux.

On voit que la question financière ne pourrait être un empêchement à la réalisation d'un programme étendu d'irrigations sur le territoire de l'Annam.

Or, l'Annam s'y prête admirablement. Ayant la prétention de connaître ce pays, je dis que si l'on ne se résout pas à y faire des irrigations on n'en fera jamais nulle part.

La dose normale d'arrosage est extrêmement variable suivant la nature du terrain.

En Provence, où le terrain est calcaire, on emploie généralement pour les diverses cultures en usage, sauf pour la submersion des vignes, la dose de un litre par seconde et par hectare. Mais les pertes dues aux infiltrations dans le sol sont considérables ainsi que celles résultant de l'évaporation. D'autre part, la hauteur d'eau tombant annuellement dans le département des Basses-Alpes, par exemple, n'est que de 885 millimètres, en Vaucluse elle est de 600 millimètres.

Dans le Nord de l'Annam, les observations météorologiques ont accusé jusqu'à 1,700 millimètres. L'aide apportée par la nature est donc un facteur dont il y a lieu de tenir compte.

D'un autre côté, l'eau est retenue par la nature argileuse du sol; les pertes dues aux infiltrations sont pour cette raison très peu importantes, et le sous-sol est lui-même en général imprégné d'une certaine humidité.

Par contre, si la culture des rizières exige un volume

d'eau très élevé, il y a lieu de noter qu'un emploi rationnel des eaux tendrait à réduire le débit, apparemment nécessaire, dans une certaine proportion.

Quoi qu'il en soit, j'estime que la dose de 1l20 par seconde et par hectare permet d'avoir l'eau courante, et que ce débit est de nature à satisfaire à tous les besoins.

J'ai eu l'occasion de m'occuper notamment d'une affaire assez importante en Annam sur laquelle je peux donner quelques aperçus intéressants.

Le périmètre déterminé était de 50,800 hectares, mais toutes réductions faites, la surface réellement irrigable tombait à 19,000 hectares. Ces réductions étaient constituées par les rizières à deux récoltes, les chemins, les digues, les villages et bosquets, les cours d'eau, les terres absolument incultes, les terres hautes, les montagnes, etc...

Le classement par catégorie de cette superficie de terrains donnait la répartition suivante, d'après le dépouillement du rôle d'impôts : 26,271 maùs de 2e catégorie, 22,518 maùs de 3e catégorie et 3,753 maùs de 4e catégorie, soit 52,542 maùs ou 19,000 hectares environ.

Il va sans dire que les résultats obtenus par le service compétent ne concordaient pas avec les chiffres indiqués par les rôles d'impôt. Cette différence provenait de ce que le « cadastre annamite » était exact, et la déclaration des intéressés des plus sujettes à caution.

La revision des rôles d'impôts est une mesure qui s'impose ; elle s'opérera du reste elle-même, au moins dans certaines régions, par l'action raisonnée et mathématique du service des travaux publics.

L'impôt afférent à la rivière de 1re catégorie étant de 1 p. 50 par maù, les terres de 2e et 3e catégories supposées irriguées passeraient à la 1re catégorie dans le cas où

l'affaire à laquelle je fais allusion se réaliserait. Elles auraient donc à payer 0 p. 30, 0 p. 70 et 0 p. 90, en plus, par maù.

L'augmentation de l'impôt foncier serait ainsi de :

Rizières de 2ᵉ catégorie 26,271 maùs ×
0 p. 30 = 7,881 p. 30

Rizières de 3ᵉ catégorie 22,518 maùs ×
0 p. 70 = 15,762 p. 60

Rizières de 4ᵉ catégorie 3,753 maùs ×
0 p. 90 = 3,677 p. 70

26,721 p. 60

soit en chiffres ronds : 26,700 p.

A l'augmentation de l'impôt foncier viennent s'ajouter les droits d'exportation.

Pour les rizières bien irriguées, on peut admettre que le rendement est de 40 paniers environ par hectare, mais la récolte du cinquième mois est toujours inférieure en quantité et en qualité aussi, d'ailleurs, à la récolte du dixième mois, mais il est donc prudent de réduire le nombre de 40 paniers à 30.

En supposant que la culture du riz soit mise en usage sur toute la surface irriguée, le rendement total serait de 52,542 maùs à 30 paniers × 15 kil. = 23,643,900 kil.

Les droits d'exportation du riz à l'étranger étaient de 0 p. 25 par picul de 60 kilog. 400 (pour la France ces droits étaient réduits de moitié, mais le riz importé de l'Indo-Chine en France est expédié de Cochinchine et non d'Annam). Il s'ensuivrait que les droits d'exportation sur la totalité de la surproduction serait de $\frac{23,643,900 \text{ kilog}}{60 \text{ k. } 4} \times$ 0 p. 25 = 391,455 piculs × 0 p. 25 = 97,864; mais il est inadmissible de tabler sur ce chiffre.

En effet, en supposant même que la surface totale de 19,000 hectares soit cultivée en riz, il semble logique d'admettre que 1/3 environ de la récolte serait consommé dans le pays.

D'autre part, le système de l'assolement des terres qui est, en somme, une succession méthodique de cultures combinées dans le but d'obtenir du sol le meilleur rendement possible, sans l'affaiblir, conduit généralement le cultivateur à employer pour un même morceau de terre plusieurs cultures différentes, en établissant un roulement pour chacune d'elles et par année, et certaines cultures n'exigent que peu d'eau. Les indigènes peuvent cultiver le coton, les patates, les haricots, les arachides, les aubergines, etc...

J'admets que les 3/4 seulement de la superficie totale seraient cultivés en rizières, et que le tiers de la production serait consommé sur place.

Dans ces conditions non éloignées de la vérité, plutôt défavorables au rendement probable, les droits d'exportation seraient ainsi réduits :

$$\frac{23{,}643{,}900 \text{ k.} \times 3}{4} = 17{,}732{,}925 \text{ k.}$$

$$\frac{17{,}732{,}925 \text{ k.} \times 2}{3} = 11{,}821{,}950 \text{ k.}$$

C'est donc sur 11,821,950 kilog. ou 195,728 piculs que doit porter le calcul des droits d'exportation.

Ces droits s'élèveraient donc à 195,728 piculs × 0 p. 25 = 48,932 p.

L'augmentation de 26,700 p. doit être réduite du quart; d'après ce qui précède, elle serait donc de . 20,025 p.

Report des droits d'exportation . . . 48,932 p.

Il en résulterait un revenu total probable de. 68,957 p.

Indépendamment de cette ressource, la fortune publique augmenterait dans une proportion très appréciable. Le bénéfice minimum que retirerait l'indigène serait d'environ 0 p. 20 par picul, soit au total $\frac{17,732,925 \text{k.} \times 0 \text{ p. } 20}{60 \text{ k. } 4}$ $= 293,591$ piculs $\times$ 0 p. 20 $= 58,718$ p.

En résumé, la dépense de pr.mier établissement n'étant pas trop élevée, on peut avec ce revenu d'environ 70,000 p. = 171,500 francs (duquel il convient de diminuer les frais d'entretien de l'ensemble de l'œuvre), payer l'annuité d'un capital important. Ces calculs simples viennent à l'appui de ce que je disais plus haut quant à la possibilité financière d'exécuter de tels travaux, concurremment avec la construction du réseau des chemins de fer indo-chinois.

L'exécution des travaux, ainsi que le fonctionnement des arrosages et le recouvrement des taxes, pourraient être remis à une société concessionnaire sous le contrôle de l'administration.

Mais si l'indigène se plie très aisément à une augmentation d'impôts, il lui répugne de payer une taxe, soit en nature, soit en argent. Il en résulte que les sociétés concessionnaires de canaux d'irrigation ne peuvent que bien difficilement faire leurs affaires.

D'autre part, il est à peine besoin d'insister sur l'impossibilité évidente de constituer des syndicats comme on le pratique en France, sous l'empire de la loi du 21 juin 1865, modifiée par celle du 22 décembre 1888, et dont le décret du 9 mars 1894 porte règlement d'administration publique; les idées de mutualité chez l'Annamite, ou disons mieux, d'humanité, ne peuvent même être agitées en Indo-Chine à ce sujet.

En admettant qu'une société se présente pour substi

tuer son action à celle du Gouvernement local, à ses risques et périls, moyennant le recouvrement d'une taxe en nature ou en argent, je pense que l'offre devrait être refusée. L'administration se créerait de très grandes difficultés avec les populations par la liquidation des affaires litigieuses qui ne manqueraient pas de se soulever à tout instant et à tout propos avec la société concessionnaire.

En France, même les canaux concédés n'ont donné, en général, que de mauvais résultats. J'estime donc que le Gouvernement local doit seul intervenir dans des questions de cette nature.

CHAPITRE III

DELTAS DU MÉKONG ET DE LA MÉNAM[1]

En Cochinchine, les travaux sont soumis à moins de conditions, à moins d'aléas, et sont plus avancés.

La Cochinchine possède, dans les plaines marécageuses des Joncs et de Camau, d'excellents et de considérables emplacements pour y faire du riz. — Les Souverains de la race Nguyen y avaient déjà creusé les canaux de Mytho et de Hatien. L'administration française y accomplit un programme complet d'irrigations par la création du canal de Benluc (1875), par la rectification du Donaï (1876), par la construction du canal de Chogao (1877), du canal de Vaico (1879), du canal de Cholon (1886), et par l'appropriation du canal de Saintard et de la rivière de Saïgon (1892).

La mise en valeur des rizières possibles de toute la presqu'île cochinchinoise sera complète, suivant un rapport et un devis de M. Caborche, ingénieur des ponts et chaussées, quand on aura consacré une somme de douze millions à la reconstruction, à l'achèvement ou à la réfection des trois grands canaux : de Saïgon à Pnompenh, de Saïgon à Camau et de Saïgon à Rachgia (2).

Le plus intéressant, et peut-être le seul véritable problème à résoudre dans le delta cochinchinois, est d'em-

(1) Les plaines siamoises et cochinchinoises, géographiquement et économiquement semblables, sont soumises aux mêmes conditions : les solutions, bonnes pour l'une, seront également bonnes pour l'autre. On peut, à tous égards donc, les réunir dans une même étude.

(2) D'après le *Diabo*, ou registres cadastraux, l'augmentation des rizières entre les statistiques de 1901 et celles de 1903 a été de 106,000 hectares, soit un dixième environ de la surface totale cultivée en rizières.

pêcher la formation, dans le lit des canaux et arroyos, des seuils de sable ou de terre mouvante que forme la rencontre des courants des eaux descendantes et des marées montantes. Ce problème se pose presque partout en Cochinchine, dont le sol est à peu près au niveau des plus petites marées. On arrive à empêcher la formation des seuils, en créant, à la rencontre des courants opposés, des réservoirs latéraux où les deux courants, prenant le trop plein des eaux, perdent leur force de descente ou de remontée. (*Théorème de Renaud.*)

Au Siam, bien que le delta de Bangkok soit des meilleurs pour la culture du riz, et bien que la pente du thalweg de la Ménam soit la pente moyenne qui convienne le mieux aux travaux d'irrigation (1/9500, contre 1/10000 dans la vallée du Nil, et 1/12000 dans la vallée du Gange), aucun plan général n'a été suivi, ni même établi, pour le drainage et l'irrigation. On en est demeuré au système des *klongs* ou petits canaux perpendiculaires aux cours d'eau principaux, et s'approvisionnant sur eux, et au système de la main-d'œuvre humaine pour la répartition de l'eau de ces klongs dans les rizières.

M. J.-H. van der Heide, conseiller hollandais au service du gouvernement siamois, a établi un projet de travaux très complets dans les détails duquel il serait oiseux d'entrer, mais dont il importe de retenir les conclusions, en ce qui concerne, d'abord les dépenses, ensuite l'étendue et le rendement des terres irriguées. Car ces estimations peuvent servir de bases pour des calculs analogues appliqués aux terres à rizières de tout l'Extrême-Orient.

Il faut constater que, sans l'irrigation artificielle, les récoltes sont aléatoires, en ce sens qu'elles ont un minimum très distant du maximum. Au Siam, il n'y a pas

d'irrigation, le minimum est 30 p. c. du maximum. A Java, où le système d'irrigation est établi, la moindre récolte représente 83 p. c. de la plus forte.

Dans la province siamoise de Sourabaya, dans la même année, les champs irrigués ont donné 38 piculs de riz par unité de surface ; les champs non irrigués ont donné seulement 17 piculs.

Avec l'irrigation artificielle remplaçant la main-d'œuvre humaine, une famille qui cultive ajourd'hui 40 rais, pourrait en cultiver 150 (1).

Enfin, dans la seule région où l'irrigation ait été tentée, scientifiquement par des spécialistes (Compagnie du Klong Ransit au nord-est de Bangkok), le prix de la terre est monté *de un quart de tical par rai*, à *cinquante* ticaux par rai, soit 200 p. c. de sa valeur primitive.

Les ingénieurs européens au service du Siam ont présenté un projet d'irrigation et de drainage, dont l'exécution serait complètement terminée au bout de douze années, et qui augmenterait de 20 p. c. la surface du sol cultivable en rizières. La dépense serait de 47 millions de ticaux et coûterait annuellement un million de ticaux d'entretien.

Mais, en se basant, et c'est là ce qui est le plus intéressant, sur l'augmentation de rendement des terres déjà améliorées, le trésor Siamois rentrerait dans ses déboursés, et le pays ferait une excellente opération, non seulement agricole mais financière.

La superficie qui bénéficiera du système, sera de 4 millions et demi de rais. Une *taxe d'eau* de 1 tical par rai donnera un revenu de 4 millions et demi de ticaux (2).

(1) Le rai vaut 1600 mètres carrés.

(2) Cette taxe est de 1 tical 1/2 à Madras, et de 2 ticaux 1/2 à Java.

L'augmentation des exportations de riz est évaluable à 4 millions de piculs pour les terrains déjà en culture, et à 2 millions de piculs pour les terrains gagnés, soit à un million de ticaux en droits et impôts divers.

La navigation sur les 1200 kilomètres de canaux nouveaux donnera une extension du droit actuel de passage par les vannes (1/2 tical par bateau). Les bénéfices sont, de ce chef, évaluables à plus d'un million de ticaux.

Les revenus du Gouvernement augmenteront donc d'un minimum de 8 millions de ticaux par an. En déduisant un million pour les frais d'entretien et de surveillance, et un million pour les frais du système de drainage complémentaire et compensateur, il restera encore 6 millions, c'est-à-dire que l'Etat aura 13 p. c. d'intérêt sur les sommes dépensées.

Il faut ajouter que l'Etat pourra vendre les terrains ainsi améliorés. Il faut ajouter enfin que la richesse publique s'accroîtra dans des proportions égales à l'accroissement des récoltes agricoles.

Ce projet a été soumis en 1904 au Gouvernement Siamois.

Il est douteux, affirme M. Dauphinot, attaché commercial à la légation de France à Bangkok, que le Gouvernement Siamois mette ce plan à exécution.

D'abord, le projet représente au minimum une dépense de 85,000,000 de francs ; puis, que deviendraient les villes et les villages situés sur les rives du Menam lorsqu'on aurait emprunté au fleuve, comme on le prévoit, les neuf dixièmes de son volume d'eau pendant six ou sept mois par an ? Que deviendrait Bangkok, qui est sillonné de canaux peu profonds dont la plupart ne sont alimentés que par le Menam? Non seulement la capitale ne serait plus qu'un foyer d'épi-

démies de tout genre ; mais sa valeur comme port disparaîtrait entièrement, quand le fleuve serait presque à sec en dehors des heures de marée. Ne serait-il pas bien plus pratique et économique de continuer à donner des concessions du genre de celle qui a été accordée pour la plaine du Klong-Rangsit? Le département de l'irrigation aurait alors pour mission de contrôler les plans, de les coordonner et de surveiller les travaux exécutés par les concessionnaires.

L'irrigation du delta serait peut-être achevée en un laps de temps plus long ; mais l'Etat n'aurait à payer que ses ingénieurs; les résultats, au point de vue agricole, seraient à peu près les mêmes, et l'on n'aurait pas à craindre la ruine et l'exode des populations riveraines du Menam.

Et M. Dauphinot apprécie et préconise ainsi qu'il suit les travaux accomplis par la Compagnie du Klong-Rangsit :

Comme toutes les contrées où le paddy est cultivé depuis des siècles, le delta du Menam est sillonné de canaux d'irrigation. Mais certains de ces canaux ont été creusés dans de mauvaises directions ; d'autres sont plus ou moins envasés et des régions entières, privées d'eau pendant une partie de l'année, restaient incultes.

Dans l'espoir de remédier à cette situation, le roi concéda, il y a une dizaine d'années, à une Compagnie mi-européenne, mi-siamoise, la propriété de la plaine de Klong-Rangsit, située au nord-est de Bangkok, à portée de deux rivières et d'une étendue de 200,000 hectares environ. Cette concession était accordée à charge d'irriguer tous les terrains en vue de l'érection de bâtiments administratifs.

La Compagnie utilisa d'abord, pour creuser ses canaux, la main-d'œuvre indigène ; mais elle y substitua peu après des excavateurs mécaniques. Au fur et à mesure que des

terrains pouvaient être irrigués, ils furent mis en vente et trouvèrent de suite preneur. Peu à peu, cette région, auparavant inhabitée, se peupla ; une ville s'éleva au centre de la plaine, et aujourd'hui, 180,000 hectares sont cultivés et produisent en moyenne 5,000,000 de piculs de paddy.

Pourquoi ne tenterait-on pas, dans certaines régions de la Cochinchine et du Cambodge, l'opération qui a si bien réussi au Siam ? Elle aurait exactement les mêmes chances de succès, et nous croyons que l'on trouverait facilement, tant en France qu'en Indo-Chine, parmi ceux qui s'intéressent aux questions coloniales, les capitaux nécessaires pour l'engagement de telles dépenses.

Nous ne saurions mieux finir cette courte étude qu'en transcrivant ici l'opinion très nette d'un des plus anciens et des plus obstinés agriculteurs du Tonkin, M. Constant Morice, dont nous avons déjà signalé le nom et les efforts. La double solution qu'il préconise est du domaine immédiat et pratique, et il laisse entendre que, contrairement à certaines traditions administratives, les populations, en faveur de qui les travaux d'irrigation sont entrepris, y coopéreraient volontiers de tous les moyens à leur portée :

« Il nous semble que c'est surtout sur les dégorgeoirs des grands fleuves que notre attention et nos efforts devraient se porter, de leur bon entretien dépendant la régularisation du régime des eaux de la plus grande, de la plus riche partie du pays. Si ces canaux d'écoulement naturels du fleuve Rouge étaient jugés insuffisants, d'autres devraient être creusés, qui les complèteraient efficacement. D'autant que tous ces canaux, ceux existants et ceux à faire, seraient, devraient du moins être

navigables avec de grosses jonques et seraient, par là, des créateurs de richesses, doublant, secondant notre réseau de chemins de fer, leur apportant du frêt, des marchandises de toutes les parties du pays, de celles surtout trop éloignées et n'étant actuellement desservies que par la voie de terre, trop coûteuse, là même où des routes existent, ce qui n'est pas le cas partout.

« Ces canaux seraient donc triplement utiles ici, servant à parer aux inondations possibles, à irriguer les terres, à transporter économiquement les marchandises, les produits du sol surtout, dont la plupart, encombrants et de peu de valeur, ne peuvent supporter des frais de transport élevés.

« Tous ces canaux, ceux existant comme ceux à faire, devraient être très solidement endigués pour éviter des fautes, des échecs nouveaux, et ne pas apporter, par des inondations, la ruine au lieu de la richesse. Mais ces digues devraient avoir, de distance en distance, des parties maçonnées et munies de vannes pour pouvoir, lorsqu'il en serait besoin, irriguer les plaines environnantes : ces vannes devraient être situées au pied même des digues pour que, non seulement leur utilité puisse se trouver en toute saison de l'année pour parer aux années de sécheresse possibles, mais encore pour que les eaux qu'elles laisseraient passer fussent chargées de limon fertilisant, que le courant, l'appel d'eau que produirait leur ouverture enlèverait au plafond du canal.

« Le creusement de ces canaux en nombre suffisant conduirait, en peu d'années, à la suppression des digues du fleuve Rouge, qu'on pourrait d'abord abaisser beaucoup, puis peu à peu, et par sections annuelles, supprimer entièrement, puisque, dès que les eaux tendraient à dépasser les berges, elles trouveraient, dans tous ces

canaux, bien tenus et dragués, leur naturel et rapide écoulement.

« Voilà, croyons-nous, la vraie solution de la question des digues, comme de celle des irrigations en ce qui concerne les deltas.

« Pour la région intermédiaire, entre le Delta et la région montagneuse et boisée où l'Annamite n'habite pas, d'autres travaux seraient nécessaires, chacun pouvant se faire isolément pour chaque région à irriguer, au fur et à mesure des ressources du budget.

« Ces travaux sont très divers : assèchement de régions lacustres par des canalisations, des drainages qui les rendraient à la culture ; endiguement des rivières torrentueuses avec parties maçonnées munies de vannes pour arroser à volonté et sans danger d'inondation les vallées qu'elles traversent ; construction de bassins de retenue des eaux lorsque la nature dupays s'y prêterait, alors que les cubes d'eau sont emmagasinés, gardés en réserve pour le moment où l'on en peut manquer. En bien des endroits une belle vallée depuis longtemps incultivable, parce que trop aride la rivière torrentueuse la traversant étant à sec une partie de l'année, fut ainsi rendue à la culture et put être livrée à la colonisation française. En combien de coins du pays, que nous connaissons au Tonkin, ces conditions ne se répètent-elles pas, où de semblables travaux pourraient être fait utilement.

« Ce sont encore là des moyens de pacification très efficaces, faits pour fixer, retenir peut-être, des populalations jusque-là nomades, parce que, reléguées dans des régions fertiles seulement les années pluvieuses, la certitude des récoltes de riz, assurées à toujours, les retien-

draient aux lieux où nous aurions apporté la richesse et la vie avec l'eau fertilisante.

« Autant de maos de terres ainsi rendues propres à la culture régulière, autant de piastres que le budget du protectorat récupérerait aisément, qui seraient le large intérêt des dépenses engagées pour ces travaux de première utilité.

« Sans compter que ces terrains sans maîtres pourraient être concédés à la colonisation européenne, qui y trouverait ce qui manque sur beaucoup de concessions, l'eau en abondance et peut-être aussi la force motrice. ...

« D'autres et plus difficiles travaux seraient à étudier : canalisation, direction à donner aux torrents descendant des montagnes qui, dans la saison des pluies, ravagent les plaines, au Vinh-Yen par exemple, ou encore endiguement, avec vannes de retenue et d'échappement, de portions de pays fertiles pour les arracher aux ravages de ces torrents.

« En tous cas, naturel ou artificiel, le procédé est ici applicable partout où il peut être utile, il peut être appliqué ailleurs pour donner plus de développement aux déversoirs des eaux descendant des montagnes, les faisant longtemps zigzaguer dans des plaines dont ils faciliteraient aussi l'irrigation. Il faudrait peut-être les endiguer sur les points les plus bas, là où ils pourraient s'étaler et former lac, dans les bas fonds fertiles, presque toujours humides, où le long parcours des eaux ne permet pas toujours de faire même une culture chaque année. Donner aussi à ces torrents régularisés, apaisés, une embouchure fixe, assez large et bien dégagée de tout seuil ou banc de sable, dans les fleuves, les rivières ou les grands canaux qui en sont ou doivent en être le naturel exutoire.

« Ce sont là des travaux qui ne peuvent, faute de res-

sources suffisantes, se faire d'un coup, partout à la fois. C'est un programme très chargé qui ne peut s'effectuer, par rang d'importance et d'utilité, qu'au fur et à mesure des ressources disponibles du budget affectées à cet usage. Encore faudrait-il qu'il y fût consacré une somme annuellement, et que cette somme, faute d'avoir été employée à temps intentionnellement, ne fît pas retour aux généralités du budget pour être affectée à d'autres usages, en un mot, que les crédits qu'on affecterait chaque année à ces travaux d'irrigation et de protection, fussent intangibles et ne pussent plus être détournés de leur destination.

« Sans donc tout entreprendre, faute de moyens, il est certain que, pour ces travaux dont la nécessité est tellement urgente, dont le bien qu'on en attend est si peu discutable, si visible aux yeux les moins avertis, les moyens d'exécution, argent et main-d'œuvre, seraient volontiers fournis, si on les leur demandait de la façon dont on doit le faire, par les populations intéressées.

« On peut noter dans ce sens les assèchements de régions lacustres, les travaux de drainage des eaux. Nous en connaissons des exemples frappants qui se sont produits à Hung-hoa, il y a deux ou trois ans.

« Certains travaux d'endiguement et de barrage seraient aussi très volontiers gagés et accomplis par les indigènes qui en bénéficieraient, si on leur montrait la réussite certaine.

« D'autres travaux encore, tout en devant emprunter forcément les ressources du budget local, ne lui demanderaient qu'une avance remboursable, intérêt et capital, en quelques annuités, par les bénéficiaires, à la condition, bien entendu, que l'augmentation du profit des impôts, due à l'accroissement de l'étendue des terres ainsi rendues à la culture, entrât en ligne de compte dans ce remboursement.

« Dans certaines provinces les budgets provinciaux pourraient aussi prêter quelque aide à ces travaux, à la condition qu'en échange, et pour compenser le retard que le détournement de ces fonds pour d'autres usages non d'abord prévus pourrait entraîner dans l'exécution d'un programme déjà fixé : réfection des ponts, routes, etc..., il leur serait fait abandon pendant une certaine période de la plus-value de ressources nouvelles ainsi créées.

« La Cochinchine a prouvé surabondamment ce qu'il est possible d'obtenir des Annamites quand il s'agit de travaux locaux, intéressant une région restreinte, dont la nécessité, le bienfait, frappaient la vue plus aisément que celle d'ouvrages de plus de portée peut-être, mais dont l'utilité ne tombait pas aussi bien sous le sens parce que, moins tangibles, moins facilement compréhensibles, pour les villages n'en étant pas immédiatement voisins. Il faut que l'intérêt des travaux proposés soit immédiatement senti, indiscutable, sinon les paysans déduisent mal les conséquences que l'éloignement fait pour eux douteuses.

« Il faut donc pour eux aujourd'hui, pour les faire s'intéresser à des travaux d'utilité publique, pour lesquels ils auront à fournir les fonds et la main-d'œuvre, que les résultats pratiques de l'entreprise soient frappants pour les plus prévenus et à la portée des intelligences les plus rudimentaires.

« Mais le cas se présentant, comme cela se voit si souvent pour des questions d'assèchement de lagunes, de creusements de canaux devant assurer l'eau à des terrains, arides seulement parce qu'elle leur manquait, de bassins de retenue d'eau pour les temps de sécheresse, de vannages maçonnés à enclaver dans certaines digues, que souvent les indigènes percent clandestinement pour se procurer à tous risques l'élément fertilisant, et qui remplace-

raient si avantageusement les primitifs siphons en bambou auxquels ils ont recours faute de mieux, soyez sûrs, que vous serez compris sans peine.

« A la condition *sine quâ non* pourtant de provoquer chez les intéressés aux résultats, comme aux dépenses, un nécessaire referendum, faute duquel ils n'agiront qu'en rechignant et avec méfiance, ne paieront que contraints et forcés, ne travailleront qu'à contre-cœur et mal, faute de n'avoir compris et de n'avoir été consultés. »

CHAPITRE IV.

TEXTES LÉGISLATIFS.

Il n'y a pas de textes législatifs français concernant les irrigations en Extrême-Orient. La métropole française s'est contentée de deux mesures :

1° La promulgation de l'application aux colonies de certaines lois spéciales et de certains codes. De cette promulgation il ressort que les textes législatifs métropolitains suivants sont applicables dans l'Extrême-Orient français :

Code civil : Articles 606 et 644 sur les digues et les prises d'eau.

Lois sur les digues (6 juillet 1809).

Lois sur les irrigations (11 juillet 1847 et 29 avril 1845).

Lois sur le drainage (10 juin 1854 et 17 juillet 1856).

Ces textes, qui se trouvent dans tous les recueils européens, et qui n'ont rien de spécialement colonial, n'ont aucun titre à être reproduits ici ;

2° La constitution de Commissions supérieures locales, sur arrêtés du Gouvernement général de l'Indo-Chine ; le rôle de ces Commissions, expressément déterminé par les arrêtés constitutifs, est de veiller au maintien des lois indigènes sur les irrigations, et de contrôler annuellement leur exécution.

Les sommes fort importantes qui sont continuellement consacrées aux travaux de réfection des digues, ne visent aucune installation nouvelle.

Certainement, la métropole française a agi ainsi sous l'empire de cette conviction, que le système des digues

parallèles et multiples, avec des canaux de dérivations, des écrêtements temporaires — et tous les accidents et les déboires qui découlent de cette manière de faire — étaient traditionnels en Extrême-Orient, et qu'il ne convenait pas, dès la première heure, de contrevenir aux résultats, mêmes médiocres, d'une expérience millénaire.

Il ressort aujourd'hui de l'étude des archives et des lois, de l'opinion même des autochtones, et des longues recherches des agriculteurs français installés en Indo-Chine, que ce système n'existe que depuis cent cinquante ans environ, et que, dans l'esprit des souverains qui le firent construire, il ne constituait qu'une expérience temporaire, expérience qui ne paraît pas avoir réuni la majorité des suffrages, ni chez les européens, ni chez les indigènes.

On peut donc espérer, sous peu, la codification des arrêtés spéciaux sur les digues, et la création d'une doctrine générale et d'un texte législatif sur les irrigations, lesquels n'existent pas aujourd'hui.

Nous n'avons donc, à l'heure présente, qu'à présenter les lois, décrets et arrêtés des souverains de la Chine et de l'Indo-Chine, tels qu'ils existent depuis qu'ils furent promulgués, et tels que la France a, sous son contrôle, conservés sans y rien changer.

Résumé des règlements, lois et décrets de l'Empire de Hoang-Viêt concernant les digues et les irrigations.

RÈGLEMENTS

Les digues des fleuves sont les berges artificielles et autres travaux de terrassement élevés sur leurs bords ; ce sont tous les travaux établis dans les lieux voisins des fleuves et des rivières, pour les garantir des débordements et des inondations. Cette expression ne désigne pas exclusivement les travaux établis pour faciliter les transports par eau. Ceux qui les coupent clandestinement sont punis de cent coups de truong (rotin). Les digues sont les berges et talus des rizières basses, qui les séparent de l'eau pour les former en rizières; les levées ou barrages d'étangs artificiels sont des terrassements qui forment des lacs, étangs et étendues d'eau de ce genre ; ces travaux servent à contenir un amas d'eau pour arroser les rizières ; ceux qui les coupent clandestinement sont punis de quatre-vingts coups de truong.

Si, parce que des digues de fleuves ou des talus ou barrages ont été clandestinement coupés, des maisons en chaume ou paillottes ont été détruites ou endommagées, si des valeurs ou choses d'autrui ont été entraînées par le courant et perdues, si les récoltes des champs d'autrui ont été submergées et détruites, on compte le prix des objets perdus comme produit d'une action illicite et on prononce pour incrimination au sujet d'un produit d'action illicite.

Si la peine est plus grave que celle de cent ou de quatre-vingts coups de truong, on prononce la peine

déduite de l'incrimination au sujet du produit de l'action illicite ; si elle est plus légère on prononce alors naturellement la peine spéciale du fait de coupure clandestine des digues.

Si des faits il résulte que quelqu'un a été tué ou blessé, bien que les victimes aient été en réalité, tuées ou blessées par l'eau, c'est bien par le fait de ceux qui ont clandestinement coupé les digues, et c'est pourquoi, dans chaque cas, ceux-là sont punis de la peine édictée contre le meurtre commis ou les blessures faites dans une rixe, diminuée d'un degré (1). Si c'est volontairement et avec intention que les digues ont été coupées, s'il s'agit des digues des fleuves, la peine est de cent coups de truong et trois ans de travail pénible (2); s'il s'agit de talus, barrages ou levées, cette peine est diminuée de deux degrés et devient celle de quatre-vingts coups de truong et deux ans de travail pénible. Les deux circonstances : « entraînés par le courant et perdues » se rapportent également aux trois cas, énoncés précédemment de maisons d'autrui détruites ou endommagées, de valeurs et choses d'autrui enlevées par les eaux et perdues, et de récoltes d'autrui submergées et détruites; c'est pour abréger qu'on ne répète pas. On compte le prix de ce qui est perdu comme produit de l'acte illicite et on en déduit la peine conformément aux dispositions relatives au vol clandestin ; si elle est plus sévère que trois ans de travail pénible ou que cette peine diminuée de deux degrés, on prononce selon la

(1) Les lois chinoises admettent des diminutions de peine, par degrés successifs et invariables. C'est le principe analogue à celui de nos circonstances atténuantes.

(2) Le *travail pénible*, peine à cinq degrés, est la prison compliquée du travail forcé pendant la journée. Il n'y a pas de prison simple dans le code chinois. Le *travail pénible* est analogue à nos travaux forcés à temps. Mais il n'y a pas de pénitenciers spéciaux, et il s'exerce dans toutes les prisons de l'empire.

loi relative au vol clandestin ; si la peine est la mort, on la diminue d'un degré; les coupables ne sont pas marqu's. Si cette peine est plus légère, les coupables sont d'ailleurs punis de la peine spéciale du fait d'ouvrir avec intention les digues ou levées. Si de ce fait il est résulté que quelqu'un a été tué ou blessé par l'eau, en réalité c'est comme si le coupable avait l'intention de commettre ces meurtres ou de faire ces blessures et c'est pour cela qu'il est jugé d'après les dispositions relatives au meurtre commis et aux blessures relativement faites ; s'il y a eu mort d'homme, la peine est la décapitation ; s'il y a eu des blessures, on prononce suivant la gravité ou la légèreté de ces blessures.

Origine des textes.

Ces textes sont exactement ceux du code chinois. Dans ce dernier code l'article est suivi de deux décrets qui contiennent des dispositions particulières à certaines digues de fleuves ou d'étangs de diverses provinces de la Chine.

Les berges et digues de fleuves ont une importance qui concerne la vie du peuple ; rien n'est plus grave, si elles sont en mauvais état ou insuffisantes, dégradées ou détruites, et qu'on ne les répare ou qu'on ne les construise pas lorsque le moment est opportun, alors il y a danger de rupture et de débordement ; de même si on les construit ou si on les répare, mais sans faire attention à profiter du temps opportun, alors il en résulte un dommage pour les travaux agricoles. Les fonctionnaires et employés chargés de la direction générale du service sont, dans chaque cas, punis de cinquante coups de rotin; s'il en est résulté que le fleuve a rompu ses digues et débordé, ce qui a amené la destruction ou la détérioration de maisons, ou bien que les eaux ont entraîné et emporté des valeurs

ou des objets quelconques, la peine est de soixante coups de truong; si cela a amené des cas de mort ou des blessures, comme le mal est considérable, la peine est de quatre-vingts coups de truong.

Bien que les talus et les digues établis dans les rizières soient d'une importance secondaire par rapport aux digues des fleuves, elles ont cependant de l'importance pour l'agriculture et ce sont encore des choses concernant le peuple qui, par suite, ne peuvent souffrir de négligence. Si elles sont détruites et qu'on ne les répare pas, ou si on les répare sans tenir compte du moment opportun, dans chaque cas la peine est de trente coups de rotin; s'il en résulte que des récoltes ou des moissons sont submergées et perdues, la peine est de cinquante coups de rotin. Si le courant a une force irrésistible, si les pluies ont duré sans interruption pendant des semaines et que les digues soient dégradées ou détruites, le fait vient d'une cause qui ne peut être évitée, la force humaine est incapable d'y remédier, aussi personne n'est puni.

DÉCRETS

Ces décrets forment les articles 395 *et* 396 *du tome XI des Lois civiles de l'Empire.*

I. — Les travaux des digues doivent être faits avec la plus grande attention, afin que les défenses protectrices contre les fleuves soient solides et résistantes. En dehors des maisons et habitations déjà construites et existantes, qui ne présenteront pas d'inconvénients pour les travaux des digues et qui ne seront pas déplacées s'il est de nouveau contrevenu aux défenses par la construction de nouvelles maisons, les coupables seront aussitôt chassés et punis, de plus les fonctionnaires et agents militaires qui

auront toléré et caché ces empiètements seront mis à la disposition du ministre dont ils relèvent, qui prononcera en distinguant selon le cas.

II. — C'est aux Gouverneurs de chaque province qu'il appartient d'exposer et de déclarer, relativement aux routes de digues (1), combien dans leur territoire il existe de sections d'anciennes digues, d'indiquer la longueur de chaque section en toises (2) et pieds, d'indiquer parmi ces digues quelles sont celles qui appartiennent à tel ou tel huyen, depuis tel point jusqu'à tel point ; quelles sont les dimensions de ces digues en toises et pieds au sommet, à la base et en hauteur, en quels endroits elles joignent tel ou tel autre huyen (3) et aussi les endroits qui en sont dépourvus. Ces indications doivent être fournies avec ordre et précision et être réunies en un même fascicule pour servir de document sur cette question. Chaque année le premier jour du dixième mois, les fonctionnaires des phu (4) et huyen iront, en conformité des règlements, inspecter personnellement les routes des digues de leur territoire, reconnaître en quels endroits elles sont éboulées par la force des eaux, examiner s'il faut des terrassements ou faire des remblais ou s'il convient de refaire de nouvelles digues.

Si les déclarations sont exactes, il établira d'ailleurs un plan en deux expéditions. Dans les endroits où le travail n'aura été fait qu'à peu près et pas réellement solidement, ou bien lorsque les dimensions en toises et pieds ne seront pas conformes aux indications données, le délégué sera, dans chaque cas, jugé et puni selon la gravité ou la

(1) Le sommet des digues sert de grandes routes.
(2) Ou brasse de cinq pieds.
(3) Division territoriale : sous-préfecture.
(4) Division territoriale : préfecture.

légèreté de la faute et il sera ordonné aux experts de faire augmenter les terrassements. Le travail fini, l'intendant des digues ayant complètement établi son rapport mentionnant, par catégories, pour les petits travaux, les augmentations de terrassement faites en tels endroits en pieds et toises, en longueur, largeur et hauteur ; pour les grands travaux et pour les travaux neufs, les dimensions en longueur, largeur, hauteur et épaisseur ; pour les nouvelles écluses, ce qui a été employé en chaque endroit, en main-d'œuvre, en matériaux et en fonds de l'Etat, et il en fera dresser deux expéditions dont une sera présentée à l'Envoyé Impérial, Gouverneur Général de toutes les provinces, qui la conservera comme preuve, l'autre sera gardée par le Gouverneur de chaque province. L'intendant des digues devra, de plus, établir un rapport précis adressé au Souverain et faire deux plans dont une expédition sera jointe au rapport adressé au Souverain pour lui être présentée, et dont une autre sera conservée à la capitale comme renseignement. Le Gouverneur Général de toutes les provinces établira un état exposant le nombre des endroits où il aura été fait des réparations ou de nouvelles constructions de digues ou d'écluses, la quantité de fonds de l'État dépensée dans chaque endroit, et il adressera cet état au Souverain.

III. — Les fonctionnaires ou employés des services supérieurs ou inférieurs dans les inspections et vérifications qu'ils auront à faire ou dans la direction des travaux, et les soldats et autres personnes qui conduiront les éléphants de l'État ne pourront également rien exiger du peuple, soit en argent, soit en vivres ; ils ne pourront pas non plus obliger les gens du peuple à transporter des fardeaux ni faire aucune réquisition ou causer aucun trouble

non prévu par le décret ; toutes les fois qu'ils auront contrevenu à cette défense, il sera permis de porter directement plainte à l'Envoyé Impérial, Gouverneur Général de toutes les provinces de l'Empire ; le fait vérifié et reconnu réel, les coupables seront réprimandés et punis selon la gravité de leur faute.

IV. — Si parmi les remblais ou les travaux neufs il se trouve qu'on n'a pas réellement employé tous les moyens accessoires pour bien faire le travail et qu'il en résulte que la force ordinaire du courant fait écrouler les digues, ou que les eaux s'infiltrent au travers, le Gouverneur de la province et les personnes qui auront conduit et dirigé l'exécution des travaux seront punis, chacun selon l'importance plus ou moins grande de la faute. L'intendant des digues sera de même puni d'une retenue de son traitement. Mais si les eaux sont très gonflées, si elles battent les digues avec fureur, les percent, les abîment ou les détruisent sans qu'il dépende des forces humaines d'y obvier, personne ne sera puni.

Ils en calculeront également avec exactitude les dimensions en toises et en pieds ; ils vérifieront de même dans quels lieux les écluses sont pourries et perdent l'eau et s'il convient de réparer les anciennes écluses ou d'en faire de nouvelles. Dans le délai de dix jours ils devront avoir remis leur rapport au Gouverneur de la province. Le onzième jour du même mois le Gouverneur de la province ira contrôler la vérité de ces déclarations ; son inspection devra être terminée et son rapport remis au fonctionnaire intendant des digues dans le courant du même mois.

Dans la première décade du onzième mois, le fonctionnaire intendant des digues ira à son tour vérifier

personnellement de nouveau et s'assurer de l'exactitude des rapports qui auront été faits ; dans la seconde décade du douzième mois son inspection devra être terminée, et son rapport, divisant les travaux par catégories d'après leur importance, présenté au fonctionnaire Envoyé Impérial, Gouverneur Général de Bac Thân (1), lequel prendra les mesures convenables et décidera, pour les divers petits travaux d'augmentation de remblais, quelle doit être, en pieds, la hauteur de ces augmentations dans chaque endroit en particulier, ainsi que les élargissements en pieds, il donnera les instructions aux phu et huyen qui apprécieront et répartiront le travail en tenant compte de la force de l'eau entre les divers villages qui feront les réparations et les terrassements. Pour les grands travaux, tels que remblais et nouvelles digues, et lorsqu'il s'agira de la construction d'écluses, pour chaque endroit, le gouverneur général devra évaluer et déterminer les quantités de travail salarié, ainsi que les matériaux à employer, et il appréciera également la dépense faite en fonds de l'État.

Le fonctionnaire intendant des digues se conformera à ce qui aura été décidé et le transmettra, clairement exposé, aux Gouverneurs des diverses provinces qui transmettront les indications aux phu et huyen, feront établir des bons ou demandes et enverront au chef-lieu de province chercher des gens experts envoyés par l'intendant des digues ; ces gens experts, de concert avec les personnes envoyées par l'autorité provinciale, se rendront sur les lieux et y dirigeront les travaux en se conformant aux mesures et plans qui leur auront été remis. L'année suivante, dans la dernière décade du premier mois ou dans la première décade du second mois, les tra-

(1) Le Tonkin.

vaux seront également commencés. Dans tous les endroits où il sera fait des travaux neufs ou des augmentations de remblais, il sera permis d'employer les éléphants de l'État pour damer les terres et les tasser de telle sorte que les talus soient parfaitement solides. Pour tous les endroits où il y a de petits travaux, ils devront être terminés dans le délai d'un mois ; dans tous les endroits où il y aura des grands travaux, ils devront être terminés dans le délai de deux mois. Les Gouverneurs de province en donneront avis à l'intendant des digues, celui-ci ira de nouveau inspecter les travaux. S'il s'agit de petits travaux, l'inspection sera faite dans la première décade du troisième mois, s'il s'agit de grands travaux, elle sera faite dans la première décade du quatrième mois.

Origine des textes.

La loi et le commentaire sont exactement les textes correspondants du code chinois.

Le premier décret est exactement le cinquième et dernier décret de l'article du code chinois.

Les quatre autres décrets chinois n'ont pas été reproduits dans le code annamite, ils prévoient en général des abus commis, tels que des corvées ou des cotisations ou contributions imposées au peuple au sujet de l'entretien des digues.

Les trois derniers décrets du code annamite forment un ensemble assez complet de la législation sur les travaux des digues. Ces décrets sont annamites ; ils ont été rédigés spécialement en vue des besoins du Tonkin. Dans le reste de l'Empire il n'existe pas de digues et leur emploi n'est pas nécessaire. Il est permis de croire, toutefois, qu'une partie des dispositions de ces décrets a été empruntée à la législation chinoise.

Dans le second décret, le Tonkin est désigné par les mots « Bac Thành », c'est une ancienne appellation qui parait se rapporter à la ville de Bac-Ninh, qui, autrefois, a été la capitale du Tonkin, avant son transfert à Hanoi ou Kécho.

Dans ce décret, on remarquera aussi que dans les évaluations des dépenses à faire pour les travaux des digues, il n'est question de fonds que lorsqu'il s'agit de travaux d'art, tels que les écluses; dans tous les autres cas, lorsqu'il ne s'agit que de terrassements, la main-d'œuvre est presque toujours fournie par corvées et par la population.

L'ensemble des digues du Tonkin forme un réseau très considérable et qui n'est pas sans grandeur. Leur rupture est une calamité terrible, une grande partie du territoire étant plus basse que le lit des fleuves, ce qui, d'ailleurs, résulte en partie de l'emploi des digues lui-même.

LOIS

(*Ces lois forment les deux premières sections du livre VIII du Code Pénal.*)

I. — Tout dégât occasionné aux digues et levées de rivières sera puni de cent coups, s'il s'agit d'une digue dépendant de l'État ; la peine sera de quatre-vingts coups pour un endiguement appartenant à un particulier. Si par suite des dégâts commis il se produit une inondation qui ravage une habitation, emporte des objets ou ustensiles ou, enfin, cause la perte d'une récolte, on évaluera la valeur totale du dommage éprouvé, et le coupable jugé suivant la loi applicable à la dilapidation, sera puni en raison de cette valeur ; sa peine s'élèvera

jusqu'à cent coups et trois ans de fers. Si la rupture de la digue a amené des blessures ou la mort de quelqu'un, on le jugera selon la loi relative aux blessures et à l'homicide à la suite de querelles, et sa peine sera alors diminuée d'un degré.

Quand la rupture a été faite dans un but d'intérêt personnel ou par haine, on infligera au délinquant cent coups et trois ans de fers, s'il s'agit d'une digue de l'État ; cette peine sera diminuée de deux degrés pour une digue ou levée appartenant à un particulier. S'il arrive en pareil cas (intention coupable) quelques dégâts semblables à ceux dont il a été question plus haut, le prévenu sera jugé, non suivant la loi relative à la malversation, mais selon celle qui traite du vol clandestin; la peine s'élèvera alors jusqu'à cent coups et à l'exil à 3,000 lis, avec dispense de la marque. Si la rupture de la digue a causé des blessures ou la mort de quelqu'un, le coupable sera jugé selon la loi applicable aux blessures ou à l'homicide par un motif délibéré.

II. — Tout mandarin ou employé qui ne fera pas faire aux digues et levées de rivières les réparations nécessaires ou qui entreprendra les travaux à une époque où il ne faut pas, autant que possible, détourner le peuple de l'agriculture, sera puni de cinquante coups.

Si, par suite de la négligence du mandarin à faire exécuter les réparations nécessaires, une digue se rompt et devient la cause de dégâts sur des propriétés particulières, ce mandarin sera puni de soixante coups. Si la digue, en se rompant, occasionne des blessures ou la mort de quelqu'un, la peine sera de quatre-vingts coups.

Si le même délit de non-réparation ou de réparation en temps inopportun est commis par des gens du peuple,

on leur appliquera trente coups. Si la rupture des endiguements vient à entraîner la perte de récoltes, la peine sera de cinquante coups.

Les inondations dues uniquement aux grandes marées ou aux pluies trop abondantes ne sont pas comprises dans ces dispositions (1).

Comte de POUVOURVILLE.

Décembre 1905.

(1) Les deux *lois* et les décrets *II*, *III*, *IV*, sont spéciaux à l'Indo-Chine. Tous les règlements et le décret I sont spéciaux à la Chine, mais sont applicables dans l'Indo-Chine également.

TABLE DES MATIÈRES.

Les différents systèmes d'Irrigation

Inde septentrionale, Punjab, Provinces-Unies, Oudh et Provinces centrales.

Loi sur les canaux secondaires du Punjab, de 1905.

Loi n° 3 de 1905, telle qu'elle a passé en Conseil.

Birmanie.

Loi sur les canaux d'irrigation en Birmanie.

Loi pour réglementer l'irrigation, la navigation et le drainage en Birmanie (1904).

Bombay.

Loi de 1879 sur les irrigations dans la Présidence de Bombay.

Madras.

Extrême-Orient.

6e *Série.* — **Le Régime minier aux Colonies.**

Tome I. — Indes orientales néerlandaises. — Suriname. — Guyane française. — Guyane britannique.

Tome II. — Madagascar. — Nouvelle-Calédonie. — Annam-Tonkin. — Algérie. — Tunisie. — Afrique Continentale française. — Guyane française. — Côte d'Ivoire. — Côte d'Or. — The British South Africa. — Rhodésie.

Tome III. — Colonies allemandes. — Canada. — Etat Indépendant du Congo. — Cap de Bonne-Espérance. — Natal.

7e *Série.* — ***Les différents systèmes d'Irrigation.***

Tome I. — Inde Septentrionale, Punjab, Provinces-Unies, Oudh **et** Provinces Centrales. — Loi sur les canaux secondaires du Punjab. — Birmanie. — Bombay. — Madras. — Les Irrigations en Extrême-Orient.

8e *Série.* — ***Les Lois organiques des Colonies*** (sous presse).

PUBLICATIONS

DE

L'INSTITUT COLONIAL INTERNATIONAL

36, rue Veydt, à Bruxelles.

BIBLIOTHÈQUE COLONIALE INTERNATIONALE

20 fr. le volume.

1re *Série*. — ***La Main-d'œuvre aux Colonies.*** Documents officiels sur le contrat de travail et le louage d'ouvrage aux Colonies.

Tome I. — Colonies allemandes. — État Indépendant du Congo. — Colonies françaises. — Indes orientales néerlandaises. — 1895.

Tome II. — Inde britannique. — Colonies anglaises. — 1897.

Tome III. — Colonies françaises (*suite*). — Suriname. — 1898.

2e *Série*. — ***Les Fonctionnaires coloniaux.***

Tome I. — Espagne. — France. — 1897.

Tome II. — Pays-Bas. — État Indépendant du Congo. — Inde britannique. — 1897.

3e *Série*. — ***Le Régime foncier aux Colonies.***

Tome I. — Inde britannique. — Colonies allemandes. — 1898.

Tome II. — État Indépendant du Congo. — Colonies françaises. — 1899.

Tome III. — Tunisie. — Erythrée. — Philippines. — 1899.

Tome IV. — Indes orientales néerlandaises. — 1899.

Tome V. — Lagos. — Sierra-Leone. — Gambie. — Natal. — Bornéo septentrional britannique. — Cap de Bonne-Espérance. — Rhodésie. — Basutoland. — Iles Salomon. — Iles Fidji. — Côte d'Or. — 1902.

Tome VI. (Premier supplément). — Colonies françaises. — Indes orientales néerlandaises. — Colonies allemandes. — 1905.

4e *Série*. — ***Le Régime des protectorats.***

Tome I. — Indes orientales néerlandaises. — Protectorats français en Asie et en Tunisie. — 1899.

Tome II. — Les protectorats français en Afrique et en Océanie. — 1899.

5e *Série*. — ***Les Chemins de fer aux Colonies et dans les pays neufs.***

Tome I. — Rapport de la Commission spéciale nommée à Berlin. Conclusions des rapporteurs. — Questionnaire. — Réponses au questionnaire. — 1900.

Tome II. — Congo. — Indian Midland Railway. — The Southern Mahratta Railway. — Usambara. — Sud-Ouest Brésilien. — Chili. — Transsibérien. — Inde portugaise. — 1900.

Tome III. — Tunisie. — Algérie. — Sénégal. — Soudan. — Indes orientales néerlandaises. — Transvaal. — Angola. — 1900.

www.ingramcontent.com/pod-product-compliance
Lightning Source LLC
LaVergne TN
LVHW010117230826
846091LV00001BA/66
9782016122938